ஸ்டீஃபன் ஹாக்கிங்

1942இல் ஆக்ஸ்ஃபோர்டில் பிறந்தார் – கலிலியோ இறந்து சரியாக 300 ஆண்டுகள் கழித்து. ஆக்ஸ்ஃபோர்டு பல்கலைக்கழகத்தில் இயற்பியல் பயின்றார். பின்னர் பட்டப் படிப்புகளை கேம்பிரிட்ஜில் தொடர்ந்தார். அகவை 20 கடந்த நிலையில் அவரை நரம்பியல் இயக்க நோய் தாக்கியிருப்பதாகக் கண்டறியப்பட்டது. கேம்பிரிட்ஜில் லூகாசியன் கணக்கியல் பேராசிரியராகப் பணியாற்றினார், இதே இருக்கையில் நியூட்டன் 1663இல் 30 ஆண்டுகள் பணியாற்றினார். பேராசிரியர் ஹாக்கிங் இப்போது கேம்பிரிட்ஜ் பல்கலைக்கழகத்தில் கோட்பாட்டு அண்டவியல் மையத்தின் ஆராய்ச்சித்துறை இயக்குனராகப் பணியாற்றி வருகிறார். அவர் 12க்கு மேலான மதிப்பியல் பட்டங்களுக்குச் சொந்தக்காரர். அரசச் சங்கத்தின் உறுப்பினர், அமெரிக்கத் தேசிய அறிவியல் கழக உறுப்பினர். அவர் எழுதி விற்பனையில் பெருவெற்றி பெற்ற நூல்களின் பட்டியல்: *காலம் – ஒரு வரலாற்றுச் சுருக்கம், கருந்துளைகளும் குட்டி அண்டங்களும் மற்றும் இதர கட்டுரைகளும், அண்டம் ஒரு சிமிழுக்குள், காலம் – ஒரு வரலாற்றுச் சுருக்கம்* (லெனர்ட் ம்லோடினோவுடன் சேர்ந்து), *மாவடிவமைப்பு.* மகள் லூசியுடன் சேர்ந்து *சிறுவர்களுக்கென அண்டத்துக்கு ஜார்ஜின் இரகசியத் திறவுகோல், ஜார்ஜின் அண்டக் கருவூல வேட்டை* ஆகிய நூல்களையும் படைத்தார். ஐன்ஸ்டைனுக்குப் பின்னர் தோன்றிய சுடர்மிகுக் கோட்பாட்டு இயற்பியலர்களில் ஒருவரென ஹாக்கிங் மதிக்கப் பெறுகிறார். இப்போது கேம்பிரிட்ஜில் வசித்து வருகிறார்.

காலம்

ஒரு வரலாற்றுச் சுருக்கம்

ஸ்டீஃபன் ஹாக்கிங்

ஆங்கில மூலத்திலிருந்து
தமிழாக்கம்:

நலங்கிள்ளி

எதிர்
வெளியீடு

காலம் ஒரு வரலாற்றுச் சுருக்கம்
ஸ்டீபன் ஹாக்கிங்
தமிழில்: நலங்கிள்ளி ©
பதிப்பாசிரியர்: தியாகு

முதல் பதிப்பு: ஜனவரி 2002
எதிர் வெளியீடு முதல் பதிப்பு: ஜனவரி 2015

எதிர் வெளியீடு,
96, நியூ ஸ்கீம் ரோடு, பொள்ளாச்சி 642 002
தொலைபேசி: 04259 226012, 99425 11302

நூல் வடிவமைப்பு: சு. கதிரவன்
அட்டை வடிவமைப்பு: பாரிவேள்
முகப்பட்டை மற்றும் உள் வண்ண ஓவியங்கள்: பாரிவேள்

விலை: ரூ. 400

Kaalam Oru Varalatru Surukkam
Stephen Hawking

Translated by: Nalankilli ©
Tamil edition copyright with Ethir veliyeedu

First Edition: January 2002
Ethir Veliyeedu First Edition: January 2015

Published by
Ethir Veliyeedu, 96, New Scheme Road, Pollachi - 642 002
email: ethirveliyedu@gmail.com
www.ethirveliyeedu.com

ISBN: 978-93-84646-18-9
Printed at Jothy Enterprises, Chennai.

All rights reserved. No part of this book may be reprinted or reproduced or utilised in any form or by any electronic, mechanical or other means, now known or hereafter invented, including photocopying and recording, or in any information storage or retrieval system, without permission in writing from the Publisher.

மொழிபெயர்ப்பாளர் உரை

காலம் - ஒரு வரலாற்றுச் சுருக்கம் நூலின் தமிழாக்கம் முதன் முதல் வெளிவந்து சுமார் 12 ஆண்டுகள் ஓடி விட்டன. நூல் இன்று கடைகளில் கிடைக்காமல் பலரும் விரும்பிய நிலையில் இந்த இரண்டாவது பதிப்பு. இந்நீண்ட கால இடைவெளியில் அறிவியல் மொழிபெயர்ப்பில் பெரும் அனுபவம் கிடைக்கப் பெற்றேன். குறிப்பாக *இயந்திர அண்டம்* (The Mechanical Universe) என்னும் இயற்பியல் பெருநூலை மொழிபெயர்த்த அனுபவத்தைச் சொல்லலாம். அது அமெரிக்க கால்டெக் பல்கலைக்கழகம் சுமார் 1,500 பக்கங்களில் இரு தொகுதிகளாக வெளியிட்ட பாடநூல். அப்பெரும் அறிவு வெள்ளத்தில் மூழ்கித் திளைத்த நான் அறிவியல் நடையைப் புரிந்து கொள்வதிலும், அறிவியலின் உட்பொருள் மாறாமல் கலைச்சொற்களை உருவாக்கித் தருவதிலும் அனுபவச் செறிவு பெற்றேன்.

எனக்குப் புதிதாய்க் கிடைத்த வெளிச்சத்தில் இரண்டாம் பதிப்பை நன்கு துல்லியப்படுத்திக் கொண்டுவர வேண்டுமெனக் கருதினேன். எனவே வரிக்கு வரி பழைய மொழிபெயர்ப்பை ஆங்கில மூலத்துடன் ஒப்புநோக்கி நடையைச் சரளப்படுத்தினேன், மேலும்

திரு மயில்சாமி அண்ணாதுரை உள்ளிட்ட ஆளுமைகளுடன் கலந்துரையாடி அறிவியல் நேர்த்தி குன்றாது கூர்மைப்படுத்தினேன்.

எனது இடைக்கால அனுபவம் கலைச்சொற்கள் உருவாக்கத்திலும் கைகொடுத்தது. நான் சென்ற முறை கையாண்டிருந்த பல கலைச்சொற்களையும் மீளாய்வு செய்ய வேண்டிய நிலை. அருளியார் எழுதி தஞ்சாவூர் தமிழ்ப் பல்கலைக்கழகம் வெளியிட்ட அருங்கலைச்சொல் அகரமுதலி, தமிழ் இணையக் கல்விக் கழகத்தின் www.tamilvu.org இணையத்தளம் ஆகியவை எனது முயற்சியில் முகாமைப் பங்கு வகித்தன. இவ்விரு படைப்புகளின் அடிப்படையில் சில பல திருத்தங்கள் செய்துள்ளேன். காட்டாக, திரள் (galaxy), இயன்வழுப்புள்ளி (singularity), வானொலி அலை (radio wave), வெள்ளைக் குறளி (white dwarf) எனச் சென்ற பதிப்பில் பயன்படுத்தியிருந்த சொற்களை இந்தப் பதிப்பில் முறையே உடுத்திரள், வழுவம், கதிரலை, வெண் குறுளை எனத் திருத்தியுள்ளேன்.

தமிழ்வழிக் கல்வியில் படித்து வந்த மாணவர்களுக்கு என் தமிழாக்கம் புரிய வேண்டும் என்பதால், தமிழ்நாடு அரசு பள்ளிக் கல்வித்துறை வெளியிட்டுள்ள அறிவியல் புத்தகங் களின் கலைச்சொற்களைப் பயன்படுத்த முடிவெடுத்தேன். குறிப்பாகச் சென்ற பதிப்பில் பயன்படுத்திய செயலெதிர்ச்செயல் (interaction), இடையீடு (interference), இயங்கியல் (mechanics) ஆகிய சொற்களை இப்பதிப்பில் முறையே இடைவினை, குறுக்கீடு, இயந்திரவியல் எனத் திருத்தியுள்ளேன்.

குவாண்டம் கோட்பாடு (quantum theory) பற்றி நான் குறிப்பிட்டாக வேண்டும். **குவாண்டம்** என்பதைச் சென்ற பதிப்பில் கற்றை எனத் தமிழாக்கியிருந்தேன். பின்பு பெற்ற அறிவு வெளிச்சத்தில் இந்தச் சொல் அறிவியல் அடிப்படையில் திருத்தமானதன்று என்பதை உணர்ந்தேன். அறிவியல் வரையறைப்படி, குவாண்டம் என்பது மின்காந்த அலைகளின், காட்டாக ஒளியலையின் பகுக்கவியலாத ஆகச் சிறு அளவு (smallest quantity), அல்லது அலகு ஆகும். ஒளியின் ஆகச் சிறு அலகு ஒளிமம் (ஃபோட்டான்) எனப்படுகிறது. ஆக, இந்த ஒற்றை ஒளிம அலகே குவாண்டம் ஆகும். ஆனால் ஒற்றை அலகு என்பதைக் **கற்றை** வெளிப்படுத்தவில்லை. காட்டாக, ரூபாய்க் **கற்றை** என்றால் அதில் பல பணத் தாள்கள் அடங்கியிருப்பதாகத்தான் பொருள்.

மேலும் அருளியாரின் அருங்கலைச்சொல் அகரமுதலி, தமிழ் இணையக் கல்விக் கழகம் இரண்டுமே குவாண்டம் என்பதைக்

குவையம் எனத் தமிழாக்குகின்றன. **குவை** என்பதுங்கூட பலவற்றையும் உள்ளடக்கும் ஓர் அளவையே குறிக்கும். ஆக, கற்றை, குவையம் இரண்டுமே ஒற்றை ஒளிம அலகாகிய குவாண்டத்தைத் துல்லியமாய் வெளிப்படுத்த வில்லை எனக் கருதுகிறேன்.

இந்நிலையில், இந்த ஒற்றை ஒளிம அலகைத் துல்லியமாக விளக்கிட **அக்கு** எனும் சொல்லே சரியானது என *இயந்திர அண்டம்* மொழிபெயர்ப்பின் போது உணர்ந்தேன். ஒரு பொருள் அக்கு அக்காய்க் கிடக்கிறது என்றால், ஒவ்வோர் அக்கும் ஓர் அலகைக் குறிக்கும். இதேவழியில், பிளாங்கின் குவாண்டம் கோட்பாட்டின்படி விளக்கமளித்தாலும், ஒளி குவாண்டம் குவாண்டமாக, அதாவது பொட்டலம் பொட்டலமாக உமிழப்படுகிறது என்னும் கூற்றை ஒளி அக்கு அக்காக உமிழப்படுவதாய்ச் சொல்வது சாலப் பொருந்தும் எனக் கருதுகிறேன். எனவே குவாண்டம் என்பதற்கு இணையாக **அக்குவம்** எனும் கலைச் சொல்லைப் புனைந்து அதனையே *இயந்திர அண்டம்* நூலில் நான் பயன்படுத்தத் துணிந்தாலும் அதற்குரிய வாய்ப்பு அப்போது அமையவில்லை. ஆனால் இப்போது **அக்குவம்** அறிவியல் ஒளியுடன் இந்நூலில் இடம்பெறுகிறது. குவாண்டத்தை விடவுங்கூட அறிவியல் துல்லியம் வாய்ந்த **அக்குவம்** தமிழ் அறிவுலகின் அறிந்தேற்பைப் பெறும் என நம்புகிறேன்.

ஆங்கிலத்தில் ஒரு பொருள் வெளியில் குறிப்பிட்ட ஓரிடத்தில் அமைந்திருப்பதைக் குறிக்கும் *position* என்னும் சொல் அறிவியல் தமிழில் பெருங்குழப்பம் ஏற்படுத்துகிறது. இதனைத் தமிழ்நாடு அரசு அறிவியல் பாட நூல்களும் இதர கலைச்சொல் அகராதிகளும் **நிலை** எனச் சொல்கின்றன. ஆனால் ஒரு பொருளின் நிலவரத்தைக் குறிக்கும் *state* என்பதையும் **நிலை** என்றே சொல்கின்றன. இப்படித் தமிழில் **நிலை** எடுக்கும் அவதாரங்கள் பல. ஒரு கலைச்சொல் பல பொருள்தரும்படி ஆளப்படுவது கலைச்சொல்லுக்குரிய இலக்கணம் ஆகாது. அது குழப்பங்களுக்கே வழிவகுக்கும். எனவே *position, state* ஆகியவற்றை முறையே **அமைவிடம், நிலவரம்** எனத் தமிழாக்கம் செய்துள்ளேன். மேலும் *static universe* என்பதை **நிலையான அண்டம்** எனக் கூறுவதும் நிலைக் குழப்பத்துக்கு இன்னோர் எடுத்துக்காட்டு. அது நிலைபேறுடைய அண்டம் என்ற பொருள்தரவும் வாய்ப்புண்டு. எனவே சென்ற பதிப்பின் நிலையான **அண்டம்** இப்போது **நிற்கும் அண்டம்** ஆகி நிற்கிறது.

இந்நூல் குறித்துத் திறனாய்வு செய்துள்ள பலரும் கேட்டுள்ள ஒரு கேள்வி: **குவாண்டம், சிங்குலாரிட்டி** போன்ற ஆங்கிலச்

சொற்களை அப்படியே தமிழிலும் வைத்துக் கொண்டால் என்ன? ஆனால் அறிவியல் கருத்தாக்கத்தை வெளிப்படுத்தும் இத்தகைய சொற்களைத் தமிழ்ப்படுத்துவதுதான் அறிவியல் தெளிவை ஏற்படுத்தும். சொல்லப்போனால், இத்தகைய கலைச்சொற்களுக்கு சப்பானியம், சீனம், கொரியம், அராபியம், வியத்னாமியம் அனைத்தும் அந்தந்த மொழிக்குரிய தனிச் சொற்களையே பயன்படுத்துகின்றன. பின் தமிழுக்கு மட்டும் தடை ஏனோ?

இந்நூலில் அணுவின் அடிப்படைத் துகள்களான எலக்ட்ரான், புரோட்டான் போன்ற பெயர்ச்சொற்கள் மின்மம், நேர்மம் என அழகு தமிழில் வெளிப்படுகின்றன. சீன, கொரிய, வியத்னாமிய மொழிகளும் இத்துகள்களை மொழிமாற்றம் செய்து கொள்ளத் தயங்கவில்லை. அப்படியானால் செம்மொழித் தமிழுக்கு மட்டும் தயக்கம் தேவையா?

ஒன்றைச் சொல்லியாக வேண்டும்: தமிழாக்கங்களின் முதன்மை நோக்கம் தமிழ் மட்டும் தெரிந்தவர்கள் படித்து விளங்கிக் கொள்ள வேண்டுமென்பதே; ஆங்கிலம் தெரிந்தவர்களுக்காக அன்று.

சென்ற என் தமிழாக்கம் *A Brief History of Time* நூலின் 1996 வெளியீட்டின் அடிப்படையில் உருவானது. இம்முறை 2011 ஆங்கில வெளியீட்டின் அடிப்படையில் நான் திருத்தங்கள் மேற்கொண்டதையும் ஈண்டு குறிப்பிடலாம்.

இந்நூலில் [ ] என்னும் சதுர அடைப்புக்குறிகளுக்குள் காணப்படுபவை அனைத்தும் மொழிபெயர்ப்பாளரின் குறிப்பு எனப் புரிந்து கொள்ளவும்.

இப்பெருமுயற்சியில் துணைநின்றோரை நினைவுகூர்வதாயின்...

நூலின் பதிப்பாசிரியர் தோழர் தியாகு இம்முறையும் மொழிபெயர்ப்பு முழுவதையும் படித்துப் பார்த்துத் தேவைப்படும் அறிவுரைகள் வழங்கித் துணைநின்றதை என்னால் குறிப்பிட்டுச் சொல்லாமல் இருக்க முடியாது.

பக்க வடிவமைப்புச் செய்த திரு சு. கதிரவனுக்கு நன்றி.

புத்தகத்தின் ஒவ்வோர் அதிகாரத்தின் உள்ளடக்கக் கருத்தையும் வண்ணப் படங்களாக வெளிப்படுத்திக் காட்ட நினைத்தேன். அதற்கு நான் 8, 10, 12 ஆகிய மூன்று அதிகாரங்களுக்குப் படவிளக்கத்துடன் *காலம் - ஒரு வரலாற்றுச் சுருக்கம் (The Illustrated A Brief History of Time)* என்ற நூலில் இடம் பெற்றிருந்த வண்ணப் படங்களையே பயன்படுத்திக் கொண்டேன். 7ஆம் அதிகாரத்தில் கருந்துளை உமிழ்வைச் சித்திரிக்கும் நாசா ஓவியம் பயன்பட்டது.

மற்ற எட்டு அதிகாரங்களுக்குரிய உள்ளடக்கத்தை விளக்கி நான் முன் வைத்த கருவை அப்படியே உள்வாங்கிக் கொண்டு அதனை வண்ணச் சித்திரங்களாய்த் தீட்டிக் கொடுத்தார் ஓவியர் பாரிவேள். நூலின் முகப்பான ஆக்கிங் படத்தையும், இறுதியில் ஐன்ஸ்டைன், கலிலியோ, நியூட்டன் படங்களையும் தீட்டிக் கொடுத்ததும் அவரே. புத்தக அட்டை வடிவமைப்புச் செய்து கொடுத்ததும் அவர்தான். பாரிக்கு என் நன்றி.

என் தமிழாக்க முயற்சியை என் சிந்தனைப்படி வர உதவிய எதிர் வெளியீடு சா. அனுஷ் அவர்களுக்கு நன்றி.

என் தமிழாக்கத்தைப் பொறுமையாகப் படித்துப் பார்த்து அதற்குச் சிறந்த அணிந்துரை எழுதியும் என் தமிழ்க் கலைச்சொல்லாக்க முயற்சிக்கு நல்ல அறிந்தேற்பு அளித்தும் இந்நூலின் வெற்றியை உறுதிப்படுத்தியுள்ள அறிவியல் அறிஞர் திரு மயில்சாமி அண்ணாதுரை அவர்களுக்கு நன்றி.

என் சுட்டிக் குழந்தை பறை என் கணினி மேசையை நெருங்கி வந்து குறும்புகள் பல செய்து என் வேலைக்கு இடையூறு செய்வாள். என்னை அண்ட விடாது அவளைத் தடுத்துக் கண்ணுங்கருத்துமாய்ப் பார்த்துக் கொண்டு என் பணியில் முழுமையாக ஈடுபட உதவியவர்கள் என் மனைவி செல்வியும் என் மூத்த மகள் ஈரோடையும். அவர்களுக்கு என் நன்றி.

சென்னை
01.01.2015

நலங்கிள்ளி
enalankilli@gmail.com

தமிழாக்கத்துக்கு அணிந்துரை

"மெல்லத் தமிழினிச் சாகும்..", என்று பாரதி பாடியதாய்ச் சிலர் சொல்வார்கள். ஆனால் அது ஒரு பேதையின் பிதற்றல் என்பது பாரதியின் கூற்று.

"சென்றிடுவீர் எட்டுத் திக்கும் கலைச் செல்வங்கள் யாவும் கொணர்ந்திங்கு சேர்ப்பீர்" என்பதே பாரதியின் அறைகூவல். இந்த வழியில் வந்த ஒரு நல் முயற்சிதான் உங்கள் கைகளில் இருக்கும் இந்தப் புத்தகம்.

காலம் பொன்போன்றது என்ற தமிழ்ப் பழமொழி மிகவும் அர்த்தம் பொதிந்தது. எல்லா மாற்றங்களுக்கும் பொதுவான ஒரே அச்சாணி என்ன என்று பார்த்தால் அது காலம் மட்டும்தான். கடந்து சென்ற காலத்தை அறிவியல் கண்கொண்டு ஆராய்ந்தால் நாம் வாழும் பூமியும், நமது சூரியக் குடும்பமும், பால்வெளியும் எவ்வாறு தோன்றியிருக்கலாம் என்பதை ஓரளவு ஊகிக்க முடியும். இதன் மூலம் இனி வரும் காலங்களில் நமது பாதை எவ்வாறு இருக்கலாம் என்பதை ஓரளவு கணிக்கவும் வழி பிறக்கலாம்.

ஆல்பர்ட் ஐன்ஸ்டீனுக்குப் பிறகு தமது அறிவியல் ஆராய்ச்சி மூலமாக உலக மக்களின் அறிவியல் நோக்கில் பாதிப்பு ஏற்படுத்தியவர்கள் வரிசையில் ஸ்டீஃபன் ஹாக்கிங் முக்கியமான இடத்தைப் பிடிக்கிறார். அறிவியலாளர் கார்ல் சாகனின் முன்னுரையில் ஸ்டீஃபன் ஹாக்கிங்கைத் தாம் முதல் முறை பார்த்த விதத்தைச் சொல்லும் போது நமக்கு நெஞ்சு உருகுகிறது. ஹாக்கிங்கின் தன்னுரையில் தமக்குக் கை,கால் செயல் இழந்தது மட்டுமன்றி பேச்சும் முடியாமல் போனதைப் படிக்கும் போது இந்த மனிதரின் விந்தைகளுக்கு ஒரு அளவே இல்லையா என்று தோன்றுகிறது. மனிதப் பிறப்பின் மகோன்னதத்தைப் பறைசாற்றும் காட்சி அதைப் படிக்கும் ஒவ்வொருவின் மனத்திரையிலும் உதிக்கும் என்று நான் உணர்கிறேன்.

இயற்பியல் கருத்துக்களை அவர் தமது புரிதலின் அடிப்படையில் விளக்கிச் சொல்லும்போது அங்கே மனித மூளையின் மகோன்னதம் தூக்கலாய்த் தெரிகிறது. அரிஸ்டாட்டில் முதற்கொண்டு ஐன்ஸ்டீன் வரை அண்டவெளியில் நமது பூமியின் இருப்பை, காலத்தோடு அது கை கோத்துக் கொண்டு செல்லும் நேர்த்தியை எவ்வாறு புரிந்து கொண்டிருந்தார்கள் என்பதைச் சொல்லி இனி முன்னோக்கியுள்ள காலத்தை ஹாக்கிங் அர்த்தம் செய்து கொண்டிருக்கும் விதத்தைப் படிக்கும்போது விண்வெளியில் விரிந்த கண்களோடு ஆச்சர்யங்களைப் பார்த்தவாறு பறந்து செல்வதைப் போல ஒரு பிரமிப்பு ஏற்படுகிறது.

கல்லூரியின் வாசலில் கால் வைத்த பிறகு அறிவியல் என்னும் பூந்தோட்டத்தை ஆங்கிலம் என்ற முகமூடி அணிந்து உலா வரும் கட்டாயத்தில் உள்ள பெரும்பாலான தமிழ் உள்ளங்களுக்கு, இந்தப் புத்தகம் வீடு தேடி வரும் ஓர் இனிய தென்றல். அறிவியல் என்ற நல்மருந்திற்கு ஆங்கிலம் என்ற கசப்பை ஒதுக்கி, தேன் தமிழ் சேர்த்துக் கொடுக்கும் முயற்சியிது. கடினமான அறிவியல் கோட்பாடுகளை எளிமையான சொற்றொடர்கள் மூலம் கருத்து மாறாமல் சொல்லுவது என்பது மூளையைப் பின்னிப் பிணைந்து எடுக்கும் வேலை. திரு நலங்கிள்ளி இதனை மிகவும் திறம்படச் செய்துள்ளார். கடுமையான உழைப்பும், தளராத முயற்சிகளும் இதன் பின்னணியில் இருப்பதை என்னால் உணர முடிகிறது. பல இடங்களில் புதிய சொற்களை உருவாக்கியும் அவற்றின் பொருளானது அடிப்படையைச் சிதைத்துவிடாமலும் இருக்கும் வண்ணம் மிகக் கவனமாகவும் 'அறிவியல் தமிழ்' என்னும் கத்தி மேல் பக்குவமாய் நடந்துள்ளார். தமிழில் இது ஒரு புதிய முயற்சி.

‘குவாண்டம் ஃபிசிக்ஸ்’ என்பது இருபதாம் நூற்றாண்டின் ஓர் இணையற்ற இயற்பியல் கோட்பாடு. அடிப்படைத் துகள்கள் எவ்வாறு பயணப்படுகின்றன என்பதை விளக்கும் இந்தக் கோட்பாட்டின் முக்கிய நாயகன் ‘குவாண்டம்’ என்ற சக்தித் துகள். இதனைத் தமிழில் ‘அக்குவம்’ என்றும், ‘அக்கு அக்காகப் பிரித்தல்’ என்ற மூல அர்த்தத்தின் அடிப்படையில் செய்திருப்பதும் அருமையான சிந்தனை. இப்படியான முத்துக் குவியல்கள் இந்தப் புத்தகத்தில் ஏராளம். தமிழாக்கப்பட்ட ஆங்கில வார்த்தைகளையும் அங்கங்கே உடன் சேர்த்திருப்பதால் ஆங்கில மூலத்தைப் படித்தவர்கள் கூட தாய்த்தமிழில் படிக்கும் போது இதமாய்ப் புரிய உதவும்.

மொழிபெயர்ப்பு என்பது கருத்துக்களின் ஆழத்தோடு சேர்ந்து வரவேண்டும் என்று நண்பர் திரு நலங்கிள்ளி பாடுபட்டிருப்பது புத்தகத்தின் இறுதிப் பக்கம் வரை கண்கூடாகத் தெரிகிறது. அறிவியல் கோட்பாடுகளை புரிந்துகொள்ள சிந்திக்க வைப்பது மட்டுமன்றி, அவற்றைத் தமிழ் மூலம் புரிந்து கொள்ளத் தூண்டுவதிலும் இந்தப் புத்தகம் சிறப்பாகத் தோன்றுகிறது.

படங்கள் கருத்துக்களைச் சொல்வதில் முக்கியப் பங்கு ஆற்றக்கூடியவை. பல பக்கங்களில் எழுத்துக்கள் மூலம் சொல்ல முனையும் கருத்தை ஓர் அழகான அறிவார்ந்த படத்தின் மூலம் சுலபமாகச் சொல்லிவிடலாம். இதனைத் திரு நலங்கிள்ளி பாரட்டத்தக்க விதத்தில் நிரூபித்து இருக்கிறார். அவரது கற்பனா சக்தியோடு இயற்பியல் கோட்பாடுகளை அவர் புரிந்துகொண்டிருக்கும் நேர்த்தியும் இந்தப் படங்களில் தெரிகின்றன. ஓவியர் பாரிவேள் தமது திறமையை அபாரமாக வெளிக் கொணர்ந்திருக்கிறார். இந்த இருவரின் ஆக்கத்தில் உண்டாகியுள்ள தூரிகைகள் இயற்பியலின் முக்கியமான சில கோட்பாடுகள் பார்ப்பவர்களுக்கு உடனே புரிந்துவிடும் வண்ணம் அமைந்துள்ளன.

குறிப்பாக எட்வின் ஹபிள் பூமி உருண்டையின் மேல் நாற்காலியில் கால் மேல் கால் போட்டுக் கொண்டு பெரிய தொலை நோக்கியினுள்ளே நோக்க, அவர் தலைக்குப் பின்னே மேலே அண்ட வெளிகள் பல வண்ணங்களில் மிளிர்வதைப் பார்க்கும் போது ‘ஆகா, அற்புதம்!’ என்று பாராட்டத் தோன்றுகிறது. அறிவியலைப் புரிந்து கொண்டு அதைப் பற்றிப் பேச கற்பனா சக்தி அவசியம். புத்தகமும், புத்தகத்தின் படங்களும் இதை நிரூபிக்கின்றன.

தமிழில் படிக்கத் தெரிந்த மாணவர்களும் ஆசிரியர்களும் ஒருசேரப் படித்துணர வேண்டிய நூல். அறிவியலில் ஆவல் வளரவும், தேடலின் தீவிரம் கூடவும் இந்த நூல் உதவும்.

'தமிழுக்குப் புகழ் சேர்ப்போம்' எனப் பல இடங்களில் கூறக் கேட்டிருக்கிறோம். இந்தப் புத்தகம் இதற்குக் கொஞ்சம் மேலே போய் தமிழ் மனங்களை உலகளாவிய அறிவியல் நோக்கிற்கு அழகாகக் கைப்பிடித்து அழைத்துச் செல்கிறது.

நண்பர் நலங்கிள்ளியின் பணி தொடரவும், புத்தகத்தை மாணவர்-ஆசிரியர், சிறுவர்-பெரியவர், ஆண்-பெண் என்ற அனைத்து மட்டத் தமிழர்களும் படித்துப் பயன் பெறவும் மனமார்ந்த வாழ்த்துக்கள்.

அறிவியலும், அன்பும், தமிழும் கலந்த வணக்கங்களுடன்,

பெங்களூரு
08.12.2014

முனைவர் மயில்சாமி அண்ணாதுரை
தொலை நுண்ணுனர் - அறிவியல் செயற்கைத்
துணைக்கோள்களின் தலைமைத் திட்ட இயக்குநர்,
இந்திய விண்வெளி ஆராய்ச்சி நிலையம்
பெங்களூரு.

பொருளடக்கம்

	நன்றி	...	17
	அணிந்துரை	...	21
	முன்னுரை	...	24
01.	நம் அண்டச் சித்திரம்	...	27
02.	வெளியும் காலமும்	...	45
03.	விரிவடையும் அண்டம்	...	71
04.	உறுதியின்மைக் கொள்கை	...	95
05.	அடிப்படைத் துகள்களும் இயற்கை விசைகளும்	...	107
06.	கருந்துளைகள்	...	129
07.	கருந்துளைகள் அவ்வளவு கருப்பல்ல	...	153
08.	அண்டத்தின் பிறப்பும் ஊழ்வழியும்	...	171
09.	காலக் கணை	...	207
10.	புழுத்துளைகளும் காலப் பயணமும்	...	221
11.	இயற்பியல் ஒருங்கிணைப்பு	...	235
12.	முடிவுரை	...	257
	ஆல்பர்ட் ஐன்ஸ்டைன்	...	263
	கலிலியோ கலிலி	...	267
	ஐசக் நியூட்டன்	...	271
	அருஞ்சொற்பொருள்	...	273
	சொல்லடைவு	...	281
	கலைச்சொற்கள்	...	291

நன்றி

நான் 1982இல் ஹார்வர்டில் லோப் சொற்பொழிவுகள் ஆற்றிய பின் வெளி, காலம் குறித்து மக்களுக்கான ஒரு நூல் எழுத முயல்வதெனத் தீர்மானித்தேன், ஏற்கெனவே முற்பட்ட அண்டம், கருந்துளைகள் *[black holes]* குறித்த நூல்களுக்குப் பஞ்சமில்லை. ஸ்டீவன் வெயின்பெர்க் எழுதிய *முதல் மூன்று நிமிடங்கள் [The First Three Minutes]* போன்ற மிக நல்ல நூல்கள் தொடங்கி நான் குறிப்பிட விரும்பாத படுமோசமான நூல்கள் ஈறாகப் பலவும் இருந்தன. இருந்தாலும் அண்டவியல் *[Cosmology]*, அக்குவக் கோட்பாடு *[quantum theory]* ஆகியவற்றிலான ஆராய்ச்சிக்கு என்னை இட்டுச் சென்ற கேள்விகளை இந்நூல்களில் எதுவுமே அணுகவில்லை எனக் கருதினேன். இவ்வண்டம் எங்கிருந்து வந்தது? அதற்கொரு முடிவு வருமா? வருமென்றால் எப்படி? அது தொடங்கியது எப்படி? ஏன்? நம் அனைவருக்கும் கருத்துக்குரிய கேள்விகள் இவை. ஆனால் புதுமக்கால அறிவியல் *[modern science]* பெரிதும் செய்நுட்பம் சார்ந்ததாகியுள்ளது, அவற்றை விளக்கப் பயன்படும் கணக்கியலில் வல்லமை பெறுவதென்பது மிகச் சில வல்லுனர்களால் மட்டுமே முடிந்துள்ளது. இந்தச் சூழலிலும் கூட அண்டத்தின் பிறப்பு, வழி குறித்த அடிப்படைக் கருத்துகளை அறிவியல் கல்வி பெறாதவர்களும் கூட புரிந்துகொள்ளக் கூடிய ஒரு வடிவில் கணக்கியலின் துணையின்றிச் சொல்ல முடியும். இதைச் செய்யவே இந்நூலில் நான் முயன்றுள்ளேன். நான் வெற்றி அடைந்திருக்கிறேனா? இல்லையா? என்பது பற்றி முடிவெடுக்க வேண்டியது வாசகர்களாகிய நீங்களே.

இந்நூலில் நான் சேர்க்கும் ஒவ்வொரு சமன்பாடும் நூல் விற்பனையை அப்படியே பாதியாக்கி விடும் என ஒருவர் என்னிடம் சொன்னார். எனவே சமன்பாடுகளேதும் தரக் கூடாது என்று தீர்மானித்தேன். ஆனாலும் முடிவில் ஒரு சமன்பாட்டைத் தரவே செய்தேன். அது ஐன்ஸ்டைனின் புகழ் வாய்ந்த சமன்பாடு, $E = mc^2$.

இது என் நூலைப் படிக்க வேண்டியவர்களில் பாதிப் பேரை விரட்டி விடாது என்று நம்புகிறேன்.

நான் நரம்பியல் இயக்க நோய் *[Motor Neuron Disease]* அல்லது ஏ.எல்.எஸ். நோயினால் பீடிக்கப்பட்டதைத் தவிர மற்றெல்லா வகையிலும் கொடுத்து வைத்தவனாகவே இருந்துள்ளேன். என் மனைவி ஜேனும் இராபர்ட், லூசி, டிம்மி ஆகிய என் குழந்தைகளும் ஆதரித்துக் காத்திருப்பதால்தான் ஓரளவு இயல்பான வாழ்க்கை வாழவும் என் துறையில் வெற்றி பெறவும் என்னால் முடிந்துள்ளது. கோட்பாட்டு இயற்பியலைத் தேர்ந்தெடுத்த வகையிலும் நான் கொடுத்து வைத்தவனே. ஏனென்றால் அது மனம் சார்ந்த ஒன்று. ஆக என் ஊனம் பெரிய தடையாகவில்லை. அறிவியல் துறையில் பணியாற்றும் என் கூட்டாளிகள் அனைவரும் மிகவும் உதவிகரமாக இருந்திருக்கிறார்கள்.

அறிவியல் துறையிலான என் வாழ்க்கையின் முதல் "செவ்வியல்" *[classical]* கட்டத்தில் என்னுடன் சேர்ந்துழைத்த முதன்மைக் கூட்டாளிகள் ரோஜர் பென்ரோஸ், இராபர்ட் ஜெரோச், பிரேண்டன் கார்டர், ஜார்ஜ் எல்லீஸ் ஆகியோர் ஆவர். அவர்கள் எனக்குச் செய்த உதவிக்காகவும் சேர்ந்து செய்த பணிக்காகவும் அவர்களுக்கு நன்றிக் கடன்பட்டுள்ளேன். 1973இல் நானும் எல்லீசும் எழுதிய *வெளிக்காலத்தின் பெருவீதக் கட்டமைப்பு [The Large Scale Structure of Spacetime]* என்ற நூல் மேற்சொன்ன கட்டத்தின் தொகுப்புரையாக அமைந்துள்ளது. மேற்கொண்டு செய்திகள் அறிய வேண்டி அப்புத்தகத்தை நாடும்படி இந்நூலின் வாசகர்களுக்கு அறிவுரை கூற மாட்டேன். அது பெரிதும் செய்நுட்பஞ் சார்ந்ததாகவும் படிக்கக் கடினமானதாகவும் இருக்கிறது. அதற்குப் பிறகு, எளிதாகப் புரிந்து கொள்ளும் வகையில் நான் எழுதக் கற்றுக் கொண்டு விட்டதாக நம்புகிறேன்.

1974 முதற் கொண்டு என் ஆராய்ச்சிப் பணியின் இரண்டாவது, "அக்குவ" கட்டத்தில் என்னுடன் சேர்ந்துழைத்த முதன்மைக் கூட்டாளிகள் கேரி கிப்பன்ஸ், டான் பேஜ், ஜிம் ஹார்டில் ஆகியோர் ஆவர். அவர்களுக்கு நான் பெரிதும் கடன்பட்டுள்ளேன். எனக்குச் சொந்த முறையிலும் என் கோட்பாட்டு ஆராய்ச்சியிலும் பேருதவி செய்த ஆராய்ச்சி மாணவர்களுக்கும் கடன்பட்டுள்ளேன். என் மாணவர்களுக்கு ஈடு கொடுத்துச் செல்ல வேண்டும் என்ற உணர்வு எனக்குப் பேரூக்கமாய் இருந்துள்ளது. அதனால்தான் நான் ஒரு குழிப் பாதையில் மாட்டிக் கொண்டு விடவில்லை என நம்புகிறேன்.

இந்நூலிற்காக என் மாணவர்களில் ஒருவரான பிரைன் விட்டிடமிருந்து எனக்கு ஏராளமாய் உதவி கிடைத்துள்ளது. இந்நூலின் முதல் வரைவை எழுதி முடித்த பிறகு 1985இல் நிமோனியா நோயினால் தாக்குண்டேன். நான் தொண்டைக் குழாய் அறுவைச் சிகிச்சை *[tracheostomy]* செய்து கொள்ள நேர்ந்தது. இதனால் பேசும் திறனை இழந்தேன். நான் நினைத்ததை வெளிப்படுத்துவது கிட்டத்தட்ட இயலாத ஒன்றாகி விட்டது. நூலை இறுதிப்படுத்த என்னால் இயலாமல் போய் விடும் என நினைத்தேன். ஆனால் நான் எழுதிய முதல் நூலைத் திருத்தி எழுதிட பிரைன் எனக்கு உதவியதோடு, 'லிவிங் சென்டர்' எனப்படுகிற ஒரு தொடர்பு நிரலை நான் பயன்படுத்தும்படியும் செய்தார். இந்நிரலானது கலிஃபோர்னியாவைச் சேர்ந்த சன்னிவேலில் இருக்கும் வேர்ட்ஸ் ப்ளஸ் நிறுவனத்தைச் சேர்ந்த வார்ட் வோல்டோஸ் எனக்கு அன்பளிப்பாக வழங்கியதாகும். இதைக் கொண்டு என்னால் நூல்களும் கட்டுரைகளும் எழுத முடிகிறது என்பதோடு, கலிஃபோர்னியாவில் அதே சன்னிவேலைச் சேர்ந்த வேர்ட்ஸ் பிளஸ்ஸிடமிருந்து நன்கொடையாகப் பெற்ற பேச்சுச் சேர்ப்பான் *[speech synthesizer]* என்னும் கருவியைப் பயன்படுத்திப் பிறருடன் பேசவும் முடிகிறது. டேவிட் மேசன் என்பவர் இந்தச் சேர்ப்பானையும் ஒரு கணினியையும் என் சக்கர நாற்காலியில் பொருத்திக் கொடுத்துள்ளார். இந்தச் சாதனங்களால்தான் இவ்வளவு மாற்றமும் நிகழ்ந்துள்ளது. குரலை இழப்பதற்கு முன்பிருந்ததைக் காட்டிலும் இப்போது மேலும் சிறந்த முறையில் மற்றவர்களோடு தொடர்பு கொள்ள முடிகிறது என்பதே உண்மை.

இந்நூலை முன்வரைவு நிலைகளில் படித்துப் பார்த்த பலரிடமிருந்தும் இதனை எவ்வாறு மேம்படுத்துவது என்பது குறித்த ஆலோசனைகள் பெற்றுள்ளேன். குறிப்பாகச் சொன்னால் பாண்டம் புக்ஸ் நிறுவனத்தில் என் நூல்களுக்குப் பதிப்பாசிரியரான பீட்டர் குசார்டி நான் சரிவர விளக்காததாக அவர் கருதிய கூறுகள் குறித்துப் பக்கம் பக்கமாய்க் கருத்துரைகளும் வினாக்களுமாக எனக்கு அனுப்பி வைத்தார். இவையெல்லாம் மாற்றப்பட வேண்டும் என்று அவர் இட்ட பெரும் பட்டியல் என் கைக்குக் கிடைத்த போது நான் எரிச்சலுற்றதை ஒப்புக் கொள்ளத்தான் வேண்டும். ஆனால் அவர் செய்தது சரிதான். அவர் என்னைப் படுத்திய பாட்டினால் இந்நூல் மேம்பட்டுள்ளதாக உறுதியாய் நம்புகிறேன்.

காலின் வில்லியம்ஸ், டேவிட் தாமஸ், ரேமான்ட் லெஃப்லாம் ஆகிய என் உதவியாளர்களுக்கும் ஜூடி ஃபெல்லா, ஆன் ரால்ஃப், ஷெரில் பில்லிங்டன், ஸ்யூ மேஸ்ஸி ஆகிய என் செயலர்களுக்கும்

என் செவிலியர்க் குழுவுக்கும் நான் நன்றிக் கடன் பட்டுள்ளேன். கான்வில் கேயஸ் கல்லூரியும் அறிவியல் பொறியியல் ஆராய்ச்சி மன்றமும் லீவர் ஹ்யூல்ம், மெக் ஆர்தர், நஃபீல்டு, ரால்ஃப் ஸ்மித் ஆகிய அறக்கட்டளைகளும் என் ஆராய்ச்சிக்கும் மருத்துவச் செலவுகளுக்கும் உதவி செய்திரா விட்டால் என்னால் எதுவும் செய்திருக்க முடியாது. அனைவருக்கும் நன்றி.

ஸ்டீஃபன் ஹாக்கிங்
1987 அக்டோபர் 20

அணிந்துரை

உலகத்தைப் பற்றி எதுவும் புரிந்து கொள்ளாமலே நாம் அன்றாடம் வாழ்க்கை நடத்தி வருகிறோம். உயிர்வாழ்வை இயலச் செய்கிற கதிரொளியை உற்பத்தி செய்யும் பொறிமுறை பற்றியோ, விண்ணில் சுழற்றி வீசப்படாமல் பூவுலகோடு நம்மை ஒட்ட வைத்திருக்கும் புவி ஈர்ப்பு பற்றியோ, எவற்றால் நாம் ஆகியிருக்கிறோமோ, எவற்றின் நிலைத் தன்மையை நாம் ஆதாரமாகக் கொண்டுள்ளோமோ அந்த அணுக்கள் பற்றியோ நாம் அதிகமாய்ச் சிந்தித்துப் பார்ப்பதில்லை. இயற்கை ஏன் இப்படி இருக்கிறது? அண்டம் எங்கிருந்து வந்தது? அல்லது அது எப்போதும் இங்குதான் இருந்ததா? காலச் சக்கரம் என்றாவது ஒரு நாள் பின்னோக்கிச் சுழன்று காரியங்கள் காரணங்களை முந்திக் கொள்ளுமா? அல்லது மாந்தர்கள் அறிந்து கொள்ளக் கூடியதற்கு இறுதி எல்லைகள் உண்டா? இப்படியெல்லாம் கேள்வி கேட்டுப் பார்ப்பதற்கு நம்மில் பலருக்கு நேரமில்லை. குழந்தைகள் மட்டுமே இப்படியெல்லாம் கேட்டுக் கொண்டிருப்பார்கள் (போதுமான அறிவு இல்லாததால் இவர்கள் முக்கியக் கேள்விகளைக் கேட்காமல் இருக்க முடியாது). கருந்துளை என்றால் எப்படி இருக்கும்? பருப்பொருளின் மிகச் சிறிய கூறு என்ன? நம் நினைவில் கடந்தகாலம் இருப்பது போல் எதிர்காலம் இருக்கவில்லையே, ஏன்? தொடக்கத்தில் ஒழுங்கின்மை நிலவியதென்றால் இன்று ஒழுங்கு நிலவுவதாகத் தோன்றுகிறதே, எப்படி? அண்டம் என்ற ஒன்று இருக்கிறதே, ஏன்? இந்த வினாக்களுக்கெல்லாம் விடையறிய விரும்பும் குழந்தைகளும் கூட இருக்கிறார்கள். அவர்களில் சிலரை நான் சந்தித்திருக்கிறேன்.

இக்கேள்விகளில் பெரும்பாலானவற்றிற்குப் பதிலளிக்கும் போது அலட்சியமாகப் பேசுவதோ மேலோட்டமாக நினைவுகூரப்படும் மத போதனைகளைத் துணைக்கழைப்பதோ இன்றளவும் நமது சமுதாயத்தில் பெற்றோர்களுக்கும் ஆசிரியர்களுக்கும் வழக்கமாக உள்ளது. சிலருக்கு இவை போன்ற சிக்கல்கள் சங்கடமாய் உள்ளன.

ஏனென்றால் இவை மனிதப் புரிதலின் வரம்பெல்லைகளை அப்பட்டமாக வெளிப்படுத்துகின்றன. ஆனால் வினாக்களுக்கு விடை தேடும் இத்தகைய முயற்சிகளால்தான் மெய்யியலும் அறிவியலும் பெரிதும் உந்தப்பட்டுள்ளன. வயது வந்தோரிடையே இவ்வகைக் கேள்விகள் கேட்க விரும்புகிறவர்களின் தொகை மென்மேலும் கூடி வருகிறது. எப்போதாவது அவர்களுக்குச் சில திகைப்பூட்டும் விடைகள் கிடைப்பதும் உண்டு. அணுக்களிடமிருந்தும் விண்மீன்களிடமிருந்தும் நாம் சமத் தொலைவில் நின்று கொண்டு ஆகச் சிறியதும் ஆகப் பெரியதுமான இரண்டையும் கைக்கொள்வதற்கு நமது தேடல் எல்லைகளை நீட்டி விரிவாக்கிக் கொண்டிருக்கிறோம்.

1974 இளவேனிற்காலத்தில், அதாவது வைகிங் விண்கலம் செவ்வாய்க் கோளில் இறங்குவற்கு ஏறத்தாழ ஈராண்டு முன்னர் வேற்றுக் கோள் உயிரினங்களைத் தேடுவதெப்படி என விவாதிப்பதற்காக இங்கிலாந்தில் லண்டன் அரசச் சங்கத்தாரால் ஏற்பாடு செய்யப்பட்ட கூட்டத்தில் நான் கலந்து கொண்டிருந்தேன். தேநீர் இடைவேளையின் போது பக்கத்துக் கூடத்தில் இதை விடப் பெரிய கூட்டம் நடந்து கொண்டிருப்பதைக் கவனித்தேன். ஆர்வ மேலீட்டால் உள்ளே நுழைந்தேன். அங்கு நான் கண்டது ஒரு தொன்மைச் சடங்கு என்பதை உணர மிகுந்த நேரம் பிடிக்கவில்லை. அதாவது உலகின் மிகப் பழைமை ஆராய்ச்சி அமைப்புகளுள் ஒன்றான அரசச் சங்கத்தில் புதிய உறுப்பினர்கள் சேர்ந்து பொறுப்பேற்கும் நிகழ்ச்சி நடந்து கொண்டிருந்தது. முன் வரிசையில் சக்கர நாற்காலியில் அமர்ந்திருந்த இளைஞர் ஒரு பதிவேட்டில் ஒப்பமிடும் வகையில் மெதுமெதுவாகத் தம் பெயரை எழுதிக் கொண்டிருந்தார். அப்பதிவேட்டின் முதற் சில பக்கங்களில் ஒன்று ஐசக் நியூட்டனின் ஒப்பத்தைத் தாங்கியிருந்தது. இளைஞர் ஒரு வழியாக ஒப்பமிட்டு முடித்த போது உணர்ச்சிகரமான ஆரவாரம் எழுந்தது. ஸ்ஃடீபன் ஹாக்கிங் என்னும் அந்த இளைஞர் அப்போதே பெரும் புகழ் பெற்று விளங்கினார்.

ஆக்கிங் இப்போது கேம்பிரிட்ஜ் பல்கலைக்கழகத்தில் கணக்கியல் துறையில் லூகாசியன் பேராசிரியராக இருக்கிறார். ஆகப் பெரியதையும் ஆகச் சிறியதையும் ஆராய்ந்து புகழ் பெற்ற இரு அறிவியலர்களான நியூட்டன் ஒரு காலத்திலும் பி. எ. எம். டிராக் பின்னொரு காலத்திலும் வகித்த பதவி இது. அவர்களுக்கு இவர் தக்க வாரிசாவார். தனித் தேர்ச்சி பெறாதவருக்காக ஆக்கிங் எழுதியிருக்கும் முதல் நூலாகிய இது சாமானிய வாசகர்களுக்குப் பல வகையிலும் பயனளிக்கக் கூடியது. இந்நூலினுள் விரிந்து பரந்து

கிடக்கும் பலவாறான செய்திகளைப் போலவே நூலாசிரியரின் உள்ளச் செயல்பாடுகளை அது படம்பிடித்துக் காட்டுகிற முறையும் கருத்துக்குரியதாய் உள்ளது. இயற்பியல், வானியல், அண்டவியல் ஆகியவற்றின் எல்லைகளை, துணிவின் எல்லைகளையும் கூட, அளாவி நிற்கும் சுடர்மிகு வெளிப்பாடுகள் இந்நூலில் பளிச்சிடுகின்றன.

இது கடவுளைப் பற்றிய நூலுந்தான்... அல்லது கடவுள் இல்லை என்பது பற்றிய நுல் என்று வேண்டுமானாலும் சொல்லலாம். கடவுள் என்கிற சொல் இந்நூலின் பக்கங்களில் விரவிக் கிடக்கிறது. கடவுள் அண்டத்தைப் படைத்த போது அதை எவ்வாறு படைப்பது என்று விரும்பித் தேர்ந்தெடுக்கும் வாய்ப்பு அவருக்கு இருந்ததா? என்ற ஐன்ஸ்டைனின் புகழ் வாய்ந்த வினாவிற்கு விடை தேடிப் புறப்படுகிறார் ஆக்கிங். அவரே சொல்வது போல், கடவுளின் உள்ளத்தை விளங்கிக் கொள்ள முயல்கிறார். இதனாலேயே இந்த முயற்சியின் விளைவாக வரப்பெறும் முடிவு, எப்படியும் இது வரையிலான முடிவு கிஞ்சிற்றும் எதிர்பாராததாக அமைந்து விடுகிறது, அண்டத்தைப் பொறுத்தவரை, வெளி வகையில் விளிம் பேதும் இல்லை, கால வகையில் தொடக்கமோ முடிவோ இல்லை, படைப்புக் கடவுள் செய்வதற்கொன்றுமில்லை.

கார்ல் சேகன்
கார்னெல் பல்கலைக்கழகம்
இதாகா, நியூயார்க்.

முன்னுரை

காலம் - ஒரு வரலாற்றுச் சுருக்கம் மூலப் பதிப்புக்கு நான் முன்னுரை எழுதவில்லை. அதை கார்ல் சாகன் செய்தார். அதற்குப் பதிலாக "நன்றி" எனத் தலைப்பிட்ட சிறு குறிப்பு மட்டும் வரைந்தேன். அதில் நான் ஒவ்வொருவருக்கும் நன்றி தெரிவிக்க வேண்டும் என அறிவுறுத்தப்பட்டது. ஆனால் எனக்கு ஆதரவு நல்கிய அறக்கட்டளைகள் சிலவற்றைக் குறிப்பிட்டிருப்பதில் அவற்றுக்கு அவ்வளவாக மகிழ்ச்சியில்லை. ஏனென்றால் ஆதரவு கோரும் விண்ணப்பங்கள் பெருமளவு அதிகரிக்க இது வழிவகுத்து விட்டது.

இந்நூல் சாதித்துள்ளதைப் போன்ற ஏதோ ஒன்றைச் செய்து காட்டும் என்று எனது வெளியீட்டாளர்களோ, எனது முகவரோ, நானோ அல்லது வேறு எவரோ எதிர்பாக்கவில்லை என நினைக்கிறேன். லண்டன் *சண்டே டைம்ஸ்* ஏடு விற்பனையில் சாதனை படைத்த நூல்களின் பட்டியலில் 237 வாரங்கள் இந்நூலுக்கு இடமளித்தது, வேறு எந்த நூலும் இப்பட்டியலில் இவ்வளவு நீண்ட காலம் இடம்பெற்றதில்லை (விவிலியத்தையும் ஷேக்ஸ்பியரையும் கணக்கில் கொள்ளாதது போல் உள்ளது). இந்நூல் ஏறத்தாழ 40 மொழிகளில் பெயர்க்கப்பட்டிருக்கிறது. உலகிலுள்ள ஆண்கள், பெண்கள், குழந்தைகளில் 750 பேருக்கு ஒரு படி என்ற அளவில் விற்பனையாகியுள்ளது. மைக்ரோசாஃப்டைச் சேர்ந்த நாதன் மிர்வோல்டு (முனைவர் படிப்புக்குப் பிந்தைய ஆராய்ச்சியில் என் தோழராக இருந்தவர்) குறிப்பிட்டார்: பாலியல் நூல்களை மடோனா விற்றிருப்பதைக் காட்டிலும் இயற்பியல் நூல்களை நான் அதிகமாய் விற்றுள்ளேன்.

நாம் எங்கிருந்து வந்தோம்? அண்டம் ஏன் இப்படி இருக்கிறது? என்பவை போன்ற பெரிய வினாக்களில் பரவலான ஆர்வம் இருப்பதைக் காலம் - ஒரு வரலாற்றுச் சுருக்கம் அடைந்த வெற்றி காட்டுகிறது. ஆனால் நூலின் சில பகுதிகளைப் புரிந்து

கொள்வது பலருக்கும் கடினமாகவே இருந்துள்ளது என்பது எனக்குத் தெரியும். ஏராளமான பட விளக்கங்களைச் சேர்த்து நூலை எளிதாக்குவது இந்தப் புதிய பதிப்பின் நோக்கமாகும். படங்களையும் அவற்றுக்கான விளக்கக் குறிப்புகளையும் நீங்கள் பார்த்தாலே போதும், என்ன நடந்து கொண்டிருக்கிறது என்பதை ஓரளவு அறிந்து கொள்வீர்கள்.

இந்த வாய்ப்பைப் பயன்படுத்தி நூலை நாளது வரை புதுமைப்படுத்தவும் முதன் முதலில் (1988 ஏப்ரல் முட்டாள் தினத்தன்று) இந்நூலை வெளியிட்டதிலிருந்து பெறப்பட்ட புதிய கோட்பாட்டு முடிவுகளையும் நோக்காய்வு முடிவுகளையும் சேர்த்தேன். புழுத்துளைகள், காலப் பயணம் பற்றிய புதிய அதிகாரத்தைச் சேர்த்திருக்கிறேன். வெளி-காலத்தின் வேறுபட்ட வட்டாரங்களை இணைக்கிற சிறு குழாய்களை, அதாவது புழுத்துளைகளை நாம் படைக்கவும் பாரமரிக்கவும் கூடிய வாய்ப்புவழியை ஐன்ஸ்டைனின் பொதுச் சார்பியல் கோட்பாடு வழங்குவதாகத் தோன்றுகிறது. அப்படி வழங்கினால், உடுத்திரளைச் சுற்றிய விரைவான பயணத்துக்கு அல்லது காலத்தில் பின்னோக்கிய பயணத்துக்கு இவற்றை நாம் பயன்படுத்த இயலக் கூடும். எதிர்காலத்திலிருந்தான எந்த ஒருவரையும் நாம் பார்த்ததில்லைதான் (அல்லது பார்த்திருக்கிறோமோ?). ஆனால் இதற்குக் கூடுமான ஒரு விளக்கத்தை நான் எடுத்துரைக்கிறேன்.

“இரட்டைத் தன்மைகளை” அல்லது தெளிவாக வேறுபட்ட இரு இயற்பியல் கோட்பாடுகளுக்கு இடையேயான தொடர்புகளைக் கண்டறிவதில் அண்மையில் ஏற்பட்டுள்ள முன்னேற்றத்தையும் எடுத்துரைக்கிறேன். இயற்பியலின் முழு ஒருங்கிணைந்த கோட்பாடு ஒன்று இருக்கிறது என்பதற்கு இந்தத் தொடர்புகள் வலுவான அறிகுறியாகும். ஆனால் இந்தக் கோட்பாட்டை ஓர் ஒற்றை அடிப்படை வரையறையாகக் கூறுவது இயலாமற் போகலாம் என்பதையும் இவை காட்டுகின்றன. இதற்குப் பதிலாக, நாம் வேறுபட்ட சூழல்களில் உள்ளீடான கோட்பாட்டின் வேறுபட்ட கருத்துகளைப் பயன்படுத்த வேண்டியிருக்கக் கூடும். ஓர் ஒற்றை வரைபடத்தின் மீது புவிப் பரப்பைக் குறித்துக்காட்ட இயலாது. வேறுபட்ட வட்டாரங்களுக்கு வேறுபட்ட வரைபடங்களைப் பயன்படுத்த வேண்டி இருக்கும் நமது நிலையைப் போன்றதாக இது இருக்கக் கூடும். இது அறிவியல் விதிகளின் ஒருங்கிணைப்பைப் பற்றிய நமது பார்வையில் ஒரு புரட்சியாய் இருக்கும். ஆனால் அண்டமானது அறிவார்ந்த விதிகளின் கணம் ஒன்றினால் ஆளப்படுகிறது, இந்த விதிகளைக் கண்டுபிடிக்கவும் புரிந்து

கொள்ளவும் நம்மால் முடியும் என்ற பேருண்மை இதனால் மாறி விடாது.

நோக்காய்வின் பக்கம் வந்தால், அண்டவியல் பின்னணி ஆய்வுத் துணைக்கோள் அல்லது ஏனைய கூட்டு முயற்சிகளின் வாயிலாக அண்டவியல் நுண்ணலைப் பின்னணிக் கதிர்வீச்சிலான ஏற்றவற்றங்களை அளவிடுவது இதுவரை ஏற்பட்டுள்ளவற்றில் மிக முக்கியமான வளர்ச்சியாகும். இந்த ஏற்றவற்றங்கள் படைப்பின் சுவடுளாகும், பிறவகையில் சரளமாகவும் ஒரேசீராகவும் முற்பட்ட அண்டத்தில் நேரிட்ட சின்னஞ்சிறு தொடக்க ஒழுங்கீனங்களாகும். இந்த ஒழுங்கீனங்களே பிற்காலத்தில் உடுத்திரள்களாகளவும் விண்மீன்களாகவும் நம்மைச் சுற்றி நாம் காணும் அனைத்துக் கட்டமைப்புகளாகவும் வளர்ந்தன. இவற்றின் வடிவம் அண்டத்திற்கு எல்லைகளோ கற்பனைக் காலத் திசையிலான விளிம்புகளோ இல்லை என்ற கொள்கையின் ஊகங்களுக்கு ஒத்துச் செல்கிறது. ஆனால் இந்தக் கொள்கையைப் பின்னணியிலுள்ள ஏற்றவற்றங்களுக் கூடுமான ஏனைய விளக்கங்களிலிருந்து வேறுபடுத்திக் காட்ட மேற்கொண்டு நோக்காய்வுகள் செய்ய வேண்டியிருக்கும். ஆனால் நாம் வாழும் அண்டம் முற்ற முழுக்கத் தன்னிறைவானதும் தொடக்கமோ முடிவோ இல்லாததும் ஆகும் என்று நாம் நம்பலாமா என்பதை ஒரு சில ஆண்டுளுக்குள் நாம் தெரிந்து கொள்வதாக இருக்கும்.

ஸ்டீஃபன் ஹாக்கிங்
கேம்பிரிட்ஜ், மே 1996

1
நம் அண்டச் சித்திரம்

யாவரும் அறிந்த அறிவியலர் ஒருவர் (பெட்ரன்ட் ரசல் என்பார் சிலர்) ஒரு முறை வானியல் குறித்துப் பொது விரிவுரையாற்றினார். புவி ஞாயிற்றைச் [sun] சுற்றி வருவது எப்படி? ஞாயிறோ நமது உடுத்திரள் [galaxy] எனப்படும் பென்னம்பெரிய விண்மீன் கூட்டத்தின் மையத்தைச் சுற்றி வருவது எப்படி? என்றெல்லாம் அவர் விரிவாக எடுத்துரைத்தார். விரிவுரை முடிவுற்ற போது பின்வரிசையிலிருந்து உருச்சிறுத்த மூதாட்டி ஒருத்தி எழுந்து சொன்னாள்: "நீர் எங்களுக்குச் சொல்லியிருப்பது எல்லாம் வெறும் குப்பை. உண்மையில் உலகம் இராட்சச ஆமை ஒன்றின் முதுகில் சாய்ந்திருக்கும் தட்டையான தட்டே ஆகும்." அறிவியலர் நக்கலாகச் சிரித்துவிட்டு விடையளித்தார்: "ஆமை எதன் மீதம்மா நிற்கிறது?" அதற்கு அம்மூதாட்டி சொன்னாள்: "இளைஞரே, நீங்கள் கெட்டிக்காரர்தான்! பெரிய கெட்டிக்காரர்தான்! ஆமையின் கீழ் ஆமை எனக் கடைசி வரை ஆமைகள்தான்!"

நமது அண்டத்தை ஈறிலா [முடிவில்லா - infinite] ஆமைகளின் கோபுரமாகப் படம்பிடித்துக் காட்டுவதைப் பெரும்பாலானவர்கள் கேலிக்குரியதாகவே கருதுவார்கள். ஆனால் நாம் இதை விடவும் அதிகம் தெரிந்தவர்கள் எனக் கருதிக் கொள்வது ஏன்? நமக்கு அண்டத்தைப் பற்றி என்ன தெரியும்? எப்படித் தெரியும்? அண்டம் [universe] எங்கிருந்து வந்தது? எங்கே சென்று கொண்டிருக்கிறது? அண்டத்திற்குத் தொடக்கம் என்ற ஒன்று இருந்ததா? அப்படி ஒன்று இருந்திருந்தால் அதற்கு 'முன்னால்' நடந்தது என்ன? காலத்தின் தன்மை என்ன? அது எப்போதாவது முற்றுப் பெறுமா? நாம் காலத்தில் பின்னோக்கிச் செல்ல முடியுமா? அதியற்புதமான புதிய தொழில்நுட்பங்களால் ஓரளவு கைகூடியுள்ள அண்மைக் காலத்திய இயற்பியல் துறை முன்னேற்றங்கள் வெகுநாளாய் விடை காணப்படாத இந்த வினாக்கள் சிலவற்றுக்கு விடைகளாகின்றன. பின்னொரு காலத்தில் இந்த விடைகள் புவி ஞாயிற்றைச் சுற்றி

வருவது போல் நமக்குக் கண்கூடானவையாகத் தோன்றலாம், அல்லது ஒருவேளை ஆமைகளின் கோபுரம் என்பது போல் கேலிக்குரியவையாகவும் தோன்றலாம். காலம்தான் (காலம் என்பது என்னவாயிருந்த போதிலும்) இதற்கு விடை சொல்ல வேண்டும்.

கிமு 340இலேயே கிரேக்க மெய்யியலர் [philosopher] அரிஸ்டாட்டில் அவர்கள் விண்ணுலகு [On the Heavens] என்கிற அவரது நூலில் புவி தட்டையான தட்டாக இருப்பதைக் காட்டிலும் வட்டமான உருண்டையாகவே இருப்பதை நம்புவதற்கு இரு நல்ல வாதங்களை முன்வைக்க முடிந்தது. முதலாவதாக, ஞாயிற்றுக்கும் நிலவுக்கும் இடையே புவி வருவதால்தான் நிலா மறைப்புகள் [கிரகணங்கள்] ஏற்படுகின்றன என்பதை அவர் உணர்ந்தார். நிலவின் மீது புவியின் நிழல் எப்போதும் வட்டமாகவே இருக்கக் கண்டார். புவி உருண்டையாக இருந்தால் மட்டுமே இப்படி நிகழும். புவி தட்டையான வட்டாக இருக்குமானால் மறைப்பு நிகழும் போதெல்லாம் இந்நிழல் நீண்டொடுங்கியதாகவும் நீள்வட்டமாகவும் இருந்திருக்கும். வட்டின் மையத்திற்கு நேர் கீழே ஞாயிறு இருப்பதாகக் கொண்டால் மட்டுமே நிழல் இப்படி இருக்காது. இரண்டாவதாக, வட விண்மீன் வடக்கத்திய வட்டாரங்களில் பார்க்கும் போது தெரிவதைக் காட்டிலும் தெற்கில் பார்க்கும் போது வானில் இன்னும் கீழே தெரிகிறது என்பதைக் கிரேக்கர்கள் தங்கள் பயணங்களிலிருந்து தெரிந்து வைத்திருந்தார்கள். (வட விண்மீன் வட துருவத்திற்கு மேல் இருப்பதால் வட துருவத்திலிருந்து நோக்குகிறவருக்கு அது தலைக்கு நேர் மேலாகவும், நிலநடுக்கோட்டிலிருந்து நோக்குகிறவருக்கு அது சரியாகத் தொடுவானத்திலும் இருப்பதாகத் தெரியும்.)

வட விண்மீன் இருப்பதாகத் தெரியும் அதன் அமைவிடத்தில் எகிப்துக்கும் கிரேக்கத்துக்கும் இடையே காணப்படும் வேறுபாட்டைக் கொண்டு அரிஸ்டாட்டில் புவியைச் சுற்றிய தொலைவைக்கூட 4,00,000 ஸ்டேடியம்கள் என மதிப்பீடு செய்தார். ஒரு ஸ்டேடியம் என்பதன் நீளம் என்னவென்று துல்லியமாகத் தெரியவில்லை. அது சுமார் 200 கஜமாக இருந்திருக்கலாம். அதாவது அரிஸ்டாட்டிலின் மதிப்பீடு நடப்பில் ஏற்கப்பட்டிருக்கும் அளவைப் போல இரு மடங்கு என்றாகும். புவி உருண்டையாகத்தான் இருக்க வேண்டும் என்பதற்குக் கிரேக்கர்கள் மூன்றாவதாக ஒரு வாதமும் வைத்திருந்தனர்: புவி கோள வடிவமில்லையெனில், தொடுவானத்திலிருந்து வரும் கப்பலைப் பார்க்கும் போது முதலில் அதன் பாய்மரங்களும், பிறகுதான் அதன் முழு உருவமும் தெரிகின்றனவே, இதற்கு வேறு என்னதான் காரணம்?

புவி நகராது நிற்கிறது என்றும், ஞாயிறும் நிலவும் கோள்களும் விண்மீன்களும் புவியைச் சுற்றி வட்டப் பாதைகளில் நகர்கின்றன என்றும் அரிஸ்டாட்டில் நினைத்தார். அவர் இப்படி நம்பியது ஏனென்றால் புவியே அண்டத்தின் மையம் என்றும், வட்ட வடிவிலான இயக்கம் முழுக்கச் செந்நிறைவு [perfect] கொண்டது என்றும் கருதினார். ஆன்மிகக் காரணங்களால் அவர் இப்படி நம்பினார். இந்தக் கருத்தை அடிப்படையாகக் கொண்டு கிபி இரண்டாம் நூற்றாண்டில் தாலமி [Ptolemy] அண்டவியல் மாதிரியமைப்பு [model] ஒன்றை உருவாக்கினார். இவ்வமைப்பின் மையத்தில் புவி இருந்தது. அதைச் சுற்றி இருந்த எட்டுக் கோளங்களும், நிலா, ஞாயிறு, விண்மீன்கள் மற்றும் அன்றைக்குத் தெரிந்திருந்த ஐந்து கோள்களான புதன், வெள்ளி, செவ்வாய், வியாழன், சனி ஆகியவற்றைத் தாங்கியிருந்தன (படம் 1.1). கோள்களேகூட முறையே அவற்றுக்குரிய கோளங்களுடன்

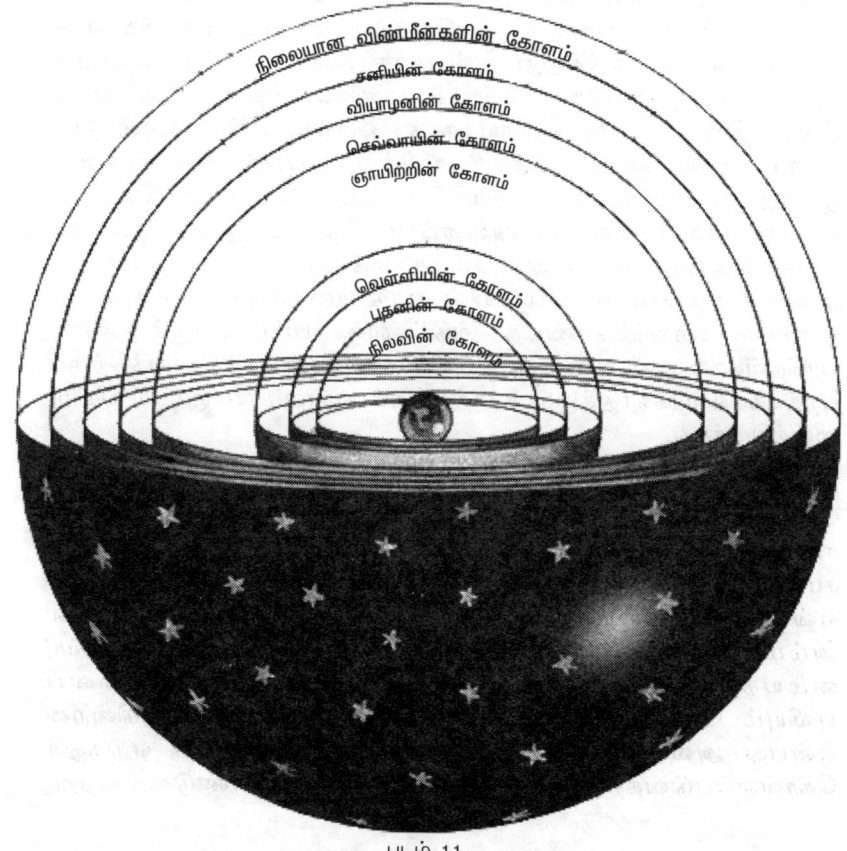

படம் 1.1

நம் அண்டச் சித்திரம் | 29

இணைந்த சிறு வட்டங்களில் நகர்ந்தன. வானில் நோக்கியறிந்த சற்றே சிக்கலான அவற்றின் பாதைகளுக்கு விளக்கமளிப்பதற்காக இவ்வாறு அமைக்கப்பட்டது. கடைசியாகப் புறத்தே இருந்த கோளம் அசங்காது நிற்கும் விண்மீன்கள் எனப்பட்டவற்றைத் தாங்கியிருந்தது. இவ்விண்மீன்கள் எப்போதும் ஒன்றுக்கொன்று சார்புறவில் மாறாமல் அதே அமைவிடங்களில் *[positions]* இருந்து வரும். ஆனால் வானத்தின் குறுக்கே ஒன்றாகச் சுழலும் கடைசிக் கோளத்துக்கு அப்பால் என்ன இருக்கிறதென அவ்வளவு தெளிவாகச் சொல்லப்படவே இல்லை. ஆனால் அது மனிதக் குலம் நோக்கியறியத்தக்க அண்டத்தின் ஒரு பகுதியாக அமைந்திருக்கவில்லை என்பது உறுதி.

தாலமியின் மாதிரியமைப்பு வானில் விண்ணுருக்களின் *[heavenly bodies]* அமைவிடங்களை ஊகித்தறிய ஓரளவுக்குத் துல்லியமான வழியை வழங்கியது. ஆனால் தாலமி இந்த அமைவிடங்களைச் சரிவர ஊகித்தறியும் பொருட்டு நிலவு செல்லும் பாதை சில நேரம் அதனைப் புவிக்கு அருகே இரு மடங்கு நெருக்கமாகக் கொண்டுவந்து விடுகிறது என்பதாக ஊகம் செய்து கொள்ள வேண்டியிருந்தது! இதன் பொருள் என்னவென்றால், சில நேரம் நிலவு இரு மடங்கு பெரியதாகத் தோற்றமளிக்க வேண்டும்! தாலமி இக்குறைபாட்டை அறிந்து ஒப்புக் கொண்டார்! இருந்த போதிலும் இந்த மாதிரியமைப்பு ஆனது எங்கெங்கும் எல்லோராலும் ஏற்றுக்கொள்ளப்படா விட்டாலும் பரவலாக ஏற்றுக்கொள்ளப்பட்டது. வேதாகமத்துக்கு ஒத்துப் போகிற அண்டச் சித்திரமாக தாலமியின் மாதிரியமைப்பைக் கிறித்துவத் திருச்சபை ஏற்றுக்கொண்டது. இதில் காணப்பட்ட பெரும் நன்மை யாதென்றால் அது அசங்காது நிற்கும் விண்மீன்களின் கோளத்திற்குப் புறத்தே சொர்க்கத்துக்கும் நரகத்துக்கும் ஏராளமாய் இடம் விட்டு வைத்திருந்தது.

இதைவிடவும் எளியதொரு மாதிரியமைப்பை 1514இல் நிக்கோலஸ் கோப்பர்நிக்கஸ் *[Nicholas Copernicus]* என்னும் போலந்தியச் சமயக்குரு முன்வைத்தார். (முதலில், தமது திருச்சபையால் சமய விரோதி எனத் தூற்றப்படுவோம் என்று அஞ்சியதாலோ என்னவோ கோப்பர்நிக்கஸ் தம் பெயரைக் குறிப்பிடாமலே அம்மாதிரியமைப்பைச் சுற்றுக்கு விட்டார்). ஞாயிறு *[Sun]* மையத்தில் நகராமல் நின்று கொண்டிருக்க, அதனைப் புவியும் கோள்களும் வட்டப் பாதைகளில் சுற்றி வருகின்றன என்பது அவர் கருத்து. இக்கருத்து அக்கறையுடன் எடுத்துக் கொள்ளப்படுவதற்குக் கிட்டத்தட்ட ஒரு நூற்றாண்டு ஆயிற்று.

பிறகு இரு வானியலர்களான [astronomers] ஜொஹன்னஸ் கெப்ளர் என்ற ஜெர்மானியரும் கலிலியோ கலிலி என்ற இத்தாலியரும் கோப்பர்நிக்கசின் கோட்பாட்டை பகிரங்கமாக ஆதரிக்கத் தொடங்கினர். அக்கோட்பாடு ஊகித்தறிந்த சுற்றுப்பாதைகள் [orbits] பிற்பாடு நோக்கியறியப்பட்ட சுற்றுப்பாதைகளுக்கு அப்படியே பொருந்தவில்லை என்றாலும் அவர்கள் இந்த ஆதரவை அளித்தனர். 1609இல் அரிஸ்டாட்டிலிய/தாலமியக் கோட்பாட்டுக்கு மரண அடி கிடைத்தது. அவ்வாண்டில்தான் கலிலியோ அண்மையில் கண்டுபிடிக்கப்பட்டிருந்த ஒரு தொலைநோக்கியைக் கொண்டு இரவு வானத்தை நோக்கத் தொடங்கினார். அவர் வியாழன் கோளைப் பார்த்த போது அதோடு கூடவே சிறிய துணைக்கோள்கள் அல்லது நிலாக்கள் பலவும் அதைச் சுற்றி வரக் கண்டார் அரிஸ்டாட்டிலும் தாலமியும் கருதியிருந்தது போல் ஒவ்வொன்றும் நேரடியாகப் புவியைச் சுற்றித்தான் செல்ல வேண்டும் என்பதில்லை என இதிலிருந்து தெரிய வந்தது. (அண்டத்தின் மையத்தில் புவி நகராது நிற்கிறது என்றும், வியாழனின் நிலாக்கள் புவியைச் சுற்றிய அதிசிக்கலான பாதையில் நகர்கின்றன என்றும், இதனால் அவை வியாழனைச் சுற்றுவதாகத் தோற்றம் ஏற்படுகிறது என்றும் நம்புவதற்கு அப்பொழுதுங்கூட வாய்ப்புண்டு! ஆனாலும் கோப்பர்நிக்கசின் கோட்பாடு இதை விடவும் மிக எளியதாக இருந்தது.) அதே நேரத்தில் ஜொஹன்னஸ் கெப்ளர் கோப்பர்நிக்கசின் கோட்பாட்டை மாற்றி அமைத்திருந்தார். கோள்கள் செல்லும் பாதை வட்டங்களாக அல்லாமல் நீள்வட்டங்களாகவே உள்ளன என எடுத்துரைத்தார். ஊகித்தறிந்தவை இப்போது இறுதியில் நோக்கியறிந்தவற்றுக்குப் பொருந்தி விட்டன.

கெப்ளரைப் பொறுத்த வரை, நீள்வட்டப் பாதைகள் என்பது நோக்கம் கருதி உருவாக்கப்பட்ட ஒரு கருதுகோள்தான் [hypothesis], அதுவும் அவ்வளவு உவப்பளிக்காத ஒன்றுதான். ஏனென்றால் வட்டங்களைப் போல் நீள்வட்டங்கள் அவ்வளவு செந்நிறைவானவை அல்ல என்பது தெளிவு. நீள்வட்டப் பாதைகள் என்ற கருதுகோள் நோக்கியறிந்தவற்றுக்கு நன்கு பொருந்துகிறது என்பதை ஏறக்குறைய தற்செயலாகவே கண்டுபிடித்த கெப்ளரால் கோள்கள் காந்த விசைகளால்தான் ஞாயிற்றைச் சுற்றி வருகின்றன என்ற தமது கருத்தோடு அக்கருதுகோளை இணக்கப்படுத்த முடியவில்லை. இதற்கொரு விளக்கம் நீண்ட காலம் கழித்து 1687இல்தான் கிடைத்தது. அதாவது அப்போதுதான் சர் ஐசக் நியூட்டன் தமது இயற்கை மெய்யியலின் கணக்கியல் கொள்கைகள் [Philosophiae Naturalis Principia Mathematica] என்ற நூலை வெளியிட்டார். இயற்பியல் அறிவியல் துறைகளில் அது வரை

வெளியிடப்பட்டவற்றில் இதுவே மிக முக்கியமான தனிப் படைப்பு எனலாம். நியூட்டன் வெளி *[space]*, காலம் ஆகியவற்றில் உருக்கள் *[bodies]* எவ்வாறு இயங்குகின்றன என்பது குறித்து ஒரு கோட்பாட்டை முன்வைத்ததோடு இந்த இயக்கங்களைப் பகுத்தாய்வதற்குத் தேவைப்பட்ட சிக்கலான கணக்கியலையும் வளர்த்தெடுத்தார். இஃதன்னியில் நியூட்டன் அண்டந்தழுவிய ஈர்ப்பு விதி *[law of universal gravitation]* ஒன்றையும் வகுத்தளித்தார். இவ்விதியின்படி அண்டத்திலுள்ள உரு ஒவ்வொன்றும் மற்ற ஒவ்வோர் உருவையும் நோக்கி ஒரு விசையால் *[force]* கவரப்படுகிறது. உருக்களின் நிறை *[mass]* எந்த அளவுக்கு அதிகமாக உள்ளதோ, அவை எந்த அளவுக்கு ஒன்றுக்கொன்று நெருக்கமாக உள்ளனவோ, அந்த அளவுக்கு அவ்விசை வலுவானதாய் இருக்கும். இதே விசைதான் பொருட்களைத் தரை நோக்கி விழச் செய்கிறது. (ஆப்பிள் தலையில் விழுந்ததால் நியூட்டன் ஊக்கம் பெற்றார் என்ற கதை ஐயத்திற்கிடமானது என உறுதியாகச் சொல்லலாம். நியூட்டன் சொன்னதெல்லாம் இவ்வளவுதான்: "சிந்தனை செய்திடும் மன நிலையில்" உட்கார்ந்திருந்த போது ஈர்ப்பு எனும் கருத்து அவருக்கு வந்ததாம். "ஆப்பிள் விழுந்த நிகழ்வு அதற்கான சந்தர்ப்பத்தை வழங்கியதாம்!") இத்தோடு நில்லாமல் நியூட்டன் தமது விதியின்படி நிலா புவியைச் சுற்றி நீள்வட்டப் பாதையில் செல்வதற்கும், புவியும் கோள்களும் ஞாயிற்றைச் சுற்றி நீள்வட்டப் பாதைகளில் செல்வதற்கும் ஈர்ப்பே காரணம் எனக் காட்டினார்.

கோப்பர்நிக்கசின் மாதிரியமைப்பானது தாலமியின் விண்கோளங்களையும் அவற்றுடன் கூடவே அண்டத்துக்கு இயற்கை எல்லை உண்டு என்ற கருத்தையும் தொலைத்துக் கட்டியது. புவி தன் அச்சில் சுழல்வதன் காரணமாக "அசங்காது நிற்கும் விண்மீன்கள்" வானில் சுழல்வது தவிர அவை தமது அமைவிடங்களை மாற்றிக் கொள்வதாகத் தோற்றமளிப்பதில்லை என்பதால் அசங்காது நிற்கும் விண்மீன்களும் நமது ஞாயிற்றைப் போன்ற பொருட்களே என்றாலும், அவை இன்னுங்கூட வெகு தொலைவில் உள்ளன எனக் கொள்வது இயல்பாகிவிட்டது.

நியூட்டன் தம் ஈர்ப்புக் கோட்பாட்டின்படி *[theory of gravity]* விண்மீன்கள் ஒன்றைஒன்று ஈர்த்துக் கொண்டாக வேண்டும் என்பதை உணர்ந்தார். எனவே அவை அடிப்படையில் இயக்கமற்று இருக்க முடியாது எனத் தோன்றியது. அவைஎல்லாமே ஏதோ ஒரு கட்டத்தில் ஒன்றன்மீதொன்று விழாதிருக்குமா? விண்மீன்கள் எண்ணிக்கையில் ஈறுள்ளவையாக

அண்ட மையத்தில் அரிஸ்டாட்டில் நிற்க வைத்த புவியை விடுவித்து
ஞாயிற்றைச் சுற்றி ஓடச் செய்த கோப்பர்நிக்கஸ்

மட்டும் இருந்து ஈறுள்ள [finite] வெளி வட்டாரத்தின் மீது பரவிக் கிடந்தால் உண்மையிலேயே இவ்வாறு நிகழும் என நியூட்டன் வாதிட்டார். மறுபுறம், விண்மீன்கள் எண்ணிக்கையில் ஈறில்லாதவையாக இருந்து ஈறிலா [infinite] வெளியின் மீது ஏறக்குறைய ஒரேசீராகப் பரவிக் கிடந்தால் இவ்வாறு நிகழாது, ஏனென்றால் அவை வந்து விழுவதற்கு மையப்புள்ளி ஏதும் இருக்காது எனவும் வாதிட்டார். இவ்வாதங்கள் நியூட்டன் 1691இல் தன் காலத்தில் மற்றொரு முக்கியச் சிந்தனையாளரான ரிச்சர்ட் பென்ட்லிக்கு எழுதிய ஒரு கடிதத்தில் இடம்பெற்றுள்ளன.

ஈறின்மை [infinity] பற்றிப் பேசுகையில் உங்களைச் சிக்க வைத்து வீழ்த்தக் கூடிய பொறிகளுக்கு இவ்வாதம் ஓர் எடுத்துக்காட்டு. ஈறிலா அண்டத்தில் ஒவ்வொரு புள்ளியையும் மையமாகக் கருதலாம். எவ்வாறென்றால் ஒவ்வொரு புள்ளியின் ஒவ்வொரு பக்கத்திலும் விண்மீன்கள் ஈறிலா எண்ணிக்கையில் உள்ளன. விண்மீன்களெல்லாம் ஒன்றன் மீதொன்று விழும்படியான ஈறுள்ள நிலைமையைக் கருதிப் பார்ப்பதும், பிறகு இவ்வட்டாரத்துக்குப் புறத்தே ஏறத்தாழ ஒரேசீராகப் பரவிக் கிடக்கும் கூடுதல் விண்மீன்களையும் நாம் சேர்த்துக் கொண்டால் எப்படிப்பட்ட மாற்றம் நிகழும் எனக் கேட்டுப் பார்ப்பதுமே சரியான அணுகுமுறை என்று வெகுகாலம் கழித்துதான் உணரப்பட்டது. நியூட்டன் விதியின்படி, இக்கூடுதல் விண்மீன்களால் முதலில் இருந்த விண்மீன்களுக்குச் சராசரிக் கணக்கில் எந்த மாற்றமும் நிகழாது. எனவே விண்மீன்கள் சரியாக அதே வேகத்தில் வந்து விழும். நாம் எவ்வளவு விண்மீன்களை வேண்டுமானாலும் கூட்டிக் கொள்ளலாம். என்றாலும் எப்போதுமே அவை ஒன்றன்மீதொன்று விழுந்து தகர்வுறும். ஈர்ப்பு எப்போதுமே கவரக்கூடியதாக உள்ள அண்டத்திற்கு நிற்கும் ஈறிலி மாதிரியமைப்பு [infinite static model] என்னும் ஒன்றுக்கு வாய்ப்பில்லை என இப்போது நமக்குத் தெரிய வருகிறது.

அண்டம் விரிவடைந்து கொண்டிருக்கிறது என்றோ சுருங்கிக் கொண்டிருக்கிறது என்றோ இருபதாம் நூற்றாண்டுக்கு முன்பு யாரும் கருத்துக் கூறவில்லை. அன்றைய இந்தப் பொதுவான சிந்தனைச் சூழல் கவனத்துக்குரியது. அண்டம் ஒரு மாறாத நிலவரத்தில் என்றென்றைக்கும் நிலவியிருக்கிறது என்றோ அல்லது அது நாம் இன்று நோக்கும் போது எவ்வாறு இருக்கிறதோ ஏறக்குறைய அவ்வாறே கடந்த காலத்தில் ஒரு திட்டமான நேரத்தில் படைக்கப்பட்டிருக்கிறது என்றோ அன்று பொதுவாக ஏற்றுக் கொள்ளப்பட்டிருந்தது. மக்கள் நிலைபேறுடைய உண்மைகளில்

நம்பிக்கை வைக்கும் போக்கும், தாங்கள் மூப்படைந்து இறந்து போகக் கூடியவர்கள் என்ற போதிலும் அண்டம் நிலைபேறுடையதும் மாறுதலற்றதும் ஆகும் என்றெண்ணி அவர்கள் அடைந்த ஆறுதலும் இதற்கு ஓரளவு காரணமாய் இருக்கலாம்.

அண்டம் நகராது நிற்பதாய் இருக்க முடியாது என நியூட்டனின் ஈர்ப்புக் கோட்பாடு மெய்ப்பித்ததை உணர்ந்தவர்கள் கூட அது விரிவடைந்து கொண்டிருக்கக் கூடும் என்ற கருத்தை எண்ணிப் பார்க்கவில்லை. இதற்குப் பதிலாக அவர்கள் நியூட்டனின் கோட்பாட்டை மாற்றியமைத்து ஈர்ப்பு விசையைப் பென்னம்பெரும் தொலைவுகளில் விலக்கல் *[repulsive]* விசையாக்க முயன்றார்கள். இது கோள்களின் இயக்கங்கள் பற்றிய அவர்களின் ஊகங்களைப் பெரிதாகப் பாதிக்கவில்லை என்றாலும், ஈறிலாது பரவிக் கிடக்கும் விண்மீன்கள் நடுநிலையமைதியில் *[equilibrium]* இருந்து வர இடமளித்தது. அதாவது அருகருகே உள்ள விண்மீன்களுக்கு இடையேயான கவர்ச்சி *[attractive]* விசைகள் வெகு தொலைவிலுள்ள விண்மீன்களின் விலக்கல் விசைகளால் நேர் செய்யப்படுகின்றன. ஆனால் இத்தகைய நடுநிலையமைதி நிலையற்றதாயிருக்குமென இப்போது நாம் நம்புகிறோம். ஏதோ ஒரு பகுதியில் இருக்கும் விண்மீன்கள் ஒன்றுக்கொன்று இன்னும் சிறிதளவு நெருங்கி வந்தாலே அவற்றிற்கிடையேயான கவர்ச்சி விசைகள் வலுவடைந்து விலக்கல் விசைகளைக் காட்டிலும் மேலோங்கி நின்று, இதனால் விண்மீன்கள் தொடர்ந்து ஒன்றை நோக்கி ஒன்று வீழ்வுறும். மறுபுறம் விண்மீன்கள் ஒன்றைவிட்டொன்று இன்னும் சற்றே விலகிச் சென்றால் விலக்கல் விசைகள் மேலோங்கி அவற்றை இன்னுங்கூட விலகி ஓடச் செய்யும்.

நிற்கும் ஈறிலி அண்டம் *[infinite static universe]* என்ற கருத்தை மறுத்துரைத்த மற்றொருவர் ஜெர்மானிய மெய்யியலர் ஹைய்ன்ரிச் ஆல்பர்ஸ் *[Heinrich Olbers]* என்று குறிப்பிடுவது வழக்கம். அவர் இக்கோட்பாடு பற்றி 1823இல் எழுதினார். உண்மையில் நியூட்டனின் சமகாலத்தவர்களாகிய பலரும் இப்பிரச்சினையை எழுப்பியிருந்தனர். ஆல்பர்ஸ் எழுதியது அக்கோட்பாட்டுக்கு எதிராக நம்பத்தக்க வாதுரைகளைக் கொண்ட முதல் கட்டுரை கூட இல்லை. ஆனால் இதுதான் முதலில் பரந்த அளவில் கவனிக்கப்பெற்ற முதல் கட்டுரை. எனினும் இதில் உள்ள சிக்கல் என்னவென்றால், நிற்கும் ஈறிலி அண்டம் ஒன்றில் கிட்டத்தட்ட ஒவ்வொரு பார்வைக் கோடுமே ஒரு விண்மீன் பரப்பில் முடிவடையும் என்பதுதான் இடர்ப்பாடு. எனவே இரவில் கூட வானம் முழுவதும் ஞாயிற்றைப் போல ஒளிமிக்கதாக இருக்கும் என எதிர்

பார்க்கலாம். தொலைதூர விண்மீன்களிலிருந்து வரும் ஒளி இடைப்படும் பொருட்களால் உறிஞ்சப்பட்டு மங்கலாகி விடும் என்பதே ஆல்பர்சின் எதிர் வாதுரையாக இருந்தது. ஆனால் இப்படி நடந்தால் இடைப்படு பருப்பொருள் முடிவில் சூடேறி விண்மீன்களைப் போல் பொலிவாய் ஒளிரும்.

இரவு வானம் முழுவதும் ஞாயிற்றின் மேற்பரப்பைப் போல் ஒளிமிக்கதாக இருக்க வேண்டும் என்கிற முடிவைத் தவிர்ப்பதற்கு ஒரே வழிதான் உள்ளது. விண்மீன்கள் கடந்த காலத்தில் ஒரு திட்டமான நேரத்தில் ஒளி பெற்றனவே தவிர என்றென்றைக்குமாக ஒளிவீசிக் கொண்டிருக்கவில்லை என்று அனுமானம் செய்து கொள்வதுதான் அவ்வழி. உண்மையிலேயே இப்படி நிகழுமானால் உறிஞ்சும் பருப்பொருள் இன்னமும் சூடேறாமல் இருக்கலாம், அல்லது தொலைதூர விண்மீன்களிலிருந்து வரும் ஒளி இன்னமும் நம்மை வந்தடையாமல் இருக்கலாம். எதனால் முதலில் விண்மீன்கள் ஒளி பெற்றிருக்கக் கூடும் என்ற கேள்விக்கு இது நம்மைக் கொண்டுவந்து சேர்க்கிறது.

இதற்கெல்லாம் நீண்ட காலம் முன்பாகவே அண்டத்தின் தொடக்கம் பற்றி விவாதிக்கப்பட்டிருந்தது மெய்தான். பல முற்பட்ட அண்டவியல்களின்படியும், யூத/ கிறித்துவ/இசுலாமியத் தொல் மரபின்படியும் கடந்த காலத்தில் அதிகத் தொலைவிலில்லாத திட்டவட்டமான ஒரு நேரத்தில் அண்டம் தொடங்கிற்று. அண்டத்தின் தொடக்கம் இப்படித்தான் நிகழ்ந்தது என்ற கருத்துக்கு ஆதரவான ஒரு வாதம் அண்டம் என்ற ஒன்று இருப்பதை விளக்குவதற்கு “முதல் காரணம்” இருப்பது அவசியம் என்ற எண்ணமாய் இருந்தது. (அண்டத்திற்குள் எடுத்துக் கொண்டால், எப்போதுமே ஒரு நிகழ்ச்சியை விளக்குவதற்கு அதற்கு முன் நிகழ்ந்த ஏதேனுமொரு நிகழ்ச்சியைக் காரணமாய்க் காட்ட வேண்டியிருந்தது. ஆனால் அண்டத்துக்கு ஒரு தொடக்கம் இருந்திருந்தால்தான் அதன் இருத்தலை இவ்வகையில் விளக்க முடியும்.) மற்றொரு வாதுரை தூய அகஸ்டினால் அவரது *கடவுளின் நகரம் [The City of God]* நூலில் முன்வைக்கப்பட்டது. நாகரிகம் முன்னேறிச் செல்வதையும், இந்தச் செயலைச் செய்தவர் யாரென, அந்தத் தொழில்நுட்பத்தை வளர்த்தெடுத்தவர் யாரென நாம் நினைவு வைத்திருப்பதையும் அவர் சுட்டிக் காட்டினார். இப்படிப் பார்க்கையில் மனிதன், அனேகமாய் அண்டமும் கூட அவ்வளவு நீண்ட காலமாய் இருந்து வந்திருக்க முடியாது. ஆதியாகமத்தின்படி, அண்டம் படைக்கப்பட்டதற்குக் கிமு 5000 என்ற அளவில் நாள் குறிப்பதைத் தூய அகஸ்டின் ஏற்றுக்

கொண்டார். (இது கடைசிப் பனியூழியிலிருந்து *[Ice Age]*, அதாவது ஏறத்தாழ கிமு 10000த்திலிருந்து எட்டாத் தொலைவில்இல்லை என்பது கருத்துக்குரிய செய்தி. அப்போதுதான் உண்மையிலேயே நாகரிகம் பிறந்ததாகத் தொல்பொருள் ஆராய்ச்சியாளர்கள் நமக்குச் சொல்கிறார்கள்.)

மறுபுறம், அரிஸ்டாட்டிலும் சரி, ஏனைய கிரேக்க மெய்யியலர்களில் பெரும்பாலானவர்களும் சரி, படைப்பு என்ற கருத்தை விரும்பவில்லை. ஏனென்றால் அது அதிகப்படியாகவே தெய்வத் தலையீட்டுக்குச் சார்பானதாய் இருந்தது. எனவே மனிதக் குலமும் அதனைச் சுற்றிய உலகும் என்றென்றைக்கும் இருந்தது, இருக்கவும் செய்யும் என அவர்கள் நம்பினார்கள். நாகரிகம் முன்னேறிச் செல்வது பற்றி மேலே எடுத்து வைத்த வாதுரையைப் பண்டைக் காலத்தினரே கருதிப் பார்த்து அதற்கு விடையும் அளித்து விட்டனர். அவ்வப்போது வெள்ளப் பெருக்குகளோ மற்றப் பேரழிவுகளோ ஏற்பட்டுத் திரும்பத் திரும்ப மனிதக் குலத்தை நாகரிகத்தின் தொடக்கத்திற்கே தள்ளிக் கொண்டு போய் நிறுத்தின என்றனர்.

அண்டத்திற்குக் கால வகையில் தொடக்கம் என்ற ஒன்று இருந்ததா? அது வெளி வகையில் வரம்புக்குட்பட்டதா? என்ற வினாக்களைப் பிற்காலத்தில் மெய்யியலர் *[philosopher]* இமானுவேல் கான்ட் விரிவாக ஆராய்ந்தார். 1781இல் வெளியிடப்பட்ட அவரது அழியாப் பெரும் படைப்பாகிய *தூய பகுத்தறிவு குறித்த விமர்சனம் [Critique of Pure Reason]* என்ற (புரிதற்கரிய) நூலில் இந்த ஆய்வுகள் இடம்பெற்றுள்ளன. அவர் இவ்வினாக்களைத் தூய பகுத்தறிவின் முரணுரைகள் (அதாவது முரண்பாடுகள்) என்றார். எப்படி என்றால், அண்டத்திற்கு ஒரு தொடக்கம் இருந்தது என்ற உரையையும், அது என்றென்றும் இருந்திருக்கிறது என்ற எதிருரையையும் நம்புவதற்குச் சம அளவில் வலுவான வாதங்கள் இருப்பதாகக் கருதினார். உரைக்குச் சார்பான அவருடைய வாதம் என்னவென்றால், அண்டத்திற்கு ஒரு தொடக்கம் இல்லையென்றால் எந்த ஒரு நிகழ்ச்சிக்கு முன்னேயும் ஈறிலாக் காலம் இருக்கும். இதனை அவர் அபத்தம் எனக் கருதினார். எதிருரைக்கான அவருடைய வாதம் என்னவென்றால், அண்டத்திற்கு ஒரு தொடக்கம் இருந்ததென்றால் அதற்கு முன் ஓர் ஈறிலாக் காலம் இருக்கும். எனவே ஏதேனும் ஒரு குறிப்பிட்ட நேரத்தில் அண்டம் தொடங்க வேண்டியது ஏன்? பார்க்கப் போனால் உரை, எதிருரை ஆகிய இரண்டுக்காகவும் வழக்காடுவதற்கு அவர் முன்வைப்பது உண்மையில் ஒரே வாதந்தான். அண்டம் என்றென்றைக்குமாக இருந்திருந்தாலும் சரி, இருந்திருக்கவில்லை என்றாலும் சரி, காலம்

என்றென்றைக்குமாகப் பின்னோக்கித் தொடர்ந்து செல்கிறது என்கிற அவரது சொல்லப்படாத அனுமானந்தான் இந்த இரண்டு வாதங்களுக்குமே அடிப்படையாக உள்ளது. நாம் பார்க்கத்தான் போகிறோம், அண்டம் தொடங்குவதற்கு முன்பு காலம் என்கிற கருத்தமைவுக்கு எவ்விதப் பொருளும்இல்லை. இதை முதலில் சுட்டிக் காட்டியவர் தூய அகஸ்டின். கடவுள் அண்டத்தைப் படைப்பதற்கு முன் என்ன செய்தார்? என்ற கேள்விக்கு, இத்தகைய வினாக்களைக் கேட்பவர்களுக்காக அவர் நரகத்தைத் தயாரித்துக் கொண்டிருந்தார் என்று அகஸ்டின் விடையளிக்கவில்லை. இதற்குப் பதிலாகக் கடவுள் படைத்த அண்டத்தின் ஒரு பண்பே காலம் என்றும், அண்டம் தொடங்குவதற்கு முன் காலம் என்ற ஒன்றே இருக்கவில்லை என்றும் சொன்னார்.

அண்டத்திற்கு அடிப்படையில் அசைவும் மாற்றமும் இல்லை என்பதில் பெரும்பாலான மக்கள் நம்பிக்கை வைத்திருந்த போது அதற்கு ஒரு தொடக்கம் இருந்ததா? இல்லையா? என்ற வினா உண்மையில் மானசிகவியல் *[metaphysics]* அல்லது இறையியல் *[theology]* தொடர்பான ஒன்றாய் இருந்தது. அண்டம் என்றென்றைக்கும் இருந்திருக்கிறது என்கிற கோட்பாட்டையோ அல்லது அது என்றென்றைக்கும் இருந்திருக்கிறது என்கிற தோற்றம் அளிக்கிற வகையில் ஏதோ ஒரு திட்டமான நேரத்தில் அது இயக்கி வைக்கப்பட்டது என்கிற கோட்பாட்டையோ அடிப்படையாகக் கொண்டு நோக்கியறிகிறவற்றுக்குச் சம அளவில் பொருத்தமான காரண விளக்கம் தர முடிந்தது. ஆனால் 1929இல் எட்வின் ஹபிள்*[Edwin Hubble]* திருப்புமுனையான ஒரு கருத்தை வெளியிட்டார். அதாவது எங்கு பார்ப்பினும் தொலைதூர உடுத்திரள்கள் நம்மை விட்டுத் துரிதமாக விலகிச் சென்று கொண்டிருக்கின்றன என்பதை நோக்கியறிந்து சொன்னார். அதாவது அண்டம் விரிவடைந்து கொண்டிருக்கிறது. முற்காலங்களில் பொருட்கள் ஒன்றுக்கொன்று இன்னுங்கூட நெருக்கமாக இருந்திருக்கும் என்பதே இதன் பொருள். மெய்யாகவே ஏறத்தாழ ஓராயிரம் அல்லது ஈராயிரம் கோடி ஆண்டுகளுக்கு முன்னர் அப்பொருட்கள் எல்லாம் சரியாக ஒரே இடத்தில் இருக்கும்படியான, ஆகவே அண்டத்தின் அடர்த்தி ஈறிலாது இருக்கும்படியான ஒரு காலம் இருந்தது எனத் தோன்றியது. இந்தக் கண்டுபிடிப்புதான் அண்டத்தின் தொடக்கம் பற்றிய வினாவை இறுதியில் அறிவியலின் ஆட்சி எல்லைக்குள் கொண்டுவந்து சேர்த்தது.

அண்டம் உறுநுண்ணளவும் ஈறிலா அடர்த்தியும் கொண்டிருந்த ஒரு நேரம் இருந்ததை ஹபிளின் நோக்காய்வுகள் காட்டின.

அந்நேரந்தான் மாவெடிப்பு [big bang] எனப்படுகிறது. இத்தகைய நிலைமைகளில் அறிவியல் விதிகளெல்லாம், ஆகவே எதிர்காலத்தை ஊகித்தறியும் திறனெல்லாம் செயலற்றுப் போகும். இக்காலத்திற்கு முன்னதாக நிகழ்ச்சிகள் நடந்திருக்குமானால், அவை நிகழ்காலத்தில் நடப்பதைப் பாதிக்க முடியாது. அவற்றின் இருத்தல் நோக்கியறியும்படியான விளைவுகள் எதையும் கொண்டிருக்காது என்பதால் அதனைக் கண்டு கொள்ளாதிருக்க முடியும். காலம் மாவெடிப்பில் தொடங்கியது எனலாம். அதற்கு முற்பட்ட காலங்கள் வரையறுக்கப்பட மாட்டா என்பதே இதன் பொருள். கால வகையிலான இந்தத் தொடக்கம் முன்பு கருதிப் பார்த்தவற்றுக்குப் பெரிதும் மாறுபாடானது என்பதை வலியுறுத்திச் சொல்ல வேண்டும். அண்டம் மாறாதிருக்குமானால் கால வகையில் ஒரு தொடக்கம் என்பது அண்டத்திற்குப் புறத்திலுள்ள ஏதோ ஒரு பிறவியினால் திணிக்கப்பட வேண்டிய ஏதோ ஒன்று ஆகும். தொடக்கத்திற்கு இயற்பியல் தேவை எதுவுமில்லை. கடந்த காலத்தில் உண்மையிலேயே எந்த நேரத்திலும் கடவுள் அண்டத்தைப் படைத்ததாக நினைத்துப் பார்க்க முடியும். மறுபுறம், அண்டம் விரிவடைந்து கொண்டிருக்குமானால், ஒரு தொடக்கம் ஏன் இருந்தாக வேண்டும் என்பதற்கு இயற்பியல் காரணங்கள் இருக்கலாம். மாவெடிப்பு நிகழ்ந்த அக்கணத்தில் அல்லது பிறகொரு கணத்தில்கூட மாவெடிப்பு நிகழ்ந்தாற்போல் தோற்றமளிக்கிற விதத்தில் கடவுள் அண்டத்தைப் படைத்ததாக இப்போதும் கற்பனை செய்து கொள்ள முடியும். ஆனால் மாவெடிப்புக்கு முன்னர் அண்டம் படைக்கப்பட்டதாகக் கொள்வது பொருளற்றதாக இருக்கும். விரிவடைந்து செல்லும் அண்டம் என்னும் கருத்து படைப்புக் கடவுளை இல்லாமற்செய்து விடுவதில்லை. ஆனால் அவர் தமது பணியை எப்போது செய்திருக்கக் கூடும் என்பதற்கு அது வரம்புகள் இடத்தான் செய்கிறது!

அண்டத்தின் இயல்பு பற்றிப் பேசுவதற்கும் அதற்கு ஒரு தொடக்கமோ முடிவோ உண்டா என்பது போன்ற வினாக்கள் குறித்து விவாதிப்பதற்கும் அறிவியல் கோட்பாடு என்றால் என்ன என்பது பற்றி உங்களுக்குத் தெளிவிருக்க வேண்டும். இதற்கு நான் எடுத்துக் கொள்ளப் போவது எளிய உள்ளத்திற்குரிய கண்ணோட்டத்தையே. அதாவது ஒரு கோட்பாடு என்பது அண்டத்தின் அல்லது அதன் வரையறுக்கப்பட்ட பகுதியின் மாதிரியமைப்பும், அந்த மாதிரியமைப்பில் உள்ள அளவீடுகளை நாம் நோக்கியறியும் செய்திகளோடு உறவுபடுத்தும் விதிகளின் தொகுப்புமே தவிர வேறல்ல.

இப்படி ஒன்று நமது மனத்தில் மட்டுமே உள்ளது. அதற்கு வேறெந்த மெய்ந்நடப்புமில்லை (இதன் பொருள் என்னவாகவும் இருந்து விட்டுப் போகட்டும்). ஒரு கோட்பாடு என்பது நல்ல கோட்பாடாக இருக்க இரண்டு தேவைகளை நிறைவு செய்ய வேண்டும்: அக்கோட்பாடு நோக்கியறியப்பட்ட செய்திகளின் ஒரு பெரும் வகைத் தொகுப்பைத் தெரிவு செய்யப்பட்ட ஒருசில கூறுகளை மட்டும் கொண்ட ஒரு மாதிரியமைப்பின் அடிப்படையில் துல்லியமாக விவரிப்பதாய் இருக்க வேண்டும்; அது எதிர்காலத்தில் நோக்கியறியப்படும் செய்திகளின் முடிவுகள் பற்றி திட்டவட்டமான ஊகங்கள் செய்ய வேண்டும். எடுத்துக்காட்டாக, ஒவ்வொன்றும் நிலம், காற்று, நெருப்பு, நீர் என்ற நான்கு பூதங்களால் ஆனதே என்ற எம்படாக்லீசின் கோட்பாட்டை [Empedocles's theory] அரிஸ்டாட்டில் நம்பினார். இக்கோட்பாடு எளியதாய் இருக்கத் தகுதி பெற்றது. ஆனால் அது திட்டவட்டமான ஊகங்கள் எதையும் செய்யவில்லை. மறுபுறம், நியூட்டனின் ஈர்ப்புக் கோட்பாடு இன்னுங்கூட எளிமையான ஒரு மாதிரியமைப்பை அடிப்படையாகக் கொண்டிருந்தது. இதில் பருப்பொருட்கள் அவற்றின் நிறை எனப்படும் அளவீட்டுக்கு நேர்த்தகவும் அவற்றிற்கிடையேயான தொலைவின் இருமடிக்கு [square] எதிர்த்தகவும் கொண்ட ஒரு விசையுடன் ஒன்றையொன்று கவர்ந்து கொள்ளும். இருந்தாலும் ஞாயிறு, நிலா, கோள்கள் ஆகியவற்றின் இயக்கங்களை உயர்தரத் துல்லியத்துடன் இக்கோட்பாடு ஊகிக்கிறது.

எந்த இயற்பியல் கோட்பாடும் எப்போதும் இடைக்காலத்துக்கு உரியதுதான். அது ஒரு கருதுகோள் மட்டுமே, அதனை உங்களால் ஒருபோதும் மெய்ப்பிக்க முடியாது என்ற பொருளில் இப்படிச் சொல்கிறோம். சோதனைகள் [experiments] மூலம் அடையும் முடிவுகள் ஒரு கோட்பாட்டுக்கு எத்தனை முறை ஒத்துப் போனாலும் சரி, அடுத்த முறை அம்முடிவு அக்கோட்பாட்டுடன் முரண்படாது என்பதற்கு உறுதியேதுமில்லை. மறுபுறம், நீங்கள் நோக்கியறிந்த ஒரேயொரு செய்தி கூட ஒரு கோட்பாட்டின் ஊகங்களோடு முரண்படக் காண்பதன் மூலம் அக்கோட்பாட்டைப் பொய்ப்பிக்க முடியும். அறிவியல் மெய்யியலர் கார்ல் பாப்பர் வலியுறுத்திச் சொன்னது போல், நோக்கியறிதலால் கொள்கையளவில் பொய்ப்பிக்கப்படக் கூடிய பல ஊகங்களைச் செய்வதுதான் ஒரு நல்ல கோட்பாட்டின் தனி அடையாளமாகும். புதிய சோதனைகள் ஊகங்களோடு ஒத்துப் போவதாகக் காணப்படும் போதெல்லாம் கோட்பாடு பிழைத்துக் கொள்கிறது. அக்கோட்பாட்டில் நாம் வைத்துள்ள நம்பிக்கையும் பெருகுகிறது.

ஆனால் எப்போதாவது புதிதாக நோக்கியறிந்த ஒரு செய்தி முரண்படுவதாகத் தெரியும் போதெல்லாம் நாம் அக்கோட்பாட்டைக் கைவிடவோ திருத்தியமைக்கவோ வேண்டும். எப்படியும் இப்படிதான் நடக்க வேண்டும் எனக் கொள்கிறோம். ஆனால் எப்போதுமே சோதனையைச் செய்து பார்த்தவரின் அருகதையைக் கேள்விக்குள்ளாக்கலாம்.

நடைமுறையளவில் பல நேரம் என்ன நடக்கிறதென்றால், வகுத்துருவாக்கப்படும் ஒரு புதிய கோட்பாடு உண்மையில் முந்தைய கோட்பாட்டின் நீட்சியாகவே உள்ளது. எடுத்துக்காட்டாக, புதன் கோளை மிகத் துல்லியமாக நோக்கியறிந்த செய்திகள் அதன் இயக்கத்துக்கும் நியூட்டனின் ஈர்ப்புக் கோட்பாட்டு ஊகங்களுக்குமிடையே ஒரு சிறு வேறுபாடு இருப்பதை வெளிப்படுத்தின. ஐன்ஸ்டைனின் பொதுச் சார்பியல் கோட்பாடு [general theory of relativity] நியூட்டனின் கோட்பாட்டிலிருந்து சற்றே மாறுபட்ட இயக்கத்தை ஊகித்துச் சொன்னது. பார்த்தறிந்தவற்றுக்கு நியூட்டனின் ஊகங்கள் பொருந்தவில்லை என்னும் அதேபோது ஐன்ஸ்டைனின் ஊகங்கள் பொருந்தின என்ற உண்மையானது புதிய கோட்பாட்டை உறுதிசெய்த அதிமுக்கியக் காரணிகளில் ஒன்றாயிற்று. ஆனால் நாம் எல்லா நடைமுறை நோக்கங்களுக்கும் இன்றளவும் நியூட்டனின் கோட்பாட்டைத்தான் பயன்படுத்துகிறோம். ஏனென்றால் நாம் இயல்பாகக் கையாளும் நிலைமைகளில் அதன் ஊகங்களுக்கும் பொதுச் சார்பியலின் ஊகங்களுக்குமிடையே மிகச் சிறிய வேறுபாடுதான் உள்ளது. (நியூட்டனின் கோட்பாட்டிலிருக்கும் மற்றொரு பெரிய நன்மை என்னவென்றால், அது ஐன்ஸ்டைனின் கோட்பாட்டை விடப் பெரிதும் செயலுக்கெளியது!)

முழு அண்டத்தையும் விவரிக்கிற ஒற்றைக் கோட்பாட்டை வழங்குவதே அறிவியலின் இறுதி இலக்காகும். ஆனால் சிக்கலை இரு பகுதிகளாகப் பிரித்துக் கொள்வதே பெரும்பாலான அறிவியலர்கள் உள்ளபடியே கடைப்பிடிக்கும் அணுகுமுறையாக உள்ளது. முதலாவதாக, காலப் போக்கில் அண்டம் எவ்வாறு மாறுகிறது என்பதை நமக்குச் சொல்லும் விதிகள் உள்ளன. (எந்த ஒரு நேரத்திலும் அண்டம் எவ்வாறு இருக்கிறது என்பது நமக்குத் தெரியுமானால் பிறகு வரும் எந்த நேரத்திலும் அது எவ்வாறு தோற்றமளிக்கும் என்பதை இந்த இயற்பியல் விதிகள் நமக்குச் சொல்லி விடுகின்றன.) இரண்டாவதாக, அண்டத்தின் தொடக்க நிலவரம் [state] பற்றிய சிக்கல் இருக்கிறது. முதல் பகுதி குறித்து மட்டுந்தான் அறிவியல் கவலைப்பட வேண்டும் என்று

சிலர் கருதுகின்றனர். அவர்கள் தொடக்க நிலைமை பற்றிய சிக்கலை மானசிகவியல் அல்லது மதத்திற்கான ஒரு செய்தியாகக் கருதுகின்றனர். கடவுள் சர்வவல்லமை பொருந்தியவராகையால் தாம் விரும்பிய எம்முறையிலும் அண்டத்தைத் தொடக்கி வைத்திருக்க முடியும் என அவர்கள் சொல்வார்கள். அப்படியே இருக்கட்டும். ஆனால் அந்நிலையில் அவர் அண்டத்தை முழுக்கத் தற்போக்காக வளரச் செய்துமிருக்கலாம். ஆயினும் அவர் குறிப்பிட்ட சில விதிகளின்படி, மிக ஒழுங்கான முறையில் அதனை மலர்வுறச் செய்ய முடிவெடுத்தாற்போல் தெரிகிறது. எனவே அண்டத்தின் தொடக்க நிலவரத்தை ஆளும் விதிகளும் உள்ளன எனக் கொள்வதுங்கூட அதே போல் அறிவுக்குகந்தாகவே தோன்றுகிறது.

ஆக, ஒரே வீச்சில் அண்டம் முழுவதையும் விவரிக்கிற ஒரு கோட்பாட்டை வகுப்பது மிகக் கடினம் என்றாகிறது. இதற்குப் பதிலாக நாம் இச்சிக்கலைத் துண்டு துண்டாகப் பிரித்துப் பகுதியளவிலான பல கோட்பாடுகளைக் கண்டுபிடிக்கிறோம். இந்தப் பகுதிக் கோட்பாடுகள் ஒவ்வொன்றும் நோக்கியறிதல்களின் ஒரு குறிப்பிட்ட வரம்புக்குட்பட்ட வகைத் தொகுப்பை விவரிக்கவும் ஊகிக்கவும் செய்கிறது. மற்ற அளவீடுகளின் விளைவுகளைக் கவனிக்காமல் புறந்தள்ளி விடவோ எளிய எண் கணங்களால் *[sets]* குறிக்கவோ செய்கிறது. இந்த அணுகுமுறை அறவே தவறானதாக இருக்கலாம். இவ்வண்டத்திலுள்ள ஒவ்வொன்றும் மற்ற ஒவ்வொன்றையும் அடிப்படையான வகையில் சார்ந்திருக்குமானால் சிக்கலின் பகுதிகளைத் தனித்து ஆராய்வதன் மூலம் முழுத் தீர்வை நெருங்கிச் செல்ல இயலாமற்போகலாம் என்றாலும், இந்த வழியில்தான் நாம் கடந்த காலத்தில் முன்னேற்றம் கண்டுள்ளோம் என்பது உறுதி. இதற்கும் கூட மரபான நியூட்டனின் ஈர்ப்புக் கோட்பாடுதான் தகைசான்ற எடுத்துக்காட்டாய் உள்ளது. இரு பொருளுருக்களுக்கு இடையேயான ஈர்ப்பு விசையானது ஒவ்வொரு பொருளுருவோடும் தொடர்புடைய ஓர் எண்ணை மட்டும், அதாவது அதன் நிறையை மட்டும் சார்ந்துள்ளதே தவிர மற்றபடி அந்த உருக்கள் எவற்றால் ஆனவை என்பதைச் சார்ந்திருக்கவில்லை என்று இக்கோட்பாடு நமக்குச் சொல்கிறது. இவ்வாறு கோள்களின் சுற்றுப்பாதைகளைக் கணக்கிட ஞாயிறு மற்றும் கோள்களின் கட்டமைப்பையும் யாப்பையும் *[structure and constitution]* பற்றிய ஒரு கோட்பாடு நமக்குத் தேவையில்லை.

இன்று அறிவியலர்கள் அண்டத்தை அடிப்படையான இரு பகுதிக் கோட்பாடுகள் வழியாக விவரிக்கிறார்கள். பொதுச்

சார்பியல் கோட்பாடு, அக்குவ இயந்திரவியல் [general theory of relativity and quantum mechanics] ஆகிய இரண்டுமே அவை. இக்கோட்பாடுகள் இந்நூற்றாண்டின் முதற்பாதியின் மாபெரும் அறிவுச் சாதனைகளாகும். பொதுச் சார்பியல் கோட்பாடானது ஈர்ப்பு விசையையும் அண்டத்தின் பெருவீதக் கட்டமைப்பையும் விவரிக்கிறது. பெருவீதக் கட்டமைப்பு என்பது ஒருசில கிலோமீட்டர் மட்டும் என்பதிலிருந்து 1600 கோடி கோடி கோடி (16ஐத் தொடர்ந்து இருபத்து மூன்று சுழியங்கள்) கிலோமீட்டர் வரை, அதாவது நோக்கியறியத்தக்க அண்டத்தின் உருவளவு வரைக்குமான வீதங்களிலான கட்டமைப்பே ஆகும். மறுபுறம், அக்குவ இயந்திரவியல் என்பது ஓரங்குலத்தில் இரண்டரை லட்சம் கோடியில் ஒரு பகுதியைப் போன்ற மிகவும் சிறிய அளவு வீதங்களில் புலப்பாடுகளை விவரிக்கிறது. ஆனால் வாய்ப்புக்கேடாக இந்த இரண்டு கோட்பாடுகளுமே ஒன்றுக்கொன்று முரணானவையாக அறியப்படுகின்றன. அதாவது இரண்டுமே சரியானவையாக இருக்க முடியாது. இன்று இயற்பியலில் நடைபெறும் பெருமுயற்சிகளில் ஒன்றும் இந்நூலின் மையக்கருவும் இவ்விரு கோட்பாடுகளையும் இணைக்கும்படியான ஒரு புதிய கோட்பாட்டை - ஈர்ப்பியல் அக்குவக் கோட்பாடு [quantum theory of gravity] ஒன்றை - கண்டறிவதற்கான தேடலே ஆகும். இப்படி ஒரு கோட்பாடு இது வரை நம்மிடம் இல்லை. அதற்கு நாம் இன்னமும் நெடுந்தொலைவு செல்ல வேண்டியிருக்கலாம். ஆனால் அதற்கு இருக்க வேண்டிய பண்புகளில் பலவற்றை ஏற்கெனவே நாம் அறிவோம். பின்னால் வரப்போகும் அதிகாரங்களில் பார்க்கத்தான் போகிறோம், ஈர்ப்பியல் அக்குவக் கோட்பாடு செய்தாக வேண்டிய ஊகங்களைப் பற்றி ஏற்கெனவே நாம் ஓரளவு அறிவோம்.

ஆக, அண்டம் தற்போக்கானது அன்று, அது உறுதியான திட்டவட்டமான விதிகளால் ஆளப்படுவதே ஆகும் என்று நம்புவீர்களேயானால் இறுதியில் பகுதிக் கோட்பாடுகளை நீங்கள் அண்டத்திலுள்ள ஒவ்வொன்றையும் விவரிக்கக் கூடிய முழுமையான ஒருங்கிணைந்த கோட்பாடாக [complete unified theory] இணைக்க வேண்டியிருக்கும். ஆனால் இத்தகைய முழுமையான ஒருங்கிணைந்த கோட்பாட்டுக்கான தேடலில் அடிப்படையானதொரு முரண்புதிர் [paradox] உள்ளது. அறிவியல் கோட்பாடுகள் குறித்து மேலே சுட்டப்பட்ட கருத்துக்களானவை நாம் நம் விருப்பப்படி அண்டத்தை நோக்குவதற்கும் காண்பனவற்றிலிருந்து ஏரண [logical] முடிவுகள் எடுப்பதற்கும் உரிமை பெற்ற பகுத்தறிவுப் பிராணிகள் என்று வைத்துக் கொள்கின்றன. இத்தகையதொரு திட்டவரையில் நாம் நமது

அண்டத்தை ஆளும் விதிகளை நோக்கி மென்மேலும் நெருக்கமாக முன்னேறிச் செல்லலாம் எனக் கொள்வது அறிவுக்குகந்ததே. இருப்பினும் முழுமையான ஒருகிணைந்த கோட்பாடு என்ற ஒன்று மெய்யாகவே இருந்தால், அது நமது செயல்களையும் முன்னுறுதி செய்யும் எனக் கொள்ளலாம். ஆக, அக்கோட்பாடே அதற்கான நமது தேடலின் முடிவை முன்னுறுதி செய்துவிடும்! சான்றுகளில்இருந்து சரியான முடிவுகளுக்கு நாம் வருவோம் என அது ஏன் முன்னுறுதி செய்ய வேண்டும்? அதேபோல் நாம் தவறான முடிவுக்கு வருவோம் என்றும் அது முன்னுறுதி செய்யலாம் அல்லவா? அல்லது எந்த முடிவுக்கும் வரமாட்டோம் என்றும் கூட அது முன்னுறுதி செய்யலாம் அல்லவா?

இச்சிக்கலுக்கு நான் அளிக்கக் கூடிய ஒரே விடை டார்வினின் இயற்கைத் தேர்வுக் கொள்கையை அடிப்படையாகக் கொண்டது. தன்னினப்பெருக்க உயிரிகளின் எந்த ஒரு கூட்டத்திலும் வெவ்வேறு தனியுயிர்களுக்குமான மரபீனிப் பொருட்களிலும் வளர்ப்பிலும் வேறுபாடுகள் இருக்கும் என்பதே கருத்து. இவ்வேறுபாடுகள் தரும் பொருள் என்னவென்றால், சில தனியாட்கள் மற்றவர்களைக் காட்டிலும் தங்களைச் சுற்றியுள்ள உலகத்தைப் பற்றிச் சரியான முடிவுகளை எடுக்கவும் அதற்கேற்றாற்போல் செயல்படவும் வல்லமை பெற்றவர்கள் என்பதாகும். இந்தத் தனியாட்களே பிழைத்திருந்து இனப்பெருக்கம் செய்யக் கூடுதல் வாய்ப்புள்ளவர்களாய் இருப்பார்கள், எனவே அவர்களின் நடத்தைப் பாங்கும் சிந்தனைப் பாங்கும் மேலோங்கத் தொடங்கும். அறிவு என்றும், அறிவியல் கண்டுபிடிப்பு என்றும் நாம் சொல்வது தப்பிப் பிழைத்திருப்பதாகிய ஒரு நன்மையை வழங்கியிருப்பது ஐயத்திற்கிடமின்றி கடந்தகாலத்தில் உண்மையாகவே இருந்துள்ளது. இன்றைய நிலையும் இப்படித்தானா? என்பது அவ்வளவு தெளிவாக இல்லை. நமது அறிவியல் கண்டுபிடிப்புகள் நம்மை எல்லாம் அழித்தே விடலாம். அழிக்கா விட்டாலும் கூட, ஒரு முழுமையான ஒருங்கிணைந்த கோட்பாடு என்பது நாம் பிழைத்து வாழ்வதற்கான வாய்ப்புகளில் பெரிய மாற்றம் ஏற்படுத்தி விடக் கூடுமென்பதில்லை. ஆனால் அண்டம் ஒழுங்குள்ள முறையில் மலர்வுற்றிருக்கிறது என்றால், இயற்கைத் தேர்வு நமக்கு அளித்திருக்கிற அறிவாற்றல்கள் முழுமையான ஒருங்கிணைந்த கோட்பாட்டைக் கண்டறிவதற்கான நமது தேடலிலும் பொருந்தக் கூடியதாகவே இருக்கும், ஆகவே அது நம்மைத் தவறான முடிவுகளுக்கு இட்டுச் சென்று விடாது என நாம் எதிர்பார்க்கலாம்.

நம்மிடம் ஏற்கெனவே உள்ள பகுதிக் கோட்பாடுகள் கடைக் கோடிச் சூழல்கள் தவிர மற்றெல்லாச் சூழல்களிலும் துல்லியமான ஊகங்கள் செய்வதற்குப் போதுமானவை என்பதால் அண்டம் குறித்த இறுதியான கோட்பாட்டுக்கான தேடலை நடைமுறைக் காரணங்களின் பேரில் நியாயப்படுத்துவது கடினம் எனத் தோன்றுகிறது. (ஆனால் இதே போன்ற வாதங்களைச் சார்பியல், அக்குவ இயந்திரவியல் ஆகிய இரண்டிற்கும் எதிராகப் பயன்படுத்தியிருக்க முடியும் என்பது குறிப்பிடத்தக்கது. இந்தக் கோட்பாடுகளே அணு ஆற்றல், நுண்மின்மவியல் *[microelectronics]* புரட்சி ஆகிய இரண்டையும் நமக்கு அளித்துள்ளன!) எனவே முழுமையான ஒருங்கிணைந்த கோட்பாட்டின் கண்டுபிடிப்பு நம்மினம் பிழைத்து வாழ்வதற்குக் கைகொடுக்காது போகலாம். அது நமது வாழ்க்கை முறையைக் கூட பாதிக்காமல் போகலாம். ஆனால் நாகரிகத்தின் விடியற்போதிலிருந்தே நிகழ்ச்சிகளைத் தொடர்பற்றவையாகவும், விளக்கவொண்ணாதவையாகவும் பார்ப்பதில் மனிதர்கள் ஒருபோதும் மன நிறைவு கொண்டது இல்லை. அவர்கள் உலகின் அடிநாதமாய் இருக்கும் ஒழுங்கைப் புரிந்துகொள்வதற்கு ஏங்கியிருக்கிறார்கள். நாம் ஏன் இங்கு இருக்கிறோம்? நாம் எங்கிருந்து வந்தோம்? என்பதை நாம் இன்றுங்கூட அறியத் தவிக்கிறோம். மனித இனத்தின் ஆழ்ந்த அறிவு வேட்கையே நமது தேடல் தொடர்வதை நியாயப்படுத்தப் போதுமானது. நாம் வாழும் அண்டத்தை முழுமையாக விவரிக்க வேண்டும், இதுவே நமது இலக்கு.

2
வெளியும் காலமும்

உருக்களின் இயக்கம் குறித்து இன்று நமக்கிருக்கும் கருத்துகள் கலிலியோ, நியூட்டன் காலத்திலிருந்து தொடங்குகின்றன. இவர்களுக்கு முன்பு அரிஸ்டாட்டிலை நம்பினார்கள். ஓர் உருவின் இயல்பான நிலவரம் ஓய்ந்திருப்பதே என்றும், ஒரு விசை அல்லது தூண்டலால் உந்தப்பட்டால் மட்டுமே அது இயங்குகிறது என்றும் அரிஸ்டாட்டில் கூறினார். அதாவது கனமான உரு இலேசானதைக் காட்டிலும் விரைவாக விழ வேண்டும் என்றாகிறது. ஏனென்றால் கனமானது இலேசானதைக் காட்டிலும் புவியை நோக்கிக் கூடுதல் இழுவிசை கொண்டிருக்கும்.

அண்டத்தை ஆளும் அனைத்து விதிகளையும் வெறும் சிந்தனை கொண்டு மட்டுமே வகுத்து உருவாக்கி விட முடியும் என்றுங்கூட அரிஸ்டாட்டிலிய மரபு கருதியது, அதாவது எதையும் நோக்கியறிந்து சரிபார்க்கத் தேவையில்லையாம். ஆகவே வெவ்வேறு எடையுள்ள உருக்கள் உண்மையில் வெவ்வேறு வேகங்களில்தான் விழுகின்றனவா என்பதை அறிய கலிலியோ வரும் வரை எவரும் கவலைப்படவில்லை. கலிலியோ பைசாவின் சாய்ந்த கோபுரத்திலிருந்து பற்பல எடைகளைக் கீழே போட்டு அரிஸ்டாட்டிலின் நம்பிக்கை தவறெனக் காட்டினாராம். இந்தக் கதையில் உண்மையில்லை என்று உறுதியாக நம்பலாம். ஆனால் இதற்கு நிகரான ஏதோ ஒன்றைத்தான் கலிலியோ செய்தார்: வழவழப்பான சாய்தளத்தில் வெவ்வேறு எடையுடைய பந்துகளை உருளவிட்டார். இந்நிலைமை கனமான உருக்கள் செங்குத்தாக விழும் நிலைமையைப் போன்றதே ஆகும். ஆனால் வேகங்கள் குறைவாக இருப்பதால் இதை நோக்கியறிவது எளிதாகும். உரு ஒவ்வொன்றும் அதன் எடை என்னவாயினும் ஒரே வீதத்தில் தன் வேகத்தை அதிகரித்துக் கொள்கிறது என்பதை கலிலியோவின் அளவீடுகள் காட்டின. எடுத்துக்காட்டாக, ஒவ்வொரு பத்து மீட்டர்

நீளத்துக்கும் உயரத்தில் ஒரு மீட்டர் குறையும் சாய்தளத்தில் ஒரு பந்தை உருள விட்டால் அப்பந்து ஒரு வினாடி கழித்து, வினாடிக்குச் சுமார் ஒரு மீட்டர் வேகத்திலும், இரண்டு வினாடிகள் கழித்து வினாடிக்கு இரண்டு மீட்டர் வேகத்திலும், மேலும் இவ்வாறே சாய்தளத்தில் பயணம் செய்யும் - பந்து எவ்வளவு கனமாய் இருந்தாலும் சரி! இறகைக் காட்டிலும் ஈயக் குண்டு விரைந்து விழுந்தால், ஆனால் இறகின் வேகம் காற்றுத் தடையினால் குறைக்கப்படுவதே இதற்குக் காரணம். இருவேறு ஈய எடைகள் போன்ற, காற்றுத் தடை அதிகமில்லாத இரு பொருட்களைக் கீழே போட்டால் இரண்டும் ஒரே வீதத்தில் விழும். வேகத்தை மட்டுப்படுத்தக் காற்றே இல்லாத நிலவில் விண்ணோடி டேவிட் ஆர். ஸ்காட் இறகுஈயக் குண்டுச் சோதனையைச் செய்து பார்த்து, உள்ளபடியே அவை ஒரே நேரத்தில் தரையைத் தொடக் கண்டார்.

நியூட்டன் தனது இயக்க விதிகளுக்கு *[laws of motion]* அடிப்படையாக கலிலியோவின் அளவீடுகளைப் பயன்படுத்தினார். கலிலியோவின் சோதனைகளில் ஒரு பொருளூரு சாய்தளத்தில் உருண்டு செல்லச் செல்ல அதன் மீது எப்போதுமே ஒரே விசை (அதன் எடை) செயல்பட்டது. விளைவு ஓயாமல் அதனை விரைவுபடுத்துவதாக இருந்தது. இதிலிருந்து தெரிய வந்தது என்னவென்றால், ஒரு விசை ஏற்படுத்தும் மெய்யான விளைவு எப்போதுமே ஓர் உருவின் விரைவை மாற்றுவதாகுமே தவிர முன்பு கருதியது போல் அதனை இயங்கச் செய்வது மட்டுமன்று. ஓர் உருவின் மீது எந்த ஒரு விசையும் செயல்படாமல் இருக்கும் போதெல்லாம் அது நேர்கோட்டில் ஒரே வேகத்தில் சென்று கொண்டே இருக்கும் என்பதும் இதன் பொருளாயிற்று. முதன் முதலில் இக்கருத்து 1687இல் வெளியிடப்பட்ட நியூட்டனின் கணக்கியல் கொள்கைகள் *[Principia Mathematica]* நூலில் வெளிப்படையாகக் கூறப்பட்டது. இதுவே நியூட்டனின் முதல் விதி என அறியப்படுகிறது. ஓர் உருவின் மீது ஒரு விசை செயல்படும் போது அவ்வுருவுக்கு என்ன நேரிடுகிறது என்பதை நியூட்டனின் இரண்டாம் விதி அறியத் தருகிறது. விசைக்கு நேர்த்தகவான வீதத்தில் உரு முடுக்கம் *[acceleration]* பெறும், அதாவது தன் வேகத்தை மாற்றிக் கொள்ளும் என்று இவ்விதி கூறும். (எடுத்துக்காட்டாக, விசை இரு மடங்கு அதிகரித்தால் முடுக்கமும் இரு மடங்கு அதிகரிக்கிறது.) மேலும் உருவின் நிறை (அல்லது பருப்பொருளின் அளவு) எந்த அளவுக்கு அதிகரிக்கிறதோ முடுக்கம் அந்த அளவுக்குக் குறைகிறது. (உருவின் நிறை இரு மடங்காகி அதன் மீது செயல்படும் விசையில்

மாற்றமில்லா விட்டால் அது தோற்றுவிக்கும் முடுக்கம் பாதியாகி விடும்.) நன்கறிந்த எடுத்துக்காட்டாக ஊர்தியைக் குறிப்பிடலாம்: அதன் எஞ்சின் எந்த அளவுக்குத் திறனுடையதோ முடுக்கம் அந்த அளவுக்கு அதிகமாகும். ஆனால் ஊர்தி எந்த அளவுக்குக் கனமானதோ, அதே எஞ்சினுக்கு முடுக்கம் அந்த அளவுக்குக் குறைவாகும். நியூட்டன் தன் இயக்க விதிகளோடு கூடுதலாக ஈர்ப்பு விசையை விவரிப்பதற்கான ஒரு விதியையும் கண்டுபிடித்தார். ஒவ்வோர் உருவும் மற்ற ஒவ்வோர் உருவையும் அதனதன் நிறைக்கு நேர்த்தகவிலான விசை கொண்டு கவர்கிறது என இவ்விதி கூறும். இவ்வாறு இரு உருக்களில் ஒன்றின் (உரு **அ** என்க) நிறை இரு மடங்கானால், அவ்விரண்டுக்கும் இடையிலான விசையும் இரு மடங்கு வலிமை பெறும். இதையே நீங்கள் எதிர்பார்க்கக் கூடும். ஏனென்றால் புதிய **அ** உருவைப் பழைய நிறையைக் கொண்ட இரு பொருட்களாலானதாகக் கருதிப் பார்க்கலாம். ஒவ்வொன்றும் **ஆ** எனும் உருவைப் பழைய விசை கொண்டு கவரும். இவ்வாறு **அ**, **ஆ** இடையிலான மொத்த விசை பழைய விசையைப் போல் இரு மடங்காக இருக்கும். உருக்களில் ஒன்று இரு மடங்கு நிறையும் மற்றொன்று மும்மடங்கு நிறையும் உடையதானால் விசை ஆறு மடங்கு வலிமை கொண்டிருக்கும். எல்லா உருக்களும் ஒரே வேகத்தில் விழுவது ஏன் என்பதை இப்போது புரிந்துகொள்ள முடியும்: ஓர் உருவின் எடை இரு மடங்காகும் போது அதனைக் கீழ் நோக்கி இழுக்கும் ஈர்ப்பு விசையும் இரு மடங்காகும், அதன் நிறையும் இரு மடங்காகும். நியூட்டனின் இரண்டாம் விதியின்படி, இவ்விரு விளைவுகளும் துல்லியமாக ஒன்றையொன்று நீக்கிக் கொள்ளும். எனவே எல்லா நேர்வுகளிலும் முடுக்கம் மாறாதிருக்கும்.

உருக்கள் எந்த அளவுக்கு விலகியுள்ளனவோ விசை அந்த அளவுக்குக் குறைவாகும் என்பதையும் நியூட்டனின் ஈர்ப்பு விதி நமக்குச் சொல்கிறது. அதாவது ஒரு விண்மீனின் ஈர்ப்புக் கவர்ச்சி பாதித் தொலைவிலுள்ள அதே போன்ற ஒரு விண்மீனின் ஈர்ப்புக் கவர்ச்சியில் துல்லியமாகக் கால்பங்காகும் என்று இவ்விதி கூறும். இவ்விதி புவி, நிலா, கோள்கள் ஆகியவற்றின் சுற்றுப்பாதைகளை மிகத் திருத்தமாய் ஊகித்தறிகிறது. ஒரு விண்மீனின் ஈர்ப்புக் கவர்ச்சி தொலைவுக்கேற்ப விரைவாகக் குறைந்து செல்வதோ துரிதமாக அதிகரித்துச் செல்வதோ விதியாக இருக்குமானால், கோள்களின் சுற்றுப்பாதைகள் நீள்வட்டங்களாக இருக்க மாட்டா. அவை திருகிச் சென்று ஞாயிற்றுக்குள் போய் விழும் அல்லது ஞாயிற்றிலிருந்து தப்பிச் செல்லும்.

அரிஸ்டாட்டில் கருத்துகளுக்கும் கலிலியோ, நியூட்டன் ஆகியோரின் கருத்துகளுக்கும் இடையிலான பெரும் வேறுபாடு இதுதான்: எந்த உருவும் ஏதேனும் ஒரு விசை அல்லது தூண்டலால் உந்தப்படா விட்டால் அது ஓய்வு நிலவரத்தையே மேலென விரும்பும் என்பதில் அரிஸ்டாட்டில் நம்பிக்கை வைத்திருந்தார். குறிப்பாகச் சொன்னால் புவி ஓய்வு நிலையில் இருப்பதாக அவர் நினைத்தார். ஆனால் ஓய்வு என்பதற்குத் தனித்துவமான அளவுத் திட்டம் ஏதுமில்லை என்பது நியூட்டனின் விதியிலிருந்து தெரிய வருகிறது. **அ** உரு ஓய்வில் இருந்தது தொடர்பாக **ஆ** உரு மாறா வேகத்தில் நகர்ந்து கொண்டிருந்தது என்றும் சொல்லலாம், அல்லது **ஆ** உரு ஓய்விலிருந்தது தொடர்பாக **அ** உருதான் நகர்ந்து கொண்டிருந்தது என்றும் சொல்லலாம். எடுத்துக்காட்டாக, புவியின் சுழற்சியையும் அது ஞாயிற்றைச் சுற்றுவதையும் சற்றே ஒதுக்கி விடுவோமானால், புவி ஓய்வு நிலவரத்தில் இருப்பதாகவும் அதன் மீது ஒரு தொடர்வண்டி மணிக்கு 30 மைல் வேத்தில் கிழக்கு நோக்கிப் பயணம் செய்கிறதென்றும் சொல்லலாம், அல்லது தொடர்வண்டி ஓய்வு நிலவரத்தில் இருப்பதாகவும் புவி மணிக்கு 30 மைல் வேத்தில் மேற்கு நோக்கி நகர்கிறதென்றும் சொல்லலாம். நகரும் உருக்களைத் தொடர்வண்டியில் வைத்துச் சோதனைகள் நடத்தினால், நியூட்டனின் விதிகளெல்லாம் அப்போதும் பொருந்தும். எடுத்துக்காட்டாக, தொடர்வண்டியில் பிங்பாங் (டேபிள் டென்னிஸ்) விளையாடுகையில் இருப்புப் பாதைக்கு அருகிலுள்ள மேசையில் விளையாடப்படும் ஒரு பந்தைப் போலவே இந்தப் பந்தும் நியூட்டனின் விதிகளுக்குப் பணிந்து நடக்கக் காணலாம். எனவே நகர்ந்து செல்வது தொடர்வண்டியா? புவியா? என்பதைச் சொல்ல வழியே இல்லை.

ஓய்வு என்பதற்கு அறுதியான *[absolute]* அளவுத் திட்டம் ஒன்று இல்லாமற் போனதன் பொருள் என்னவென்றால், வெவ்வேறு நேரங்களில் நடந்த இரு நிகழ்ச்சிகள் வெளியில் ஒரே அமைவிடத்தில் நிகழ்ந்தனவா என்பதை உறுதிசெய்ய முடியவில்லை. எடுத்துக்காட்டாக, தொடர்வண்டியில் நமது பிங்பாங் பந்து நேராக மேலும் கீழும் துள்ளி ஒரு வினாடி இடைவெளி விட்டு மேசையில் இருமுறை ஒரே இடத்தில் படுவதாகக் கொள்வோம். வழியில் நிற்பவருக்கு இரு துள்ளல்களும் சுமார் 13 மீட்டர் விலகி நடப்பதாகத் தோன்றும். ஏனெனில் பந்தின் துள்ளல்களுக்கிடையில் தொடர்வண்டி இருப்புப் பாதையில் அவ்வளவு தொலைவு சென்றிருக்கும்.

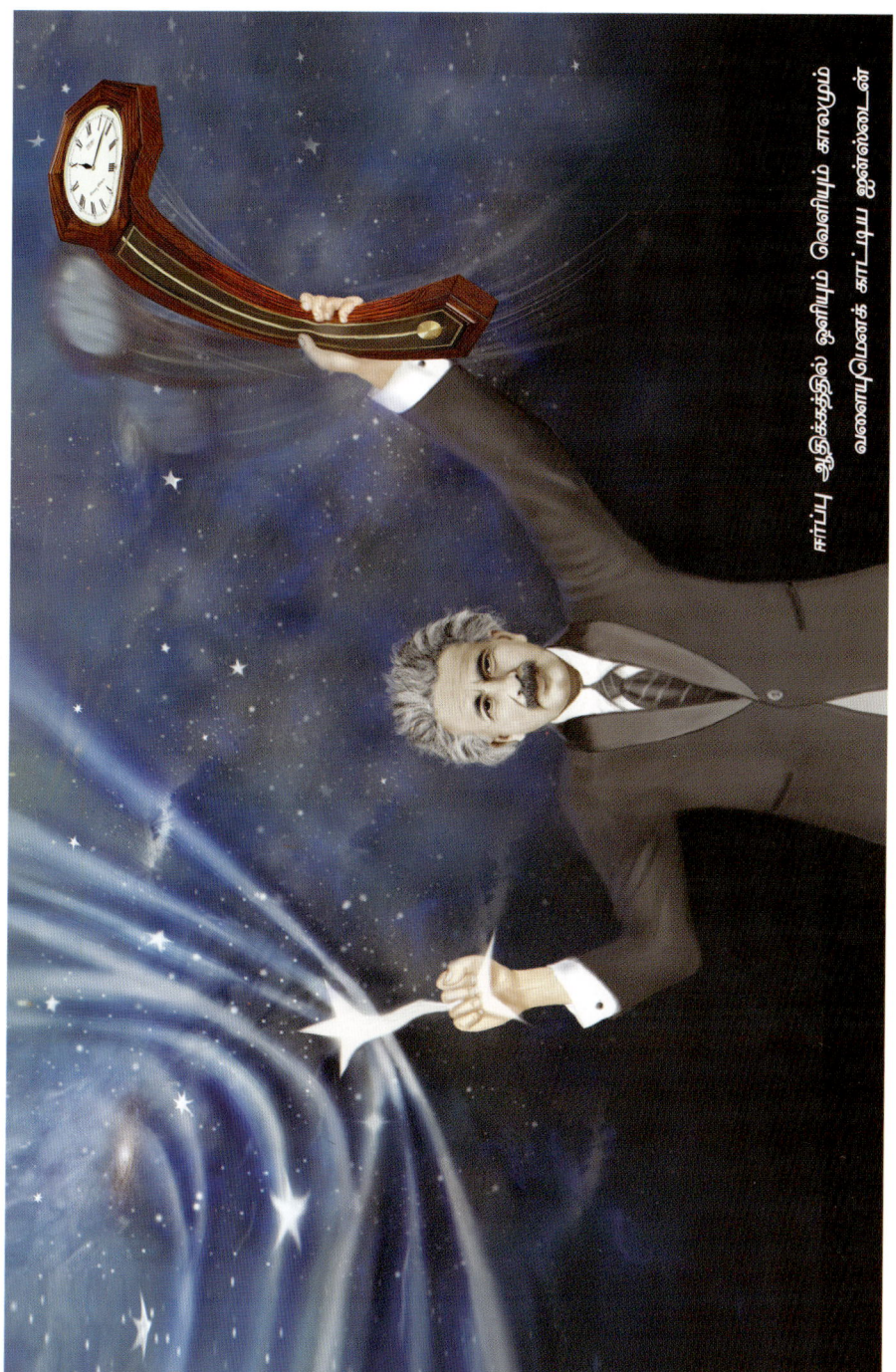

ஈர்ப்பு ஆதிக்கத்தில் ஒளியும் வெளியும் காலமும்
வளையுமெனக் காட்டிய ஐன்ஸ்டைன்

எனவே அறுதி ஓய்வு [absolute rest] என்று ஒன்றேயில்லை என்பதன் பொருள் அரிஸ்டாட்டில் நம்பியது போல் ஒரு நிகழ்ச்சிக்கு நம்மால் வெளியில் ஓர் அறுதி அமைவிடம் [absolute position] தர முடியாது என்பதே. நிகழ்ச்சிகள் நடந்தேறிய அமைவிடங்களும் அவற்றிற்கிடையேயான தொலைவுகளும் தொடர்வண்டியில் இருப்பவருக்கும் வழியில் நிற்பவருக்கும் வெவ்வேறாக இருக்கும். ஒருவரின் அமைவிடத்தை மற்றவரின் அமைவிடத்தைக் காட்டிலும் மேலென விரும்பக் காரணமேதும் இருக்காது.

நியூட்டன் இந்த அறுதி அமைவிடம் அல்லது அறுதி வெளி [absolute space] இல்லாமற்போனதால் பெரிதும் கவலையுற்றார். ஏனெனில் அது அறுதிக் கடவுள் எனும் அவரது கருத்தோடு ஒத்துப்போகவில்லை. அறுதி வெளி என்ற ஒன்று இல்லை என்பதை அவரது விதிகளே குறித்தன என்ற போதிலுங்கூட அவர் இதனை ஏற்க மறுத்தார் என்பதே உண்மை. அறிவுக்கு ஒவ்வாத இந்த நம்பிக்கையினால் அவரைப் பலரும் கடுமையாக விமர்சித்தார்கள். இவர்களில் மிகவும் குறிப்பிடத் தக்கவர் சமயக்குரு பிஷப் பெர்க்லி எனலாம். பருப்பொருட்கள், வெளி, காலம் எல்லாமே மாயை என நம்பிய மெய்யியலர் இவர். புகழ் வாய்ந்த முனைவர் ஜான்சனிடம் பெர்க்லியின் கருத்து பற்றிக் கூறிய போது, அவர், "நான் இதை இவ்விதம் மறுதலிக்கிறேன் பார்!" என்று கத்திக் கொண்டே தன் கால் விரலை ஒரு பெரிய கல்லின் மீது அழுத்தித் தேய்த்தாராம்.

அரிஸ்டாட்டில், நியூட்டன் இருவருமே அறுதிக் காலம் என்பதில் நம்பிக்கை வைத்திருந்தனர். அதாவது இரு நிகழ்ச்சிகளுக்கு இடைப்பட்ட கால இடைவெளியை ஐயந்திரிபற அளவிட முடியுமென்றும், இந்தக் காலத்தை அளப்பவர் யாராயினும் ஒரு நல்ல கடிகாரத்தைப் பயன்படுத்துவதாய் இருந்தால் காலம் ஒன்றாகவே இருக்கும் என்றும் அவர்கள் நம்பினார்கள். காலம் என்பது வெளி என்பதிலிருந்து அறவே வேறானதும் சார்பற்றதும் ஆகும் எனக் கருதினர். பெரும்பாலானவர்கள் இதையே நல்லறிவுப் பார்வை எனக் கருதுவார்கள். ஆனால் வெளி, காலம் பற்றிய நமது கருத்துகளை மாற்றிக் கொள்ள வேண்டியதாயிற்று. நல்லறிவுப் பார்வைகளாகத் தோன்றும் நமது கருத்துகள் ஒப்பளவில் மெதுவாகச் செல்லும் ஆப்பிள்கள் அல்லது கோள்கள் போன்றவற்றை எடுத்துக்கொள்ளும்போது சிறப்பாகப் பயன்படுகின்றன என்ற போதிலும், ஒளியின் வேகத்திலோ அல்லது அதற்கு நெருக்கமான வேகத்திலோ செல்கிறவற்றுக்குக் கிஞ்சிற்றும் பயன்படுவதில்லை.

ஒளி ஓர் ஈறுள்ள, ஆனால் மிக உயர்ந்த வேகத்தில் பயணம் செய்கிறது என்ற உண்மையை 1676இல் டென்மார்க் வானியலர் ஓலே கிரிஸ்டென்சன் ரோமர் *[Ole Christensen Roemer]* என்பவர்தான் முதன்முதலில் கண்டுபிடித்தார். வியாழனை அதன் நிலாக்கள் மாறா வேகத்தில் சுற்றி வருமானால் அவை அதற்குப் பின்புறமாகச் செல்வதாகத் தோன்றும் தருணங்கள் சமச்சீராக இடைவெளி விட்டு அமைந்திருக்கும் என்று எதிர்பார்க்கப்படும். ஆனால் அவை அப்படி அமைந்திருக்கவில்லை என்பதை ரோமர் நோக்கியறிந்தார். புவியும் வியாழனும் ஞாயிற்றைச் சுற்றி வரும் போது அவற்றுக்கிடையேயான தொலைவு மாறுகிறது. நாம் வியாழனிலிருந்து எந்த அளவுக்குத் தொலைவில் இருக்கிறோமோ வியாழனின் நிலாக்களில் ஏற்படும் மறைப்புகள் [கிரகணங்கள்] அந்த அளவுக்குக் காலம் தாழ்ந்தே தெரிவதை ரோமர் கண்டார். நாம் தொலைவாக இருக்கும் போது நிலாக்களிலிருந்து ஒளி நம்மை வந்து அடைவதற்கு நீண்ட காலம் ஆவதே இதற்குக் காரணமென அவர் வாதிட்டார். ஆனால் வியாழனிலிருந்து புவிக்குள்ள தொலைவில் ஏற்படும் மாற்றங்களை அவ்வளவு துல்லியமாக அளவிட்டு விடவில்லை. ஆகவே ஒளியின் வேகத்துக்கான அவரது மதிப்பீடு வினாடிக்கு 2,25,308 கிமீ என்பதாக இருந்தது. புதுமக்காலத்திய மதிப்பீடான வினாடிக்கு 2,99,338 கிமீ என்பதோடு இதனை ஒப்பிட்டுக் கொள்ளலாம். எப்படியானாலும் ஒளி ஓர் ஈறுள்ள வேகத்தில் பயணம் செய்கிறது என்பதை மெய்ப்பித்ததில் மட்டுமல்லாமல், அந்த வேகத்தை அளவிட்டும் காட்டி ரோமர் செய்த இச்சாதனை, அதுவும் நியூட்டன் கணக்கியல் கொள்கைகள் நூலை வெளியிடுவதற்குப் பதினோராண்டுகள் முன்பே செய்த இச்சாதனை குறிப்பிடத்தக்கதாகும்.

ஒளிப் பரவல் பற்றிய ஒரு சரியான கோட்பாடு 1865 வரை உருவாகாமல் இருந்தது. அந்த ஆண்டில்தான் பிரித்தானிய இயற்பியலர் ஜேம்ஸ் க்ளார்க் மேக்ஸ்வெல் அது வரை மின் விசையையும் காந்த விசையையும் விவரிப்பதற்குப் பயன்படுத்தப்பட்டு வந்த பகுதிக் கோட்பாடுகளை ஒருங்கிணைப்பதில் வெற்றி கண்டார். ஒன்றிணைந்த மின்காந்தப் புலத்தில் *[electromagnetic field]* அலை போன்ற அசைவுகள் இருக்கக் கூடுமென்றும், இவை குளத்தின் சிற்றலைகள் போல் நிலையான வேகத்தில் பயணம் செய்யுமென்றும் மேக்ஸ்வெல்லின் சமன்பாடுகள் ஊகித்தறிந்தன. இந்த அலைகளின் அலைநீளம் (ஓர் அலை முகட்டுக்கும் அடுத்த அலை முகட்டுக்கும்

இடைப்பட்ட தொலைவு) 1 மீட்டர் அல்லது அதற்கு மேல் இருக்குமானால், அவற்றையே நாம் இப்போது கதிரலைகள் *[radio waves]* என்கிறோம். குறுகிய அலைநீளங்கள் நுண்ணலைகள் (ஒரு சில சென்டிமீட்டர்கள்) அல்லது அகச்சிவப்பு (ஒரு சென்டிமீட்டரில் பத்தாயிரத்தில் ஒரு பங்குக்கு மேல்) என அறியப்படுகின்றன. கண்ணுறு ஒளியின் *[visible light]* அலைநீளம் ஒரு சென்டிமீட்டரில் 4 முதல் 8 கோடியில் ஒரு பங்குதான். இதைவிடவும் குறுகிய அலைநீளங்கள் புறவூதாக் கதிர் என்றும் ஊடு கதிர் *[Xray]* என்றும் காமாக் கதிர் என்றும் அறியப்படுகின்றன.

கதிரலைகள் அல்லது ஒளியலைகள் குறிப்பிட்ட நிலையான வேகத்தில் பயணம் செய்யுமென மேக்ஸ்வெல்லின் கோட்பாடு ஊகித்தறிந்தது. ஆனால் நியூட்டனின் கோட்பாடு அறுதி ஓய்வுநிலவரம் என்ற கருத்தைத் தொலைத்துக் கட்டியிருந்தது. எனவே ஒளி நிலையான வேகத்தில் பயணம் செய்வதாக வைத்துக் கொண்டால், எதனுடன் ஒப்பளவில் அந்த நிலையான வேகத்தை அளவிட வேண்டும் என்பதைச் சொல்ல வேண்டி இருக்கும். ஆகவே எல்லா இடங்களிலும், “வெற்று” வெளியிலுங்கூட இருக்கிற ‘ஈதர்’ என்கிற பொருள் இருப்பதாகக் கருத்துக் கூறப்பட்டது. ஒலியலைகள் காற்றினூடே பயணம் செய்வது போல், ஒளியலைகள் ஈதரினூடே பயணம் செய்யும். எனவே அவற்றின் வேகம் ஈதருக்கு ஒப்பளவாய் இருக்க வேண்டும். ஈதரைச் சார்ந்து நகரும் வெவ்வேறு நோக்கர்கள் ஒளி தங்களை நோக்கி வெவ்வேறு வேகங்களில் வரக் காண்பார்கள். ஆனால் ஈதரைச் சார்ந்து ஒளியின் வேகம் நிலையானதாயிருக்கும். குறிப்பாகச் சொல்வதென்றால், புவி ஞாயிற்றைச் சுற்றி வரும் தனது பாதையில் ஈதரினூடே நகர்ந்து கொண்டிருக்கையில், ஈதரினூடே புவி நகரும் திசையில் (நாம் ஒளி மூலத்தை நோக்கி நகரும் போது) அளவிடப்படும் ஒளியின் வேகமானது, புவியின் நகர்வுக்குச் செங்கோணங்களில் (நாம் ஒளி மூலத்தை நோக்கி நகராத போது) அளவிடப்படும் ஒளியின் வேகத்தைக் காட்டிலும் அதிகமானதாக இருக்கும். 1887இல் கிளீவ்லாந்தில் செயல்முறை அறிவியலுக்கான கேஸ் கல்லூரியில் மிகவும் கவனமாக ஒரு சோதனையை ஆல்பெர்ட் மைக்கெல்சன் (இவர் பின்னாளில் இயற்பியலுக்கான நோபல் பரிசு பெற்ற முதல் அமெரிக்கரானார்), எட்வர்ட் மார்லி ஆகியோர் நடத்தினர். புவி நகரும் திசையில் செல்லும் ஒளியின் வேகத்தைப் புவியின் நகர்வுக்குச் செங்கோணங்களில் செல்லும் ஒளியின் வேகத்துடன் அவர்கள் ஒப்பு நோக்கினார்கள். இரண்டும் துல்லியமாய் ஒன்றாய் இருக்கக் கண்டு வியப்புற்றனர்!

ஈதரினூடாகச் செல்லும் போது பொருட்கள் சுருக்கமடைவதும் கடிகாரங்கள் வேகம் குறைவதுமான வழியில் மைக்கெல்சன்-மார்லி சோதனையின் முடிவுக்கு விளக்கம் தர 1887க்கும் 1905க்கும் இடையே பல முயற்சிகள் நடைபெற்றன. இப்படி முயன்றவர்களில் டச்சு இயற்பிலர் ஹென்றிக் லாரண்ட்ஸ் குறிப்பிடத்தக்கவர். ஆனால் அறுதிக் காலம் என்ற கருத்தைக் கைவிட சித்தமாயிருந்தால் ஈதர் என்ற முழுக் கருத்துமே தேவையற்றது என்பதை சுவிட்சர்லாந்து காப்புரிமை அலுவலகத்தில் அதுவரை வெளியில் தெரியாத எழுத்தராய் இருந்த ஆல்பர்ட் ஐன்ஸ்டைன் 1905இல் ஒரு புகழ்வாய்ந்த ஆய்வேட்டில் சுட்டிக் காட்டினார். ஒரு சில வாரம் கழித்து முன்னணி பிரெஞ்சுக் கணக்கியலர் ஹென்றி பாயின்கேர் *[Henri Poincare]* இதே போன்ற கருத்தைச் சொன்னார். இதைக் கணக்கியல் சிக்கலாகக் கருதிய பாயின்கேரின் வாதங்களைக் காட்டிலும், ஐன்ஸ்டைனின் வாதங்கள் இயற்பியலுக்கு அணுக்கமாய் இருந்தன. புதிய கோட்பாட்டிற்கான பெருமை வழக்கமாக ஐன்ஸ்டைனுக்கே தரப்படுகிறது. ஆனால் பாயின்கேரின் நினைவைப் போற்றும் வகையில் இக்கோட்பாட்டின் முக்கியப் பகுதி ஒன்றோடு அவரது பெயர் இணைத்துப் பேசப்படுகிறது.

தடையின்றி நகரும் எல்லா நோக்கர்களுக்கும், அவர்களின் வேகம் என்னவாயினும், அறிவியல் விதிகள் மாறுபடாதிருக்க வேண்டும் என்பதே சார்பியல் கோட்பாடு என அழைக்கப்பட்டதன் அடிப்படைக் கூறு. இது நியூட்டனின் இயக்க விதிகளுக்குப் பொருந்தியது. ஆனால் இப்போது இக்கருத்து விரிவாக்கப்பட்டு மேக்ஸ்வெல் கோட்பாடும் ஒளி வேகமும் அதில் சேர்க்கப்பட்டன: எல்லா நோக்கர்களும் அவர்கள் எவ்வளவு வேகமாக நகர்ந்து கொண்டிருந்தாலும் சரி, ஒரே ஒளி வேகத்தையே அளவிடுவர். இந்த எளிய கருத்துக்குக் குறிப்பிடத்தக்க சில தொடர்விளைவுகள் உள்ளன. இவற்றில் நன்கறியப்பட்டவை என்று நிறை, ஆற்றல் ஆகியவற்றின் இணைதிறனையும் *[equivalence]*, எதனாலும் ஒளி வேக்த்தைக் காட்டிலும் விரைவாகப் பயணம் செய்ய இயலாது என்ற விதியையும் குறிப்பிடலாம். மேற்கூறிய இணைதிறனைத்தான் $E = mc^2$ (இங்கு E என்பது ஆற்றல், m என்பது நிறை, c என்பது ஒளியின் வேகம்) என்ற ஐன்ஸ்டைனின் புகழ்வாய்ந்த சமன்பாடு குறித்திடுகிறது. ஆற்றல், நிறை ஆகியவற்றுக்குள்ள இணைதிறனின் காரணத்தால், பொருளுக்கு அதன் இயக்கத்தின் பயனாய் வாய்த்திருக்கும் ஆற்றல் அதன் நிறையைக் கூடுதலாக்கும். வேறு வகையில்

சொல்வதென்றால், இது அதன் வேகத்தை அதிகப்படுத்துவதை மேலும் கடினமாக்கும். இவ்விளைவு ஒளி வேகத்துக்கு நெருக்கமான வேகங்களில் செல்லும் பொருட்களுக்கு மட்டுமே உண்மையில் முக்கியத்துவம் வாய்ந்தது. எடுத்துக்காட்டாக, ஒரு பொருளின் வேகம் ஒளி வேகத்தில் 10 விழுக்காடாக இருக்கும்போது அதன் நிறை இயல்பைக் காட்டிலும் 0.5 விழுக்காடுதான் அதிகமாக இருக்கும். அதேபோது பொருளின் வேகம் ஒளி வேகத்தில் 90 விழுக்காடாக இருக்கும் போது அதன் நிறை அதன் இயல்பைப் போல் இரு மடங்குக்கும் கூடுதலாக இருக்கும். ஒரு பொருள் ஒளி வேகத்தை நெருங்க நெருங்க இதன் நிறை மென்மேலும் துரிதமாக உயர்ந்து செல்கிறது. எனவே அது தன்னை மேலும் விரைவுப்படுத்திக் கொள்வதற்கு இன்னும் இன்னும் அதிக ஆற்றலைப் பயன்படுத்துகிறது. எனவே அதனால் ஒருபோதும் ஒளி வேகத்தை அடைய முடியாது என்பதே உண்மை. ஏனெனில் அந்நிலையில் அதன் நிறை ஈறிலியாகியிருக்கும். நிறை, ஆற்றலின் இணைதிறனினால் அது ஒளி வேகத்தை அடையுமாறு செய்வதற்கு ஈறிலா அளவில் ஆற்றல் தேவைப்பட்டிருக்கும். இந்தக் காரணத்தினால் இயல்பான எந்தப் பொருளும் ஒளி வேகத்தைக் காட்டிலும் குறைந்த வேகங்களில் நகருமாறு என்றென்றும் சார்பியலால் கட்டுப்படுத்தப்படுகிறது. ஒளி வேகத்தில் செல்ல ஒளியால் மட்டுமே முடியும், அல்லது உள்ளார்ந்த நிறையேதுமில்லாத ஏனைய அலைகளால்தான் முடியும்.

இதே போல் குறிப்பிடத்தக்கதாய் சார்பியல் ஏற்படுத்திய ஒரு விளைவு வெளி, காலம் குறித்த நம் கருத்துகளைப் புரட்சிகரமாய் மாற்றியமைத்ததாகும். நியூட்டன் கோட்பாட்டில் ஒளித் துடிப்பொன்று ஓரிடத்திலிருந்து மற்றோரிடத்துக்கு அனுப்பப்பட்டால், அதைக் காணும் வெவ்வேறு நோக்கர்கள் ஒளி பயணம் செய்ய எடுத்துக் கொண்ட காலம் குறித்து உடன்படுவார்கள் (ஏனென்றால் காலம் அறுதியானது). ஆனால் ஒளி எத்தனைத் தொலைவு பயணம் செய்தது என்பது குறித்து எல்லா நேரங்களிலும் உடன்பட மாட்டார்கள் (ஏனென்றால் வெளி அறுதியானதன்று). ஒளியின் வேகம் அது பயணம் செய்த தொலைவை அதற்கு எடுத்துக் கொண்ட காலத்தால் வகுத்து வருவதே என்பதால், வெவ்வேறு நோக்கர்கள் ஒளிக்கு வெவ்வேறு வேகங்கள் அளவிடுவார்கள். மறுபுறம் சார்பியலில், எவ்வளவு விரைவாக ஒளி பயணம் செய்கிறது என்பது குறித்து எல்லா நோக்கர்களும் உடன்பட்டாக வேண்டும். ஆனால் இப்போது ஒளி பயணம் செய்த தொலைவு

குறித்து அவர்கள் உடன்படுவதில்லை. ஆகவே இப்போதும் காலம் குறித்து அவர்கள் முரண்பட்டாக வேண்டும். (பயணம் செய்ய ஒளி எடுத்துக் கொண்ட காலம் என்பது ஒளி பயணம் செய்த தொலைவை - எது குறித்து நோக்கர்கள் உடன்படவில்லையோ அதனை - ஒளியின் வேகத்தால் - எது குறித்து அவர்கள் உடன்படவே செய்கிறார்களோ அதனால் - வகுத்து வருவதாகும்.) வேறு வகையில் சொல்வதனால் சார்பியல் கோட்பாடு அறுதிக் காலம் என்கிற கருத்துக்கு முற்றுப் புள்ளி வைத்தது! ஒவ்வொரு நோக்கருக்கும் அவருடன் எடுத்துச் செல்லும் ஒரு கடிகாரத்தால் பதியப்பட்டவாறு அவருக்கேயுரிய கால அளவு இருக்க வேண்டும் என்றும், வெவ்வேறு நோக்கர்கள் எடுத்துச் செல்லும் முழுதொத்த கடிகாரங்கள் *[identical clocks]* இசைவாகத்தான் இருக்க வேண்டும் என்ற தேவை இருக்காது என்றும் தோன்றியது.

ஒளித் துடிப்பு ஒன்றையோ கதிரலைகளையோ அனுப்பி ஒவ்வொரு நோக்கரும் ஒரு நிகழ்ச்சி எங்கு, எப்போது நடைபெறுகிறது என்பதைச் சொல்வதற்குத் தொலைநிலைமானியைப் (ரேடார்) பயன்படுத்தலாம். ஒளித் துடிப்பின் ஒரு பகுதி நிகழ்ச்சியிலிருந்து திரும்ப எதிரடிக்கப்படுகிறது. நோக்கர் தனக்கு எதிரடிப்பு வந்தடையும் நேரத்தை அளவிட்டுக் கொள்கிறார். அப்படியானால் நிகழ்ச்சியின் நேரமானது துடிப்பு அனுப்பப்பட்டதற்கும் எதிரடிப்பு திரும்பப் பெறப்பட்டதற்கும் இடைப்பட்ட நடு மையமான நேரமே எனச் சொல்லப்படுகிறது. நிகழ்ச்சியின் தொலைவானது இவ்விதம் போய்த் திரும்புவதற்கு எடுத்துக் கொண்ட நேரத்தில் பாதியை ஒளியின் வேகத்தால் பெருக்கி வருவதாகும். (இந்தப் பொருளில் ஒரு நிகழ்ச்சி என்பது வெளியில் ஓர் ஒற்றைப் புள்ளியில், காலத்தில் ஒரு குறிப்பிட்டப் புள்ளியில் நடைபெறுகிற ஏதோ ஒன்றாகும்.) இந்தக் கருத்து 2.1 படத்தில் விளக்கிக் காட்டப்படுகிறது. அது வெளி-கால வரைபடத்திற்கான ஓர் எடுத்துக்காட்டாகும். ஒருவரைச் சார்ந்து ஒருவர் நகர்ந்து கொண்டிருக்கும் நோக்கர்கள் இந்த வழிமுறையைப் பயன்படுத்தி ஒரே நிகழ்ச்சிக்கு வெவ்வேறு நேரங்களும் அமைவிடங்களும் உரித்தாக்குவார்கள். குறிப்பிட்ட நோக்கரின் எந்த அளவீடுகளும் வேறு எந்த ஒரு நோக்கரின் அளவீடுகளை விடவும் எவ்வகையிலும் கூடுதலளவுக்குச் சரியானவையல்ல. ஆனால் எல்லா அளவீடுகளும் சார்புநிலைப்பட்டவையே. எந்த ஒரு நோக்கரும் வேறெந்த ஒரு நோக்கரின் சார்பியல் திசைவேகத்தையும் *[veloicity]* அறிந்திருந்தால், அவரால் அந்த வேறொரு நோக்கர் ஒரு

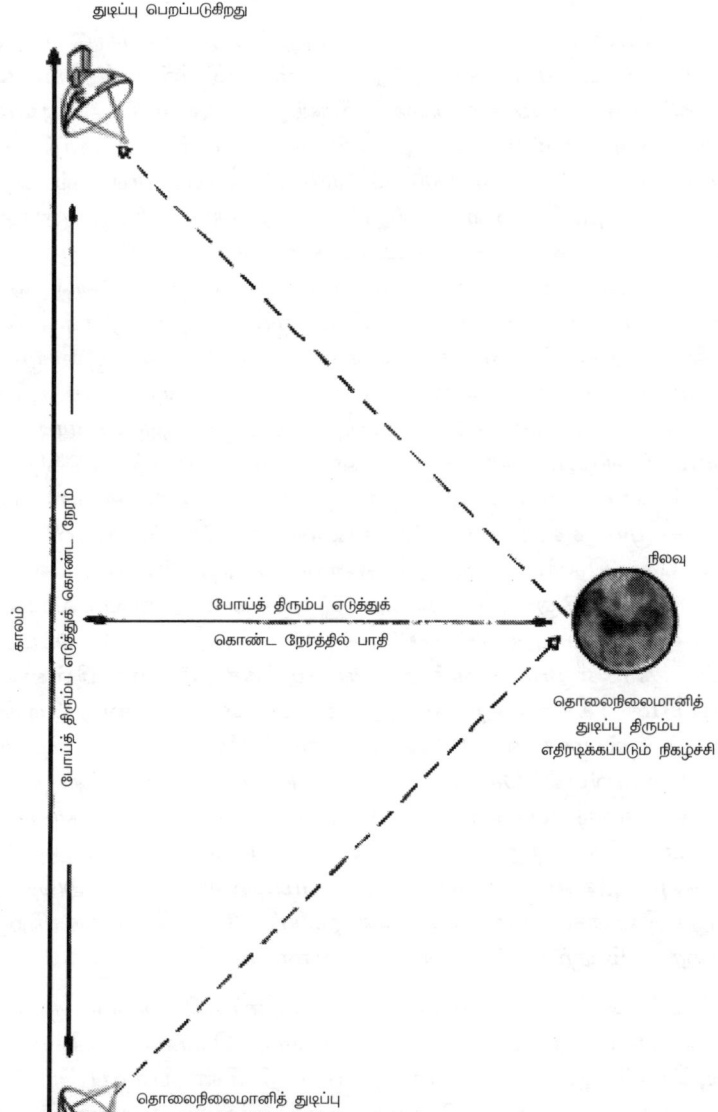

தொலைநிலைமானியின்
துடிப்பு பெறப்படுகிறது
காலம்
போய்த் திரும்ப எடுத்துக் கொண்ட நேரம்
போய்த் திரும்ப எடுத்துக்
கொண்ட நேரத்தில் பாதி
நிலவு
தொலைநிலைமானித்
துடிப்பு திரும்ப
எதிரடிக்கப்படும் நிகழ்ச்சி
தொலைநிலைமானித் துடிப்பு
அனுப்பப்படுகிறது
நோக்கரிடமிருந்தான தொலைவு

படம் 2.1

நிகழ்ச்சிக்கு உரித்தாக்கப் போகும் நேரமும் அமைவிடமும் [position] என்னவென்பதைத் துல்லியமாகக் கணக்கிட முடியும்.

இப்போதெல்லாம் தொலைவுகளைச் சரிநுட்பமாக அளவிடுவதற்கு இந்த முறையையே பயன்படுத்துகிறோம். ஏனென்றால் நம்மால் நீளத்தைக் காட்டிலும் காலத்தைத் திருத்தமாக அளவிட முடியும். செயல்முறையளவில் மீட்டர் என்பது சீசியம் கடிகாரத்தால் அளவிடப்பட்டவாறு 0.000000003335640952 வினாடியில் ஒளி பயணம் செய்யும் தொலைவு என்று வரையறுக்கப்படுகிறது. (அந்தக் குறிப்பிட்ட எண்ணிற்கான காரணம் என்னவென்றால் மீட்டருக்கான வரலாற்று வரையறைக்கு - பாரிசில் வைக்கப்பட்டுள்ள ஒரு குறிப்பிட்ட பிளாட்டினப் பாளத்தின் மீதமைந்த இரு குறிகள் என்ற கணக்கில் - அது இணையாக உள்ளது.) இதே போல், இன்னமும் இலகுவான ஒளிவினாடி என அழைக்கப்படும் இன்னுங்கூட புதிய நீள அலகை நாம் பயன்படுத்த முடியும். இது ஒளி ஒரு வினாடியில் பயணம் செய்யும் தொலைவென்றே வரையறுக்கப்டுகிறது. சார்பியல் கோட்பாட்டில் இப்போது நாம் தொலைவைக் காலமும் ஒளி வேகமும் என்ற கணக்கில் வரையறுக்கிறோம். இதிலிருந்து தானாகவே தெரிய வருவது என்னவென்றால், ஒவ்வொரு நோக்கரும் ஒளிக்கு ஒரே வேகம் இருப்பதாக அளவிடுவார்கள் (வரையறையின்படி, 0.000000003335640952 வினாடிக்கு 1 மீட்டர்). இதில் ஈதர் எனும் கருத்தை நுழைக்கத் தேவையில்லை. எப்படியும் ஈதர் என்ற ஒன்று இருப்பதைக் கண்டுபிடிக்க முடியாது என்பதை மைக்கெல்சன்-மார்லி சோதனை காட்டிற்று. ஆனால் சார்பியல் கோட்பாடு வெளி, காலம் குறித்த நமது கருத்துகளைஅடிப்படையிலேயே மாற்றிக் கொள்ள நெருக்கித் தள்ளத்தான் செய்கிறது. காலம் என்பது வெளியிலிருந்து அறவே வேறாகவும் இல்லை, அதைச் சாராமலுமில்லை, மாறாக அதோடு சேர்ந்து வெளி-காலம் என அழைக்கப்படும் பொருளாகிறது என்பதை நாம் ஏற்றுக் கொண்டாக வேண்டும்.

வெளியில் உள்ள ஒரு புள்ளியின் அமைவிடத்தை மூன்று எண்கள் அல்லது ஆயங்கள் [coordinates] கொண்டு விவரிக்க முடியுமென்பது பொதுவான பட்டறிவின் பாற்பட்டதே. எடுத்துக்காட்டாக, அறையிலுள்ள ஒரு புள்ளி ஒரு சுவரிலிருந்து ஏழடித் தொலைவிலும் மற்றொரு சுவரிலிருந்து மூன்றடித் தொலைவிலும் தரைக்கு ஐந்தடி மேலேயும் இருப்பதாகச் சொல்ல முடியும். அல்லது ஒரு புள்ளி குறிப்பிட்ட குறுக்குக்கோடு நெடுக்குக்கோட்டிலும் கடல் மட்டத்திற்கு மேல் குறிப்பிட்ட

உயரத்திலும் உள்ளதாகக் குறித்துரைக்கலாம். பொருத்தமான எந்த மூன்று ஆயங்களையும் பயன்படுத்தத் தடையில்லை. அவை வரம்புக்குட்பட்ட எல்லைக்குள் மட்டுமே செல்லத்தக்கவை என்ற போதிலும் இவ்வாறு பயன்படுத்தலாம். நிலவின் அமைவிடம் [position] எது எனக் குறிக்க, அது நம்மூர் பிகாடில்லி சர்க்கசுக்கு இத்தனை கிமீ வடக்கிலும் இத்தனை கிமீ மேற்கிலும் கடல் மட்டத்திலிருந்து இத்தனை மீட்டர் உயரத்திலும் இருப்பதாகக் குறித்துரைக்க மாட்டோம். இதற்குப் பதிலாக ஞாயிற்றிலிருந்து உள்ள தொலைவைக் கொண்டும், கோள்களின் சுற்றுப்பாதைகளின் தளத்திலிருந்து உள்ள தொலைவைக் கொண்டும், நிலவை ஞாயிற்றோடு இணைக்கும் கோட்டிற்கும் ஞாயிற்றை அதற்கருகிலுள்ள ஆல்ஃபா சென்டாரி போன்ற ஒரு விண்மீனோடு இணைக்கும் கோட்டிற்கும் இடைப்பட்ட கோணத்தைக் கொண்டும் நிலவின் அமைவிடத்தை எடுத்துரைக்க முடியும். இந்த ஆயங்களே கூட நமது உடுத்திரளில் ஞாயிற்றின் அமைவிடத்தை எடுத்துரைப்பதற்கோ அல்லது நமது பகுதியிலுள்ள உடுத்திரள் குழுவில் நமது உடுத்திரளின் அமைவிடத்தை எடுத்துரைப்பதற்கோ அதிகம் பயன்பட மாட்டா. உண்மையில் முழு அண்டத்தையும் ஒன்றன் மீதொன்றான பத்தைகளின் திரட்டாக விவரிக்க முடியும். ஒவ்வொரு பத்தையிலும் ஒரு புள்ளியின் அமைவிடத்தைக் குறித்துரைக்க மூன்று ஆயங்களின் வெவ்வேறான கணத்தைப் பயன்படுத்தலாம்.

ஒரு நிகழ்ச்சி என்பது வெளியில் ஒரு குறிப்பிட்ட புள்ளியில் ஒரு குறிப்பிட்ட நேரத்தில் நடைபெறுகிற ஒன்றாகும். எனவே இதனை நான்கு எண்களால் அல்லது ஆயங்களால் குறிப்பிட முடியும். மேலும் ஆயங்கள் தன்னிச்சையாகத் தெரிந்தெடுக்கப்படுகின்றன. இதற்கு நன்கு வரையறுக்கப்பட்ட எந்த மூன்று வெளி ஆயங்களையும் மற்றும் எந்தக் கால அளவீட்டையும் பயன்படுத்த முடியும். எவ்வாறு எந்த இரு வெளி ஆயங்களுக்கும் இடையே மெய்யான வேறுபாடு எதுவுமில்லையோ, அதே போல் சார்பியலில் வெளி, கால ஆயங்களுக்கிடையே மெய்யான வேறுபாடு எதுவுமில்லை. எனவே ஆயங்களின் ஒரு புதிய கணத்தைத் தெரிந்தெடுக்க முடியும். இவற்றில் முதல் வெளி ஆயம் என்பது பழைய முதலாம், இரண்டாம் வெளி ஆயங்களின் இணைவாக இருக்கலாம். எடுத்துக்காட்டாக, புவியிலுள்ள ஒரு புள்ளியின் அமைவிடத்தைப் பிகாடில்லிக்கு வடக்கில் இத்தனை கிமீ, பிகாடில்லிக்கு மேற்கில் இத்தனை கிமீ என

அளவிடுவதற்குப் பதிலாக பிகாடில்லியிலிருந்து வடகிழக்கில் இத்தனை கிமீ, பிகாடில்லியிலிருந்து வடமேற்கில் இத்தனை கிமீ என அளவிடலாம். இதேபோல் சார்பியலில் பழைய காலத்தையும் (வினாடிகளில்) பிகாடில்லிக்கு வடக்கில் உள்ள தொலைவையும் (ஒளிவினாடிகளில்) கூட்டிச் சேர்த்த ஒரு புதிய கால ஆயத்தைப் பயன்படுத்தலாம்.

ஒரு நிகழ்ச்சியின் நான்கு ஆயங்களையும் வெளி-காலம் என அழைக்கப்படும் நாற்பரிமாண வெளியில் அதன் அமைவிடத்தைக் குறித்துரைப்பதாக எண்ணிப் பார்ப்பது பல நேரங்களில் உதவிகரமானது. ஒரு நாற்பரிமாண வெளியைக் கற்பனை செய்து பார்ப்பது முடியாத காரியம். என்னைப் பொறுத்த வரை முப்பரிமாண வெளியை உருவகித்துப் பார்ப்பதே கடினமாகத்தான் உள்ளது! ஆனால் புவியின் பரப்பு போன்ற இருபரிமாண வெளிகளை வரையுருக்களாக [diagrams] வரைவது எளிது. (புவியின்

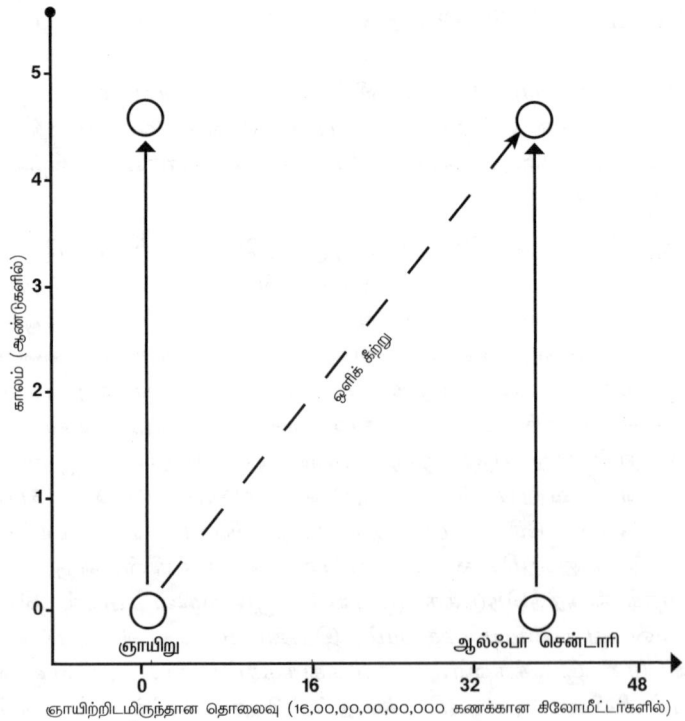

படம் 2.2

பரப்பு இருபரிமாணமுடையதாக இருப்பது ஏனென்றால் ஒரு புள்ளியின் அமைவிடத்தைக் குறுக்குக்கோடும் நெடுக்குக்கோடுமான இரு ஆயங்களால் குறித்துரைக்க முடியும்.) பொதுவாக நான் பயன்படுத்தும் வரையுருக்களில் காலம் மேல் நோக்கி அதிகரித்துச் செல்கிறது, வெளிப் பரிமாணங்களில் ஒன்று கிடைநிலையாகக் காட்டப்படுகிறது. இதில் மற்ற இரு வெளிப் பரிமாணங்களும் கண்டுகொள்ளப்படுவதில்லை அல்லது சில நேரம் அவற்றில் ஒன்று பரப்புத் தோற்றத்தால் குறிக்கப்படுகிறது (இவை 2.1 படத்தைப் போன்ற வெளி-கால வரைவுருக்கள் என அழைக்கப்படுகின்றன). எடுத்துக்காட்டாக, 2.2 படத்தில் காலம் மேல்நோக்கி ஆண்டுக் கணக்கில் அளவிடப்படுகிறது, ஞாயிற்றிலிருந்து ஆல்ஃபா சென்டாரி வரை செல்லும் கோடு நெடுகிலுமான தொலைவு கிடைநிலையாக கிமீ கணக்கில் அளவிடப்படுகிறது. வெளி-காலம் ஊடாக ஞாயிறும் ஆல்ஃபா சென்டாரியும் செல்லும் பாதைகள் வரையுருவின் இடப்பக்கமும் வலப்பக்கமும் குத்துக் கோடுகளாகக் காட்டப்படுகின்றன. ஞாயிற்றிலிருந்து புறப்படும் ஒளிக் கீற்று மூலவிட்டக் கோட்டின் வழிச் சென்று ஞாயிற்றிலிருந்து ஆல்ஃபா சென்டாரியை அடைய நான்காண்டுக் காலம் ஆகிறது. ஒளி மூலத்தின் வேகம் என்னவாயினும் ஒளி வேகம் மாறொதென மேக்ஸ்வெல் சமன்பாடுகள் ஊகித்தறிந்ததெனக் கண்டோம். இது துல்லியமான அளவீடுகளினால் உறுதிசெய்யப்பட்டுள்ளது. இதிலிருந்து பெறப்படுவது என்னவென்றால், ஓர் ஒளித் துடிப்பு ஒரு குறிப்பிட்ட நேரத்தில் வெளியில் ஒரு குறிப்பிட்ட புள்ளியில் உமிழப்படுமானால், காலம் செல்லச் செல்ல அது ஒளிக் கோளமாகப் பரவிச் செல்லும். இக்கோளத்தின் உருவளவும் அமைவிடமும் ஒளி மூலத்தின் வேகத்தைப் பொறுத்தவையல்ல. பரவிச் செல்லும் ஒளியானது பத்து லட்சத்தில் ஒரு பங்கு வினாடிக்குப் பின் 300 மீட்டர் ஆரமுள்ள கோளமாகியிருக்கும். பத்து லட்சத்தில் இரு பங்கு வினாடிக்குப் பிறகு 600 மீட்டர் ஆரமுள்ள கோளமாகியிருக்கும். இதே போல் தொடர்ந்து மென்மேலும் பரவிச் செல்லும். குளத்தில் கல்லெறியும் போது நீர்ப் பரப்பில் பரவிச் செல்லும் சிற்றலைகள் போன்றதே இது. சிற்றலைகள் பரவிச் சென்று வட்ட வடிவமாகின்றன; இந்த வட்டமே காலம் செல்லச் செல்லப் பெரிதாகிச் செல்கிறது. வெவ்வேறு நேரங்களில் சிற்றலைகளைப் படமெடுத்து அந்த ஒளிப்படங்களை ஒன்றன் மீதொன்றாக அடுக்குவோமானால் சிற்றலைகளின் விரிந்து செல்லும் வட்டமானது ஒரு கூம்பாக அமைந்திடும்; கல் நீர்ப் பரப்பைத் தொட்ட

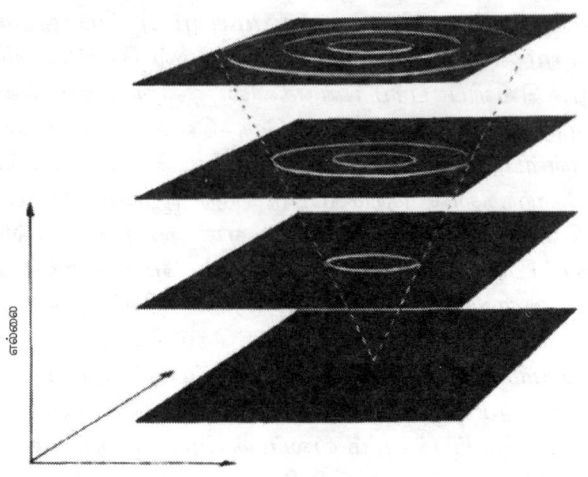

எல்லை

படம் 2.3

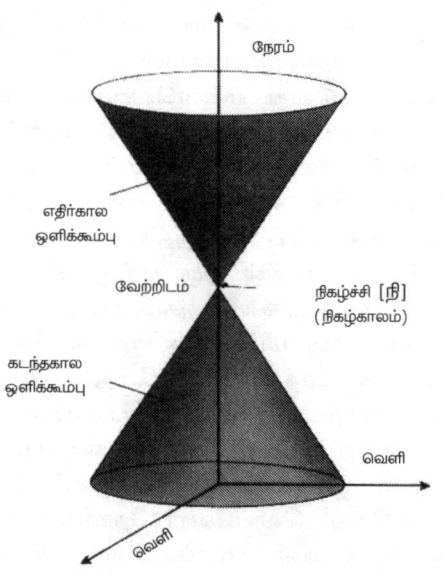

நேரம்
எதிர்கால
ஒளிக்கூம்பு
வேற்றிடம்
நிகழ்ச்சி [நி]
(நிகழ்காலம்)
கடந்தகால
ஒளிக்கூம்பு
வெளி
வெளி

படம் 2.4

இடத்திலும் நேரத்திலும் இக்கூம்பின் முனை இருக்கும் (படம் 2.3). இதேபோல் ஒரு நிகழ்ச்சியிலிருந்து பரவிச் செல்லும் ஒளியானது நாற்பரிமாண வெளி-காலத்தில் முப்பரிமாணக் கூம்பாக அமைகிறது. இக்கூம்பு நிகழ்ச்சியின் எதிர்கால ஒளிக் கூம்பு எனப்படுகிறது. இதேபோல் கடந்தகால ஒளிக்கூம்பு எனப்படும் மற்றொரு கூம்பையும் வரையலாம். நிகழ்ச்சிகளின் எக்கணத்திலிருந்து ஓர் ஒளித் துடிப்பு குறிப்பிட்ட நிகழ்ச்சியைச் சென்றடைய முடிகிறதோ அக்கணம்தான் கடந்தகால ஒளிக்கூம்பு எனப்படுகிறது (படம் 2.4).

நி எனும் ஒரு நிகழ்ச்சியை எடுத்துக் கொண்டால், அண்டத்தில் நடைபெறும் மற்ற நிகழ்ச்சிகளை மூன்று வகைகளாகப் பிரிக்கலாம். ஒரு துகளோ அலையோ ஒளியின் வேகத்தில் அல்லது அதற்குக் குறைவான வேகத்தில் பயணம் செய்வதால் **நி** நிகழ்ச்சியிலிருந்து அடையக் கூடிய நிகழ்ச்சிகள் **நி** நிகழ்ச்சியின் எதிர்காலத்தில் இருப்பதாகக் கூறப்படுகிறது. ஒரு துகளோ அலையோ ஒளியின் வேகத்தில் அல்லது அதற்குக் குறைவான வேகத்தில் **நி** நிகழ்ச்சியிலிருந்து பயணம் செய்து அடையக் கூடிய

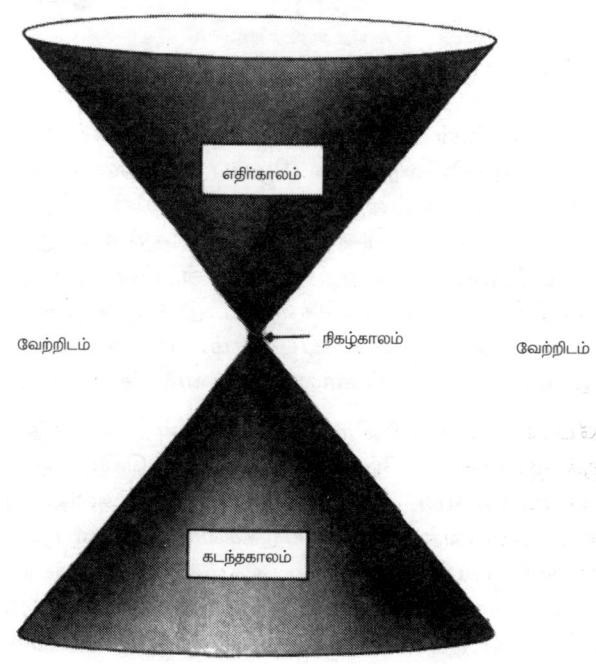

படம் 2.5

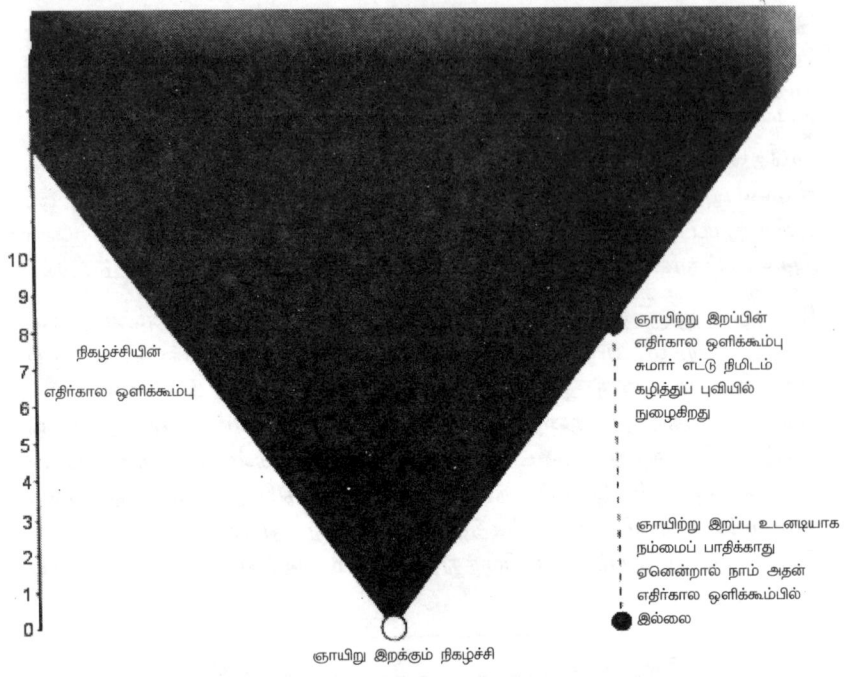

படம் 2.6

நிகழ்ச்சிகள் **நி**-இன் எதிர்காலத்தில் இருப்பதாகக் கூறப்படுகிறது. அவை **நி** நிகழ்ச்சியிலிருந்து உமிழப்படும் ஒளியின் விரிவடையும் கோளத்திற்குள் அல்லது அக்கோளத்தின் மீது இருக்கும். இவ்விதம் அவை வெளி-கால வரைபடத்தில் **நி**-இன் எதிர்கால ஒளிக்கூம்பிற்குள், அல்லது அக்கூம்பின் மீது இருக்கும். **நி**-இன் எதிர்காலத்திலான நிகழ்ச்சிகள் மட்டுமே **நி**-இல் நிகழ்வதன் அடிப்படையில் பாதிக்கப்படலாம். ஏனென்றால் ஒளியைக் காட்டிலும் விரைவாக எதனாலும் பயணம் செய்ய முடியாது.

இதேபோல், எவற்றிலிருந்து ஒளியின் வேகத்தில் அல்லது அதற்குக் குறைவான வேகத்தில் பயணம் செய்து **நி** நிகழ்ச்சியை அடைய முடியுமோ அந்த எல்லா நிகழ்ச்சிகளினதும் கணமாக **நி**-இன் கடந்தகாலத்தை வரையறுக்கலாம். இவ்வாறு அது **நி**-இல் நிகழ்வதைப் பாதிக்கக் கூடிய நிகழ்ச்சிகளின் கணமே ஆகும். **நி**-இன் எதிர்காலத்தில் அல்லது கடந்தகாலத்தில் இடம்பெறாத நிகழ்ச்சிகள் **நி**-இன் வேற்றிடங்களில் இடம்பெற்றிருப்பதாகச் சொல்லப்படுகிறது (படம் 2.5). இத்தகைய நிகழ்ச்சிகளில் நடப்பது

நி-இல் நடப்பதைப் பாதிக்கவோ அதனால் பாதிக்கப்படவோ முடியாது. எடுத்துக்காட்டாக, ஞாயிறு இக்கணமே ஒளி வீசுவதை நிறுத்திவிட்டால் அது நிகழ்காலத்தில் புவியில் உள்ளவற்றைப் பாதிக்காது. ஏனென்றால் அவை ஞாயிறு அணைந்த நிகழ்ச்சியின் வேற்றிடப் பகுதியில் இருக்கும் (படம் 2.6). இது பற்றி 8 நிமிடம் கழித்த பிறகே நமக்குத் தெரிய வரும். ஞாயிற்றிலிருந்து ஒளி நம்மை வந்தடைவதற்கு இவ்வளவு நேரமாகிறது. அப்போதுதான் புவியிலான நிகழ்ச்சிகள் ஞாயிறு அணைந்த நிகழ்ச்சியின் எதிர்கால ஒளிக்கூம்பில் இடம் பெறும். இதேபோல், அண்டத்தில் தொலைதூரத்தில் இக்கணம் என்ன நிகழ்ந்து கொண்டிருக்கிறது என்பது நமக்குத் தெரியாது. தொலைதூர உடுத்திரள்களிலிருந்து நாம் பார்க்கும் ஒளி பற்பல கோடி ஆண்டுகளுக்கு முன்பே அவற்றிலிருந்து புறப்பட்டதாகும். நாம் பார்த்துள்ள பொருட்களில் ஆகத் தொலைதூரத்தில் இருப்பதைப் பொறுத்த வரை ஒளியானது ஏறத்தாழ 800 கோடி ஆண்டுகளுக்கு முன்பே புறப்பட்டு விட்டது.

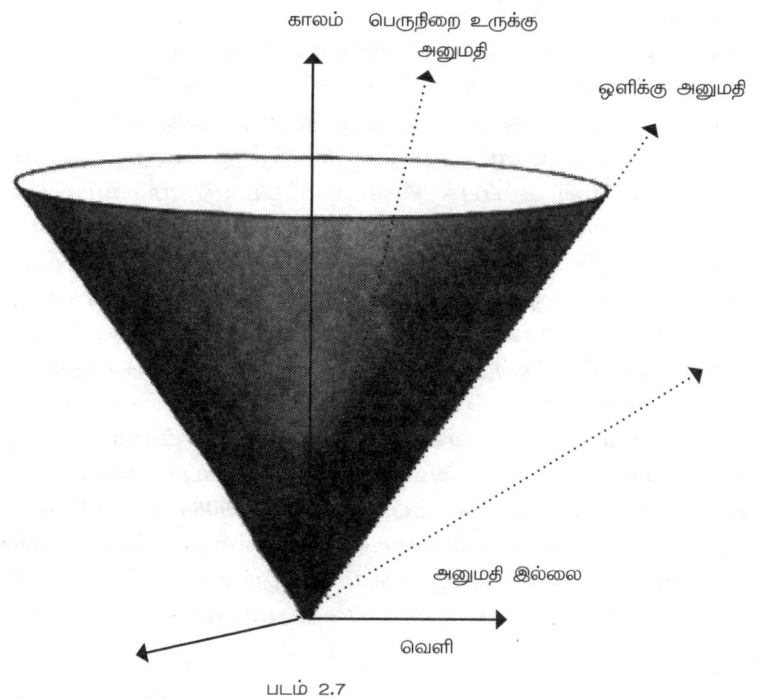

படம் 2.7

ஆகவே நாம் அண்டத்தை நோக்கும் போது கடந்த காலத்தில் இருந்ததையே பார்த்துக்கொண்டு இருக்கிறோம்.

1905இல் ஐன்ஸ்டைனும் பாயின்கேரும் ஈர்ப்பு விளைவுகளைக் கவனியாமல் ஒதுக்கி விட்டது போன்றே நாமும் செய்வோமானால் சிறப்புச் சார்பியல் கோட்பாடு *[special theory of relativity]* என்பது பெறப்படுகிறது. வெளி-காலத்திலான ஒவ்வொரு நிகழ்ச்சிக்கும் நாம் ஓர் ஒளிக்கூம்பை (அந்நிகழ்ச்சியில் உமிழப்பட்டு வெளி-காலத்தில் ஒளி பயணம் செய்வதற்கு வாய்ப்புள்ள அனைத்துப் பாதைளும் சேர்ந்த கணம்) அமைத்திடலாம். ஒவ்வொரு நிகழ்ச்சியிலும் ஒவ்வொரு திசையிலும் ஒளி வேகம் ஒன்றே என்பதால் எல்லா ஒளிக்கூம்புகளும் முழுதொத்தவையாக இருக்கும், யாவும் ஒரே திசை நோக்கியவையாகவும் இருக்கும். எதுவும் ஒளியைக் காட்டிலும் விரைவாகச் செல்ல முடியாது என்பதையும் இக்கோட்பாடு நமக்குச் சொல்கிறது. அதாவது வெளி, காலம் ஆகியவற்றின் ஊடாகச் செல்லும் எந்தப் பொருளின் பாதையும் அதில் நிகழும் ஒவ்வொரு நிகழ்ச்சியிலும் ஒளிக்கூம்பின் உள்ளே இருக்கும் ஒரு கோட்டால் குறிக்கப் பெற வேண்டும் (படம் 2.7). ஒளி வேகமானது (மைக்கெல்சன்-மார்லி சோதனை காட்டியது போல்) எல்லா நோக்கர்களுக்கும் ஒன்றாகவே தெரிகிறது என்பதை விளக்குவதிலும், பொருட்கள் ஒளி வேகத்துக்கு நெருக்கமான வேகங்களில் செல்லும் போது என்ன நிகழ்கிறது என்பதை எடுத்துரைப்பதிலும் சிறப்புச் சார்பியல் கோட்பாடு பெருவெற்றி கண்டது. ஆனாலும் இது நியூட்டனின் ஈர்ப்புக் கோட்பாட்டோடு முரண்பட்டது. பொருட்கள் ஒன்றை ஒன்று கவரும் விசை அவற்றிற்கிடையேயான தொலைவைப் பொறுத்தது என இந்த ஈர்ப்புக் கோட்பாடு கூறியது. அதாவது அப்பொருட்களில் ஒன்றை நகர்த்தினால் அக்கணமே மற்றொன்றின் மீதான விசை மாறிவிடும். இதையே வேறு முறையில் சொல்வதென்றால் ஈர்ப்பு விளைவுகள் ஒளி வேகத்திலோ அதற்குக் குறைவான வேகத்திலோ பயணம் செய்வதற்குப் பதிலாக ஈறிலா திசைவேகத்தில் பயணம் செய்வது சிறப்புச் சார்பியல் கோட்பாட்டுக்கு அவசியமாகும். சிறப்புச் சார்பியலோடு முரண்படாத ஈர்ப்புக் கோட்பாடு காண 1908க்கும் 1914க்கும் இடைப்பட்ட காலத்தில் ஐன்ஸ்டைன் பல முறை முயன்றும் வெற்றி பெறவில்லை. முடிவில் 1915இல் நாம் பொதுச் சார்பியல் கோட்பாடு *[general theory of relativity]* என அழைப்பதை அவர் முன்மொழிந்தார்.

ஈர்ப்பு என்பது மற்ற விசைகளைப் போல் ஒரு விசையன்று என்கிற புரட்சிகரமான கருத்தை ஐன்ஸ்டைன் முன்மொழிந்தார்.

ஈராயிரமாண்டாய் அறிவியலர் பார்வையில் நகராமல் நின்று வந்த
அண்டம் உள்ளபடியே விரிந்தோடிச் செல்வதாய்
நோக்கியறிந்து புரட்சி செய்த எட்வின் ஹபிள்

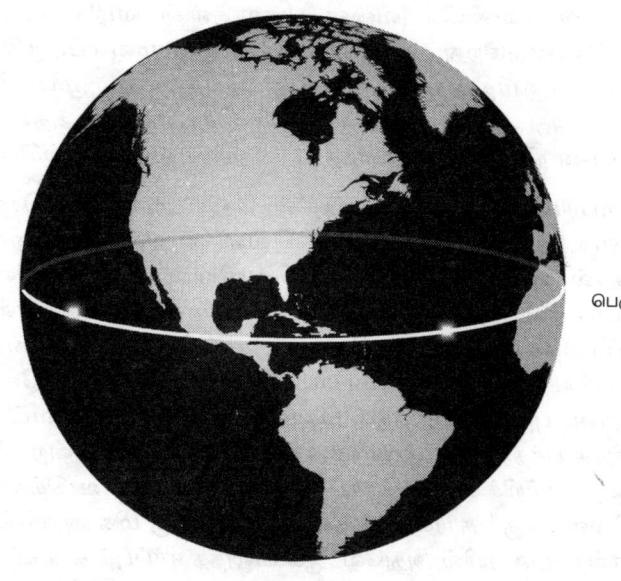

பெருவட்டம்

படம் 2.8

வெளி-காலம் என்பது முன்னர் அனுமானித்துக் கொண்டது போல் தட்டையாக இல்லாமல், அதில் உள்ள நிறை, ஆற்றல் ஆகியவற்றின் பரவலால் வளைந்தோ "சுருண்டோ" இருப்பதன் ஒரு விளைவுதான் ஈர்ப்பு என்பது அந்தக் கருத்து. புவி போன்ற உருக்கள் வளைந்த சுற்றுப் பாதைகளில் செல்வதற்கு ஈர்ப்பு என்று அழைக்கப்படும் விசை காரணமன்று; மாறாக அவை வளைந்த வெளியில் நேர்ப்பாதைக்கு மிக நெருக்கமானதன் வழி செல்கின்றன. இது நிலநேர்ப்பாதை *[geodesic]* எனப்படுகிறது. நிலநேர்ப்பாதை என்பது அருகருகிலான இரு புள்ளிகளுக்கிடையே மிகக் குறுகிய (அல்லது மிக நீண்ட) பாதையாகும். எடுத்துக்காட்டாக, புவியின் பரப்பு ஓர் இருபரிமாண வளைவெளி ஆகும். புவி மேல் உள்ள நிலநேர்ப்பாதை என்பது பெருவட்டம் என அழைக்கப்படுகிறது. இதுவே இரு புள்ளிகளுக்கிடையேயான மிகக் குறுகிய வழியாகும் (படம் 2.8). நிலநேர்ப்பாதையானது எந்த இரு வானூர்தி நிலையங்களுக்கிடையிலும் உள்ள மிகக் குறுகிய வழியாக இருப்பதால், இந்த வழித் தடத்தில் பறக்கும்படியாகத்தான் வான்வழிகாட்டி வானோட்டிக்குச் சொல்வார். பொதுச் சார்பியலில் உருக்கள் எப்போதுமே நாற்பரிமாண வெளி-காலத்தில் நேர்கோடுகளின் வழிச் செல்லும். ஆனால் அவை நமது

முப்பரிமாண வெளியில் வளை பாதைகளின் வழிச் செல்வதாக நமக்குத் தோன்றுகிறது. (ஒரு வகையில் இது மலைப்பகுதி மேல் பறக்கும் வானூர்தியைப் பார்ப்பது போன்றது. முப்பரிமாண வெளியில் அது நேர்கோட்டின் வழிச் சென்றாலும் அதன் நிழல் இருபரிமாண நிலத்தில் வளைந்த பாதையின் வழிச் செல்கிறது.)

புவி நாற்பரிமாண வெளி-காலத்தில் நேர்ப்பாதையில் செல்கிறது என்றாலும், ஞாயிற்றின் நிறை வெளி-காலத்தை வளைவுறச் செய்வதால் புவி முப்பரிமாண வெளியில் வட்டப்பாதையில் செல்வதாக நமக்குத் தோன்றுகிறது. உண்மையில் கோள்களின் சுற்றுப்பாதைகள் பற்றிய பொதுச் சார்பியலின் ஊகங்களும், நியூட்டானிய ஈர்ப்புக் கோட்பாட்டின் ஊகங்களும் அனேகமாய் ஒன்றேதான். புதனை எடுத்துக் கொண்டால், அதன் நீள்வட்டத்தின் நீண்ட அச்சு பத்தாயிரம் ஆண்டுகளில் சுமார் 1 பாகை என்ற வீதத்தில் ஞாயிற்றைச் சுற்றிச் சுழல்வதாகப் பொதுச் சார்பியல் ஊகித்தறிகிறது. இந்த விளைவுக்குக் காரணம் புதன் ஞாயிற்றுக்கு மிக அருகில் உள்ள கோள் என்ற முறையில் அதுவே ஆக வலுத்த ஈர்ப்புத் தாக்கங்களுக்கு உள்ளாகி, அதன் சுற்றுப்பாதை சற்று நீட்சியடைவதே ஆகும். இது மிகச் சிறிய விளைவே என்றாலும் 1915க்கு முன்பு கவனத்துக்கு வந்து விட்டதோடு ஐன்ஸ்டைன் கோட்பாட்டை முதலில் உறுதிசெய்த சான்றுகளில் ஒன்றாகவும் பயன்பட்டது. மற்றக் கோள்களின் சுற்றுப்பாதைகள் இன்னுங்கூட சிறிய அளவில் நியூட்டானிய ஊகங்களிலிருந்து மாறுபட்டு வரும் விலகல்களைக் கடந்த சில ஆண்டுகளில் தொலைநிலைமானி (ரேடார்) துணைகொண்டு அளவிட்டுள்ளனர். மேலும் இந்த விலகல்கள் பொதுச் சார்பியல் ஊகங்களோடு ஒத்துப்போவதையும் கண்டுள்ளனர்.

ஒளிக் கதிர்கள் கூட வெளி-காலத்தில் நிலநேர்ப்பாதையில்தான் சென்றாக வேண்டும். வெளி வளைந்துள்ளது என்னும் உண்மை உணர்த்தும் பொருள் இங்கும் என்னவென்றால், வெளியில் ஒளி நேர்கோடுகளில் பயணம் செய்வதான தோற்றம் ஒழிந்து விடுகிறது. ஆகவே ஈர்ப்பு விசைப்புலங்களால் ஒளி வளைக்கப்படுவதாகப் பொதுச் சார்பியல் கோட்பாடு ஊகித்தறிகிறது. எடுத்துக்காட்டாக, ஞாயிற்றுக்கு அருகில் இருக்கும் புள்ளிகளின் ஒளிக் கூம்புகள் ஞாயிற்றின் நிறை காரணமாய் சற்றே உள்நோக்கி வளைந்திருக்குமென இக்கோட்பாடு ஊகித்தறிகிறது. இதன் பொருள் என்னவென்றால், ஒரு தொலைதூர விண்மீனிலிருந்து புறப்படும் ஒளி ஞாயிற்றுக்கு அருகில் கடந்து வர நேரிடும்போது சிறு கோணத்தினூடாக விலகலுக்குள்ளாகும்.

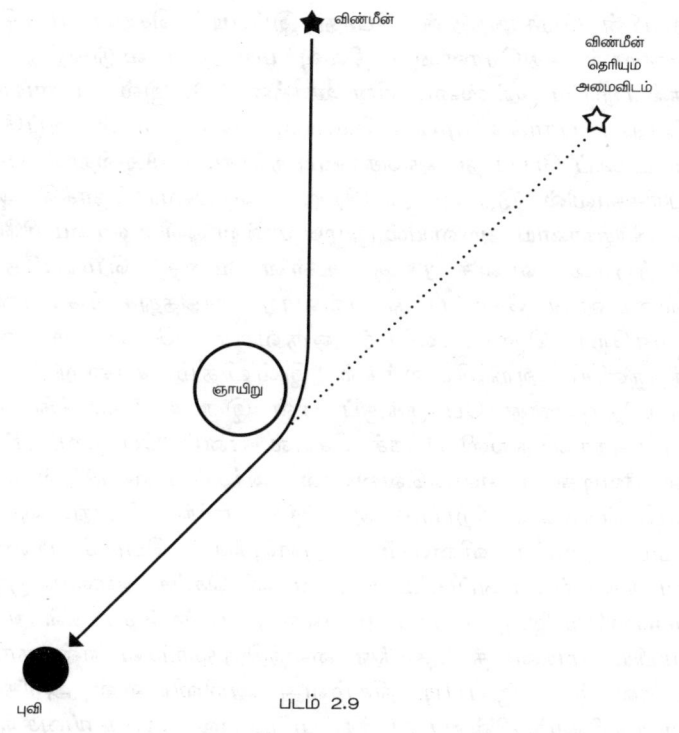

படம் 2.9

இதன் காரணமாக அவ்விண்மீன் புவியிலிருந்து பார்க்கும் நோக்கருக்கு ஒரு மாறுபட்ட அமைவிடத்தில் இருப்பதாகத் தெரியும் (படம் 2.9). விண்மீனிலிருந்து புறப்படும் ஒளி எப்போதுமே ஞாயிற்றுக்கு நெருக்கமாகக் கடந்து வருமானால் அவ்வொளி விலகலுக்குள்ளாகிறதா அல்லது அவ்விண்மீன் உண்மையில் நாம் பார்க்குமிடத்தில்தான் இருக்கிறதா என நம்மால் சொல்ல முடியாதுதான். ஆனால் புவி ஞாயிற்றைச் சுற்றி வரும்போது வெவ்வேறு விண்மீன்கள் ஞாயிற்றுக்குப் பின்புறத்தே கடந்து செல்வதாகவும் அவற்றின் ஒளி விலகலுக்குள்ளாவதாகவும் தோன்றுகிறது. எனவே அவை மற்ற விண்மீன்களுக்கான சார்புறவில் தத்தமது தோற்ற அளவிலான அமைவிடங்களை மாற்றிக் கொள்கின்றன.

இயல்பான நிலையில் இவ்விளைவைப் பார்ப்பது மிகக் கடினம். ஏனென்றால் ஞாயிற்றிலிருந்து வரும் ஒளியின் காரணத்தால் வானத்தில் ஞாயிற்றுக்கு அருகில் தோன்றும் விண்மீன்களை நோக்குவது முடியாத காரியமாகி விடுகிறது. ஆனால் ஞாயிற்று

மறைப்பின் [கிரகணத்தின்] போது இப்படிச் செய்ய முடிகிறது, ஏனென்றால் கதிரொளியை நிலவு மறைத்து விடுகிறது. ஒளி விலகல் பற்றிய ஐன்ஸ்டைனின் ஊகத்தை 1915இல் உடனடியாகச் சோதித்துப் பார்க்க முடியவில்லை. ஏனென்றால் அப்போது முதல் உலகப் போர் நடந்துகொண்டிருந்தது. 1919இல்தான் மேற்கு ஆப்பிரிக்காவில் இருந்து ஞாயிற்று மறைப்பை நோக்கி ஆய்வு செய்த பிரித்தானிய அறிவியல் குழுவொன்று ஒளி உண்மையிலேயே ஞாயிற்றால் விலகலுக்கு உள்ளாவதை மெய்பித்தது. ஐன்ஸ்டைனின் கோட்பாடு எவ்வாறு ஊகித்துச் சொன்னதோ அவ்வாறே! ஜெர்மானியர் ஒருவரின் கோட்பாட்டைப் பிரித்தானிய அறிவியலர்கள் இவ்விதம் சான்று காட்டி மெய்ப்பித்ததானது போருக்குப் பின் இரு நாடுகளுக்கிடையே ஒரு மகத்தான நல்லிணக்கச் செயல் எனப் போற்றப்பட்டது. இதில் வேடிக்கை என்னவென்றால், அந்தப் பயணத்தில் எடுத்த ஒளிப்படங்களைப் பிற்பாடு ஆராய்ந்து பார்த்த போது, அவர்கள் அளவிட முயன்ற விளைவின் அளவுக்குப் பெரும் பிழைகள் அப்படங்களில் காணப்பட்டன. அவர்கள் செய்த அளவீடு குருட்டு வாய்ப்பாகவே இருந்து விட்டது அல்லது அவர்கள் தாங்கள் அடைய விரும்பிய முடிவைத் தெரிந்து வைத்திருந்தார்கள் என்பதாகவும் இருக்கலாம் - இப்படி நிகழ்வது அறிவியலில் அரிதன்று! எப்படியாயினும் பின்னர் நடத்தப்பட்ட பல நோக்காய்வுகள் ஒளி விலகலைத் திருத்தமாக உறுதி செய்திருக்கின்றன.

பொதுச் சார்பியல் ஊகித்துச் சொன்ன மற்றொரு செய்தி என்னவென்றால், புவி போன்ற பெருநிறை கொண்ட உருவின் அருகே காலம் மெதுவாய்ச் செல்வதாகத் தோன்றும். ஏனென்றால் ஒளியின் ஆற்றலுக்கும் அதன் அதிர்வெண்ணுக்கும் (அதிர்வெண் *[frequency]* என்பது வினாடி ஒன்றுக்கான ஒளியலைகளின் எண்ணிக்கை) ஒரு தொடர்புள்ளது: எந்த அளவுக்கு ஆற்றல் அதிகரிக்கிறதோ அந்த அளவுக்கு அதிர்வெண் உயர்கிறது. புவியின் ஈர்ப்புப் புலத்தில் ஒளி மேல் நோக்கிச் செல்லச் செல்ல அது ஆற்றலை இழக்கிறது. எனவே அதன் அதிர்வெண் குறைகிறது (ஓர் அலை முகட்டுக்கும் அடுத்த அலை முகட்டுக்கும் இடையேயான கால நீளம் அதிகரிக்கிறது என்பதே இதன் பொருள்). மேலே இருக்கும் யாரோ ஒருவருக்குக் கீழே ஒவ்வொன்றும் நிகழ்வதற்குக் கூடுதல் காலம் ஆவதாகத் தோன்றும். இந்த ஊகம் 1962இல் சோதித்துப் பார்க்கப்பட்டது. மிகத் திருத்தமான இரு கடிகாரங்களை ஒரு நீர்த் தொட்டிக் கோபுரத்தின்

உச்சியிலும் அடியிலும் பொருத்தி இச்சோதனை செய்யப்பட்டது. புவிக்கு அருகிலமைந்த கீழ்க் கடிகாரம் மெதுவாக ஓடுவது கண்டறியப்பட்டது. இது பொதுச் சார்பியலோடு துல்லியமாய்ப் பொருந்துகிறது. புவிக்கு மேலே வெவ்வேறு உயரங்களில் கடிகாரங்களின் வேகத்தில் ஏற்படும் வேறுபாடு இப்போது பெருமளவு நடைமுறை முக்கியத்துவம் பெற்றுள்ளது. இந்த முறையில்தான் செயற்கைத் துணைக்கோள்களில் இருந்து பெறப்படும் குறிகைகளை *[signal]* அடிப்படையாகக் கொண்ட மிகத் திருத்தமான பயண வழிகாட்டி அமைப்புகள் வந்துள்ளன. பொதுச் சார்பியலின் ஊகங்களைக் கண்டு கொள்ளாவிட்டால் கணக்கிடப்பட்ட அமைவிடம் மைல் கணக்கில் தவறாகி விடும்! நியூட்டனின் இயக்க விதிகள் வெளியில் அறுதி அமைவிடம் *[absolute position]* என்கிற கருத்துக்கு முடிவு கட்டியது. சார்பியல் கோட்பாடு அறுதிக் காலம் என்கிற கருத்தை ஒழித்துக் கட்டுகிறது. இரட்டையர்களின் இணை ஒன்றை எடுத்துக் கொள்வோம். இரட்டையர்களில் ஒருவர் மலை உச்சியில் வாழச் சென்று விட்ட தாகவும் மற்றொருவர் கடல் மட்டத்திலேயே தங்கி விடுவதாகவும் கொள்வோம். இரட்டையர்களில் முதலாமவருக்கு இரண்டாமவரைக் காட்டிலும் விரைந்து வயதேறும். எனவே அவர்கள் மீண்டும் சந்தித்தால் ஒருவர் மற்றவரைக் காட்டிலும் மூத்திருப்பார். இந்த நேர்வில் வயது வேறுபாடு மிகக் குறைவாய் இருக்கும். ஆனால் இரட்டையர்களில் ஒருவர் கிட்டத்தட்ட ஒளியின் வேகத்தில் செல்லும் விண்கலத்தில் நீண்ட பயணம் சென்றுவிட்டால் இந்த வேறுபாடு இன்னுங்கூட மிக அதிகமாய் இருக்கும். அவர் திரும்பும்போது புவியில் இருந்தவரை விட மிகவும் இளையவராக இருப்பார், இது இரட்டையர் முரண்புதிர் *[twin paradox]* என அறியப்படுகிறது. ஆனால் அறுதிக் காலம் என்ற கருத்து மனத்தில் பதிந்து இருந்தால் மட்டுமே இது முரண்புதிராகும். சார்பியல் கோட்பாட்டில் தனித்துவமான அறுதிக் காலம் என்பதே இல்லை. ஆனால் இதற்குப் பதிலாக ஒவ்வொரு தனிமனிதருக்கும் அவர் எங்கிருக்கிறார்? எப்படி நகர்கிறார்? என்பதைப் பொறுத்து அவருக்கே உரிய சொந்த முறையிலான கால அளவை உள்ளது.

1915க்கு முன்னதாக வெளியும் காலமும் நிகழ்ச்சிகள் நடைபெறும் ஒரு நிற்கும் அரங்கம் என்றும், அந்த அரங்கம் அதில் நடப்பனவற்றால் பாதிக்கப்படுவதில்லை என்றும் கருதப்பட்டது. சிறப்புச் சார்பியல் கோட்பாடுங்கூட இவ்வாறே கருதியது. உருக்கள் நகர்ந்தாலும் விசைகள் கவர்ந்தாலும் விலக்கினாலும் காலமும்

வெளியும் எவ்விதப் பாதிப்பும் இல்லாமல் அப்படியே தொடர்ந்து செல்கின்றன என்றது. வெளியும் காலமும் என்றென்றும் சென்ற வண்ணம் இருப்பதாகக் கருதுவது இயல்பானதாயிருந்தது.

ஆனால் பொதுச் சார்பியல் கோட்பாட்டில் கதையே வேறு. இங்கு வெளியும் காலமும் இயக்கத் துடிப்புள்ள அளவுகளாகும்; ஓர் உரு நகரும்போது அல்லது ஒரு விசை செயல்படும் போது அது வெளி-கால வளைவைப் பாதிக்கிறது. வெளி-காலக் கட்டமைவு தன் பங்கிற்கு உருக்கள் நகரும் விதத்தையும் விசைகள் செயற்படும் விதத்தையும் பாதிக்கிறது. வெளியும் காலமும் அண்டத்தில் நிகழும் ஒவ்வொன்றையும் பாதிப்பதோடு அந்த ஒவ்வொன்றாலும் பாதிக்கப்படவும் செய்கின்றன. அண்டத்தில் நடைபெறும் நிகழ்ச்சிகளைப் பற்றி எப்படி வெளியையும் காலத்தையும் பற்றிய கருத்துக்கள் இல்லாமல் பேச முடியாதோ, அதைப் போன்றே பொதுச் சார்பியலில் அண்டத்தின் எல்லைகளுக்குப் புறத்தே வெளியும் காலமும் பற்றிப் பேசுவது பொருளற்றதாகி விட்டது.

அடுத்து வந்த பத்தாண்டுகளில் வெளியும் காலமும் பற்றிய இந்தப் புதிய புரிதல் அண்டம் பற்றிய நமது பார்வையைப் புரட்சிகரமாக மாற்றியமைக்க இருந்தது. சாரத்தில் மாறாத ஒன்றாகவும் என்றென்றைக்கும் இருந்திருக்கக் கூடியதும் தொடர்ந்து இருந்து வரக் கூடியதுமான ஒன்றாகவும் அண்டத்தைப் புரிந்து கொள்ளும் பழைய கருத்து ஒழிந்து, இயங்காற்றலுடன் விரிவடைந்து கொண்டிருக்கும் ஒன்றாகவும், ஒரு திட்டமான காலம் முன்பு தொடங்கியதாகத் தோன்றுவதும் எதிர் காலத்தில் ஒரு திட்டமான நேரத்தில் முடியக் கூடியதுமான ஒன்றாகவும் அண்டத்தைப் புரிந்து கொள்ளும் கருத்து பிறந்தது. அந்தப் புரட்சியே அடுத்த அதிகாரத்திற்குக் கருவாகிறது. சில ஆண்டுகள் கழித்து அதுவே கோட்பாட்டு இயற்பியலில் எனது ஆராய்ச்சிக்கான தொடக்கப் புள்ளியும் ஆயிற்று. அண்டத்திற்கு ஒரு தொடக்கம் இருக்க வேண்டும், ஒரு முடிவும் இருக்கக் கூடும் என்பதையே ஐன்ஸ்டைனின் பொதுச் சார்பியல் கோட்பாடு குறிப்பதாக ரோஜர் பென்ரோசும் அடியேனும் காட்டினோம்.

3
விரிவடையும் அண்டம்

இரவு தெளிவாகவும் நிலவின்றியும் இருக்கும் போது வானத்தை நோக்கினால் ஆகப் பெரும் பொலிவுடன் நமக்குத் தெரியும் பொருட்கள் வெள்ளி, செவ்வாய், வியாழன், சனி ஆகிய கோள்களாகவே இருக்கக் கூடும்; அத்தோடு ஏராளமான விண்மீன்களும் தெரியும். இவை நம் ஞாயிற்றைப் போன்றவையே என்றாலும் நம்மிடமிருந்து இன்னுங்கூட பெருந் தொலைவில் இருக்கின்றன. ஞாயிற்றைப் புவி சுற்றி வரும் போது அசங்காது நிற்கும் இந்த விண்மீன்களில் சில உண்மையில் ஒன்றுக்கொன்று ஒப்பளவில் தங்கள் அமைவிடங்களை மிகச் சிறிய அளவில் மாற்றிக் கொள்வதாகத்தான் தெரிகிறது. உண்மையில் அவை அசங்காது நிற்பவையே அல்ல! இதற்கு அவ்விண்மீன்கள் ஒப்பளவில் நமக்கு மிக அருகில் இருப்பதே காரணம். புவி ஞாயிற்றைச் சுற்றிச் செல்லும் போது இந்த விண்மீன்களை அதிகத் தொலைவிலிருக்கும் விண்மீன்களின் பின்னணியில் வெவ்வேறு அமைவிடங்களிலிருந்து பார்க்கிறோம். இது நல்வாய்ப்பே. ஏனென்றால் நம்மிடமிருந்து இந்த விண்மீன்களுக்குள்ள தொலைவை நம்மால் நேரடியாகவே அளவிட முடிகிறது: அவை எந்தளவுக்கு அருகில் உள்ளனவோ அந்தளவுக்கு நகர்வதாகத் தெரியும். நமக்கு மிக அருகில் இருப்பதான ப்ராக்சிமா சென்டாரி என்றழைக்கப்படும் விண்மீன் நம்மிடமிருந்து சுமார் நான்கு ஒளியாண்டுகள் (அதிலிருந்து புறப்படும் ஒளி புவியை வந்தடைவதற்காகும் நான்காண்டுக் காலம்) அல்லது சுமார் 23 லட்சம் கோடி கிலோமீட்டர் தள்ளி உள்ளதாகக் கண்டறியப்பட்டுள்ளது. வெற்றுக் கண்ணுக்கே தெரியக் கூடிய மற்ற விண்மீன்களில் பெரும்பாலானவை நம்மிடமிருந்து சில நூறு ஒளியாண்டுக்குள் உள்ளன. நம் ஞாயிறு வெறும் 8 ஒளிநிமிடங்களே தள்ளி இருப்பதுடன் இதனை ஒப்புநோக்கலாம்! கண்ணுக்குத் தெரியும் விண்மீன்கள் இரவு வான் எங்கும் பரவித் தெரிந்த போதிலும்

குறிப்பாக ஒரு குழுவமைப்பில் செறிந்து காணப்படுகின்றன. இதனையே நாம் பால் வீதி [milky way] என்றழைக்கிறோம். கண்ணுக்குத் தெரியும் இவ்விண்மீன்களில் பெரும்பாலாவை தட்டுப் போன்ற ஒற்றைக் கோலம் [configuration] ஒன்றில் அமைந்திருக்குமானால் பால் வீதியின் புறத் தோற்றத்துக்கு விளக்கமளிக்க முடியுமென 1750ஆம் ஆண்டிலேயே வானியலர்கள் சிலர் சொல்லிக் கொண்டிருந்தனர். இந்தக் கோலத்துக்கு எடுத்துக்காட்டாக நாம் இப்போது சுருள் உடுத்திரள் [spiral galaxy] என்று அழைக்கும் ஒன்றைக் குறிப்பிடலாம். இந்தக் கருத்தை ஒரு சில பத்தாண்டுகள் கழித்துதான் சர் வில்லியம் ஹெர்ஷல் என்கிற வானியலர் உறுதிசெய்தார். இதனை அவர் பெரும் எண்ணிக்கையிலான விண்மீன்களின் அமைவிடங்களையும் தொலைவுகளையும் அரும்பாடுபட்டுப் பட்டியலிட்டுச் சாதித்தார். அப்படியும் அந்தக் கருத்து 20ஆம் நூற்றாண்டின் தொடக்கப் பகுதியில்தான் முழு ஏற்புப் பெற்றது.

1924இல் அமெரிக்க வானியலர் எட்வின் ஹபிள் நமது மட்டுமே ஒரே உடுத்திரள் அன்று என்பதைக் காட்டியதிலிருந்துதான் அண்டம் பற்றிய நமது புதுமக்காலச் சித்திரம் [modern picture] தொடங்குகிறது. உண்மையில் வேறு பல உடுத்திரள்களும் உள்ளன. அவற்றுக்கிடையே வெற்று வெளியின் பெரும் பரப்புகள் உள்ளன. இதை மெய்ப்பிப்பதற்காக அவர் இந்த மற்ற உடுத்திரள்களுக்கான தொலைவுகளை உறுதிசெய்து கொள்ள வேண்டியிருந்தது. இவை வெகு தொலைவில் இருப்பதால் அருகிலுள்ள விண்மீன்களைப் போலன்றி உண்மையில் அசங்காது நிற்பதாகத் தோன்றத்தான் செய்கின்றன. இதனால் ஹபிள் தொலைவுகளை அளவிட சுற்றடி முறைகளைப் பயன்படுத்துவது தவிர வேறு வழியில்லாமல் போயிற்று. நிற்க, ஒரு விண்மீனின் தோற்றப் பொலிவானது, அது எவ்வளவு ஒளி உமிழ்கிறது (அதன் ஒளிர்திறன்), அது நம்மிடமிருந்து எவ்வளவு தொலைவில் உள்ளது ஆகிய இரு காரணிகளைப் பொறுத்தது. அருகிலுள்ள விண்மீன்களைப் பொறுத்தவரை அவற்றின் தோற்றப் பொலிவையும் தொலைவையும் நம்மால் அளவிட முடியும். எனவே அவற்றின் ஒளிர்திறனையும் நம்மால் கணக்கிட்டு விட முடியும். இதற்கு மறுதலையாக, மற்ற உடுத்திரள்களிலுள்ள விண்மீன்களின் ஒளிர்திறன் நமக்குத் தெரியுமானால் அவற்றின் தோற்றப் பொலிவை அளவிட்டு அவற்றின் தொலைவை நாம் கணக்கிட்டு விடலாம். குறிப்பிட்ட சில வகை விண்மீன்கள் நாம் அளவிடப் போதுமான அளவுக்கு அருகில்

இருக்கும் போது எப்போதும் ஒரே ஒளிர்திறன் கொண்டவையாக இருப்பதை ஹபிள் கவனித்தார். எனவே இந்த வகை விண்மீன்களை நாம் வேறோர் உடுத்திரளில் கண்டறிவோமேயானால் அவையும் அதே ஒளிர்திறன் கொண்டவை என வைத்துக் கொள்ளலாம் என்றும், ஆகவே அந்த உடுத்திரளுக்கான தொலைவைக் கணக்கிட்டுவிடலாம் என்றும் ஹபிள் வாதிட்டார். அதே உடுத்திரளிலுள்ள பல விண்மீன்களுக்கும் நாம் இப்படிச் செய்யக் கூடும் என்றால், நமது கணக்கீடுகளும் எப்போதும் அதே தொலைவைக் கொடுக்குமென்றால், நாம் நமது மதிப்பீடு குறித்து ஓரளவுக்கு நம்பிக்கை கொள்ளலாம்.

இந்த வழியில் எட்வின் ஹபிள் வெவ்வேறான ஒன்பது உடுத்திரள்களுக்கான தொலைவுகளைக் கணக்கிட்டார். நமது உடுத்திரள் என்பது புதுமக்காலத் தொலைநோக்கிகளைப் பயன்படுத்திப் பார்க்க முடிகிற சில பத்தாயிரம் கோடி உடுத்திரள்களில் ஒன்றுதான் என இப்போது நமக்குத் தெரியும். உடுத்திரள் ஒவ்வொன்றுமே சில பத்தாயிரம் கோடி விண்மீன்களைக் கொண்டுள்ளது. படம் 3.1இல் சுருள் வடிவ உடுத்திரள் காண்பிக்கப்பட்டுள்ளது. வேறோர் உடுத்திரளில் வாழும் யாரோ ஒருவருக்கு நமது உடுத்திரள் இதைப் போலவே காட்சியளிக்கும் எனக் கருதுகிறோம். ஏறத்தாழ நூறாயிரம் ஒளியாண்டுக் குறுக்களவு கொண்டு மெதுவாகச் சுற்றிக் கொண்டிருக்கும் ஓர் உடுத்திரளில் நாம் வாழ்கிறோம்; அதன் சுருள் கைகளில் உள்ள விண்மீன்கள் சுமாராகப் பல பத்து கோடி ஆண்டுகளுக்கு ஒரு முறை உடுத்திரளின் மையத்தைச் சுற்றுகின்றன. நமது ஞாயிறு என்பது சுருள் கைகள் ஒன்றில் உள் விளிம்புக்கு அருகில் உள்ள சாதாரண சராசரி அளவுள்ள மஞ்சள் நிற விண்மீன் மட்டுமே. புவியே அண்டத்தின் மையமென நினைத்திருந்த அரிஸ்டாட்டில், தாலமி காலத்திலிருந்து நெடுந்தொலைவு முன்னேறி வந்துவிட்டோம் என்பது உறுதி!

விண்மீன்கள் வெகு தொலைவில் இருப்பதால் ஒளிப் புள்ளிகளாகவே நமக்குத் தெரிகின்றன. அவற்றின் உருவத்தையோ அளவையோ நம்மால் பார்க்க முடியாது. அப்படியாயின் நம்மால் எப்படி வெவ்வேறு வகை விண்மீன்களைப் பிரித்துச் சொல்ல முடியும்? மிகப் பெரும்பான்மையான விண்மீன்களுக்குத் தனிச் சிறப்பான பண்புக்கூறு ஒன்றே ஒன்றைத்தான், அதாவது அவற்றினது ஒளியின் நிறத்தை மட்டுமே நம்மால் நோக்க முடியும். கதிரொளியானது முப்பட்டகம் என அழைக்கப்படும் ஒரு முக்கோண வடிவ ஆடியினூடாகக் கடந்து சென்றால் வானவில்லில் உள்ளது போல்

படம் 3.1

அதில் அடங்கிய நிறங்களாக (அதன் நிறமாலையாக) பிரிகிறது என நியூட்டன் கண்டுபிடித்தார். இதே போல் தனியொரு விண்மீன் அல்லது உடுத்திரளை நோக்கித் தொலைநோக்கியைக் குவிப்பதன் மூலம், அந்த விண்மீன் அல்லது உடுத்திரளிலிருந்து வரும் ஒளியின் நிறமாலையையும் நம்மால் நோக்க முடியும். விண்மீனுக்கு விண்மீன் நிறமாலைகள் [spectrums] வேறுபடும். ஆனால் எப்போதுமே வெவ்வேறு நிறங்களின் ஒப்பீட்டுப் பொலிவு எதைப் போன்றது என்றால் பழுக்கக் காய்ச்சியதொரு பொருளால் உமிழப்படும் ஒளியில் எதைக் காணலாம் என எதிர்பார்க்கக் கூடுமோ சரியாக அதுவேதான். (உண்மையில் பழுக்கக் காய்ச்சிய எந்த ஒளிபுகாப் பொருளாலும் உமிழப்படும் ஒளிக்கென்று அதன் வெப்பநிலையை மட்டுமே பொறுத்ததாகிய தனிச் சிறப்பானதொரு நிறமாலை உள்ளது, இதுவே வெப்ப நிறமாலை [thermal spectrum]. இதன் பொருள் என்னவென்றால் ஒரு விண்மீனது ஒளியின் நிறமாலையிலிருந்து

அதன் வெப்பநிலையைச் சொல்லி விட முடியும்.) மேலும், மிகக் குறிப்பான சில நிறங்களை விண்மீன்களின் நிறமாலைகளில் காண முடிவதில்லை. காணாமற்போன இந்நிறங்கள் விண்மீனுக்கு விண்மீன் மாறுபடலாம். ஒவ்வொரு வேதித் தனிமமும் அதற்கே உரிய மிகக் குறிப்பான சில நிறங்களை உள்வாங்கிக் கொள்கிறது என்பது நமக்குத் தெரியுமாதலால், இந்த நிறங்களை ஒரு விண்மீனின் நிறமாலையில் காணப்படாத நிறங்களோடு பொருத்திப் பார்ப்பதன் வாயிலாக அந்த விண்மீனின் வளிமண்டலத்தில் *[atmosphere]* சரியாக எந்தெந்தத் தனிமங்கள் இடம்பெற்றுள்ளன என்பதை நம்மால் உறுதிசெய்ய முடியும்.

1920களில், வானியலர்கள் மற்ற உடுத்திரள்களில் உள்ள விண்மீன்களின் நிறமாலைகளைப் பார்க்கத் தொடங்கிய போது மிகவும் அதிசயமான ஒன்றைக் கண்டார்கள். நமது உடுத்திரளிலுள்ள விண்மீன்களின் நிறமாலைகளில் காணப்படாத அதே தனிச்சிறப்பான நிறத் தொகுப்புகள் அங்கேயும் காணப்படவில்லை. ஆனால் அவை எல்லாமே நிறமாலையின் சிவப்பு ஓரத்தை நோக்கி ஒரே ஒப்பீட்டு அளவில் பிறழ்ந்திருந்தன. இதன் உட்கருத்துகளைப் புரிந்து கொள்வதற்கு நாம் முதலில் டாப்ளர் விளைவைப் புரிந்து கொள்ள வேண்டும். கண்ணுறு ஒளி என்பது மின்காந்தப் புலத்தில் அலைவுகள் அல்லது அலைகளால் ஆனது எனக் கண்டோம். ஒளியின் அலைநீளம் (ஓர் அலை முகட்டுக்கும் அடுத்த அலை முகட்டுக்குமான தொலைவு) மிக மிகக் குறைவு: ஒரு மீட்டரில் 4 முதல் 7 கோடியில் ஒரு பங்கு ஆகும். ஒளியின் வெவ்வேறு அலைநீளங்களை மனிதக் கண் வெவ்வேறு நிறங்களாகப் பார்க்கிறது. மிக நீண்ட அலைநீளங்கள் நிறமாலையின் சிவப்பு ஓரத்திலும் மிகக் குறுகிய அலைநீளங்கள் நிறமாலையின் நீல ஓரத்திலும் காணப்படுகின்றன. இப்போது நம்மிடமிருந்து மாறாத் தொலைவில் விண்மீனைப் போன்ற ஒளிமூலம் இருப்பதாகவும், அது ஒரு மாறா அலைநீளத்தில் ஒளி அலைகளை உமிழ்வதாகவும் கற்பனை செய்து கொள்ளுங்கள். நமக்கு வந்து சேரும் ஒளியலைகளின் அலைநீளமானது அவை உமிழப்பட்ட போது இருந்த அதே அலைநீளத்தில் இருக்கும் என்பது கண்கூடு (உடுத்திரளின் ஈர்ப்புப் புலம் *[gravitational field]* குறிப்பிடத்தக்க விளைவை ஏற்படுத்தும் அளவுக்குப் பெரிதாய் இருக்காது). இப்போது அந்த ஒளிமூலம் நம்மை நோக்கி நகரத் தொடங்குவதாகக் கொள்வோம். அந்த மூலம் அடுத்த அலை முகட்டை உமிழும் போது அது நமக்கு இன்னமும் அருகில் இருக்கும். ஆகவே அலை முகடுகளுக்கு இடையிலான தொலைவானது விண்மீன் நகராது நின்ற

போது இருந்ததைவிடச் சிறியதாகவே இருக்கும். இதன்பொருள் என்னவென்றால், நம்மை வந்தடையும் அலைகளின் அலைநீளம் விண்மீன் நகராது நின்ற போது இருந்ததைக் காட்டிலும் குறைவாகவே இருக்கும். இவ்வாறு ஒளிமூலம் நம்மை விட்டு விலகிச் சென்று கொண்டிருந்தால், நம்மை வந்தடையும் அலைகளின் அலைநீளம் நீண்டு செல்லும். எனவே ஒளியைப் பொறுத்த வரை, இதன் பொருள் என்னவென்றால், நம்மை விட்டு விலகிச் செல்லும் விண்மீன்களின் நிறமாலைகள் சிவப்பு ஓரம் நோக்கிப் பிறழ்வுற்றிருக்கும் (செம்பிறழ்வு); நம்மை நோக்கி வரும் விண்மீன்களின் நிறமாலைகள் நீலப் பிறழ்வுற்றிருக்கும். அலைநீளத்துக்கும் வேகத்துக்குமான இந்த உறவு டாப்ளர் விளைவு என்றழைக்கப்படுகிறது, இது ஓர் அன்றாட அனுபவமாகும். சாலையில் செல்லும் ஊர்தி ஒன்றைக் கவனியுங்கள்: ஊர்தி நம்மை நெருங்கி வர வர அதன் எஞ்சின் (ஒலியலைகளின் அலைநீளம் குறைவதற்கும் அதிர்வெண் உயர்வதற்கும் இணையாக) ஓங்கி ஒலிக்கிறது. அது நம்மைக் கடந்து தொலைவாகச் சென்று விடும் போது தாழ்ந்து ஒலிக்கிறது. ஒளியலைகள் அல்லது கதிரலைகள் *[radio waves]* ஒத்த முறையில் நடந்து கொள்கின்றன. உள்ளவாறு காவல்துறையினர் டாப்ளர் விளைவைப் பயன்படுத்தி ஊர்திகளின் வேகத்தை அளவிடுகின்றனர். இதற்காகக் கதிரலைகளை அவ்வூர்திகளின் மீது எதிரடிக்கச் செய்து அந்த அலைத் துடிப்புகளின் அலைநீளத்தை அளவிடுகிறார்கள்.

நம் உடுத்திரளைத் தவிர வேறு உடுத்திரள்களும் இருப்பதை மெய்ப்பித்த ஹபிள் அடுத்து வந்த ஆண்டுகளில் அவற்றின் தொலைவுகளைப் பட்டியலிடுவதற்கும் அவற்றின் நிறமாலைகளை நோக்குவதற்கும் தன் நேரத்தைச் செலவிட்டார். உடுத்திரள்கள் தற்போக்காகவே நகர்ந்து கொண்டிருப்பதாகத்தான் அச்சமயம் பெரும்பாலார் எதிர்பார்த்தனர். எனவே செம்பிறழ்வு நிறமாலைகளின் அளவுக்கே நீலப்பிறழ்வு நிறமாலைகளும் காணக் கிடக்கும் என எதிர்பார்த்தனர். ஆனால் உள்ளபடியே பெரும்பாலான உடுத்திரள்கள் செம்பிறழ்வாகத் தெரியக் கண்ட போது பெரிதும் வியப்புற்றனர்: அனேகமாய் எல்லா உடுத்திரள்களுமே நம்மை விட்டு விலகிச் சென்று கொண்டிருந்தன! 1929இல் ஹபிள் வெளியிட்ட கண்டுபிடிப்பு இன்னுங்கூட வியப்புக்குரியதாக இருந்தது: ஓர் உடுத்திரளினுடைய செம்பிறழ்வின் அளவுங்கூட தற்போக்கானதன்று. அது நம்மிடமிருந்து அந்த உடுத்திரளுக்குள்ள தொலைவுக்கு நேர்த்தகவில் உள்ளது. இதையே வேறுவகையில் சொல்வதுஎன்றால், எந்த

அளவுக்கு ஓர் உடுத்திரள் தொலைவாக உள்ளதோ அந்த அளவுக்கு விரைவாக அது விலகிச் சென்று கொண்டிருக்கிறது! இதன் பொருள் என்னவென்றால், ஒவ்வொருவரும் முன்பு நினைத்துக் கொண்டிருந்தது போல் அண்டம் நகராது நிற்பதாய் இருக்க முடியாது, உண்மையில் அது விரிவடைந்து கொண்டிருக்கிறது. வெவ்வேறு உடுத்திரள்களுக்கு இடையேயான தொலைவு ஓயாமல் எந்நேரமும் அதிகரித்த வண்ணம் உள்ளது.

அண்டம் விரிவடைந்து கொண்டிருக்கிறது என்ற கண்டுபிடிப்பு இருபதாம் நூற்றாண்டின் மாபெரும் அறிவுப் புரட்சிகளில் ஒன்றாயிற்று. பின்னோக்கிப் பார்க்குமிடத்து, ஏன் இதற்கு முன் யாரும் இப்படி நினைத்துப் பார்க்கவில்லை? என வியப்பது எளிது. நியூட்டனும் சரி, மற்றவர்களும் சரி, நிற்கும் அண்டம் ஈர்ப்புத் தாக்கத்தினால் விரைவில் சுருங்கத் தொடங்கி விடும் என்று உணர்ந்திருக்க வேண்டும். ஆனால் இதற்குப் பதிலாக அண்டம் விரிவடைந்து கொண்டிருக்கிறது எனக் கொள்வோம். அண்டம் ஓரளவு மெதுவாக விரிவடைந்து கொண்டிருந்தால் ஈர்ப்பு விசையின் காரணத்தால் அது இறுதியில் விரிவடைவதை நிறுத்திக் கொண்டு, பிறகு சுருங்கத் தொடங்கி விடும். ஆனால் அது குறிப்பிட்ட முட்டு வீதம் *[critical rate]* ஒன்றைக் கடந்து விரிவடைந்து செல்லுமானால் இதை நிறுத்தும் அளவுக்கு ஈர்ப்புக்கு ஒரு போதும் வலு இருக்காது. எனவே அண்டம் தொடர்ந்து என்றென்றைக்கும் விரிவடைந்து செல்லும். புவிப் பரப்பிலிருந்து ஏவுபொறி *[rocket]* ஒன்றை மேல் நோக்கிச் செலுத்தும் போது என்ன நிகழ்கிறதோ அதைப் போன்றதே இது. ஏவுபொறியின் வேகம் ஓரளவு குறைவாக இருந்தால் ஈர்ப்பு இறுதியில் அதனை நிறுத்தி விடும். அது கீழே விழத் தொடங்கும். மறுபுறம், ஏவுபொறி குறிப்பிட்ட முட்டு வேகத்துக்கு (வினாடிக்குச் சுமார் 11.3 கிமீ) மேல் விரைவாகச் சென்றால் ஈர்ப்பு அதனைப் பின்னே இழுக்கும் அளவுக்கு வலுவானதாக இருக்காது. எனவே அது புவியை விட்டு விலகி என்றென்றைக்கும் சென்று கொண்டே இருக்கும். அண்டம் இப்படி நடந்து கொள்வதை 19ஆவது, 18ஆவது நூற்றாண்டுகளில், ஏன் 17ஆவது நூற்றாண்டின் பிற்பகுதியிலேயே கூட எந்த நேரத்திலும் நியூட்டனின் ஈர்ப்புக் கோட்பாட்டிலிருந்தே ஊகித்திருக்கலாம் என்றாலும், நிற்கும் அண்டம் என்ற கருத்தின் மீதான நம்பிக்கை இருபதாம் நூற்றாண்டின் தொடக்கம் வரையிலுங்கூட விடாப்பிடியாகத் தொடரும் அளவுக்கு வலுவாக இருந்தது. ஐன்ஸ்டைனேகூட 1915இல் தம்முடைய பொதுச் சார்பியல் கோட்பாட்டை வகுத்துரைத்த போது அண்டம் நகராது நிற்க

விரிவடையும் அண்டம் | 77

வேண்டும் என உறுதியாக நம்பினார், இதற்கு இடமளிப்பதற்காகத் தமது கோட்பாட்டை மாற்றியமைத்து, அண்டவியல் மாறிலி *[cosmological constant]* என்பதான ஒன்றைத் தன் சமன்பாடுகளில் நுழைத்தார். ஐன்ஸ்டைன் "எதிர் ஈர்ப்பு" என்கிற புதிய விசையை அறிமுகப்படுத்தினார். இது மற்ற விசைகளைப் போல் எந்தக் குறிப்பிட்ட மூலத்திலிருந்தும் வந்ததன்று. அது வெளி-காலக் கட்டமைப்பிலேயே கட்டுண்டதாக இருந்தது. வெளி-காலத்துக்கு விரிவடைந்து செல்லும் உள்ளார்ந்த போக்கு உண்டு என்றும், இந்தப் போக்கைக் கொண்டு அண்டத்தில் அனைத்துப் பருப்பொருளின் கவர்ச்சியையும் துல்லியமாக நேர் செய்து விட முடியும் என்றும் அவர் சொல்லிக்கொண்டார். இதிலிருந்து பெறப்படும் முடிவு அண்டம் நகராது நிற்கக் கூடியது என்பதாகும். ஒரே ஒருவருக்குதான் பொதுச் சார்பியலை அது உள்ளவாறே எடுத்துக்கொள்ள மனம் இருந்ததாகத் தோன்றுகிறது. ஐன்ஸ்டைனும் மற்ற இயற்பியலர்களும் அண்டம் நிற்கக் கூடியது என்ற பொதுச் சார்பியலின் ஊகத்தைத் தட்டிக் கழிக்கும் வழிகளைத் தேடிக் கொண்டிருக்கையில், ருஷ்ய இயற்பியலரும் கணக்கியலருமான அலெக்சாண்டர் ஃப்ரீட்மன் *[Alexander Friedmann]* அதற்கு விளக்கமளிக்க முனைந்தார்.

ஃப்ரீட்மன் அண்டம் பற்றி இரு மிக எளிய அனுமானங்களைச் செய்து கொண்டார்: நாம் எத்திசையில் பார்த்தாலும் அண்டம் முழுதொத்ததாகவே காட்சியளிக்கிறது என்பதும், நாம் வேறு எங்கிருந்து அண்டத்தை நோக்கினாலும் அப்போதும் இது இப்படித்தான் இருக்கும் என்பதுமே அந்த அனுமானங்கள். இந்த இரு கருத்துகளை மட்டும் வைத்துக் கொண்டு ஃப்ரீட்மன் அண்டம் நகராது நிற்பதாயிருக்கும் என்று எதிர்பார்ப்பதற்கில்லை என்று காட்டினார். 1922இல் எட்வின் ஹபிளின் கண்டுபிடிப்புக்குப் பல ஆண்டுகளுக்கு முன்பாகவே, அவர் கண்டறிந்தவற்றை ஃப்ரீட்மன் துல்லியமாக ஊகித்துச் சொன்னார் என்பதே உண்மை!

எத்திசை நோக்கினும் அண்டம் ஒன்றே போல் காட்சியளிக்கிறது என்ற அனுமானம் மெய்ந்நடப்பில் சரியானதன்று என்பது தெளிவாய்த் தெரிகிறது. எடுத்துக்காட்டாக, நாம் பார்த்துள்ளபடி நமது உடுத்திரளில் உள்ள மற்ற விண்மீன்கள் இரவு வானில் தெளிவாக வேறுபட்டுத் தெரிகிற ஒளிக் கட்டாக அமைகின்றன. இதுவே பால் வீதி என்றழைக்கப்படுகிறது. ஆனால் தொலைதூர உடுத்திரள்களைப் பார்த்தால், அவை ஏறக்குறைய அதே எண்ணிக்கையில் இருந்து வருவது போல் தோன்றுகிறது. எனவே அண்டத்தின் உடுத்திரள்களுக்கு இடையேயான தொலைவுடன் ஒப்பு

நோக்கில் பெருவீதத்தில் அண்டத்தை நோக்குவதாகவும் சிறுவீதங்களில் எழும் வேறுபாடுகளைக் கண்டுகொள்ளாமல் விட்டு விடுவதாகவும் இருந்தால் அது ஒவ்வொரு திசையிலும் தோராயமாக ஒன்றே போல் தோன்றத்தான் செய்கிறது. இது நீண்ட காலத்திற்கு ஃப்ரீட்மனின் அனுமானத்தை - அது உண்மையான அண்டத்தைப் பற்றி ஒரு தோராய மதிப்பீடாகும் என்ற அளவில் - போதிய அளவு நியாயப்படுத்துவதாக இருந்தது. ஆனால் ஃப்ரீட்மனின் அனுமானம் உண்மையில் குறிப்பிடத்தகுந்த அளவுக்குத் திருத்தமான முறையில் நமது அண்டத்தை விவரிப்பதாகும் என்ற உண்மையை அண்மையில் நல்வாய்ப்பாய் நடந்த ஒரு விபத்து வெளிப்படுத்தியது.

1965இல் நியூஜெர்சியிலுள்ள பெல் தொலைபேசி ஆய்வகங்களில் அர்னோ பென்சியாஸ், இராபர்ட் வில்சன் *[Arno Penzias and Robert Wilson]* என்ற இரு அமெரிக்க இயற்பியலர்கள் மிகத் துல்லியமான நுண்ணலைக் கண்டுபிடிப்பான் *[microwave detector]* ஒன்றைச் சோதித்துக் கொண்டிருந்தனர் (நுண்ணலைகள் ஒளியலைகளைப் போன்றவையே. ஆனால் அவற்றின் அலைநீளம் சுமார் ஒரு சென்டிமீட்டர்). அவர்கள் இருவரும் தங்கள் கண்டுபிடிப்பான் எடுத்துக் கொள்ளும் இரைச்சல் இயல்பைக் காட்டிலும் கூடுதல் அளவில் இருக்கக் கண்ட போது கவலையுற்றனர். அந்த இரைச்சல் குறிப்பிட்ட எத்திசையிலிருந்தும் வருவதாகத் தெரியவில்லை. முதலில் அவர்கள் தங்கள் கண்டுபிடிப்பானில் பறவையின் எச்சங்கள் விழுந்து கிடப்பதைக் கண்டனர். வேறேதும் குளறுபடி ஏற்படுவதற்கான மற்ற வாய்ப்புகளையும் சோதித்துப் பார்த்தனர். விரைவில் இவை காரணமல்ல என முடிவு செய்தனர். கண்டுபிடிப்பான் நேராக இருக்கும் போதைக் காட்டிலும் அப்படி இல்லாத போதே வளிமண்டலத்திலிருந்து வரக் கூடிய எந்த இரைச்சலும் கூடுதல் வலுவுடையதாக இருக்கும் என்பதை அவர்கள் அறிவார்கள். ஏனென்றால் ஒளிக்கதிர்கள் நேரடியாகத் தலைக்கு மேல் இருந்து பெறப்படும் போதைக் காட்டிலும் தொடுவானத்துக்கு அருகிலிருந்து பெறப்படும் போது இன்னுங்கூட மிக அதிகமாய் வளிமண்டலத்தின் வழியாகப் பயணம் செய்கின்றன. எத்திசை நோக்கிக் கண்டுபிடிப்பானை அமைத்தாலும் கூடுதல் இரைச்சலில் மாற்றம் ஏற்படவில்லை. எனவே இந்தக் கூடுதல் இரைச்சல் வளிமண்டலத்துக்குப் *புறத்தில்* இருந்துதான் வந்தாக வேண்டும். மேலும், புவி அதன் அச்சின்மீது சுழன்று கொண்டு ஞாயிற்றைச் சுற்றிக் கொண்டிருந்தாலுங்கூட, இரவும் பகலும் ஆண்டு முழுவதும் இதே நிலைதான். இக்கதிர்வீச்சு ஞாயிற்றுக் குடும்பத்துக்கு

அப்பாலிருந்து, ஏன், உடுத்திரளுக்கு அப்பாலிருந்தும் கூட வந்தாக வேண்டும் என்பது இதிலிருந்து தெளிவாயிற்று. இப்படி இல்லையென்றால் புவியின் சுற்றியக்கத்தால் கண்டுபிடிப்பானின் திசை மாறுபட மாறுபட கதிர்வீச்சும் மாறுபடும்.

உண்மையில் நோக்கியறியத்தக்க அண்டத்தில் பெரும்பகுதியின் வழியாகப் பயணம் செய்தே அந்தக் கதிர்வீச்சு நம்மை அடைந்திருக்க வேண்டும் என்பதை நாமறிவோம். கதிர்வீச்சு வெவ்வேறு திசைகளில் ஒன்றே போல் தெரிவதால், அண்டமுங்கூட வெவ்வேறு திசைகளில் ஒன்றே போல் தெரிகிறது - பெருவீதத்தில்தான் என்றாலும். எத்திசை நோக்கினும் இந்த இரைச்சல் ஒரு மிகச் சிறு பின்னத்திற்கு மேல் ஒரு போதும் மாறுபடுவதில்லை என் இப்போது நமக்குத் தெரியும். இவ்வாறு பென்சியாசும் வில்சனும் தங்களை அறியாமல் தடுக்கி விழுந்ததில் ஃப்ரீட்மனின் முதல் அனுமானம் குறிப்பிடத்தக்க அளவுக்குத் திருத்தமாக உறுதிசெய்யப்பட்டது. ஆனால் அண்டம் ஒவ்வொரு திசையிலும் துல்லியமாக ஒன்றே அல்ல, பெருவீதத்தில் சராசரியாக மட்டுமே ஒன்றே போல் உள்ளது என்பதால் நுண்ணலைகளும் கூட ஒவ்வொரு திசையிலும் துல்லியமாக ஒன்றே போல் இருக்க முடியாது. வெவ்வேறு திசைகளுக்கு இடையே சிறு மாறுபாடுகள் இருந்தாக வேண்டும். 1992இல்தான் முதன் முதலாக இந்த மாறுபாடுகள் சுமாராக நூறாயிரத்தில் ஒரு பங்கு என்ற அளவில் அண்டவியல் பின்னணி ஆய்வுத் துணைக்கோளால் *[Cosmic Background Explorer satellite COBE]* கண்டுபிடிக்கப்பட்டன. இவை சிறு மாறுபாடுகளே என்றாலும் மிகவும் முக்கியமானவை என்பதை அதிகாரம் 8இல் விளக்கிச் சொல்வோம். பென்சியாசும், வில்சனும் தங்கள் கண்டுபிடிப்பானில் கேட்ட இரைச்சலை ஆராய்ந்து கொண்டிருக்க, கிட்டடத்தட்ட அதே காலத்தில், அருகே பிரின்ஸ்டன் பல்கலைக்கழகத்தில் பாப் டிக், ஜிம் பீபிள்ஸ் என்ற இரு அமெரிக்க இயற்பியலர்களுங்கூட நுண்ணலைகளில் கருத்துச் செலுத்திக் கொண்டிருந்தார்கள். முற்பட்ட அண்டம் மிகச்சூடாகவும் அடர்த்தியாகவும் வெண் சூட்டில் ஒளிர்வதாகவும் இருந்திருக்க வேண்டும் என (ஒரு காலத்தில் அலெக்சாண்டர் ஃப்ரீட்மனின் மாணவராக இருந்த) ஜார்ஜ் காமவ் கூறிய கருத்தின் அடிப்படையில் அவர்கள் ஆராய்ச்சி செய்து கொண்டிருந்தனர். முற்பட்ட அண்டத்தின் தொலைதூரப் பகுதிகளிலிருந்து புறப்பட்ட ஒளி நம்மை இப்போதுதான் வந்தடைந்து கொண்டிருக்கும் என்பதால், அவ்வண்டத்தின் ஒளிர்தலை நம்மால் இப்போதும் காண இயலும் என டிக்கும் பீபிள்சும் வாதிட்டனர். ஆனால் அண்டம்

விரிவடைவதன் விளைவாக இந்த ஒளி பெருமளவில் செம்பிறழ்வுற்று இப்போது நமக்கு நுண்ணலைக் கதிர்வீச்சாகத் தெரியும் என்றனர். டிக்கும் பீபிள்சும் இந்தக் கதிர்வீச்சைத் தேடுவதற்கு ஆயத்தமாகிக் கொண்டிருந்த போது இவர்களது ஆய்வைப் பற்றி பென்சியாசும் வில்சனும் கேள்விப்பட்டுத் தாங்கள் அதை ஏற்கெனவே கண்டறிந்து விட்டதை உணர்ந்தனர். இதற்காக பென்சியாஸ், வில்சன் இருவருக்கும் 1978இல் நோபல் பரிசு வழங்கப்பட்டது (டிக், பீபிள்ஸ் ஆகியோருக்குச் சற்றே சங்கடந்தான். காமவ்வைப் பற்றிச் சொல்லவே வேண்டாம்!).

ஆக, நாம் எத்திசையில் நோக்கினாலும் அண்டம் ஒன்றே போல் காட்சியளிக்கிறது என்பதற்கான இந்தச் சான்றனைத்தும் அண்டத்தில் நம் இடம் குறித்து ஏதோ தனிச்சிறப்பு இருக்கிறது என்ற கருத்தை ஏற்படுத்துவதாக எடுத்த எடுப்பில் தோன்றக் கூடும். குறிப்பாகச் சொன்னால், மற்ற எல்லா உடுத்திரள்களும் நம்மை விட்டு விலகிச் சென்று கொண்டிருப்பதாக நோக்கினால் நாம் அண்டத்தின் மையத்தில் இருந்தாக வேண்டுமெனத் தோன்றக் கூடும். ஆனால் இதற்கொரு மாற்று விளக்கமும் உள்ளது: வேறு எந்த உடுத்திரளிலிருந்து பார்த்தாலுங்கூட ஒவ்வொரு திசையிலும் அண்டம் ஒன்றே போல் காட்சியளிக்கக் கூடும். இதுவே ஃப்ரீட்மனின் இரண்டாவது அனுமானம் எனக் கண்டோம். இந்த அனுமானத்துக்கு ஆதரவாகவோ எதிராகவோ நம்மிடம் எந்த அறிவியற்சான்றும் இல்லை. தன்னடக்கத்தின்பாற்பட்டே நாம் இதை நம்புகிறோம்: அண்டம் நம்மைச் சுற்றி ஒவ்வொரு திசையிலும் ஒன்றே போல் காட்சியளிக்கிறது, ஆனால் அண்டத்தில் மற்றப் புள்ளிகளைச் சுற்றி அப்படிக் காட்சியளிக்கவில்லை என்றால் மிகவும் குறிப்பிடத்தக்கதாகவே இருக்கும்! ஃப்ரீட்மனின் மாதிரியமைப்பில் எல்லா உடுத்திரள்களும் நேரடியாகவே ஒன்றை விட்டு ஒன்று விலகிச் சென்று கொண்டிருக்கின்றன. இந்தச் சூழல் ஒரு வகையில் எதைப் போன்றது என்றால், பல வண்ணப் புள்ளிகளுடன் கூடிய ஒரு பலூன் சீராக ஊதப்படுவதைப் போன்றதாகும். பலூன் விரிவடைய விரிவடைய பலூனின் எந்த இரு புள்ளிகளுக்கு இடையேயான தொலைவும் அதிகரிக்கிறது. ஆனால் இதில் விரிவாக்கத்தின் மையம் என்று சொல்லக் கூடிய புள்ளி ஏதும் இருப்பதாகச் சொல்ல முடியாது. மேலும் புள்ளி எந்த அளவுக்கு ஒன்றைவிட்டொன்று தள்ளி உள்ளதோ அந்த அளவுக்கு வேகமாக விரிவடைந்து செல்லும். இதேபோல் ஃப்ரீட்மனின் மாதிரியமைப்பில் எந்த இரு உடுத்திரள்களும் ஒன்றை விட்டு ஒன்று விலகிச் செல்லும்

வேகமானது அவற்றிற்கிடையேயான தொலைவுக்கு நேர்த்தகவில் உள்ளது. எனவே ஓர் உடுத்திரளின் செம்பிறழ்வானது நம்மிடமிருந்து அந்த உடுத்திரளுக்குள்ள தொலைவுடன் நேர்த்தகவில் இருக்க வேண்டும் என இம்மாதிரியமைப்பு ஊகித்தறிந்தது. சரியாக இதைத்தான் ஹபிளும் கண்டறிந்தார். ஃப்ரீட்மனின் மாதிரியமைப்பு வெற்றி கண்டு, ஹபிளின் நோக்காய்வு முடிவுகளை அவர் ஊகித்துச் சொன்ன போதிலும், அவரது ஆராய்ச்சி மேற்கில் பெரிய அளவில் அறியப்படாத ஒன்றாகவே இருந்து வந்தது. இந்நிலை 1935 வரை நீடித்தது. அப்போது அண்டம் ஒரே சீராக விரிவடைந்து செல்கிறது என்று ஹபிள் கண்டுபிடித்ததன் எதிரொலியாக அமெரிக்க இயற்பியலர் ஹோவர்ட் இராபர்ட்சனும் பிரித்தானியக் கணக்கியலர் ஆர்தர் வாக்கரும் ஃப்ரீட்மனுடையதை ஒத்த மாதிரியமைப்புகளைக் கண்டுபிடித்தனர்.

ஒரேயொரு மாதிரியமைப்பையே ஃப்ரீட்மன் கண்டுபிடித்தார் என்றாலும் உண்மையில் அவரது இரு அடிப்படை அனுமானங்களுக்குப் பணியும் மூவேறு வகை மாதிரியமைப்புகள் இருக்கின்றன, முதல் வகையில் (ஃப்ரீட்மன் கண்டுபிடித்தது) அண்டம் போதிய அளவுக்கு மெதுவாகவே விரிவடைந்து செல்வதால் வெவ்வேறு உடுத்திரள்களுக்கு இடையேயான ஈர்ப்புக் கவர்ச்சி இந்த விரிவாக்கத்தை மந்தமாக்கி இறுதியில் நிறுத்தி விடுகிறது. பிறகு உடுத்திரள்கள் ஒன்றை நோக்கி ஒன்று நகரத் தொடங்கி அண்டம் சுருங்குகிறது. காலம் அதிகரிக்க அதிகரிக்க எவ்வாறு அடுத்தடுத்த உடுத்திரள்களுக்கு இடையேயான தொலைவில் மாற்றம் ஏற்படுகிறது என்பதைப் படம் 3.2 காண்பிக்கிறது. அது சுழியத்தில் தொடங்கி உச்ச நிலைக்கு அதிகரித்த பிறகு மீண்டும் சுழியமாகக் குறைகிறது. இரண்டாவது வகைத் தீர்வில் அண்டம் துரிதமாக விரிவடைந்து செல்வதால் ஈர்ப்புக் கவர்ச்சி அதனைச் சற்றே மந்தமடையச் செய்தாலும் ஒரு போதும் நிறுத்தி விட முடியாது. இந்த மாதிரியமைப்பில் அண்டை உடுத்திரள்களுக்கு இடையேயான விலகலைப் படம் 3.3 காண்பிக்கிறது. இது சுழியத்தில் தொடங்குகிறது. இறுதியில் உடுத்திரள்கள் சீரான வேகத்தில் விலகிச் சென்று கொண்டிருக்கின்றன. கடைசியாக வரும் மூன்றாம் வகைத் தீர்வில் அண்டம் விரிவடைந்து சென்றாலும் அந்த விரிவடைதலின் வேகம் மறுதகர்வைத் தவிர்ப்பதற்கு மட்டுமே போதுமானதாய் உள்ளது. இந்த நேர்விலும் விலகல் சுழியத்தில் தொடங்கி என்றென்றும் அதிகரித்துச் செல்வதைப் படம் 3.4 காண்பிக்கிறது. ஆனால் உடுத்திரள்கள்

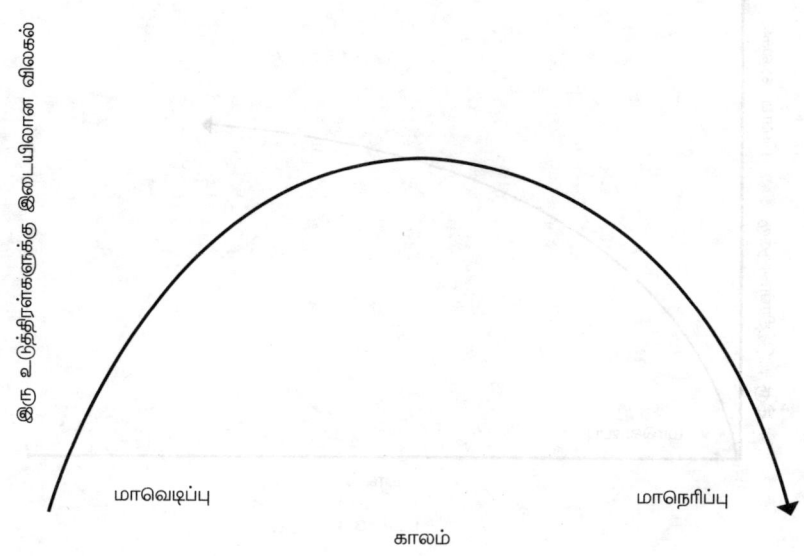

இரு உடுத்திரள்களுக்கு இடையிலான விலகல்
மாவெடிப்பு
மாநெரிப்பு
காலம்

படம் 3.2

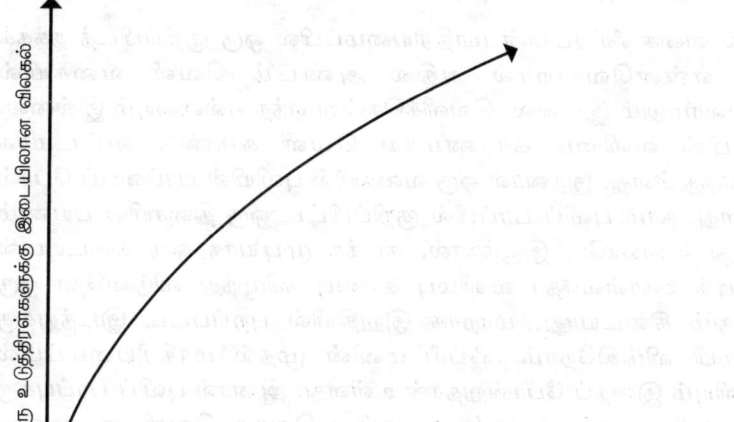

இரு உடுத்திரள்களுக்கு இடையிலான விலகல்
மாவெடிப்பு
காலம்

படம் 3.3

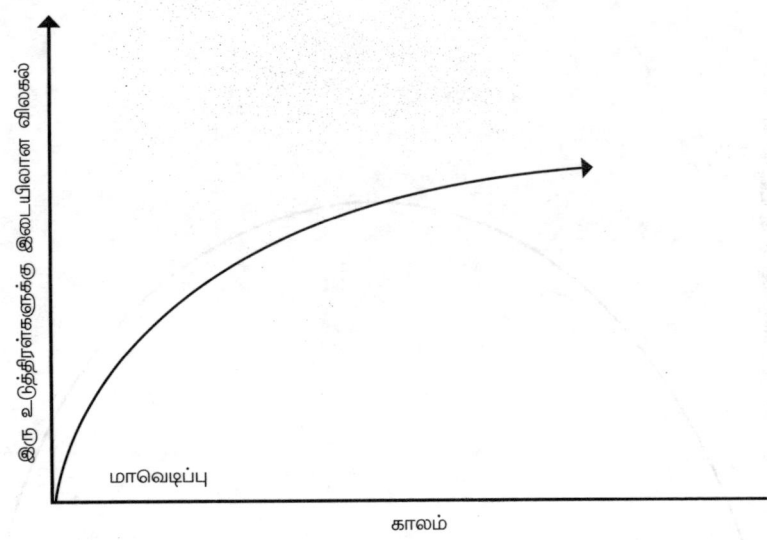

படம் 3.4

விலகிச் செல்லும் வேகம் மென்மேலும் குறைந்து சென்ற போதிலும் ஒரு போதும் சுழியம் என்ற நிலையை அடைவதில்லை.

முதல் வகை ஃப்ரீட்மன் மாதிரியமைப்பில் ஒரு குறிப்பிடத் தக்கக் கூறு என்னவென்றால் அதில் அண்டம் வெளி வகையில் ஈறில்லாமலும் இல்லை, வெளிக்கென்று எந்த எல்லையும் இல்லை. ஈர்ப்பின் வலிமை காரணமாய் வெளி சுருண்டு வட்டமாக வளைந்துள்ளது. இதனால் ஒரு வகையில் புவியின் பரப்பைப் போல் உள்ளது. நாம் புவிப் பரப்பில் குறிப்பிட்ட ஒரு திசையில் பயணம் செய்து கொண்டே இருந்தால், கடக்க முடியாத ஒரு தடையுடன் முட்டிக் கொள்வதோ விளிம்பு தாண்டி விழுந்து விடுவதோ ஒரு போதும் கிடையாது, மாறாக இறுதியில் புறப்பட்ட இடத்துக்கு திரும்பி விடுகிறோம். ஃப்ரீட்மனின் முதல் மாதிரியமைப்பில் வெளியும் இதைப் போன்றுதான் உள்ளது. ஆனால் புவிப் பரப்புக்கு இரு பரிமாணங்கள் என்பதற்குப் பதிலாக வெளிக்கு மூன்று பரிமாணங்கள் உள்ளன. நான்காவது பரிமாணமான காலமும் நீட்சியில் ஈறுள்ளதுதான். ஆனால் இது தொடக்கமும் முடிவும் ஆகிய இரு முனைகள் அல்லது எல்லைகளைக் கொண்ட ஒரு கோட்டைப் போன்றதாகும். பொதுச் சார்பியலை அக்குவ இயந்திரவியலின் உறுதியின்மைக் கொள்கையோடு இணைக்கும் போது வெளி, காலம் ஆகிய இரண்டுமே விளிம்புகள் அல்லது எல்லைகள் ஏதுமில்லாமல்

ஈறுள்ளவையாக இருக்க முடியும் என்பதைப் பின்னர் பார்க்க இருக்கிறோம்.

அண்டத்தைச் சுற்றி வலம் வந்து புறப்பட்ட இடத்தையே அடைந்து விடலாம் என்கிற கருத்து நல்ல அறிவியல் கற்பனைதான். ஆனால் அதற்கு நடைமுறை முக்கியத்துவம் அதிகம் இல்லை. ஏனெனில் சுற்றி வருவதற்குள் அண்டம் சுழிய அளவுக்கு மறுதகர்வுறும் என்று காண்பிக்க முடியும். அண்டம் முடிவுக்கு வருவதற்குள் நீங்கள் புறப்பட்ட இடத்துக்கே வந்து சேர வேண்டுமென்றால் ஒளியைக் காட்டிலும் வேகமாகப் பயணம் செய்ய வேண்டியிருக்கும் - இதற்கு அனுமதியில்லை!

விரிவடைந்து செல்வதும் மறுதகர்வுறுவதுமாகிய ஃப்ரீட்மனின் முதல் வகை மாதிரியமைப்பில் வெளி புவிப் பரப்பைப் போலவே சுருண்டு வளைந்துள்ளது. எனவே அது நீட்சியில் ஈறுள்ளதாகும். என்றென்றும் விரிவடைந்து செல்லும் இரண்டாம் வகை மாதிரியமைப்பில் வெளியானது எதிர்மாறான முறையில் குதிரைச் சேணத்தின் மேற்புறத்தைப் போல் வளைந்துள்ளது. எனவே இந்த நேர்வில் வெளி ஈறில்லாதது. கடைசியாக, முட்டு வீதத்தில் மட்டுமே விரிவடைந்து செல்லும் மூன்றாம் வகை ஃப்ரீட்மன் மாதிரியமைப்பில் வெளி தட்டையாக உள்ளது (ஆகவே ஈறில்லாததாகவும் உள்ளது).

ஆனால் ஃப்ரீட்மன் மாதிரியமைப்புகளில் எது நம் அண்டத்தை விவரிக்கிறது? முடிவில் அண்டம் விரிவடைவதை நிறுத்திக் கொண்டு சுருங்கத் தொடங்குமா? அல்லது எக்காலத்துக்கும் விரிவடைந்து செல்லுமா? இவ்வினாவுக்கு விடையளிக்க வேண்டுமென்றால், அண்டத்தின் நிகழ் விரிவாக்க வீதமும் அதன் நிகழ் சராசரி அடர்த்தியும் நமக்குத் தெரிந்திருக்க வேண்டும். அடர்த்தியானது விரிவாக்க வீதத்தால் தீர்மானிக்கப்படும் குறிப்பிட்ட முட்டு மதிப்பை விடக் குறைவாக இருக்குமானால், விரிவாக்கத்தைத் தடுத்து நிறுத்தும் வலிமை ஈர்ப்புக் கவர்ச்சிக்கு இல்லாமற் போகும். அடர்த்தியானது முட்டு மதிப்பை விட அதிகமாக இருக்குமானால் ஈர்ப்பு என்பது எதிர்காலத்தில் ஏதோ ஒரு தருணத்தில் விரிவாக்கத்தை நிறுத்தி அண்டத்தை மறுதகர்வுறச் செய்யும்.

மற்ற உடுத்திரள்கள் நம்மை விட்டு விலகிச் சென்று கொண்டிருக்கும் திசைவேகங்களை டாப்ளர் விளைவைக் கொண்டு அளவிடுவதன் வாயிலாக நம்மால் நிகழ் விரிவாக்க வீதத்தை உறுதிசெய்ய முடியும். இதை மிகத் திருத்தமாகச் செய்யலாம். ஆனால் உடுத்திரள்களுக்கான

தொலைவுகள் நன்கறியப்பட்டவை அல்ல. ஏனென்றால் நம்மால் அவற்றைச் சுற்றடியாகத்தான் அளவிட முடியும். எனவே நமக்குத் தெரிந்ததெல்லாம் என்னவென்றால், 100 கோடி ஆண்டுக்கு ஒரு முறை 5 முதல் 10 விழுக்காடு வரை அண்டம் விரிவடைந்து கொண்டிருக்கிறது. ஆனால் அண்டத்தின் நிகழ் சராசரி அடத்தி பற்றி இந்த அளவுக்குக் கூட உறுதியாகச் சொல்வதற்கில்லை. நமது உடுத்திரளிலும் மற்ற உடுத்திரள்களிலும் நம்மால் பார்க்க முடியும் அனைத்து விண்மீன்களின் நிறைகளைக் கூட்டி வரும் மொத்த அளவானது அண்ட விரிவாக்கத்தை நிறுத்தத் தேவைப்படும் அளவில் நூற்றில் ஒரு பங்குக்கும் குறைவானதே - அண்ட விரிவாக்க வீதத்தின் ஆகக் குறைந்த மதிப்பீட்டுக்கும் கூட! ஆனால் நமது உடுத்திரளும் மற்ற உடுத்திரள்களும் தம்மகத்தே பெருமளவு "இருட்பொருள்" *[dark matter]* கொண்டவையாக இருக்க வேண்டும். இருட்பொருளை நம்மால் நேரடியாகக் காண முடியாது என்றாலும் அது இருக்க வேண்டும் என்பது நமக்குத் தெரியும். இப்படி ஒன்று இருந்தாக வேண்டும் என்பது உடுத்திரள்களில் விண்மீன்களின் சுற்றுப்பாதைகள் மீது அதன் ஈர்ப்புக் கவர்ச்சி ஏற்படுத்தும் தாக்கத்தினால் நமக்குத் தெரியும். மேலும் விண்வெளியில் ஆங்காங்கே உடுத்திரள்கள் இணைந்து உடுத்திரள் கொத்துக்கள் *[clusters]* காணப்படுகின்றன. முன் போலவே இந்தக் கொத்துக்களில் உடுத்திரள்களுக்கு இடைப்பட்ட பகுதியில் இன்னுங்கூட இருட்பொருள் இருப்பதை உடுத்திரள்களின் இயக்கத்தின் மீது அது ஏற்படுத்தும் விளைவைக் கொண்டு நாம் அறிந்து கொள்ளலாம். இந்த இருட்பொருளை எல்லாம் கூட்டிச் சேர்த்தாலுங்கூட விரிவாக்கத்தைத் தடுத்து நிறுத்தத் தேவைப்படும் அளவில் சுமார் பத்தில் ஒரு பங்கு மட்டுமே கிடைக்கிறது. ஆனால் இன்னமும் நாம் கண்டுபிடிக்காத ஏதோ வேறொரு பருப்பொருள் வடிவம் அண்டம் முழுக்கக் கிட்டத்தட்ட ஒரேசீராகப் பரவிக் கிடக்கக் கூடும் என்கிற வாய்ப்பை நாம் விலக்கி விட முடியாது. இப்பொருள் இந்நிலையிலும் விரிவாக்கத்தைத் தடுத்து நிறுத்தத் தேவைப்படும் முட்டு மதிப்பு வரை அண்டத்தின் சராசரி அடர்த்தியை உயர்த்தக் கூடும். எனவே நிகழ்காலச் சான்று அண்டம் அனேகமாக எக்காலத்துக்கும் விரிவடைந்து செல்லும் என்று எண்ணச் செய்கிறது. ஆனால் நாம் உண்மையிலேயே உறுதியாகச் சொல்லக் கூடியது எல்லாம், அண்டம் மறுதகர்வுறப் போகிறது என்றால் கூட குறைந்தது அடுத்த ஆயிரங்கோடி ஆண்டுகளுக்கு இப்படி நிகழாது. ஏனெனில் அது ஏற்கெனவே குறைந்தது அவ்வளவு நீண்ட காலமாக விரிவடைந்து கொண்டிருக்கிறது. இது குறித்து நாம்

வீணாகக் கவலை கொள்ளத் தேவையில்லை: அதற்குள் ஞாயிற்றுக் குடும்பத்துக்கு அப்பால் நாம் குடியேறியிருந்தாலொழிய, நம் ஞாயிறு அணைந்து, கூடவே மாந்தக் குலமும் மடிந்து போய் நீண்ட நெடுங்காலமாகி இருக்கும்!

கடந்தகாலத்தில் ஏதோ ஒரு நேரத்தில் (1000 முதல் 2000 கோடி ஆண்டுகள் முன்பு) அண்ட உடுத்திரள்களுக்கு இடையேயான தொலைவு சுழியாகவே இருந்திருக்க வேண்டும் என்ற தன்மை ஃப்ரீட்மன் முன்வைக்கும் தீர்வுகள் எல்லாவற்றுக்கும் உள்ளது. நாம் மாவெடிப்பு என்றழைக்கிற அந்நேரத்தில் அண்டத்தின் அடர்த்தியும் வெளி-கால வளைவும் ஈறிலியாக இருந்திருக்கும். அதாவது, கணக்கியலால் உண்மையில் ஈறிலா எண்களைக் கையாள முடியாது என்பதைக் கருத்தில் கொண்டால், பொதுச் சார்பியல் கோட்பாடு (ஃப்ரீட்மன் தீர்வுகளுக்கும் அடிப்படையாக அமையும் இக்கோட்பாடு) அண்டத்தின் ஒரு புள்ளியில் அக்கோட்பாடே வழுவிச் செயலற்று விடும் என்று ஊகித்தறிகிறது. கணக்கியலர்கள் வழுவம் [singularity] எனச் சொல்கிறார்களே, அதற்கு இப்புள்ளி ஓர் எடுத்துக்காட்டு. உண்மையில் வெளி-காலம் சீரானது, கிட்டத்தட்ட தட்டையானது என்ற அனுமானத்தின் அடிப்படையிலேயே நம் அறிவியல் கோட்பாடுகள் எல்லாம் வகுத்துரைக்கப் படுகின்றன. எனவே அவை வெளி-கால வளைவு ஈறில்லாமல் இருக்கும் மாவெடிப்பு வழுவத்தில் செயலற்றுப் போகின்றன. இதன் பொருள் என்னவென்றால், மாவெடிப்புக்கு முன் ஏதேனும் நிகழ்ச்சிகள் நடந்திருந்தாலும் கூட அவற்றைப் பயன்படுத்திப் பிறகு என்ன நிகழும் என்பதை உறுதிசெய்ய முடியாது போகலாம். ஏனெனில் ஊகித்தறியப்படும் தன்மை மாவெடிப்பில் செயலிழந்துவிடும்.

இதே போன்று மாவெடிப்புக்குப் பின் என்ன நிகழ்ந்திருக்கிறது என்பது மட்டும் நமக்குத் தெரியும் என்றால் - உண்மையிலும் அப்படித்தான் - நம்மால் அதற்கு முன் என்ன நிகழ்ந்தது என்பதை உறுதிசெய்ய முடியாது. நம்மைப் பொறுத்த வரை, மாவெடிப்புக்கு முன் நிகழ்ந்தவற்றுக்குத் தொடர்விளைவுகளேதும் இருக்க முடியாது. அவை அண்டத்தின் அறிவியல் மாதிரியமைப்பில் ஒரு பகுதியாகச் சேரக் கூடாது. எனவே நாம் மாதிரியமைப்பிலிருந்து அவற்றைக் கத்தரித்து விட்டு வெளி-காலம் மாவெடிப்பில் தொடங்கியதாகச் சொல்ல வேண்டும்.

காலத்திற்கு ஒரு தொடக்கம் உள்ளது என்ற கருத்தைப் பலர் விரும்பவில்லை. இது தெய்வச் செயலை நம்புவது போல் உள்ளது

என்பதே அனேகமாய் இதற்குக் காரணமாய் இருக்க வேண்டும் (மறுபுறம் கத்தோலிக்கத் திருச்சபை மாவெடிப்பு மாதிரியமைப்பைப் பயன்படுத்திக் கொண்டது; இது விவிலியத்துடன் ஒத்திருப்பதாக 1951இல் அதிகாரபூர்வமாக அறிவித்தது.) எனவே ஒரு மாவெடிப்பு நிகழ்ந்தது என்ற முடிவுக்கு வருவதைத் தவிர்க்கப் பல முயற்சிகள் நடைபெற்றன. மிகப் பரந்த ஆதரவு பெற்ற முன்மொழிவு சீர் நிலவரக் கோட்பாடு [steady state theory] என்றழைக்கப்பட்ட ஒரு கருத்தினை நாஜி ஆக்கிரமிப்புக்குள்ளான ஆஸ்திரியாவிலிருந்து அகதிகளாக வந்த ஹெர்மன் பாந்தி, தாமஸ் கோல்டு ஆகிய இருவரும் போர்க்காலத்தின் போது தொலைநிலைமானி உருவாக்கத்தில் தங்களோடு பணியாற்றிய பிரித்தானியர் ஃப்ரட் ஹாய்லோடு சேர்ந்து 1948இல் முன்மொழிந்தனர். உடுத்திரள்கள் ஒன்றைவிட்டொன்று விலகிச் செல்லச் செல்ல, இடைப்பட்ட இடைவெளிகளில் தொடர்ச்சியாகப் படைக்கப்பட்டுக் கொண்டிருக்கும் புதிய பருப்பொருளிலிருந்து தொடர்ச்சியாகப் புதிய உடுத்திரள்கள் உருவாகிக் கொண்டிருக்கின்றன என்பதே அவர்கள் முன்மொழிந்த கருத்து. எனவே எல்லாக் காலங்களிலும், அதே போல வெளியின் எல்லாப் புள்ளிகளிலும் அண்டம் கிட்டத்தட்ட ஒன்றே போல் காட்சியளிக்கும். சீர் நிலவரக் கோட்பாட்டுக்காக வேண்டி தொடர்ச்சியாகப் பருப்பொருள் படைக்கப்படும் கருத்துக்கு இடமளிக்கும் விதத்தில் பொதுச்சார்பியலைத் திருத்தியமைக்க நேரிட்டது. ஆனால் இப்படைப்பு வீதம் மிகக் குறைவே (ஆண்டுக்குக் கன கிலோமீட்டருக்குச் சுமாராக ஒரு துகள் என்கிற அளவுக்கு) என்பதால் அது சோதனையுடன் முரண்படவில்லை. இக்கோட்பாடு 1ஆவது அதிகாரத்தில் எடுத்துரைக்கப்பட்ட பொருளில் ஒரு நல்ல அறிவியல் கோட்பாடாக இருந்தது: அது எளிமையானதாகவும் நோக்காய்வு முறையில் சோதித்தறியக் கூடிய திட்டவட்டமான ஊகங்களைச் செய்வதாகவும் இருந்தது. இதன் ஊகங்களில் ஒன்று என்னவென்றால், அண்டத்தில் எங்கு நோக்கினும் எப்போது நோக்கினும் எந்தக் குறிப்பிட்ட வெளிப் பருமளவிலும் உடுத்திரள்கள் அல்லது ஒத்த பொருட்களின் எண்ணிக்கை ஒன்றாகவே இருக்க வேண்டும். 1950களின் பிற்பகுதியிலும் 1960களின் முற்பகுதியிலும் கேம்பிரிட்ஜில் மார்ட்டின் ரைல் (இவருங்கூட போர்க் காலத்தில் தொலைநிலைமானி உருவாக்கத்தில் பாந்தி, கோல்டு, ஹாய்ல் ஆகியோரோடு சேர்ந்து பணியாற்றியவரே) தலைமையிலான வானியலர்க் குழு புற வெளியிலிருந்து வரும் கதிரலைகளின் மூலங்களைப் பற்றி ஆய்வு நடத்தியது. இந்தக்

கதிரலை மூலங்களில் பெரும்பாலானவை நமது உடுத்திரளுக்குப் புறத்தே இருந்தாக வேண்டும் (உண்மையில் அவற்றில் பலவற்றை மற்ற உடுத்திரள்களோடு அடையாளப்படுத்தலாம்) என்பதையும், வலுவான மூலங்களைக் காட்டிலும் நலிந்த மூலங்களே மேலதிகமாய் இருந்தன என்பதையும் அக்குழு காட்டியது. நலிந்த மூலங்கள் அதிகத் தொலைவில் இருப்பவை எனவும், வலுவான மூலங்கள் அருகில் இருப்பவை எனவும் அவர்கள் விளக்கமளித்தனர். பிறகு வெளியின் அலகுப் பருமளவு ஒவ்வொன்றுக்குமான பொது மூலங்கள் தொலைவில் இருப்பவற்றுக்கு உள்ளதைக் காட்டிலும் அருகில் இருப்பவற்றுக்குக் குறைவாகவே உள்ளதாகத் தோன்றியது. அண்டத்தின் வேறு எவ்விடத்தையும் விட அலை மூலங்கள் குறைவாக உள்ள ஒரு பெருவட்டாரத்தின் நடுவில் நாம் இருக்கிறோம் என்பது இதன் பொருளாக இருக்கலாம். இதற்கு மாற்றாகக் கதிரலைகள் நம்மை நோக்கிப் பயணத்தைத் தொடக்கிய காலத்தில் மூலங்கள் இப்போது உள்ளதைக் காட்டிலும் அதிகமாக இருந்திருக்கும் என்பதுங்கூட இதன் பொருளாக இருக்கலாம். இரு விளக்கங்களுமே சீர் நிலவரக் கோட்பாட்டின் ஊகங்களோடு முரண்பட்டன. மேலும் 1965இல் பென்சியாஸ், வில்சன் ஆகியோரின் நுண்ணலைக் கதிர்வீச்சுக் கண்டுபிடிப்பும் அண்டம் கடந்தகாலத்தில் இன்னுங்கூட வெகு அடர்த்தியாகத்தான் இருந்திருக்க வேண்டும் என்பதைக் காட்டியது. எனவே சீர் நிலவரக் கோட்பாட்டைக் கைவிட வேண்டியதாயிற்று.

மாவெடிப்பு நிகழ்ந்திருக்க வேண்டும், எனவே காலத்திற்கு ஒரு தொடக்கம் இருந்திருக்க வேண்டும் என்ற முடிவுக்கு வருவதைத் தவிர்ப்பதற்கான இன்னொரு முயற்சியை 1963இல் எவ்ஜெனி லிஃப்ஷிட்ஸ், ஐசக் கலாட்னிகோவ் *[Evgenii Lifshitz and Isaac Khalatnikov]* ஆகிய இரு ருஷ்ய அறிவியலர்கள் மேற்கொண்டார்கள். அவர்கள் முன்மொழிந்த கருத்து இதுதான்: மாவெடிப்பு ஃப்ரீட்மனின் மாதிரியமைப்புகளுக்கு மட்டுமே உரித்தானதொரு சிறப்பாக இருக்கக் கூடும். பார்க்கப் போனால், இந்த மாதிரியமைப்புகள் மெய்யான அண்டத்திற்கு நெருக்கமான தோராயங்கள் மட்டுமே. ஒருவேளை, கிட்டத்தட்ட மெய்யான அண்டத்தைப் போலிருக்கும் மாதிரியமைப்புகள் அனைத்திலும் ஃப்ரீட்மனுடையது மட்டுமே மாவெடிப்பாகிய வழுவத்தைத் தன்னகத்தே கொண்டிருக்கும். ஃப்ரீட்மன் மாதிரியமைப்புகளில் உடுத்திரள்கள் எல்லாம் நேரடியாக ஒன்றைவிட்டொன்று விலகிச் சென்று கொண்டிருக்கின்றன. எனவே கடந்த காலத்தில் ஏதோ ஒரு நேரத்தில் இவை எல்லாம் ஒரே

இடத்தில் இருந்தன என்பதில் வியப்பில்லை. ஆனால் மெய்யான அண்டத்தில் உடுத்திரள்கள் ஒன்றைவிட்டொன்று விலகிச் செல்வது மட்டும் அல்லாமல் பக்கவாட்டில் அவற்றுக்குச் சிறு திசைவேகங்கள் உண்டு. எனவே உண்மையில் அவை எல்லாம் ஒரு போதும் சரியாக ஒரே இடத்தில் இருந்திருக்கத் தேவையில்லை, மிக நெருக்கமாகச் சேர்ந்து இருந்தாலே போதும். அப்படியானால் நடப்பில் விரிவடைந்து செல்லும் அண்டமானது மாவெடிப்பாகிய வழுவத்திலிருந்து வராமல் அதற்கும் முன்பாகவே நிகழ்ந்த சுருங்கும் கட்டத்திலிருந்து வந்திருக்கலாம். அண்டம் தகர்வுற்று விட்டதால் அதிலிருந்த துகள்கள் அனைத்தும் மோதிக் கொண்டு விடாமல் ஒன்றையொன்று கடந்து பிறகு விலகித் தொலைவாகப் பறந்தும் போயிருக்கலாம், இதுவே அண்டத்தின் இப்போதைய விரிவாக்கத்துக்குக் காரணமாக இருக்கலாம். மெய்யான அண்டம் ஒரு மாவெடிப்போடு தொடங்கியிருக்க வேண்டுமா என்பதை நாம் எவ்வாறு சொல்லக் கூடும்? லிஃப்ஷிட்ஸ், கலாட்னிகோவ் ஆகியோர் என்ன செய்தார்கள் என்றால், கிட்டத்தட்ட ஃப்ரீட்மனின் மாதிரியமைப்புகளைப் போல் இருந்தாலும் மெய்யான அண்டத்தில் காணப்படும் உடுத்திரள்களின் ஒழுங்கின்மைகளையும் தற்போக்கான திசைவேகங்களையும் கணக்கில் கொண்ட அண்ட மாதிரியமைப்புகளை ஆராய்ந்தார்கள். உடுத்திரள்கள் முன்போல் எப்போதும் நேரடியாக ஒன்றைவிட்டொன்று விலகிச் சென்று கொண்டிருப்பதில்லை என்றாலும் இத்தகைய மாதிரியமைப்புகள் ஒரு மாவெடிப்போடு தொடங்கக் கூடும் என அவர்கள் காட்டினார்கள். ஆனால் அவர்கள் உடுத்திரள்கள் எல்லாம் சரியான வழியிலேயே நகர்ந்து கொண்டிருக்கும்படியான குறிப்பிட்ட சில விதிவிலக்கான மாதிரியமைப்புகளில் மட்டுமே இதற்கு இன்னுங்கூட வாய்ப்புண்டு என வாதிட்டார்கள். அவர்கள் ஃப்ரீட்மனுடைதைப் போன்ற மாதிரியமைப்புகளில் மாவெடிப்பாகிய வழுவத்தோடு இருக்கக் கூடியவற்றைக் காட்டிலும் அஃதில்லாதவை ஈறில்லாத தொகையில் இருப்பதாகத் தோன்றுவதால் உண்மையில் ஒரு மாவெடிப்பு நிகழவில்லை என்ற முடிவுக்கே வர வேண்டும் என வாதிட்டார்கள். ஆனால் ஃப்ரீட்மனுடையதைப் போன்ற மாதிரியமைப்புகளில் மேலதிகமாய் பொதுத் தன்மை கொண்ட ஒரு வகைக்கு வழுவங்கள் இருக்கவே செய்கின்றன என்பதையும், அந்த மாதிரியமைப்புகளில் உடுத்திரள்கள் தனிச்சிறப்பான எவ்வழியிலும் நகர்ந்து கொண்டிருக்கவில்லை என்பதையும் அவர்கள் பிற்பாடு

உணர்ந்தார்கள். எனவே அவர்கள் 1970இல் தங்கள் வாதத்தை விலக்கிக் கொண்டார்கள்.

லிஃப்ஷிட்சும் கலாட்னிகோவும் செய்த ஆய்வுப்பணி மதிப்பு மிக்கது. ஏனென்றால் பொதுச் சார்பியல் கோட்பாடு சரியானதாக இருக்குமானால், அண்டத்துக்கு இயற்பியல் விதிகள் வழுவிச் செல்கிற ஒரு வழுவம், அதாவது ஒரு மாவெடிப்பு இருந்திருக்கக் கூடும் என அது காட்டியது. ஆனால் அது அந்த மையக் கேள்விக்கு, அதாவது நமது அண்டத்திற்கு ஒரு மாவெடிப்பு, ஒரு காலத் தொடக்கம் இருந்திருக்க வேண்டும் எனப் பொதுச் சார்பியல் ஊகிக்கிறதா? என்னும் வினாவுக்குத் தீர்வு காணவில்லை. பிரித்தானியக் கணக்கியலரும் இயற்பியலருமான ரோஜர் பென்ரோஸ் 1965இல் அடியோடு மாறுபட்டு அறிமுகப்படுத்திய அணுகுமுறையிலிருந்து இந்த வினாவுக்கு விடை பிறந்தது. ஈர்ப்பு எப்போதும் கவரும் தன்மையுடையது என்ற உண்மையோடு கூடவே பொதுச் சார்பியலில் ஒளிக் கூம்புகள் நடந்து கொள்ளும் விதத்தையும் பயன்படுத்திக் கொண்ட பென்ரோஸ் ஒரு விண்மீன் தானே தன் ஈர்ப்பினால் தகர்வுற்று ஒரு வட்டாரத்தில் மாட்டிக் கொள்வதையும், அதன் பரப்பு இறுதியில் சுழிய உருவளவுக்குச் சுருங்கி விடுவதையும் காட்டினார். வட்டாரத்தின் பரப்பு சுழியமாகச் சுருங்குவதால் அதன் பருமளவும் அவ்வாறே சுருங்கியாக வேண்டும். விண்மீனில் அடங்கிய பருப்பொருள் அனைத்தும் சுழியப் பருமளவு கொண்ட ஒரு வட்டாரத்துக்குள் நெருக்கித் திணிக்கப்படும், இதனால் பருப்பொருள் அடர்த்தியும் வெளி-கால வளைவும் ஈறில்லாதவையாகி விடுகின்றன. அதாவது, கருந்துளை *[black hole]* என அறியப்படும் ஒரு வெளி கால வட்டாரத்துக்குள் அடங்கிய வழுவம் ஒன்றை நாம் வந்தடைகிறோம்.

பென்ரோஸ் வந்தடைந்த முடிவு எடுத்த எடுப்பில் விண்மீன்களுக்கு மட்டுமே பொருந்தியது; அண்டம் முழுவதற்கும் அதன் கடந்தகாலத்தில் மாவெடிப்பாகிய வழுவம் ஒன்று இருந்ததா? என்ற வினாவைப் பற்றி அது சொல்வதற்கு ஒன்றுமில்லை. எவ்வாறாயினும் பென்ரோஸ் தனது தேற்றத்தை வெளியிட்ட நேரத்தில் நான் ஆராய்ச்சி மாணவனாக இருந்தேன். அப்போது என்னுடைய முனைவர் பட்ட ஆய்வுரையை நிறைவு செய்வதற்கு ஒரு சிக்கல் கிடைக்காதா? என்று தேடி அலைந்து கொண்டிருந்தேன். ஈராண்டுகள் முன்னதாகத்தான் எனக்கு லூ கெஹ்ரிக் நோய் அல்லது இயங்கு நரம்பியல் நோய் என்று பரவலாக அறியப்பட்ட ஏ.எல்.எஸ். நோய் வந்திருப்பதாகக் கண்டறியப்பட்டது. நான் இன்னும் ஓரிரு

ஆண்டுகள் மட்டுமே உயிர் வாழ முடியும் என்று எனக்கு அறியத் தந்தார்கள். இந்நிலையில் நான் என் முனைவர் பட்டத்துக்காக உழைப்பதில் அவ்வளவாகப் பொருளில்லை எனத் தோன்றியது. ஆனால் அவ்வளவு காலம் பிழைத்திருக்க முடியும் என்று எதிர்பார்க்கவில்லை. ஈராண்டுகள் கழிந்துவிட்ட போதிலும் என் நிலை அவ்வளவு மோசமடைந்து விடவில்லை. உண்மையில் யாவும் எனக்கு ஓரளவு நல்லபடியாகவே நடந்து கொண்டிருந்தன. ஜேன் வைல்டு எனும் அருமையான பெண்ணொருத்தியுடன் எனக்குத் திருமணம் நிச்சயமாகி விட்டது. ஆனால் திருமணம் செய்து கொள்ள எனக்கு வேலை வேண்டும். வேலை கிடைக்க முனைவர் பட்டம் வேண்டும்.

ஈர்ப்புத் தகர்வுக்கு உள்ளாகும் எந்த உருவும் இறுதியில் வழுவமாக அமைந்தே தீரும் என்ற பென்ரோசின் தேற்றத்தைப் பற்றி நான் 1965இல் படித்தறிந்தேன். பென்ரோசின் தேற்றத்தில் காலத்தின் திசை நேர்மாறானால், அதாவது தகர்வு விரிவாக்கமானால், அவரது தேற்றத்தின் வரையறைகள் அப்போதும் பொருந்தும் என்பதை விரைவில் உணர்ந்து கொண்டேன். இதற்கு அண்டமானது இக்காலத்தில் பெருவீதங்களில் கிட்டத்தட்ட ஃப்ரீட்மனின் மாதிரியமைப்பைப் போன்றதாகவே இருக்க வேண்டும் என்பது நிபந்தனை. தகர்வுறும் எந்த விண்மீனும் வழுவம் ஒன்றில் போய் முடிந்தாக வேண்டும் என்று பென்ரோசின் தேற்றம் காட்டியிருந்தது. ஃப்ரீட்மனின் மாதிரியமைப்பைப் போன்ற விரிவடையும் எந்த அண்டமும் வழுவம் ஒன்றிலிருந்துதான் தொடங்கியிருக்க வேண்டும் எனக் காலத் திசைமாற்ற வாதம் காட்டியது. வெளியில் அண்டம் ஈறில்லாததாய் இருப்பது செய்நுட்பக் காரணங்களால் பென்ரோசின் தேற்றத்துக்குத் தேவைப்பட்டது. எனவே உண்மையில் இத்தேற்றத்தைப் பயன்படுத்துவதன் வாயிலாக, அண்டம் மீண்டும் தகர்வுறுவதைத் தவிர்ப்பதற்குப் போதுமான வேகத்தில் விரிவடைந்து கொண்டிருக்கிறது என்றால் மட்டுமே வழுவம் என ஒன்று இருக்குமென என்னால் மெய்ப்பிக்க முடிந்தது (ஏனென்றால் இந்த வகையான ஃப்ரீட்மனின் மாதிரியமைப்புகள் மட்டுமே வெளி வகையில் ஈறில்லாதவை).

வழுவங்கள் நேரிட்டாக வேண்டும் என்பதை மெய்ப்பிக்கும் தேற்றங்களிலிருந்து இந்த வரையறையையும் ஏனைய செய்நுட்ப வரையறைகளையும் நீக்குவதற்கு நான் புதிய கணக்கியல் நுட்பங்களை அடுத்த சில ஆண்டுகளில் வளர்த்தெடுத்தேன். இறுதியில் இது குறித்து 1970இல் பென்ரோசும் அடியேனும் கூட்டு

ஆய்வேடு வரைந்தோம். ஆகக் கடைசியில் இந்த அறிக்கை ஒரு மாவெடிப்பாகிய வழுவம் நேரிட்டிருக்க வேண்டும் என்பதை மெய்ப்பித்தது. இதற்குப் பொதுச் சார்பியல் சரியானது என்பதையும், அண்டம் நாம் நோக்கியறியும் அளவுக்கான பருப்பொருளைத் தன்னகத்தே கொண்டுள்ளது என்பதையும் மட்டுமே நிபந்தனைகளாக்கினோம். எங்கள் ஆய்வுப் பணிக்குப் பெரும் அளவில் எதிர்ப்பு வந்தது. எதிர்ப்புத் தெரிவித்த ஒரு பகுதியினர் ருஷ்யர்கள்; அறிவியல் முன்னுறுதிக் கொள்கையில் *[determinism]* அவர்களுக்கிருந்த மார்க்சிய நம்பிக்கையே இந்த எதிர்ப்புக்குக் காரணம். மற்றொரு பகுதியினர் வழுவங்கள் என்ற முழுக் கருத்துமே வெறுப்புக்குரியது என்றும், ஐன்ஸ்டைன் கோட்பாட்டின் அழகைக் கெடுப்பதாகும் என்றும் கருதினர். ஆனால் உண்மையில் யாராலும் கணக்கியல் தேற்றத்தை எதிர்த்து வாதிட முடியாது. ஆகவே முடிவில் எங்களது பணி பொதுவாக ஏற்புடையதாயிற்று. இப்போதெல்லாம் அனேகமாய் ஒவ்வொருவருமே அண்டம் ஒரு மாவெடிப்பு வழுவத்திலிருந்து தொடங்கியது எனக் கொள்கின்றனர். வேடிக்கை என்னவென்றால், பிறகு நானே எனது மனத்தை மாற்றிக் கொண்டு விட்டேன், உண்மையில் அண்டத்தின் தொடக்கத்தில் வழுவம் எதுவும் இருக்கவில்லை என இப்போது மற்ற இயற்பியலர்களுக்குப் புரிய வைக்க முயன்று வருகிறேன். உள்ளபடியே வழுவம் என்பது அக்குவ விளைவுகளை *[quantum effects]* கணக்கில் எடுத்துக் கொண்ட உடனே மறைந்து விடுமென நாம் பின்னர் பார்க்க இருக்கிறோம்.

பல்லாயிரம் ஆண்டுகளில் அண்டம் பற்றி மனிதனுக்கு உண்டான பார்வை எப்படி அரை நூற்றாண்டுக்கும் குறைந்த காலத்தில் மாறிப் போய் விட்டது என்பதை இந்த அதிகாரத்தில் பார்த்துள்ளோம். அண்டம் விரிவடைந்து செல்கிறது என்று ஹபிள் கண்டுபிடித்ததும், விரிந்து பரந்த அண்டத்தில் நமது புவிக் கோள் அற்ப சொற்பமானதே என்பது உணரப்பட்டதும் வெறும் தொடக்கப் புள்ளிதான். சோதனைச் சான்றும் கோட்பாட்டுச் சான்றும் வளர வளர அண்டத்திற்குக் கால வகையில் ஒரு தொடக்கம் இருந்திருக்க வேண்டும் என்பது மென்மேலும் தெளிவாகி வந்தது. இறுதியாக 1970இல் ஐன்ஸ்டைனின் பொதுச் சார்பியல் கோட்பாட்டின் அடிப்படையில் பென்ரோசும் அடியேனும் இதனை நிரூபித்தோம். இந்நிரூபணம் பொதுச் சார்பியல் ஒரு முழுமையற்ற கோட்பாடுதான் எனக் காட்டியது: அண்டம் எவ்வாறு தொடங்கியது என்பதை அதனால் நமக்குச் சொல்ல முடியாது. ஏனென்றால் தானுட்பட எல்லா இயற்பியல் கோட்பாடுகளுமே அண்டத்தின் தொடக்கத்தில்

செயலிழந்து விடுமென அது ஊகிக்கிறது. எப்படியாயினும் பொதுச் சார்பியல் தன்னை ஒரு பகுதிக் கோட்பாடு என்றுதான் கூறிக் கொள்கிறது. அண்டத்தின் மிக முற்பட்ட நிலையில் அது மிகச் சிறியதாக இருந்த ஒரு காலம் இருந்திருக்க வேண்டும் என்பதையே வழுவத் தேற்றங்கள் உண்மையில் காட்டுகின்றன, ஆகவே இருபதாம் நூற்றாண்டின் மற்றொரு மாபெரும் பகுதிக் கோட்பாடான அக்குவ இயந்திரவியலின் சிறுவீத விளைவுகளை இனிமேலும் கண்டுகொள்ளாமல் இருக்க முடியாது. பிறகு 1970களின் தொடக்கத்தில், அண்டம் பற்றிய புரிதலுக்கான நம் தேடலை அசாதாரண அளவுக்கு மிகப் பெரியது பற்றிய நம் கோட்பாட்டிலிருந்து அசாதாரண அளவுக்கு மிகச் சிறியது பற்றிய நம் கோட்பாட்டை நோக்கித் திருப்ப வேண்டியதாயிற்று. அக்குவ இயந்திரவியல் எனும் இந்தக் கோட்பாடு அடுத்தபடியாக விவரிக்கப்படும். அதன் பிறகு இந்த இரு பகுதிக் கோட்பாடுகளையும் ஒற்றை ஈர்ப்பியல் அக்குவக் கோட்பாடாக இணைப்பதற்கான முயற்சிகளின் பக்கம் திரும்புவோம்.

4
உறுதியின்மைக் கொள்கை

அறிவியல் கோட்பாடுகள், குறிப்பாக நியூட்டனின் ஈர்ப்புக் கோட்பாடு அடைந்த வெற்றியைத் தொடர்ந்து 19ஆம் நூற்றாண்டின் தொடக்கத்தில் மார்க்விஸ் டி லேப்லஸ் என்ற பிரெஞ்சு அறிவியலர் அண்டம் முழுக்க முழுக்க முன்னுறுதி செய்யத்தக்கது என வாதிட்டார். நமக்கு ஒரு நேரத்தில் அண்டத்தின் முழு நிலவரம் தெரிந்திருந்தாலே போதும், அண்டத்தில் நிகழப் போகிற ஒவ்வொன்றையும் ஊகித்தறிய வழி செய்யக் கூடிய ஒரு சில அறிவியல் விதிகள் இருக்க வேண்டுமென முன்மொழிந்தார். எடுத்துக்காட்டாக, ஒரு குறிப்பிட்ட நேரத்தில் ஞாயிற்றின், கோள்களின் அமைவிடங்களும் வேகங்களும் நமக்குத் தெரிந்திருக்குமானால் நாம் நியூட்டனின் விதிகளைப் பயன்படுத்தி வேறெந்த நேரத்திலும் ஞாயிற்றுக் குடும்பம் இருக்கக் கூடிய நிலவரத்தைக் கணக்கிட்டுக் கொள்ளலாம். இந்த நேர்வில் முன்னுறுதிக் கொள்கை [determinism] ஓரளவு கண்கூடாகவே தெரிகிறது. ஆனால் லேப்லஸ் ஒரு படி மேலே போய் மனிதர்கள் நடந்து கொள்ளும் விதம் உட்பட மற்ற ஒவ்வொன்றையுமே ஆளும் இதே போன்ற விதிகள் உள்ளன என அனுமானம் செய்து கொண்டார்.

அறிவியல் முன்னுறுதிக் கொள்கையானது உலகில் தலையிட்டுச் செயல்புரியக் கடவுளுக்கு உள்ள உரிமையில் குறுக்கிடுவதாகக் கருதி அந்தக் கொள்கையைப் பலர் வன்மையாக எதிர்த்தனர். இருந்தாலும் இதுவே 20ஆம் நூற்றாண்டின் தொடக்க ஆண்டுகள் வரை அறிவியலின் நிலைத்தர அனுமானமாக இருந்து வந்தது. விண்மீன் போன்ற ஒரு சூடான பொருள் அல்லது உரு ஈறில்லா வீதத்தில் ஆற்றல் உமிழ்ந்தாக வேண்டும் என லார்ட் ரேலே, சர் ஜேம்ஸ் ஜீன்ஸ் ஆகிய பிரித்தானிய அறிவியலர்களின் கணக்கீடுகளிலிருந்து தெரிய வந்த போது இந்த நம்பிக்கையைக் கைவிட வேண்டியதற்கான முதல்

அறிகுறிகளில் ஒன்று வெளிப்பட்டது. அக்காலத்தினர் நம்பிக் கொண்டிருந்த விதிகளின்படி, சூடாக உள்ள ஒரு பொருள் எல்லா அதிர்வெண்களிலும் சம அளவில் மின்காந்த அலைகளை (கதிரலைகள், கண்ணுறு ஒளி அல்லது ஊடு கதிர்கள் போன்றவற்றை) உமிழ்ந்தாக வேண்டுமாம். எடுத்துக்காட்டாக, ஒரு சூடான பொருள் அலைகளின் வடிவில் ஆற்றலை உமிழும் போது வினாடிக்கு 2 முதல் 3 லட்சம் கோடி அதிர்வெண் கொண்ட அலைகளை உமிழும் அதே அளவு ஆற்றலை வினாடிக்கு 1 முதல் 2 லட்சம் கோடி அதிர்வெண் கொண்ட அலைகளாகவும் உமிழுமாம். அப்படியானால் ஒரு வினாடிக்கான அலைகளின் எண்ணிக்கைக்கு வரம்பில்லை என்பதால் உமிழப்படும் மொத்த ஆற்றல் ஈறில்லாததாய் இருக்கும் எனப் பொருள்படும்.

வெளிப்படையாகவே கேலிக்குரியதாகத் தெரியும் இந்த முடிவைத் தவிர்க்க வேண்டும் என்பதற்காக ஜெர்மன் அறிவியலர் மேக்ஸ் பிளாங்க் 1900இல் முன்மொழிந்தது என்னவென்றால், ஒளியும் ஊடு கதிர்களும் மற்ற அலைகளும் தற்போக்கான வீதத்தில் உமிழப்பட முடியாது; அவை குறிப்பிட்ட சில பொட்டலங்களாகவே உமிழப்பட முடியும். இந்தப் பொட்டலங்களைத்தான் அவர் அக்குவங்கள் *[quanta]* என்றழைத்தார். மேலும், அக்கு அக்காகச் செல்லும் இந்த அலைகளில் அக்குவம் *[quantum]* ஒவ்வொன்றுக்கும் குறிப்பட்ட அளவு ஆற்றல் உள்ளது. அலைகளின் அதிர்வெண் உயர உயர அந்த ஆற்றலும் அதிகரிக்கும். போதுமான அளவுக்கு உயர்ந்த அதிர்வெண்ணில் ஒற்றை அக்குவத்தின் உமிழ்வுக்கு இருப்பைக் காட்டிலும் கூடுதல் ஆற்றல் தேவைப்படும். எனவே உயர் அதிர்வெண்களில் கதிர்வீச்சு குறைந்து விடும். இதனால் அந்த உரு ஆற்றலை இழக்கும் வீதம் ஈறுள்ளதாக இருக்கும்.

சூடான பொருட்களிலிருந்து வரும் கதிர்வீச்சின் நோக்கியறிப்பட்ட உமிழ்வு வீதத்துக்கு அக்குவக் கருதுகோள் *[quantum hypothesis]* மிக நன்றாக விளக்கமளித்தது. ஆனால் முன்னுறுதிக் கொள்கை மீதான இதன் தாக்கம் 1926 வரை உணரப்படவில்லை. அந்த ஆண்டில்தான் மற்றொரு ஜெர்மன் அறிவியலர் வெர்னர் ஹெய்சன்பெர்க் தமது புகழ் வாய்ந்த உறுதியின்மைக் கொள்கையை *[uncertainity principle]* வகுத்துரைத்தார். ஒரு துகளின் எதிர்கால அமைவிடம், திசைவேகம் *[position and velocity]* ஆகியவற்றை ஊகித்தறிய வேண்டுமானால், அதன் நிகழ்கால அமைவிடம், திசைவேகம் ஆகியவற்றைத் திருத்தமாக அளவிடத் தெரிந்திருக்க வேண்டும். இதைச் செய்வதற்குத் தெளிவாகத் தெரிந்த வழி துகளின் மீது வெளிச்சம் அடிப்பதே.

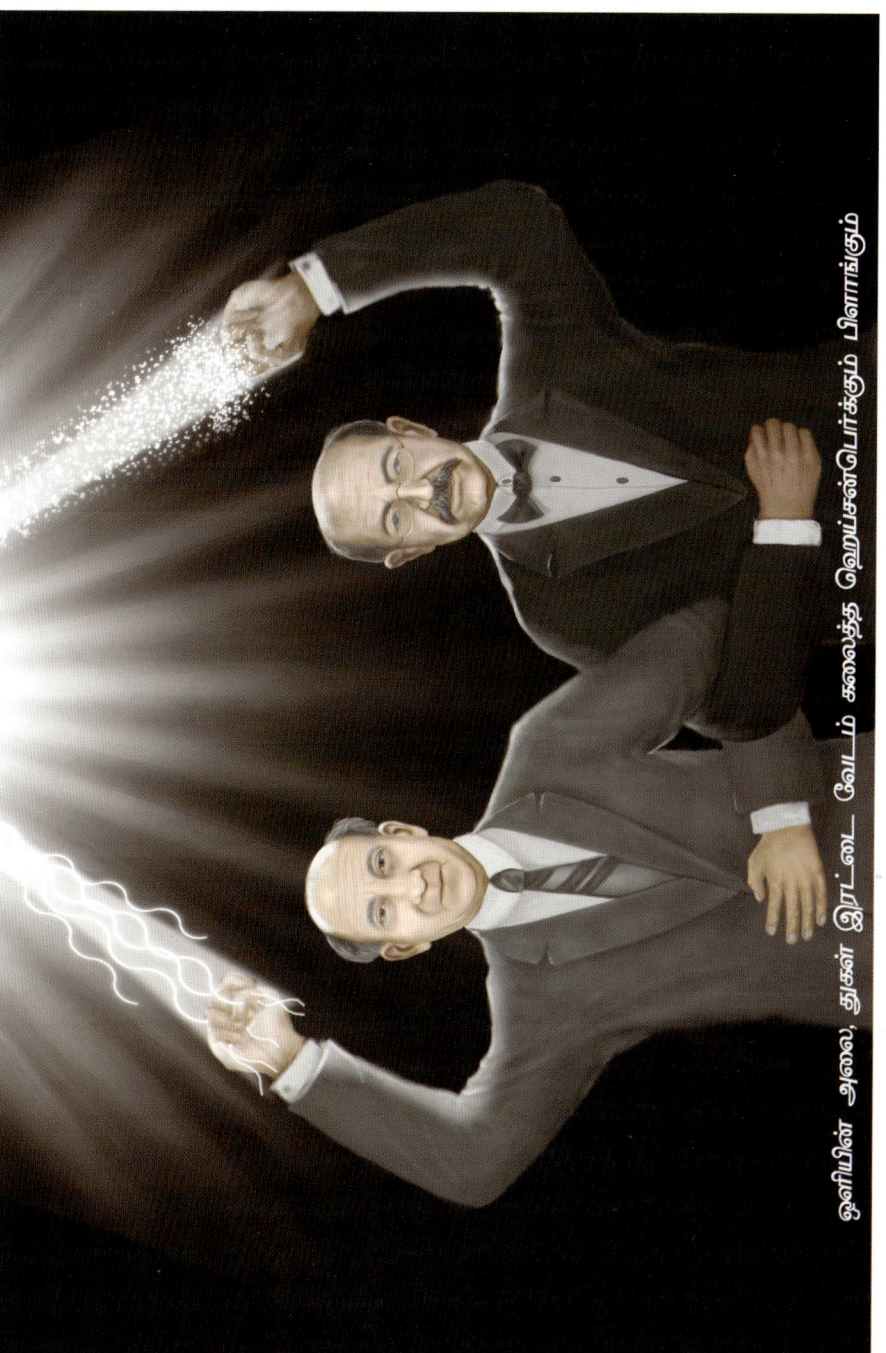

ஒளியின் அலை, துகள் இரட்டை வேடம் கலைத்த ஹெய்சன்பெர்க்கும் பிளாங்கும்

ஒளியலைகள் சிலவற்றைத் துகள் சிதறடிக்கும். இது அத்துகளின் அமைவிடத்தைக் காட்டும். ஆனால் ஒளியலை முகடுகளுக்கு இடையேயான தொலைவைக் காட்டிலும் துகளின் அமைவிடத்தை அதிகத் திருத்தமாக முன்னுறுதி செய்ய இயலாது. எனவே துகளின் அமைவிடத்தைச் சரிநுட்பமாக அளவிட வேண்டுமானால், குறுகிய அலைநீளமுள்ள ஒளியைப் பயன்படுத்த வேண்டும். இப்போது பிளாங்கின் அக்குவக் கருதுகோளின்படி மனம் போன போக்கில் சிறியதோர் ஒளி அளவைப் பயன்படுத்த முடியாது. எப்படியும் ஓர் அக்குவத்தையேனும் பயன்படுத்த வேண்டும். இந்த அக்குவம் துகளைக் கலைத்து, அதன் திசைவேகத்தை ஊகித்துச் சொல்ல முடியாதவாறு மாற்றி விடும். மேலும், துகளின் அமைவிடத்தை எந்த அளவுக்குத் திருத்தமாக அளவிட வேண்டுமோ அந்த அளவுக்குக் குறுகிய அலைநீளமுள்ள ஒளி தேவைப்படுகிறது. எனவே அந்த அளவுக்கு ஒற்றை அக்குவத்தின் ஆற்றல் அதிகமாகிறது. ஆகவே அக்குவத்தின் கூடுதல் ஆற்றல் துகளின் திசைவேகத்தைக் கலைக்கும். அதாவது, துகளின் அமைவிடத்தை எந்த அளவுக்குத் திருத்தமாக அளவிட முயல்கிறீர்களோ, அதன் வேகத்தை அந்தளவுக்குத் திருத்தக் குறைவாகத்தான் அளவிட முடியும். அதே போல் துகளின் வேகத்தை எந்த அளவுக்குத் திருத்தமாக அளவிட முயல்கிறீர்களோ அதன் அமைவிடத்தை அந்தளவுக்குத் திருத்தக் குறைவாகத்தான் அளவிட முடியும். துகளது அமைவிடத்தின் உறுதியின்மை, துகளது திசைவேகத்தின் உறுதியின்மை, துகளது நிறை ஆகிய மூன்றையும் பெருக்கி வரும் தொகை ஒருபோதும் குறிப்பிட்ட ஓர் அளவை விடச் சிறியதாக இருக்க முடியாது என ஹெய்சன்பெர்க் காட்டினார். இந்தக் குறிப்பிட்ட அளவே பிளாங்கின் மாறிலி *[Planck's constant]* என அறியப்படுகிறது. மேலும், இதன் வரம்பானது துகளின் அமைவிடம் அல்லது திசைவேகத்தை நாம் அளவிட முயலும் வழியையோ அல்லது துகளின் வகையையோ பொறுத்ததன்று. ஹெய்சன்பெர்கின் உறுதியின்மைக் கொள்கை என்பது உலகின் ஒரு தவிர்க்க முடியாத அடிப்படைப் பண்பாகும்.

நாம் உலகத்தைப் பார்க்கும் விதத்தின் மீது உறுதியின்மைக் கொள்கை ஆழமான தாக்கங்கள் பதித்தது. எழுபது ஆண்டுகளுக்கு மேல் கழிந்த பிறகுங்கூட இந்தத் தாக்கங்களின் மதிப்பைப் பல மெய்யியலர்கள் முழுமையாக உணரவில்லை. இவை இன்றளவும் மிகுந்த சர்சைக்குரிய செய்திகளாகத்தான் உள்ளன. முழுக்க முழுக்க முன்னுறுதி செய்யத்தக்க ஓர் அறிவியல் கோட்பாட்டை, ஓர் அண்ட மாதிரியமைப்பை வகுக்க வேண்டும் என்ற லேப்லசின் கனவு

உறுதியின்மைக் கொள்கையால் பொய்த்து விட்டது: அண்டத்தின் இன்றைய நிலவரத்தைக் கூட நம்மால் சரிநுட்பமாக அளவிட முடியாது என்றால், எதிர்கால நிகழ்ச்சிகளைத் துல்லியமாக ஊகித்துச் சொல்ல முடியாது என்பது உறுதி! இயற்கைக்கு அப்பாற்பட்ட ஏதோ ஒரு பிறவிக்கென நிகழ்ச்சிகளை முழுமையாக முன்னுறுதி செய்யும் ஒரு சில விதிகள் இருப்பதாகவும், இந்தப் பிறவி அண்டத்தை அதன் இப்போதைய நிலவரத்தைக் கலைக்காமலேயே நோக்கியறியக் கூடும் என்றும் இப்போதும் நாம் கற்பனை செய்து கொள்ளலாம். ஆனால் அண்டத்தின் இத்தகைய மாதிரியமைப்புகள் சாதரண மனிதர்களாகிய நமக்கு அதிகம் கருத்துக்குரியவை அல்ல. ஒக்காம் கத்தி *[Occam's razor]* எனப்படும் சிக்கனக் கோட்பாட்டைப் பயன்படுத்தி, நோக்கியறிய முடியாத கோட்பாட்டுக் கூறுகளை எல்லாம் கத்தரித்து விடுவதே மேல் எனத் தோன்றுகிறது. இந்த அணுகுமுறையின் வழிகாட்டுதலால் 1920களில் ஹெய்சன்பெர்க், எர்வின் ஷ்ரோடிங்கர், பால் டிராக் ஆகியோர் இயந்திரவியலைத் திருத்தம் செய்து உறுதியின்மைக் கொள்கையின் அடிப்படையில் அக்குவ இயந்திரவியல் *[quantum mechanics]* எனும் புதிய கோட்பாட்டை வகுத்துரைத்தனர். இனியும் இக்கோட்பாட்டில் துகள்களுக்கு நோக்கியறிய முடியாத, தனித்தனியான, நன்கு வரையறுக்கப்பட்ட அமைவிடங்களும் திசைவேகங்களும் கிடையாது. இதற்குப் பதிலாக அவற்றுக்கு அமைவிடம், திசைவேகம் ஆகியவற்றை இணைத்து வரும் ஓர் அக்குவ நிலவரம் *[quantum state]* இருந்தது.

பொதுவாகச் சொன்னால், அக்குவ இயந்திரவியல் ஒரு நோக்காய்வுக்குத் திட்டவட்டமான ஒற்றை முடிவை ஊகித்துச் சொல்வதில்லை. இதற்குப் பதிலாக வாய்ப்புள்ள பல்வேறு முடிவுகளையும் அது ஊகித்தறிந்து ஒவ்வொன்றுக்கும் எவ்வளவு வாய்ப்புண்டு என்று நமக்குச் சொல்கிறது. அதாவது ஒவ்வொன்றும் ஒரே வழியில் தொடங்கிய பெரும் எண்ணிக்கையிலான ஒத்த அமைப்புகள் மீது ஒரே அளவீட்டைச் செய்தால், அளவீட்டின் முடிவானது குறிப்பிட்ட சில நேர்வுகளில் **அ** என்பதாகவும், வேறு சிலவற்றில் **ஆ** என்பதாகவும், தொடர்ந்து இவ்வாறாகவும் இருக்கக் காண்போம். தோராயமாக எத்தனை தடவைகள் முடிவு **அ** என்பதாகவோ **ஆ** என்பதாகவோ இருக்கும் என்பதை ஊகித்தறியக் கூடும். ஆனால் ஒரு தனிப்பட்ட அளவீட்டின் குறிப்பான முடிவை ஊகித்தறிய முடியாமற் போகலாம். ஆகவே அக்குவ இயந்திரவியல் ஊகித்தறிய முடியாத தன்மை அல்லது திட்ட வரையறையின்மை

என்கிற தவிர்க்கவியலாக் கூறு ஒன்றை அறிவியலுக்குள் அறிமுகம் செய்கிறது. ஐன்ஸ்டைன் இந்தக் கருத்துக்களை வளர்த்தெடுத்ததில் முக்கியப் பங்காற்றியிருந்தாலும் இதை மிக வன்மையாக எதிர்த்தார். அக்குவக் கோட்பாட்டுக்குச் செய்த பங்களிப்பிற்காக ஐன்ஸ்டைனுக்கு நோபல் பரிசு வழங்கப்பட்டது. எப்படி இருப்பினும் அண்டம் தற்செயலால் ஆளப்படுவதாக ஐன்ஸ்டைன் ஒரு போதும் ஏற்றுக் கொண்டது இல்லை. அவரது எண்ணங்கள் "கடவுள் தாயக்கட்டை உருட்டுவதில்லை" என்ற புகழ் வாய்ந்த கூற்றில் தொகுத்து உரைக்கப்பட்டன. ஆனால் பெரும்பாலான ஏனைய அறிவியலர்களுக்கு அக்குவ இயந்திரவியலை ஏற்றுக்கொள்ள மனமிருந்தது. ஏனெனில் அது சோதனைக்கு முழு நிறைவாக ஒத்துப் போயிற்று. உண்மையில் இந்தக் கோட்பாடு மகத்தான வெற்றி பெற்றுள்ளது. இது புதுமக்கால அறிவியல், தொழில்நுட்பவியல் அனைத்துக்கும் அடிநாதமாய்த் திகழ்கிறது என்றும் சொல்லலாம். தொலைக்காட்சிகள், கணினிகள் போன்ற மின்மச் சாதனங்களின் இன்றியமையாத உறுப்புகளாகிய முத்தடையங்கள், தொகுப்புச் சுற்றுகள் [transistors and integrated circuits] ஆகியவற்றின் இயக்கத்தை அதுவே ஆள்கிறது. புதுமக்கால வேதியியலுக்கும் உயிரியலுக்கும் இதுவே அடிப்படை. ஈர்ப்பியல், அண்டத்தின் பெருவீதக் கட்டமைப்பு ஆகிய இயற்பியல் துறைகளில் மட்டுமே அக்குவ இயந்திரவியல் இதுவரை சரிவர இணைக்கப்படாமல் உள்ளது.

ஒளி என்பது அலைகளால் ஆனது என்றாலும் சில வகையில் அது துகள்களால் ஆனது போல் நடந்து கொள்கிறது என்று பிளாங்கின் அக்குவக் கருதுகோள் நமக்குச் சொல்கிறது. அதாவது அதனை அக்குவங்கள் எனப்படும் பொட்டலங்களாக மட்டுமே உமிழவோ அல்லது உட்கொள்ளவோ முடியும். இதே போல் துகள்கள் சில வகையில் அலைகளைப் போன்று நடந்து கொள்கின்றன என ஹெய்சன்பெர்கின் உறுதியின்மைக் கொள்கை குறித்திடுகிறது: அதாவது அவை ஒரு குறிப்பிட்ட நிகழ்தகவுப் பரவலை "மெழுகிக்கொண்டுள்ளனவே" தவிர திட்டவட்டமான அமைவிடம் கொண்டவையாக இருப்பதில்லை. அக்குவ இயந்திரவியல் கோட்பாடானது புத்தம் புதிய வகையிலான கணக்கியலை அடிப்படையாகக் கொண்டது. இந்தக் கணக்கியல் மெய்யுலகைத் துகள்களாகவும் அலைகளாகவும் இனி வர்ணிக்கப் போவதில்லை. உலகத்தின் நோக்காய்வுகளை மட்டுமே அப்படி வர்ணிக்கலாம். எனவே அக்குவ இயந்திரவியலில் அலைகளுக்கும் துகள்களுக்கும் இடையே இரட்டைத்தன்மை [duality] உள்ளது. அதாவது, சில

நோக்கங்களுக்குத் துகள்களை அலைகளாக எண்ணிப் பார்ப்பது உதவக் கூடியது. மற்ற நோக்கங்களுக்கு அலைகளைத் துகள்களாக எண்ணிப் பார்ப்பதே மேல். இதன் ஒரு முக்கிய விளைவு என்னவென்றால் அலைகள் அல்லது துகள்களின் இரு கணங்களுக்கு இடையே குறுக்கீடு [interference] எனப்படும் ஒன்றை நோக்கியறியலாம். அதாவது, அலைகளின் கணம் [set of waves] ஒன்றின் அகடுகள் அலைகளின் மற்றொரு கணத்தின் அகடுகளோடு ஒருங்கமையலாம். அப்போது இரு அலைக் கணங்களும் ஒன்றையொன்று நீக்கம் செய்து கொள்கின்றனவே தவிர, நாம் எதிர்பார்க்கக் கூடியது போல் ஒன்றாகச் சேர்ந்து இன்னுங்கூட வலுவான அலை ஆவதில்லை (படம் 4.1). ஒளியைப் பொறுத்த வரை, குறுக்கீட்டுக்குப் பழக்கமானதோர் எடுத்துக்காட்டாகப் பல நேரங்களில் சோப்புக் குமிழ்களில் காணப்படும் நிறங்களைச் சொல்லலாம். குமிழியாக அமையும் மெல்லிய நீர்ப் படலத்தின் இரு பக்கங்களிலும் ஒளி எதிரடிப்பதின் விளைவே இந்த நிறங்கள்.

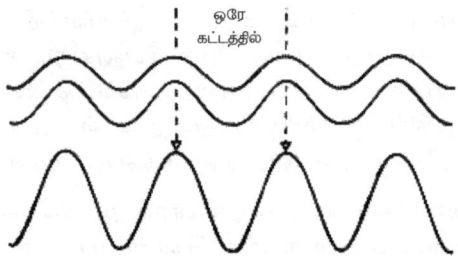

அலை முகடுகளும் அகடுகளும் ஒன்றையொன்று
பெருக்கிக் கொள்கின்றன

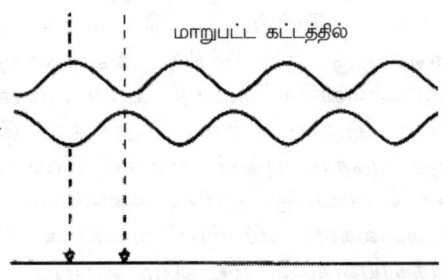

அலை முகடுகளும் அகடுகளும் ஒன்றையொன்று
நீக்கிக் கொள்கின்றன

படம் 4.1

வெள்ளொளி என்பது வெவ்வேறான அனைத்து அலைநீளங்களும் கொண்ட ஒளியலைகளால், அதாவது நிறங்களால் ஆனது. குறிப்பிட்ட சில அலை நீளங்களுக்கு சோப்புப் படலத்தின் ஒரு பக்கத்திலிருந்து எதிரடிக்கும் அலைகளின் முகடுகள் மறுபக்கத்திலிருந்து எதிரடிக்கும் அகடுகளோடு ஒருங்கமைகின்றன. இந்த அலைநீளங்களுக்குரிய நிறங்கள் எதிரடிக்கும் ஒளியில் இல்லாமல் போகின்றன. எனவே இந்த ஒளி நிறமுள்ளதாகத் தெரிகிறது. அக்குவ இயந்திரவியல் அறிமுகப்படுத்திய இரட்டைத் தன்மையால் துகள்களுக்குங்கூட குறுக்கீடு நேரிடலாம். இதற்குப் புகழ் பெற்றதோர் எடுத்துக்காட்டு இரட்டைப் பிளவுச் சோதனை *[two slit experiment]* எனப்படுவதாகும் *(படம் 4.2)*.

ஒன்றுக்கொன்று இணையான இரு குறுகிய பிளவுகளைக் கொண்ட ஒரு தடுப்பை எடுத்துக் கொள்வோம். தடுப்பின் ஒரு பக்கத்தில் குறிப்பிட்ட நிறம் (அதாவது குறிப்பிட்ட அலைநீளம்) கொண்ட ஒளிமூலத்தை வைக்கிறோம். பெருமளவு ஒளி தடுப்பின் மீது படும்

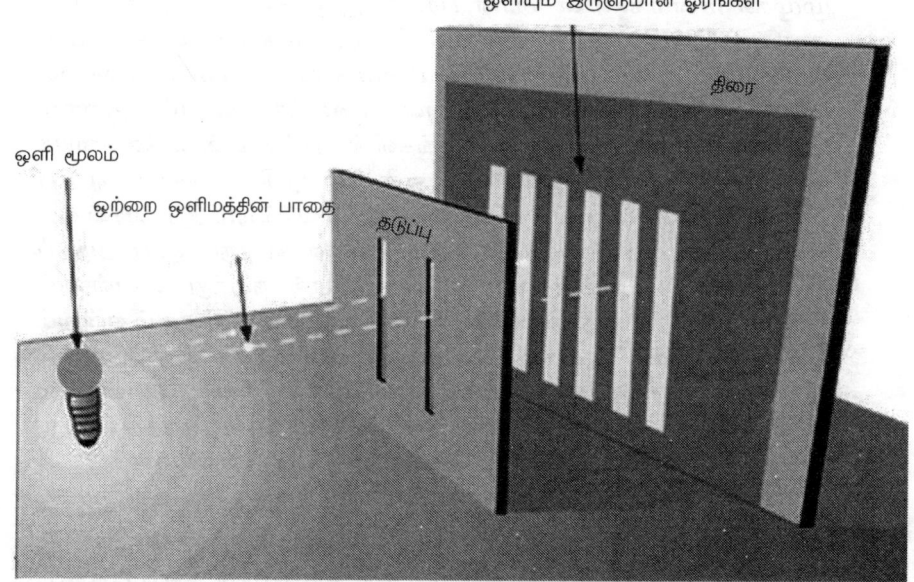

இரட்டைப் பிளவுச் சோதனை

படம் 4.2

என்றாலும் சிறிதளவு பிளவுகளின் ஊடாகச் செல்லும். ஒளியிலிருந்து தொலைவாக உள்ள தடுப்பின் மறுபக்கத்தில் ஒரு திரையை வைப்போம். திரையின் எந்தப் புள்ளியும் இரு பிளவுகளிலிருந்தும் வருகிற அலைகளைப் பெற்றுக் கொள்ளும். என்றாலும் பொதுவாகச் சொன்னால் ஒளியானது அதன் மூலத்திலிருந்து இரு பிளவுகள் வழியாகவும் திரைக்குப் பயணம் செய்ய வேண்டிய தொலைவு வேறுபடும். இதன் பொருள் என்னவென்றால், பிளவுகளிலிருந்து வரும் அலைகள் திரையை வந்து அடையும் போது ஒன்றுக்கொன்று ஒரே கட்டத்தில் இருக்க மாட்டா. சில இடங்களில் அலைகள் ஒன்றையொன்று நீக்கிக் கொள்ளும்; மற்றவற்றில் ஒன்றையொன்று பெருக்கிக் கொள்ளும். இதன் விளைவாக ஒளியும் இருளுமான ஓரங்கள் கொண்ட ஒரு தனிச்சிறப்பான பாங்கு காணப்படுகிறது.

ஒளிமூலத்தைத் திட்டமான வேகம் (அதாவது திட்டமான அலைநீளம்) கொண்ட மின்மங்கள் [electrons] போன்ற துகள்களின் மூலத்தைக் கொண்டு மாற்றீடு செய்தால் துல்லியமாக அதே வகை ஓரங்கள் கிடைக்கும் என்பது குறிப்பிடத்தக்க செய்தியாகும். இது இன்னுங்கூட வினோதமாகத் தோன்றுகிறது. ஏனென்றால் ஒரே ஒரு பிளவு மட்டுமே இருந்தால் ஓரங்களேதும் கிடைப்பதில்லை. திரை முழுக்க மின்மங்களின் சீரான பரவல் இருக்கும், அவ்வளவுதான். எனவே இன்னொரு பிளவைத் திறந்து விடுவதால் திரையின் ஒவ்வொரு புள்ளியிலும் படும் மின்மங்களின் எண்ணிக்கையை அதிகரிக்கவே செய்யும் என்றுதான் நினைக்க முடியும். ஆனால் குறுக்கீட்டினால் அது சில இடங்களில் அவ்வெண்ணிக்கையைக் குறைக்கிறது. மின்மங்களை ஒரு நேரத்தில் ஒன்று எனப் பிளவுகளினூடே அனுப்பி வைத்தால், ஒவ்வொன்றும் இரண்டில் ஒரு பிளவைக் கடந்து செல்லும் என்றும், எனவே கடந்து சென்ற அந்தப் பிளவுதான் அங்குள்ள ஒரே பிளவு போல் நடந்து கொள்ளும் என்றும், மேலும் அது திரையில் ஒரேசீரான பரவலைத் தரும் என்றும் எதிர்பார்க்கலாம். ஆனால் உண்மையில் மின்மங்கள் ஒரு நேரத்தில் ஒன்று என அனுப்பட்டாலும் திரையில் ஓரங்கள் தோன்றவே செய்கின்றன. எனவே ஒவ்வொரு மின்மமும் ஒரே நேரத்தில் இரு பிளவுகளினூடாகவும் சென்று கொண்டிருந்தாக வேண்டும்!

துகள்களுக்கு இடையிலான குறுக்கீட்டு நிகழ்வானது அணுக்களின் கட்டமைப்பைப் பற்றிய நம் புரிதலுக்கு மையமாக இருந்துள்ளது. அணுக்களே வேதியியலிலும் உயிரியலிலும் அடிப்படை அலகுகளாகும், நம்மையும் நம்மைச் சுற்றியுள்ள ஒவ்வொன்றையும் கட்டியமைத்துள்ள கட்டுமானக் கற்களாகும். இந்நூற்றாண்டின்

தொடக்கத்தில் அணுக்கள் ஒரு வகையில் கோள்கள் ஞாயிற்றைச் சுற்றுவதைப் போன்றவை எனக் கருதப்பட்டது. மின்மங்கள் (எதிர் மின்விசைத் துகள்கள்) நேர் மின்விசை தாங்கிய மைய அணுக்கருவைச் சுற்றி வருகின்றன. ஞாயிற்றுக்கும் கோள்களுக்கும் இடையேயான ஈர்ப்புக் கவர்ச்சி கோள்களை எவ்வாறு அவற்றின் சுற்றுப்பாதைகளிலேயே இருக்க வைத்துக் கொள்கிறதோ, அதே போல் நேர் மின்விசைகளுக்கும் எதிர் மின்விசைகளுக்கும் இடையேயான கவர்ச்சியானது மின்மங்களை அவற்றின் சுற்றுப்பாதைகளிலேயே இருக்க வைத்துக் கொள்வதாகக் கருதிக் கொண்டார்கள். இதில் சிக்கல் என்னவென்றால் மின்மங்கள் ஆற்றலிழந்து, அதனால் உள்நோக்கித் திருகிச் சென்று முடிவில் அணுக்கருவோடு மோதிக் கொள்ளும் என்றுதான் அக்குவ இயந்திரவியலின் வருகைக்கு முன் இயந்திரவியல் விதிகளும், மின்னியல் விதிகளும் ஊகித்துக் கொண்டன. அணுவும், பார்க்கப் போனால் பருப்பொருள் அனைத்தும், மிக உயர்ந்த அடர்த்தி நிலைக்குத் துரிதமாகத் தகர்வுறும் என்பதே இதன் பொருளாக இருக்கும். **1913**இல் டென்மார்க் அறிவியலர் நீல்ஸ் போர் *[Niels Bohr]* இச்சிக்கலுக்குப் பகுதியளவில் தீர்வு கண்டார். மின்மங்கள் மைய அணுக்கருவிலிருந்து குறிப்பிட்ட வரையறுத்த தொலைவுகளில் மட்டும் சுற்றி வர இயலுமே தவிர எந்தத் தொலைவில் வேண்டுமானாலும் சுற்றி வர இயலாது என்பதாக இருக்கலாம் என்று அவர் முன்மொழிந்தார். இந்த வரையறுத்த தொலைவுகளில் எந்த ஒன்றிலும் ஓரிரு மின்மங்கள் மட்டும் சுற்றி வரக் கூடும் என வைத்துக் கொண்டால் அணு தகர்வுறுவது பற்றிய சிக்கலுக்கு இது தீர்வாகி விடும். ஏனென்றால் மின்மங்கள் மிகக் குறைந்த தொலைவுகளும் ஆற்றல்களும் கொண்ட சுற்றுப்பாதைகளை நிரப்புவதற்கு அப்பால் எவ்வகையிலும் திருகிச் சுற்ற முடியாது.

இந்த மாதிரியமைப்பு ஒரேயொரு மின்மம் அணுக்கருவைச் சுற்றி வரும்படி அமைந்த மிக எளிய அணுவாகிய ஹைட்ரஜனின் கட்டமைப்பை நன்றாகவே விளக்கியது. ஆனால் இதை இன்னுங்கூடச் சிக்கலான அணுக்களுக்கு எப்படிப் பொருந்தச் செய்வது என்று தெளிவாகத் தெரியவில்லை. மேலும், வரம்புக்குட்பட்ட சில சுற்றுப்பாதைகளின் தொகுப்பு மட்டுமே அனுமதிக்கப்பட்டவை என்ற கருத்து மிகவும் தற்போக்கானதாகத் தோன்றியது. புதிய கோட்பாடான அக்குவ இயந்திரவியல் இந்த இடர்ப்பாட்டைத் தீர்த்து வைத்தது. அணுக்கருவைச் சுற்றி வரும் மின்மத்தை அலையாகக் கருதிக் கொள்ளலாம் என்பதை அது

வெளிப்படுத்தியது; இந்த அலையின் அலைநீளம் அதன் திசைவேகத்தைப் பொறுத்தது. குறிப்பிட்ட சில சுற்றுப்பாதைகளுக்குச் சுற்றுப்பாதையின் நீளமானது மின்மத்தின் அலைநீளங்களது முழுவெண் தொகைக்கு (பின்னமற்ற எண் தொகைக்கு) இணையாக இருக்கும். இந்தச் சுற்றுப்பாதைகளுக்கு ஒவ்வொரு முறை சுற்றும் போதும் அலை முகடு ஒரே அமைவிடத்தில் இருக்கும். ஆகவே அலைகள் கூடிக் கொள்ளும்: இந்தச் சுற்றுப்பாதைகள் போரின் அனுமதிக்கப்பட்ட சுற்றுப்பாதைகளை ஒத்திருக்கும். ஆனால் முழுவெண் தொகை அல்லாத அலைநீளங்கள் கொண்ட சுற்றுப்பாதைகளுக்கு மின்மங்கள் சுற்றிச் செல்லச் செல்ல ஒவ்வோர் அலை முகடும் இறுதியில் ஓர் அகட்டால் நீக்கி விடப்படும். எனவே இந்தச் சுற்றுப்பாதைகள் அனுமதிக்கப்பட மாட்டா.

அலை/துகள் இரட்டைத் தன்மையை உருவகிப்பதற்கு அருமையானதொரு வழி அமெரிக்க அறிவியலர் ரிச்சர்ட் ஃபைன்மன் [Richard Feynman] அறிமுகப்படுத்திய கூட்டுத் தொகையான வரலாறுகள் [sum over histories] எனப்படுவதாகும். இந்த அணுகுமுறையில் துகள்களுக்கு அக்குவமல்லாக் கோட்பாடாகிய செவ்வியல் கோட்பாட்டில் இருக்கக் கூடியது போல் வெளி-காலத்தில் ஒற்றை வரலாறு அல்லது பாதை இருக்க வேண்டியதில்லை எனக் கொள்கிறோம். இதற்குப் பதிலாக அது **அ**இலிருந்து **ஆ**க்குக் கூடுமான ஒவ்வொரு பாதையிலும் செல்லுமென வைத்துக் கொள்கிறோம். ஒவ்வொரு பாதை தொடர்பாகவும் இரு எண்ணளவுகள் உள்ளன: ஒன்று அலையின் உருவளவைக் குறிக்கிறது. மற்றொன்று சுழற்சியிலான அமைவிடத்தை (அதாவது முகட்டில் இருக்கிறதா அகட்டில் இருக்கிறதா என்பதை) குறிக்கிறது. **அ**இலிருந்து **ஆ**க்குச் செல்வதன் நிகழ்தகவு எல்லாப் பாதைகளுக்குமான அலைகளைக் கூட்டிச் சேர்த்துக் கண்டறியப்படுகிறது. பொதுவாகச் சொன்னால் அடுத்தடுத்த பாதைகளின் கணத்தை ஒப்பு நோக்கினால் சுழற்சியிலான கட்டங்கள் அல்லது அமைவிடங்கள் பெரிதும் வேறுபடும். இதன் பொருள் என்னவென்றால் இப்பாதைகளோடு தொடர்புடைய அலைகள் கிட்டத்தட்ட துல்லியமாகவே ஒன்றையொன்று நீக்கிக் கொண்டு விடும். ஆனால் அடுத்தடுத்த பாதைகளின் கணங்கள் சிலவற்றுக்குக் கட்டமானது பாதைகளிடையே அதிகம் மாறுபடாது. இந்தப் பாதைகளுக்கான அலைகள் ஒன்றையொன்று நீக்கிக் கொள்ளாது.

இத்தகைய பாதைகள் போரின் அனுமதிக்கப்பட்ட சுற்றுப்பாதைகளுக்கு இணையானவை.

தூலமான கணக்கியல் வடிவத்தில் இந்தக் கருத்துகளைப் பயன்படுத்தி இன்னுஞ்சிக்கலான அணுக்களிலும், ஏன், மூலக்கூறுகளிலுங்கூட, அனுமதிக்கப்பட்ட சுற்றுப்பாதைகளைக் கணக்கிடுவது ஒப்பளவில் நேர் வழியாக இருந்தது. மூலக்கூறுகள் என்பவை ஒன்றுக்கு மேற்பட்ட அணுக்கருக்களைச் சூழ்ந்த சுற்றுப்பாதைகளில் மின்மங்களால் பிணைக்கப்பட்டுள்ள பல அணுக்களால் ஆனவை. மூலக்கூறுகளின் கட்டமைப்பும் அவற்றுக்கிடையேயான வினைகளுமே வேதியியல், உயிரியல் அனைத்துக்கும் அடிப்படை ஆகும் என்பதால் அக்குவ இயந்திரவியல் நம்மைச் சுற்றி நாம் காண்பவற்றில் அனேகமாய் ஒவ்வொன்றையும் கொள்கையளவில் ஊகித்தறிய வழிவிடுகிறது - உறுதியின்மைக் கொள்கை விதிக்கும் வரம்புகளுக்கு உட்பட்டு! (ஆனால் நடைமுறையளவில், ஒரு சில மின்மங்களுக்கு மேல் தம்மகத்தே கொண்ட அமைப்புகளுக்குத் தேவையான கணக்கீடுகள் நம்மால் செய்ய முடியாத அளவுக்கு மிகவும் சிக்கலானவை.)

ஐன்ஸ்டைனின் பொதுச் சார்பியல் கோட்பாடு அண்டத்தின் பெருவீதக் கட்டமைப்பை ஆள்வதாகத் தோன்றுகிறது. இதைத்தான் செவ்வியல் கோட்பாடு *[classical theory]* என்கிறோம். அதாவது அது மற்றக் கோட்பாடுகளோடு முரண்படாமல் இருக்கும் பொருட்டு அக்குவ இயந்திரவியலின் உறுதியின்மைக் கொள்கையைக் கணக்கில் எடுத்துக் கொள்ள வேண்டுமென்றாலும் அப்படிச் செய்வதில்லை. இது நோக்காய்வுகளோடு எந்த முரண்பாட்டுக்கும் வழிகோலுவதில்லை என்பதற்கான காரணம் இயல்பு நிலையில் நாமறிகிற எல்லா ஈர்ப்புப் புலங்களுமே மிகவும் நலிந்தவை. ஆனால் குறைந்தது கருந்துளைகள், மாவெடிப்பு ஆகிய இரு சூழல்களில் மட்டுமேனும் ஈர்ப்புப் புலம் மிகவும் வலுவடைய வேண்டும் என முன்பு ஆய்ந்துரைத்த வழூவத் தேற்றங்கள் *[singularity theorems]* சுட்டுகின்றன. இத்தகைய வலுவான புலங்களில் அக்குவ இயந்திரவியலின் விளைவுகள் மிகவும் முக்கியமானவையாக இருக்கும். ஆக ஒரு விதத்தில், செவ்வியல் (அதாவது அக்குவமில்லா) இயந்திரவியல் என்பது அணுக்கள் ஈறில்லா அடர்த்தி நிலைக்குத் தகர்வுறும் என்ற கருத்தை முன் வைத்ததன் வாயிலாக எவ்வாறு தானே தன் வீழ்ச்சியை ஊகித்துக் கொண்டதோ அதே போல் செவ்வியல் பொதுச் சார்பியலும் ஈறில்லா அடர்த்திப் புள்ளிகளை ஊகித்ததன் வாயிலாகத் தானே தன் வீழ்ச்சியை ஊகித்துக்

கொள்கிறது. பொதுச் சார்பியலையும் அக்குவ இயந்திரவியலையும் ஒருங்கிணைக்கிற, முரணற்ற முழுக் கோட்பாடு இன்றளவும் நம்மிடம் இல்லை. ஆனால் அதற்கு இருக்க வேண்டிய பண்புக் கூறுகளில் பலவற்றை நாம் அறிந்தே வைத்துள்ளோம். அவை கருந்துளைகளுக்கும் மாவெடிப்புக்கும் ஏற்படுத்தக் கூடிய தொடர்விளைவுகளைப் பிறகு வரும் அதிகாரங்களில் எடுத்துரைப்போம். ஆனால் இப்போதைக்கு, ஏனைய இயற்கை விசைகளைப் பற்றிய நமது புரிதலை ஒன்றுசேர்த்து ஒருங்கிணைந்த ஒற்றை அக்குவக் கோட்பாடு ஒன்றை உருவாக்கும் அண்மைக் காலத்திய முயற்சிகளின் பக்கம் திருப்புவோம்.

5

அடிப்படைத்துகள்களும் இயற்கை விசைகளும்

அண்டத்திலுள்ள பருப்பொருள் அனைத்தும் நிலம், காற்று, நெருப்பு, நீர் ஆகிய நான்கு பூதங்களால் ஆனது என அரிஸ்டாட்டில் நம்பினார். இந்தப் பூதங்கள் மீது இரு விசைகள் செயல்படுகின்றன: ஈர்ப்பு, அதாவது நிலம், நீர் ஆகியவற்றின் அமிழும் போக்கு; மிதப்பு, அதாவது காற்று, நெருப்பு ஆகியவற்றின் உயர்ந்தெழும் போக்கு. அண்டத்தில் அடங்கியவற்றை இவ்விதம் பருப்பொருளாகவும் விசைகளாகவும் பிரிப்பது இன்றளவும் புழக்கத்தில் உள்ளது.

பருப்பொருள் தொடர்ச்சியானது, அதாவது பருப்பொருள் உருப்படி ஒன்றை எல்லையே இல்லாமல் மென்மேலும் சிறு சிறு துண்டுகளாகப் பகுத்துச் செல்லலாம் என அரிஸ்டாட்டில் நம்பினார். இனிமேலும் பகுக்க முடியாது என்னும்படியான பருப்பொருள் துளி ஒரு போதும் எதிர்ப்படுவது இல்லையாம். ஆனால் டெமாக்ரிட்டஸ் போன்ற ஒரு சில கிரேக்கர்கள் பருப்பொருள் இயல்பிலேயே சிறு சிறு துளிகளாலானது என்றும், ஒவ்வொன்றும் பெரும் எண்ணிக்கையிலான பல்வேறு வகை அணுக்களாலானது என்றும் கருதினர். (அணு *[atom]* என்ற சொல்லுக்குக் கிரேக்க மொழியில் "பகுக்க முடியாதது" எனப் பொருள்). இந்தப் பக்கமோ அந்தப் பக்கமோ உண்மைச் சான்றேதும் இல்லாமல் நூற்றாண்டுக் கணக்கில் விவாதம் தொடர்ந்து நடந்தது. ஆனால் வேதிச் சேர்மங்கள் *[compounds]* எப்போதுமே குறிப்பிட்ட சில விகிதங்களில் இணைந்திருப்பதற்கு அணுக்கள் குழுச் சேர்ந்து மூலக்கூறுகள் எனப்படும் அலகுகளாக அமைந்திருப்பதைக் காரணமாகக் காட்டி விளக்கம் தரலாம் என்று 1803இல் பிரித்தானிய வேதியியலரும் இயற்பியலருமான ஜான் டால்டன் சுட்டிக் காட்டினார். ஆனால் இந்த இரு சிந்தனை மரபுகளுக்கும் இடையிலான விவாதத்தில் அணுவாதிகளுக்கு ஆதரவான இறுதி முடிவு 20ஆம் நூற்றாண்டின்

தொடக்க ஆண்டுகளில்தான் ஏற்பட்டது. இதற்கான முக்கிய இயற்பியல் சான்றுகளில் ஒன்றை ஐன்ஸ்டைன் அளித்தார். 1905இல் சிறப்புச் சார்பியல் பற்றிய புகழ்வாய்ந்த ஆய்வுத் தாளுக்குச் சில கிழமைகள் முன்னதாக எழுதிய ஆய்வேட்டில், பிரௌனிய இயக்கம் என அழைக்கப்படுவதை, அதாவது திரவத்தில் தொங்கல் *[suspension]* வகையில் இருக்கும் சிறு சிறு தூசித் துகள்களின் தற்போக்கான இயக்கத்தை திரவத்திலுள்ள அணுக்கள் தூசித் துகள்களோடு மோதுவதால் ஏற்படும் விளைவு என்று விளக்க முடியும் என ஐன்ஸ்டைன் சுட்டிக் காட்டினார்.

இந்த அணுக்கள் இறுதியாகப் பார்க்குமிடத்து பகுக்க முடியாதவை அல்ல என்னும் ஐயங்கள் அப்போதே தலைதூக்கி விட்டன. சில ஆண்டுகள் முன்பாகவே கேம்பிரிட்ஜ் டிரினிட்டி கல்லூரி உறுப்பினர் ஜே. ஜே. தாம்சன் ஆக இலேசான அணுவின் நிறையில் ஆயிரத்தில் ஒரு பங்குக்கும் குறைவான மின்மம் (எலக்ட்ரான்) எனப்படும் பருப்பொருள் துகள் ஒன்று இருப்பதை விளக்கிக் காட்டியிருந்தார். புதுமக்காலத் தொலைக்காட்சிப் படக் குழாயைப் போன்ற ஒரு கருவியை அவர் பயன்படுத்தினார். அதில் உள்ள பழுக்கக் காய்ச்சிய உலோக இழை மின்மங்களை வெளியிட்டது. அவை எதிர் மின்னூட்டம் *[charge]* கொண்டிருப்பதால் அவற்றை ஃபாஸ்பர் முலாமிட்ட திரையை நோக்கி முடுக்கி விட மின் புலத்தைப் பயன்படுத்தலாம். அவை திரையைத் தொடும் போது வெட்டொளிகள் உண்டாயின. இந்த மின்மங்கள் அணுக்களுக்கு உள்ளிருந்தே வந்தாக வேண்டும் என்று விரைவில் உணரப்பட்டது. இறுதியில் 1911இல் நியூசிலாந்து இயற்பியலர் எர்னஸ்ட் ரூதர்ஃபோர்டு பருப்பொருளின் அணுக்களுக்கு அகக்கட்டமைப்பு இருக்கத்தான் செய்கிறது எனக் காட்டினார். அதாவது அவை மிக மிகச் சிறிய நேர் மின்னூட்டமேறிய அணுக்கருவைச் கொண்டுள்ளன என்றும், ஏராளமான மின்மங்கள் இந்த அணுக்கருவைச் சுற்றி வருகின்றன என்றும் முடிவெடுத்தார். கதிரியக்க அணுக்கள் வெளிவிட்ட நேர் மின்னூட்டமேறிய துகள்களாகிய ஆல்ஃபா துகள்கள் அணுக்களோடு மோதும் போது எப்படிச் சிதறடிக்கப்படுகின்றன என்பதைப் பகுத்தாய்ந்ததன் வாயிலாக அவர் இந்த முடிவுக்கு வந்தார்.

அணுவின் கரு மின்மங்களாலும் நேர்மம் *[proton]* என அழைக்கப்படும் பல்வேறு எண்ணிக்கையிலான நேர் மின்னூட்டமேறிய துகள்களாலும் ஆனது என்றுதான் முதலில் கருதப்பட்டது. “முதல்” என்ற பொருள் கொடுக்கும் கிரேக்கச் சொல்லிருந்து புரோட்டான்

என்ற சொல் வந்தது. ஏனென்றால் நேர்மம்தான் பருப்பொருள் உருவாக்கத்தின் அடிப்படை அலகு என அப்போது நம்பப்பட்டது. ஆனால் அணுக்கருவில் நொதுமம் *[neutron]* என அழைக்கப்படும் மற்றொரு துகள் உள்ளதை கேம்பிரிட்ஜில் ரூதர்ஃபோர்டின் அறிவியல் கூட்டாளியான ஜேம்ஸ் சேட்விக் *[James Chadwick]* 1932இல் கண்டுபிடித்தார். நொதுமத்துக்கும் (நியூட்ரானுக்கும்) கிட்டத்தட்ட நேர்மத்தின் அதே நிறையே இருந்தது என்றாலும் மின்னூட்டம் இல்லை. இந்தக் கண்டுபிடிப்புக்காக சேட்விக்குக்கு நோபல் பரிசு கிடைத்தது. மேலும் அவர் கேம்பிரிட்ஜ் கோன்வில்லே மற்றும் கேயஸ் கல்லூரியின் முதுவராகத் தேர்ந்தெடுக்கப்பட்டார் (அடியேன் இப்போது அக்கல்லூரி உறுப்பினன்). பிறகு உறுப்பினர்களோடு கருத்து வேறுபாடு ஏற்பட்டதால் முதுவர் பதவியை விட்டு விலகினார். போருக்குப் பிறகு திரும்பி வந்த இளைய உறுப்பினர்களின் குழு பழைய உறுப்பினர்கள் பலரை அவர்கள் கல்லூரியில் நீண்ட காலமாக வகித்து வந்த பதவிகளை விட்டு வாக்களித்து வெளியேற்றியது. அது முதற்கொண்டே கல்லூரியில் ஒரு கசப்பான பூசல் எற்பட்டு விட்டது. இவை எல்லாம் என் காலத்திற்கு முன்பு நடந்தவை; 1965இல் இந்தக் கசப்புணர்வின் இறுதிக் காலத்தில், நோபல் பரிசு வென்ற மற்றொரு முதுவர் சர் நெவில் மோட் இதே போன்ற கருத்து வேறுபாடுகளால் பதவி விலக நேரிட்ட போது நான் அக்கல்லூரியில் சேர்ந்தேன்.

சுமார் முப்பது ஆண்டு முன்பு வரை நேர்மங்களும் நொதுமங்களும் “அடிப்படை” துகள்கள் எனக் கருதப்பட்டன. ஆனால் நேர்மங்களை மற்ற நேர்மங்களோடு அல்லது மின்மங்களோடு உயர் வேகங்களில் மோதச் செய்யும் சோதனைகள் நேர்மங்கள் உண்மையில் இன்னனுஞ் சிறிய துகள்களால் ஆனவை எனக் காட்டின. கால்டெக் இயற்பியலர் முர்ரே ஜெல்மான் *[Murray GellMann]* இத்துகள்களுக்குப் பொடிமங்கள் *[quarks]* எனப் பெயரிட்டார். இவை தொடர்பான ஆராய்ச்சிக்காக அவர் 1969இல் நோபல் பரிசு பெற்றார். *“Three quarks for Muster Mark!”* என்ற ஜேம்ஸ் ஜாய்சின் புதிர்க் கூற்றிலிருந்து குவார்க் எனும் பெயர் வருகிறது. *quark* என்ற சொல்லை *quart* என்பது போல், ஆனால் கடைசி எழுத்தை மட்டும் ‘t’க்குப் பதில் ‘k’ என்று உச்சரிக்க வேண்டும்; ஆனால் இதை வழக்கமாக *lark* என்பது போல் உச்சரிக்கிறார்கள்.

பொடிமங்களில் பல வகை உண்டு. குறைந்தது ஆறு “சுவை”கள் உள்ளன. இவற்றை நாம் மேல், கீழ், விசித்திரம், மயக்கம், அடி, உச்சி என அழைக்கிறோம். முதல் மூன்று சுவைகள் 1960களில்

இருந்தே அறியப்பட்டிருந்தன. ஆனால் மயக்கப் பொடிமம் 1974இல்தான் கண்டுபிடிக்கப்பட்டது. அடிப் பொடிமம் 1977இலும், உச்சிப் பொடிமம் 1995இலும் கண்டுபிடிக்கப்பட்டன. ஒவ்வொரு சுவையும் சிவப்பு, பச்சை, நீலம் ஆகிய மூன்று "நிறங்களில்" வருகிறது. (இந்தச் சொற்கள் வெறும் அடையாளப் பெயர்களே என்பதை வலியுறுத்திச் சொல்லியாக வேண்டும். பொடிமங்கள் கண்ணுறு ஒளியின் அலைநீளத்தை விட மிகவும் சிறியவை. எனவே இயல்பான பொருளில் அவற்றுக்கு நிறமே இல்லை. புதுமக்கால இயற்பியலர்கள் அதிகக் கற்பனைத் திறத்துடன் புதிய துகள்களுக்கும் புலப்பாடுகளுக்கும் பெயரிடுவதாகவே தோன்றுகிறது - இப்போது அவர்கள் கிரேக்க மொழியோடு மட்டும் நிறுத்திக் கொள்வதில்லை!) ஒரு நேர்மம் அல்லது நொதுமம் நிறத்துக்கு ஒன்று வீதம் மூன்று பொடிமங்களால்ஆனது. ஒரு நேர்மத்தில் இரு மேல் பொடிமங்களும் ஒரு கீழ்ப் பொடிமமும் அடங்கியுள்ளன. ஒரு நொதுமத்தில் இரு கீழ்ப் பொடிமங்களும் ஒரு மேல் பொடிமமும் அடங்கியுள்ளன. மற்றப் பொடிமங்களால் (விசித்திரம், மயக்கம், அடி, உச்சி ஆகியவற்றால்) ஆன துகள்களை நம்மால் உருவாக்க முடியும். ஆனால் இவை எல்லாமே மிக அதிக நிறை கொண்டவை, மிகத் துரிதமாக நேர்மங்களாகவும் நொதுமங்களாகவும் சிதைவுறுகிறவை.

அணுக்களும் சரி, அவற்றுள் இருக்கும் நேர்மங்களும் நொதுமங்களும் சரி, பகுக்க முடியாதவை அல்ல என்பது இப்போது நமக்குத் தெரியும். ஆகவே வினா இதுதான்: உண்மையிலேயே அடிப்படையான துகள்கள், அதாவது ஒவ்வொன்றையும் கட்டியமைக்கும் அடிப்படைக் கட்டுமானக் கற்கள் எவை? ஒளியின் அலைநீளம் ஓரணுவின் உருவளவைக் காட்டிலும் மிக அதிகம் என்பதால் சாதாரண முறையில் ஓரணுவின் பாகங்களைப் "பார்க்க" முடியும் என எதிர்பார்ப்பதற்கில்லை. இன்னும் மிகச் சிறிய அலைநீளமுள்ள ஏதோ ஒன்றைத்தான் நாம் பயன்படுத்த வேண்டும். எல்லாத் துகள்களும் உண்மையில் அலைகளே என்றும், ஒரு துகளின் ஆற்றல் எந்த அளவுக்கு அதிகமாக உள்ளதோ அதற்கான அலையின் அலைநீளம் அந்த அளவுக்குச் சிறியதாகும் என்றும் அக்குவ இயந்திரவியல் நமக்குச் சொல்வதாகச் சென்ற அதிகாரத்தில் பார்த்தோம். எனவே நம் வினாவிற்கு நாம் தரக்கூடிய மிகச் சிறந்த விடையானது எந்த அளவுக்கு உயர்ந்த துகளாற்றல் நம்மிடம் உள்ளது என்பதைப் பொறுத்ததாகும். ஏனென்றால் இதுதான் எந்த அளவுக்குச் சிறிய நீட்டல் அளவையை நம்மால் பார்க்க முடியும் என்பதைத் தீர்மானிக்கிறது. வழக்கமான இந்தத் துகளாற்றல்கள் மின்ம வோல்ட்

என அழைக்கப்படும் அலகால் அளக்கப்படுகின்றன. (மின்மங்களைக் கொண்டு நடத்தப்பட்ட தாம்சனின் சோதனைகளில் மின்மங்களை முடுக்கி விட அவர் மின் புலத்தைப் பயன்படுத்தினார் எனக் கண்டோம். ஒரு வோல்ட் மின் புலத்திலிருந்து ஒரு மின்மம் ஈட்டும் ஆற்றல் ஒரு மின்ம வோல்ட் என அறியப்படுகிறது.) எரிதல் போன்ற வேதி வினைகளால் உண்டாகும் ஒரு சில மின்ம வோல்ட்டுகள் அளவிலான குறைந்த ஆற்றல்களைத் தவிர வேறு துகள் ஆற்றல்கள் எதையும் எப்படிப் பயன்படுத்துவது என்று பத்தொன்பதாம் நூற்றாண்டில் எவரும் அறிந்திருக்கவில்லை. அப்போது அணுக்களே ஆகச் சிறிய அலகென்று கருதப்பட்டது. ரூதர்ஃபோர்டின் சோதனையில் ஆல்ஃபாதுகள்களுக்கு லட்சக் கணக்கிலான மின்ம வோல்ட் ஆற்றல் இருந்தது. முதலில் லட்சக் கணக்கிலும், பின்னர் பல கோடிக் கணக்கிலும் மின்ம வோல்ட் ஆற்றல்களைத் துகள்களுக்குக் கொடுக்க மின்காந்தப் புலங்களை எவ்வாறு பயன்படுத்துவது என்பதை நாம் அண்மையில்தான் கற்றுள்ளோம். எனவே முப்பதாண்டு முன்னதாக "அடிப்படையானவை" எனக் கருதப்பட்ட துகள்கள் உண்மையில் இன்னுஞ்சிறிய துகள்களால் ஆனவை என்பதை நாம் அறிவோம். நாம் இன்னுமுயர்ந்த ஆற்றல்களுக்குச் செல்லச் செல்ல இவையே இன்னுஞ்சிறியத் துகள்களால் ஆனவை எனக் கண்டறியப்படுமோ? உறுதியாக இது நிகழக் கூடும். ஆனால் இயற்கையின் இறுதியான கட்டுமானக் கற்களை அறிந்துள்ளோம் அல்லது அறியும் நிலையை நெருங்கியுள்ளோம் என நம்புவதற்கு நமக்குக் கோட்பாட்டு வகையில் சில காரணங்கள் இருக்கவே செய்கின்றன.

சென்ற அதிகாரத்தில் எடுத்துரைத்த அலை/துகள் இரட்டைத் தன்மையைப் பயன்படுத்தி ஒளியும் ஈர்ப்பும் உட்பட அண்டத்தில் ஒவ்வொன்றையும் துகள்களின் அடிப்படையில் விவரிக்க முடியும். இந்தத் துகள்களுக்குச் சுழல் *[spin]* எனப்படும் பண்பு உள்ளது. சுழலை நினைத்துப் பார்த்திட ஒரு வழி என்னவென்றால், துகள்களை ஓர் அச்சில் சுழலும் சிறு பம்பரங்களாகக் கற்பனை செய்து கொள்வதாகும். ஆனால் இது தவறான கருத்தை ஏற்படுத்தி விடக் கூடும். ஏனென்றால் துகள்களுக்கு நன்கு வரையறுக்கப்பட்ட அச்சு ஏதும் கிடையாது என அக்குவ இயந்திரவியல் நமக்குச் சொல்கிறது. ஒரு துகள் வெவ்வேறு திசைகளிலிருந்து எவ்வாறு காட்சியளிக்கிறது என்பதைத்தான் அதன் சுழல் உண்மையில் நமக்குச் சொல்கிறது. சுழல் 0 கொண்ட துகள் ஒரு புள்ளியைப் போல் காட்சியளிக்கிறது. அது ஒவ்வொரு திசையிலிருந்தும் ஒன்றேபோல் காட்சியளிக்கிறது

(படம் 5.1 அ). மறுபுறம், சுழல் 1 கொண்ட துகள் ஓர் அம்பைப் போல் இருக்கிறது. அத்துகள் வெவ்வேறு திசைகளிலிருந்து வெவ்வேறாகக் காட்சியளிக்கிறது (படம் 5.1 ஆ). அதனை ஒரு முழுச்சுற்று (360 பாகைகள்) சுற்றினால் மட்டுமே அது ஒரே விதமாகக் காட்சியளிக்கிறது. சுழல் 2 கொண்ட துகள் இரட்டைத் தலை அம்பைப் போல் இருக்கிறது (படம் 5.1 இ). அதை அரைச்சுற்று (180 பாகைகள்) சுற்றினால் அது ஒரே விதமாகக் காட்சியளிக்கிறது. இதேபோல் உயர் சுழற்சி கொண்ட துகள்களை முழுச்சுற்றின் இன்னுஞ்சிறிய பின்னங்களூடாகச் சுற்றினால் அவை ஒரே விதமாகக் காட்சி அளிக்கின்றன. குழப்பமின்றி எல்லாமே தெளிவாக இருப்பது போல் உள்ளது. ஆனால் ஒரு சுற்று மட்டும் சுற்றினால் ஒரே விதமாகக் காட்சியளிக்காத துகள்கள் உள்ளன என்பது குறிப்பிடத்தக்க உண்மையாகும். அதற்கு அவற்றை இரு முழுச் சுற்றுகள் சுற்றியாக வேண்டும்! இத்தகைய துகள்கள் சுழல் 1/2 கொண்டிருப்பதாகச் சொல்லப்படுகிறது (படம் 5.1 ஈ).

படம் 5.1

அண்டத்தில் உள்ள அறியப்பட்ட துகள்கள் அனைத்தையும் இரு குழுக்களாகப் பிரிக்கலாம்: முதலாவதாக, சுழல் 1/2 கொண்ட துகள்கள், இவையே அண்டத்திலுள்ள பருப்பொருளாக அமைந்துள்ளன; இரண்டாவதாக, சுழல் 0, 1, 2 கொண்ட துகள்கள், இவையே பருப்பொருள் துகள்களுக்கு இடையிலான விசைகளைத் தோற்றுவிக்கின்றன. இதைப் பிறகு பார்ப்போம். பருப்பொருள் துகள்கள் பாலியின் தவிர்ப்புக் கொள்கை *[exclusion principle]* எனப்படுவதற்குக் கீழ்ப்படிகின்றன. இதனை ஆஸ்திரிய நாட்டின் இயற்பியலர் வோல்ஃப்கேங் பாலி 1925இல் கண்டுபிடித்தார். இதற்காக அவர் 1945இல் நோபல் பரிசு பெற்றார். கோட்பாட்டு இயற்பியலருக்கு எடுத்துக்காட்டாகத் திகழ்ந்தவர் அவர். ஒரு நகரத்தில் அவர் இருந்தாலே போதும், அங்கு நடத்தப்படும்

அடிப்படைத் துகள்கள்

ஒரு வரலாற்றுச் சுருக்கம்

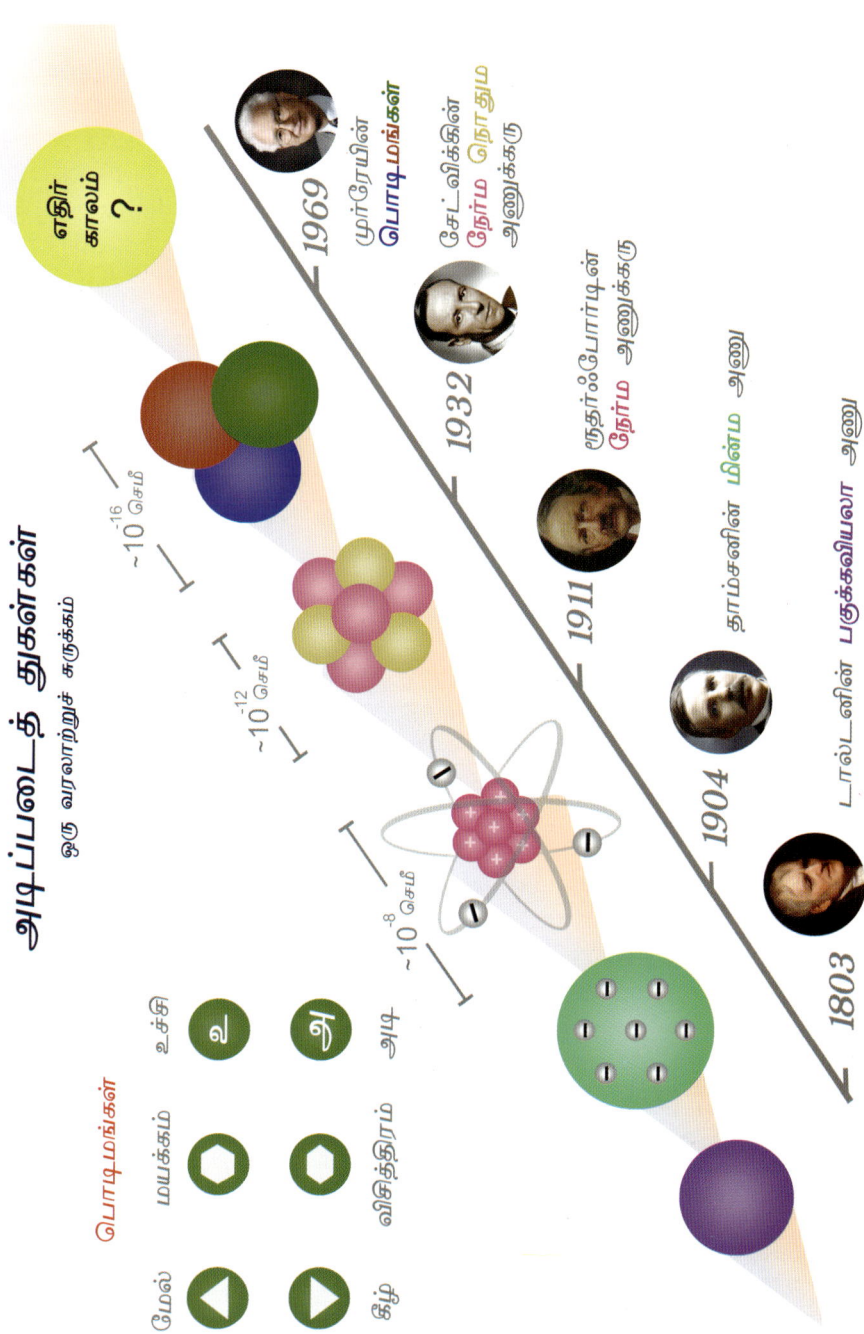

சோதனைகள் எல்லாம் தவறாகிப் போகும் என்று அவரைப் பற்றிச் சொல்லப்பட்டதுண்டு! ஒத்தத் துகள்கள் இரண்டு ஒரே நிலவரத்தில் இருக்க முடியாது, அதாவது உறுதியின்மைக் கொள்கை விதிக்கும் எல்லைகளுக்குள் அவை இரண்டுக்கும் ஒரே அமைவிடமும் ஒரே திசைவேகமும் இருக்க முடியாது என்று பாலியின் தவிர்ப்புக் கொள்கை கூறுகிறது. தவிர்ப்புக் கொள்கை மிகவும் மையமான ஒன்று. ஏனென்றால் சுழல் 0, 1, 2 கொண்ட துகள்களால் தோற்றுவிக்கப்படும் விசைகளின் தாக்கத்திற்குள்ளாகிப் பருப்பொருள் துகள்கள் மிக உயர்ந்த அடர்த்தி நிலைக்குத் தகர்வுறாதது ஏன் என்பதை இக்கொள்கை விளக்குகிறது. அதாவது பருப்பொருள் துகள்களின் அமைவிடங்கள் கிட்டத்தட்ட ஒன்றேதான் என்றால் அவற்றின் திசைவேகங்கள் மாறுபட்டாக வேண்டும். அதாவது அவை நீண்ட காலத்துக்கு ஒரே அமைவிடத்தில் தங்கி இருக்க மாட்டா. தவிர்ப்புக் கொள்கை இல்லாமல் உலகம் படைக்கப்பட்டிருந்தால், பொடிமங்கள் தனித்த, நன்கு வரையறுக்கப்பட்ட நேர்மங்களாகவும் நொதுமங்களாகவும் அமைய மாட்டா. அவை மின்மங்களோடு சேர்ந்து தனித்த, நன்கு வரையறுக்கப்பட்ட அணுக்களாகவும் அமைய மாட்டா. அவை எல்லாம் தகர்வுற்று ஓரளவுக்கு ஒரேசீரான அடர்த்தியான "கூழாக" அமைந்திடும்.

மின்மத்தைப் பற்றியும் மற்றச் சுழல் 1/2 துகள்களைப் பற்றியும் ஒழுங்கான புரிதல் 1928 வரை கிடைத்த பாடில்லை. அந்த ஆண்டில்தான் பால் டிராக் *[Paul Dirac]* ஒரு கோட்பாட்டை முன்மொழிந்தார். இவர் பிற்பாடு கேம்பிரிட்ஜில் லூகாசியன் கணக்குப் பேராசியராகத் தேர்ந்தெடுக்கப்பட்டார். (இதே பேராசிரியர் பதவியை ஒரு காலத்தில் நியூட்டன் வகித்தார். இப்போது அடியேன் வகிக்கிறேன்.) அக்குவ இயந்திரவியல், சிறப்புச் சார்பியல் கோட்பாடு ஆகிய இரண்டுடனும் முரண்படாத இவ்வகைப்பட்ட முதல் கோட்பாடு டிராக்கினுடையதுதான். மின்மத்துக்குச் சுழல் 1/2 இருப்பது ஏன், அதாவது மின்மத்தை ஒரே ஒரு முழுச்சுற்று சுற்றினால் ஒரே மாதிரியாகக் காட்சியளிக்காமல், இரு சுற்று சுற்றினால் அப்படிக் காட்சியளிப்பது ஏன் என்பதற்கு அது கணக்கியல் விளக்கமளித்தது. மின்மத்துக்கு ஒரு பங்காளி, அதாவது ஓர் எதிர்மின்மம் அல்லது நேரியம் *[positron]* இருந்தாக வேண்டும் என்றும் அது ஊகித்துச் சொன்னது. 1932இல் நேரியத்தின் கண்டுபிடிப்பு டிராக்கின் கோட்பாட்டை உறுதிசெய்து 1933இல் அவருக்கு இயற்பியலுக்கான நோபல் பரிசு பெற்றுத் தந்தது.

ஒவ்வொரு துகளுக்கும் ஓர் எதிர்த்துகள் உண்டு என்பதும் அது இதனோடு மோதி அழிய முடியும் என்பதும் நமக்கு இப்போது தெரியும். (விசையேந்தித் துகள்களைப் பொறுத்த வரை எதிர்த்துகள்களும் துகள்களும் ஒன்றே.) எதிர்த்துகள்களிலிருந்து உருவான முழு எதிருலகங்களும் எதிர்மக்களினமும் இருக்கக் கூடும். ஆனால் ஒருவேளை நீங்கள் உங்கள் எதிர்ச் சுயத்தைச் சந்தித்தால் கைகுலுக்கி விடாதீர்கள்! ஒரு பெரும் வெட்டொளியில் நீங்கள் இருவருமே மறைந்து போய் விடுவீர்கள். நம்மைச் சுற்றி எதிர்த்துகள்ளைக் காட்டிலும் துகள்களே இவ்வளவு அதிகமாக இருப்பதாகத் தோன்றுகிறதே, இது ஏன் என்ற வினா மிக முக்கியமானது. பிறகு இந்த அதிகாரத்தில் இதற்குத் திரும்பி வருவேன். அக்குவ இயந்திரவியலில் பருப்பொருள் துகள்களுக்கு இடையிலான விசைகள் அல்லது இடைவினைகள் *[interactions]* அனைத்தையும் முழுவெண் சுழல் *0, 1* அல்லது *2* கொண்ட துகள்கள் ஏந்திக் கொள்ளுமெனக் கருதிக் கொள்கிறோம். என்ன நடக்கிறது என்றால், மின்மம் அல்லது பொடிமம் போன்ற பருப்பொருள் துகள் ஒரு விசையேந்தித் துகளை உமிழ்கிறது. இந்த உமிழ்விலிருந்து வரும் எதிர்விசை பருப்பொருள் துகளின் திசைவேகத்தை மாற்றுகிறது. விசையேந்திக் துகள் அப்போது மற்றொரு பருப்பொருள் துகளோடு மோதி உட்கொள்ளப்படுகிறது. இம்மோதல் இரண்டாம் துகளின் திசைவேகத்தை மாற்றுகிறது - இரு பருப்பொருள் துகள்களுக்கிடையே ஒரு விசை இருந்திருந்தால் எப்படியோ அதே போல். விசையேந்தித் துகள்கள் தவிர்ப்புக் கொள்கைக்குக் கீழ்ப்படிவதில்லை என்பது அவற்றுக்குள்ள ஒரு முக்கியப் பண்பாகும். இதன் பொருள் என்னவென்றால், பரிமாற்றிக் கொள்ளக் கூடிய எண்ணிக்கைக்கு எல்லையேதும் இல்லை. எனவே அவற்றால் வல்விசை *[strong force]* ஒன்றைத் தோற்றுவிக்க முடியும். ஆனால் விசையேந்தித் துகள்கள் உயர்நிறை கொண்டிருக்குமானால் பெருந்தொலைவுகளில் அவற்றை உண்டாக்கிப் பரிமாற்றம் செய்து கொள்வது கடினமாகி விடும். எனவே அவை ஏந்தும் விசைகள் குறுகிய வீச்சு மட்டுமே கொண்டிருக்கும். மறுபுறம், விசையேந்தித் துகள்கள் தமக்கென நிறை எதையும் கொண்டிருக்கவில்லை என்றால், விசைகள் நீண்ட வீச்சு கொண்டிருக்கும். பருப்பொருள் துகள்களுக்கு இடையே பரிமாற்றம் செய்யப்படும் விசையேந்தித் துகள்கள் மாயத் துகள்கள் *[virtual particles]* எனச் சொல்லப்படுகின்றன, ஏனென்றால் "மெய்" துகள்களைப் போலன்றி இவற்றைத் துகள் கண்டுபிடிக்கும் கருவியால் நேரடியாகக் கண்டுபிடிக்க முடியாது. ஆனால் அவை

இருப்பது நமக்குத் தெரியும். ஏனெனில் அவற்றுக்கு ஓர் அளவிடத்தக்க விளைவு இருக்கவே செய்கின்றது: அவை பருப்பொருள் துகள்களுக்கிடையே விசைகளைத் தோற்றுவிக்கின்றன. சுழல் 0, 1 அல்லது 2 கொண்ட துகள்களும் சில சூழ்நிலைகளில் மெய்த் துகள்களாக இருக்கவே செய்கின்றன. இந்நிலையில் அவற்றை நேரடியாகக் கண்டுபிடிக்கலாம். அப்போது அவை செவ்வியல் இயற்பியலர் அழைக்கக் கூடியது போல் அலைகளாக நமக்குத் தோன்றும். ஒளியலைகள் அல்லது ஈர்ப்பலைகளைச் சான்றாகக் குறிப்பிடலாம். இவை சில நேரம் உமிழப்படும் வாய்ப்பும் உண்டு. பருப்பொருள் துகள்கள் மாய விசையேந்தித் துகள்களைப் பரிமாற்றம் செய்து கொள்ளும் போது இப்படி நிகழும். (எடுத்துக்காட்டாக, இரு மின்மங்களுக்கு இடையிலான மின்னெதிர் விசைக்கு மாய ஒளிமங்கள் [virtual photons] நடத்தும் பரிமாற்றமே காரணமாகும். இந்த ஒளிமங்களை ஒருபோதும் நேரடியாகக் கண்டுபிடிக்க முடியாது. ஆனால் ஒரு மின்மம் மற்றொன்றைக் கடந்து சென்றால் மெய் ஒளிமங்கள் [real photons] வெளிவிடப்படலாம். இவற்றையே நாம் ஒளியலைகளாகக் கண்டுபிடிக்கிறோம்.)

விசையேந்தித் துகள்களை அவை ஏந்தியுள்ள விசையின் வலிமை, அவற்றுடன் இடைவினை புரியும் துகள்கள் ஆகியவற்றின் அடிப்படையில் நான்கு வகையினங்களாகத் தொகுக்கலாம். இப்படி நான்கு வகையினங்களாகப் பிரிப்பது மாந்தச் செயல் என்பதை வலியுறுத்திச் சொல்லியாக வேண்டும்; இது பகுதிக் கோட்பாடுகளை உருவாக்குவதற்கு வசதியானது. ஆனால் இன்னுங்கூட ஆழமான எந்த ஒன்றுக்கும் இது சரிப்படாது போகலாம். இறுதியாக ஒற்றை விசையின் வெவ்வேறு கூறுகளாக நான்கு விசைகளையுமே விளக்கும்படியான ஒருங்கிணைந்த கோட்பாடு ஒன்றைக் காண முடியுமென பெரும்பாலான இயற்பியலர்கள் நம்புகிறார்கள். உள்ளபடியே இதுதான் இன்றைய இயற்பியலின் தலைமைக் குறிக்கோள் எனப் பலரும் சொல்வர். அண்மையில் இந்த நான்கு விசையினங்களில் மூன்றை ஒருங்கிணைக்க வெற்றிகரமான முயற்சிகள் நடைபெற்றுள்ளன. இவற்றை இந்த அதிகாரத்தில் எடுத்துரைப்பேன். எஞ்சியுள்ள வகையினமான ஈர்ப்பை ஒருங்கிணைக்கும் சிக்கலைப் பிறகு பார்ப்போம்.

முதல் வகையினம் ஈர்ப்பு விசையாகும். இவ்விசை அண்டந்தழுவிய ஒன்று, அதாவது ஒவ்வொரு துகளும் அதனதன் நிறை அல்லது ஆற்றலைப் பொறுத்து ஈர்ப்பு விசைக்கு உள்ளாகிறது. நான்கு

விசைகளில் ஈர்ப்புதான் மிகவும் நலிந்தது. இவ்வகையில் அதற்கும் மற்ற விசைகளுக்கும் பெருத்த இடைவெளி உள்ளது. எந்த அளவுக்கு நலிந்தது என்றால், அதற்குள்ள இரு தனிப் பண்புகள் மட்டும் இல்லையென்றால் அதனை நாம் கவனிக்காமலே விட்டு விடுவோம்: அதனால் பெருந்தொலைவுகளில் செயல்பட முடியும், அது எப்போதுமே கவரும் தன்மையுடையது. இதன் பொருள் என்னவென்றால், புவியும் ஞாயிறும் போன்ற இரு பெரும் உருக்களில் தனித்தனித் துகள்களுக்கு இடையே செயல்படும் மிக நலிந்த ஈர்ப்பு விசைகள் எல்லாம் ஒன்று சேர்ந்து ஒரு குறிப்பிடத்தக்க விசையை உண்டாக்க முடியும். மற்ற மூன்று விசைகளும் குறுகிய வீச்சுள்ளவை, அல்லது சிலநேரம் கவரும் தன்மையும் சிலநேரம் விலக்கல் தன்மையும் கொண்டவை, எனவே நீங்கிச் செல்லும் போக்குடையவை. ஈர்ப்புப் புலத்தை அக்குவ இயந்திரவியல் முறையில் நோக்கும் போது, இரு பருப்பொருள் துகள்களுக்கு இடையிலான விசையைச் சுழல் 2 கொண்ட ஒரு துகள் ஏந்தியிருப்பதாகச் சித்திரிக்கப்படுகிறது. இந்தத் துகள் ஈர்மம் [graviton] என்றழைக்கப்படுகிறது. ஈர்மத்துக்கென்று நிறையேதும் இல்லை. எனவே அது ஏந்தியுள்ள விசை நீண்ட வீச்சுடையது. ஞாயிற்றுக்கும் புவிக்கும் இடைப்பட்ட ஈர்ப்பு விசைக்கு இவ்விரு உருக்களாகவும் அமைந்துள்ள துகள்களுக்கு இடையிலான ஈர்மங்களின் பரிமாற்றமே காரணமாகக் கருதப்படுகிறது. பரிமாற்றமாகிற துகள்கள் மாயத் துகள்கள்தான் என்றாலுங்கூட அளவிடத்தக்க ஒரு விளைவை ஏற்படுத்தவே செய்கின்றன என்பது உறுதி - அவையே புவியை ஞாயிற்றைச் சுற்றி வரச் செய்கின்றன! செவ்வியல் இயற்பியலர்கள் சொல்வது போல், மெய் ஈர்மங்கள் [real gravitons] சேர்ந்து ஈர்ப்பலைகளாகின்றன. இந்த ஈர்ப்பலைகள் மிக நலிந்தவை. இவற்றைக் கண்டுபிடிப்பது மிகக் கடினம், எந்த அளவுக்கு என்றால் இதுவரை இவற்றை நோக்கியறிந்ததே இல்லை.

அடுத்த வகையினம் மின்காந்த விசை [electromagnetic force] ஆகும். அது மின்மங்களையும் பொடிமங்களையும் போன்ற மின்னூட்டம் பெற்ற துள்களோடு இடைவினை புரிகிறது; ஆனால் ஈர்மங்களைப் போன்ற மின்னூட்டமேறாத துகள்களோடு இப்படிச் செய்வதில்லை. அது ஈர்ப்பு விசையை விட மிக வலிமையானது. அதாவது இரு மின்மங்களுக்கு இடையிலான மின்காந்த விசையானது ஈர்ப்பு விசையைக் காட்டிலும் சுமார் 1 கோடி கோடி கோடி கோடி கோடி கோடி (1ஐத் தொடர்ந்து நாற்பத்து இரண்டு சுழியங்கள்) மடங்கு பெரியது. ஆனால் மின்னூட்டத்தில் நேர்நிறை, எதிர்மறை என்னும்

இரு வகைகள் உள்ளன. இரு நேர் மின்னூட்டங்களுக்கு இடையிலான விசை விலக்கும் தன்மையது. இரு எதிர் மின்னூட்டங்களுக்கு இடையிலான விசையும் இதே தன்மையதுதான். ஆனால் நேர் மின்னூட்டத்துக்கும் எதிர் மின்னூட்டத்துக்கும் இடையிலான விசை கவரும் தன்மையது. புவி அல்லது ஞாயிற்றைப் போன்ற ஒரு பேருருவில் நேர் மின்னூட்டங்களும் எதிர் மின்னூட்டங்களும் கிட்டத்தட்ட சம எண்ணிக்கையில் அடங்கியுள்ளன. எனவே தனித்தனித் துகள்களுக்கு இடையிலான கவரும் விசைகளும் விலக்கும் விசைகளும் கிட்டத்தட்ட ஒன்றையொன்று நீக்கிக் கொள்கின்றன. எஞ்சும் நிகர மின்காந்த விசை அதிகமில்லை. ஆனால் அணுக்கள், மூலக்கூறுகளின் சிறுதிற அளவுகளில் மின்காந்த விசைகள் ஓங்கித் திகழ்கின்றன. ஈர்ப்புக் கவர்ச்சி எப்படி ஞாயிற்றைப் புவி சுற்றுவதற்குக் காரணமாகிறதோ அதேபோல் அணுவின் கருவில் எதிர்மின்னூட்டமேறிய மின்மங்களுக்கும் நேர்மின்னூட்டமேறிய நேர்மங்களுக்கும் இடையிலான மின்காந்தக் கவர்ச்சி அந்த அணுக்கருவை மின்மங்கள் சுற்றுவற்குக் காரணமாகிறது. மின்காந்தக் கவர்சியானது ஒளிமங்கள் என அழைக்கப்படும் சுழல் 1 கொண்ட நிறையற்ற மாயத் துகள்கள் பெரும் எண்ணிக்கைகளில் பரிமாற்றம் ஆவதன் காரணத்தால் பிறப்பதாகச் சித்திரிக்கப்படுகிறது. இங்கும் பரிமாற்ற ஒளிமங்கள் மாயத் துகள்களாகும். ஆனால் ஒரு மின்மம் அனுமதிக்கப்பட்ட ஒரு சுற்றுப்பாதையிலிருந்து அணுக்கருவுக்கு இன்னும் அருகிலுள்ள மற்றொரு பாதைக்கு மாறும் போது ஆற்றல் வெளியிடப்பட்டு ஒரு மெய் ஒளிமம் உமிழப்படுகிறது. சரியான அலைநீளம் இருக்குமானால் இது கண்ணுறு ஒளியாக மனிதக் கண்ணால் அல்லது ஒளிப்படப் படலம் *[photographic film]* போன்ற ஒளிமக் கண்டுபிடிப்புக் கருவியால் நோக்கப்படலாம். இதே போல் மெய் ஒளிமம் ஒன்று அணுவோடு மோதினால் அணுக்கருவுக்கு அருகில் உள்ள சுற்றுப்பாதையிலிருந்து ஒரு மின்மத்தைத் தொலைவிலுள்ள சுற்றுப்பாதைக்கு நகர்த்தலாம். இது ஒளிமத்தின் ஆற்றலைப் பயன்படுத்தித் தீர்க்கிறது. எனவே அது உட்கொள்ளப்பட்டு விடுகிறது.

மூன்றாம் வகையினம் மெல் அணுக்கரு விசை *[weak nuclear force]* என்றழைக்கப்படுகிறது. இது கதிரியக்கத்துக்குக் காரணமாக அமைகிறது. இது சுழல் 1/2 கொண்ட எல்லாப் பருப்பொருள் துகள்கள் மீதும் செயல்படுகிறது. ஆனால் ஒளிமங்கள், ஈர்மங்கள் போன்ற சுழல் 0, 1 அல்லது 2 கொண்ட துகள்கள் மீது

செயல்படுவதில்லை. மெல் அணுக்கரு விசை 1967 வரை நன்கு புரிந்து கொள்ளப்படவில்லை. அந்த ஆண்டில்தான் லண்டன் இம்பீரியல் கல்லூரியைச் சேர்ந்த அப்துஸ் சலாம், ஹார்வர்டு பல்கலைக் கழகத்தைச் சேர்ந்த ஸ்டீவன் வெயின்பெர்க் ஆகிய இருவரும் இந்த இடைவினையை மின்காந்த விசையுடன் ஒருங்கிணைத்த கோட்பாடுகளை முன்மொழிந்தார்கள். சுமார் 100 ஆண்டுகள் முன்னதாக மின்னியலையும் காந்தவியலையும் மேக்ஸ்வெல் ஒருங்கிணைத்ததைப் போன்றதே இது. சலாமும் வெயின்பெர்க்கும் ஒளிமம் தவிர வேறு மூன்று சுழல் 1 துகள்கள் உள்ளன என்ற கருத்தை முன்வைத்தனர். இவை மூன்றும் மெல் விசையை ஏந்தியுள்ள பெருநிறைத் திசையன் போசுமங்கள் *[massive vector bosons]* என்னும் கூட்டுப் பெயரால் அறியப்படுகின்றன. இவை W^+, W^-, Z^0 என அழைக்கப்படுகின்றன (இவற்றை முறையே W கூட்டல், W கழித்தல், Z சுழியம் எனச் சொல்ல வேண்டும்). ஒவ்வொன்றும் ஏறத்தாழ 100 ஜிமிவோ நிறை கொண்டது. (இங்கு ஜிமிவோ என்பது ஜிகா மின்ம வோல்ட் அல்லது நூறு கோடி மின்ம வோல்ட்டுகளைக் குறிக்கும்.) வெயின்பெர்க்சலாம் கோட்பாடானது தன்னியல்பான சமச்சீர்மை *[symmetry]* முறிவு என அறியப்படும் பண்பை வெளிப்படுத்துகிறது. இதன் பொருள் என்னவென்றால், குறை ஆற்றல்களில் அடியோடு மாறுபட்ட பல்வேறு துகள்களாகத் தோற்றமளிக்கிறவை வேறுபட்ட நிலவரங்களில் இருந்த போதிலும் உண்மையில் யாவும் ஒரே வகைத் துகள்களாகக் காணப்படுகின்றன. உயர் ஆற்றல்களில் இந்தத் துகள்கள் அனைத்தும் ஒத்த முறையில் நடந்து கொள்கின்றன. இதன் விளைவு கவறாட்டம் *[roulette]* என்ற சூதாட்டத்தில் கவறாட்டப் பந்து சுற்றுகிற கவறாட்டச் சக்கரத்தில் நடந்து கொள்ளும் விதத்தைப் போன்றது எனலாம். உயர் ஆற்றல்களில் (சக்கரம் துரிதமாகச் சுற்றப்படும் போது) பந்து அடிப்படையில் ஒரே ஒரு வகையில்தான் நடந்து கொள்கிறது. அது சுற்றிச் சுற்றி உருள்கிறது. ஆனால் சக்கர வேகம் குறையக் குறையப் பந்தின் ஆற்றல் குறைகிறது. முடிவில் சக்கரத்துக்குரிய 37 குழிகளுள் ஒன்றில் பந்து போய் விழுகிறது. இதையே வேறு வகையில் சொல்வதென்றால் குறை ஆற்றல்களில் 37 மாறுபட்ட நிலவரங்களில் பந்தால் இருக்க முடிகிறது. ஏதோ காரணத்தினால் நாம் பந்தைக் குறை ஆற்றல்களில் மட்டுமே நோக்கக் கூடுமானால், 37 மாறுபட்ட பந்து வகைகள் இருப்பதாக நாம் நினைப்போம்!

வெயின்பெர்க்சலாம் கோட்பாட்டில் 100 ஜிகா மின்ம வோல்ட்டைக் காட்டிலும் மிக அதிகமான ஆற்றல்களில் மூன்று புதிய துகள்கள்,

ஒளிமம் உள்ளிட்ட யாவும் ஒத்த வகையில் நடந்து கொள்ளும். ஆனால் பெரும்பாலான இயல்புச் சூழல்களில் இடம்பெறும் குறைந்த துகள் ஆற்றல்களில் துகள்களுக்கு இடையிலான இந்தச் சமச்சீர்மை முறிந்து விடும். W^+, W^-, Z^0 ஆகியவை பெரும் நிறைகளை ஈட்டித் தாம் ஏந்திச் செல்லும் விசைகளை மிகக் குறுகிய வீச்சுடையவையாக்கும். சலாமும் வெயின்பெர்கும் தங்கள் கோட்பாட்டை முன்மொழிந்த நேரத்தில் அவர்களைப் பலரும் நம்பவில்லை. மேலும் துகள் முடுக்கிகள் மெய் W^+ அல்லது W^- அல்லது Z^0 துகள்களை உண்டாக்கத் தேவைப்படும் 100 ஜிமிவோ ஆற்றல்களை அடைந்திடப் போதிய திறன் உடையவையாக இருக்கவில்லை. ஆனால் அடுத்த பத்தாண்டுக் கால அளவில் குறை ஆற்றல்களில் அக்கோட்பாட்டின் மற்ற ஊகங்கள் சோதனையோடு நன்கு ஒத்துப் போயின. இதையொட்டி சலாமுக்கும் வெயின்பெர்குக்கும் 1979இல் ஷெல்டன் கிளாஷோ உடன் சேர்த்து இயற்பியலுக்கான நோபல் பரிசு வழங்கப்பட்டது. கிளாஷோவும் ஹார்வர்டைச் சேர்ந்தவரே, மின்காந்த விசைகள், மெல் அணுக்கரு விசைகள் குறித்து அதே போன்ற ஒருங்கிணைக்கும் கோட்பாடுகளை இவரே முன்மொழிந்தார். இவ்வகையில் தவறு செய்துவிட்ட தர்மசங்கடம் நோபல் குழுவுக்கு நேரிடாதவாறு 1983இல் ஐரோப்பிய அணு ஆராய்ச்சி மையத்தில் *[CERN]* ஒளிமத்தின் முப்பெரும் பங்காளிகளைக் கண்டுபிடித்து விட்டார்கள்; அவற்றின் நிறைகளும் ஏனைய பண்புகளும் கூட சரியாகவே ஊகித்தறியப்பட்டன. இந்தக் கண்டுடிப்பைச் செய்த பல நூறு இயற்பியலர்களின் அணிக்குத் தலைமையேற்ற கார்லோ ரூபியாவுக்கும் இச்சோதனைக்குப் பயன்படுத்தப்பட்ட எதிர்ப்பருப்பொருள் சேமிப்புக் கருவியை உருவாக்கிய ஐரோப்பிய அணு ஆராய்ச்சி மையப் பொறிஞர் சைமன் வான் டெர் மீருக்கும் 1984இல் நோபல் பரிசு கிடைத்தது. (இப்போதெல்லாம், நீங்கள் ஏற்கெனவே உச்சியில் இருந்தாலொழிய சோதனை இயற்பியலில் முத்திரை பதிப்பது மிகக் கடினம்!)

நான்காவது வகையினம் வல் அணுக்கரு விசை *[strong nuclear force]* ஆகும். நேர்மத்திலும் நொதுமத்திலும் பொடிமங்களை ஒன்றாகச் சேர்த்து வைத்திருப்பதும், அணுவின் கருவில் நேர்மங்களையும் நொதுமங்களையும் ஒன்றாகச் சேர்த்து வைத்திருப்பதும் இதுதான். இவ்விசையைப் பசைமம் *[gluon]* என அழைக்கப்படும் மற்றொரு சுழல் 1 துகள் ஏந்தியிருப்பதாக நம்பப்படுகிறது. பசைமம் தன்னுடனும் பொடிமங்களுடனும் மட்டுந்தான் இடைவினை புரிகிறது. வல் அணுக்கரு விசைக்கு அடைப்பு எனப்படும்

விசித்திரமான பண்பு உள்ளது: அது எப்போதுமே துகள்களை நிறமற்ற இணைவுகளாகக் கட்டி வைக்கிறது. ஒரே ஒரு பொடிமங்கூட தன்னளவில் இருக்க முடியாது. ஏனென்றால் அதற்கு ஒரே ஒரு நிறம் (சிவப்பு, பச்சை அல்லது நீலம்) இருக்கும். இதற்குப் பதிலாக ஒரு சிவப்புப் பொடிமம் பசைமங்களின் "இழை" கொண்டு ஒரு பச்சைப் பொடிமத்தோடும் ஒரு நீலப் பொடிமத்தோடும் இணைக்கப்பட்ட வேண்டும் (சிவப்பு + பச்சை + நீலம் = வெள்ளை). இத்தகைய ஒரு முக்கூட்டு ஒரு நேர்மம் அல்லது நொதுமமாக அமைகிறது. மற்றொரு வாய்ப்புவழி ஒரு பொடிமத்தாலும் எதிர்ப்பொடிமத்தாலுமான இணை ஆகும் (சிவப்பு + எதிர்ச்சிவப்பு, அல்லது பச்சை + எதிர்ப்பச்சை, அல்லது நீலம் + எதிர்நீலம் = வெள்ளை). இத்தகையக் கூட்டுப் பிணைப்புகள் இடைமங்கள் *[mesons]* என அறியப்படும் துகள்களாக அமைகின்றன. இவை நிலையற்றவை. ஏனென்றால் பொடிமமும், எதிர்ப்பொடிமமும் ஒன்றையொன்று அழித்துக் கொண்டு, மின்மங்களையும் ஏனைய துகள்களையும் உண்டாக்கி விடுகின்றன. அதே போல் அடைப்பு என்பது ஒற்றைப் பசைமம் அதனளவில் இருக்க விடாமல் தடுக்கிறது. ஏனெனில் பசைமங்களுக்கும் நிறமுண்டு. இதற்குப் பதிலாக, ஒன்றாய்க் கூடி வெள்ளையாகிற நிறங்களைக் கொண்ட பசைமங்களின் திரட்சி நமக்குத் தேவைப்படுகிறது. இத்தகைய திரட்சி பசைப்பந்து என அழைக்கப்படும் ஒரு நிலையற்ற துகளாக அமைகிறது.

ஒரு தனிமைப்பட்ட பொடிமத்தையோ பசைமத்தையோ நோக்க விடாமல் அடைப்பு தடுக்கிறது என்கிற உண்மையானது பொடிமங்களும் பசைமங்களும் துகள்கள்தான் என்ற முழுக் கருத்தையுமே ஒரு விதத்தில் மானசிகமாக்குவதாகத் தோன்றக் கூடும். வல் அணுக்கரு விசைக்குத் தொலையணுகு விடுமை *[asymptotic freedom]* என்றழைக்கப்படும் மற்றொரு பண்பும் உள்ளது. பொடிமங்கள், பசைமங்கள் என்னும் கருத்தமைவு இதனால் நன்கு வரையறுக்கப்பட்டதாகிறது. இயல்பான ஆற்றல்களில் வல் அணுக்கரு விசை உண்மையிலேயே வலுவாகத்தான் உள்ளது. அது பொடிமங்களை இறுக்கமாகச் சேர்த்துக் கட்டுகிறது. ஆனால் உயர் ஆற்றல்களில் வல் அணுக்கரு விசை அதிகமாக நலிவடைகிறது எனவும், பொடிமங்களும் பசைமங்களும் கிட்டத்தட்டத் தடையிலாத் துகள்களைப் போன்றே நடந்து கொள்கின்றன எனவும் பெரிய துகள் முடுக்கிகளைக் கொண்டு நடத்தப்பட்ட சோதனைகளிலிருந்து தெரிகிறது. உயர் ஆற்றல் நேர்மத்துக்கும் எதிர்நேர்மத்துக்குமான மோதலின் ஒளிப்படத்தைப் படம் 5.2இல் காண்கிறோம். மின்காந்த

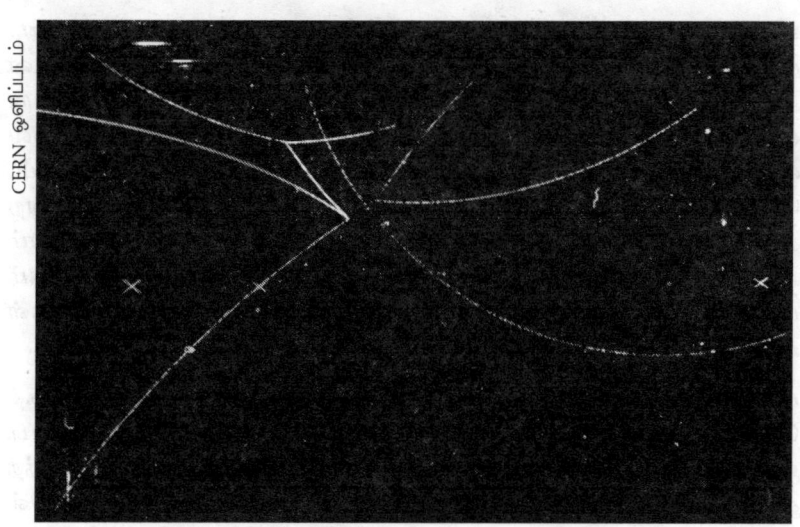

CERN ஒளிப்படம்

உயர் ஆற்றலில் நேர்மமும் எதிர்நேர்மமும் மோதி கிட்டத்தட்ட
தடையில்லா பொடிமங்களின் இணையை உருவாக்குதல்

படம் 5.2

விசைகளையும் மெல் அணுக்கரு விசைகளையும் ஒருங்கிணைப்பதில் கிடைத்த வெற்றியானது இவ்விரு விசைகளையும் வல் அணுக்கரு விசையோடு இணைத்து மாவொருங்கிணைந்த கோட்பாடு **(மாகோ)** *[Grand Unified Theory GUT]* எனும் பெயருடைய ஒன்றை வகுக்கும் முயற்சிகள் பலவற்றுக்கு வழிசெய்தது. இந்தப் பெயர் ஒரு விதத்தில் மிகைக் கூற்றுதான்: இதில் விளையும் கோட்பாடுகள் ஈர்ப்பைச் சேர்த்துக் கொள்ளாததால் அவ்வளவாக மாக்கோட்பாடுகளும் அல்ல, முழுக்க ஒருங்கிணைக்கப்பட்டவையும் அல்ல. இவை உண்மையிலேயே முழுமையான கோட்பாடுகளும் அல்ல. ஏனென்றால் அவற்றில் அடங்கிய அளபுருக்கள் *[parameters]* பலவற்றின் மதிப்புகளைச் சோதனைக்குப் பொருத்தமாகத் தெரிந்தெடுத்தாக வேண்டுமே தவிர கோட்பாட்டிலிருந்து ஊகித்தறிய முடியாது. எது எப்படியிருப்பினும் இவை முற்றாக ஒருங்கிணைக்கப்பட்ட முழுமையானதொரு கோட்பாட்டின் திசையில் ஓரடி எடுத்து வைத்ததாக இருக்கக் கூடும். மாகோகளின் அடிப்படைக் கருத்து பின்வருமாறு: மேலே குறிப்பிட்டது போல், வல் அணுக்கரு விசை உயர் ஆற்றல்களில் நலிவடைகிறது. மறுபுறம், தொலையணுகு விடுமை இல்லாத மின்காந்த விசைகளும் மெல்

விசைகளும் உயர் ஆற்றல்களில் வலுவடைகின்றன. மாவொருங்கிணைந்த ஆற்றல் *[grand unification energy]* என அழைக்கப்படும் ஏதோ மிக்குயர் ஆற்றலில் இம்மூன்று விசைகளுக்குமே ஒரே வலிமைதான் இருக்கும். எனவே இவை ஒற்றை விசையின் வெவ்வேறு கூறுகளாகவே இருக்கக் கூடும். மேலும், இந்த ஆற்றலில் பொடிமங்களும் மின்மங்களும் போன்ற சுழல் 1/2 கொண்ட வெவ்வேறு பருப்பொருள் துகள்களெல்லாம் கூட அடிப்படையில் ஒன்றாகவே இருக்கும் என்றும் இவ்விதம் மற்றோர் ஒருங்கிணைப்பை அடையலாம் என்றும் மாகோகள் ஊகித்துச் சொல்கின்றன.

மாவொருங்கிணைந்த ஆற்றலின் மதிப்பு அவ்வளவு நன்றாகத் தெரிந்ததன்று. அது அனேகமாகக் குறைந்தது 10 கோடி கோடி ஜிமிவோ என்ற அளவில் இருக்கும். நிகழ் தலைமுறையைச் சேர்ந்த துகள் முடுக்கிகளால் சற்றொப்ப 100 ஜிமிவோ ஆற்றல்களில் துகள்களை மோதச் செய்ய முடியும். இதனைச் சில ஆயிரம் ஜிமிவோ ஆக உயர்த்தக் கூடிய இயந்திரங்களுக்குத் திட்டமிடப்படுகிறது. ஆனால் துகள்களை மாவொருங்கிணைந்த ஆற்றலுக்கு முடுக்கி விடப் போதிய திறன் கொண்ட ஓர் இயந்திரம் ஞாயிற்றுக் குடும்பம் அளவுக்குப் பெரியதாக இருக்க வேண்டும் - இன்றைக்கு இருக்கும் பொருளாதாரச் சூழலில் இதற்கு நிதி ஒதுக்குவது யாரோ! எனவே மாவொருங்கிணைந்த கோட்பாடுகளை நேரடியாக ஆய்வுக் கூடத்தில் சோதித்தறிய வாய்ப்பே இல்லை. ஆனால் மின்காந்த விசைக்கும் மெல் அணுக்கரு விசைக்குமான ஒருங்கிணைந்த கோட்பாட்டில் எப்படியோ அதே போல் மாவொருங்கிணைந்த கோட்பாட்டிலும் சோதித்தறியக் கூடிய குறையாற்றல் தொடர்விளைவுகள் உள்ளன.

இவற்றில் மிகவும் கருத்துக்குரிய ஊகம் என்னவென்றால், சாதாரணப் பருப்பொருளின் நிறையில் கணிசமாக அமைந்துள்ள நேர்மங்கள் எதிர்மின்மங்களைப் போன்ற இன்னும் இலேசான துகள்களாகத் தன்னியல்பாகவே சிதைவுறலாம். இவ்விதம் நிகழ்வதற்கு மாவொருங்கிணைந்த ஆற்றலில் பொடிமத்துக்கும் எதிர்மின்மத்துக்கும் அடிப்படையில் வேறுபாடேதும் இல்லை என்பதே காரணம். ஒரு நேர்மத்துக்குள்ளிருக்கும் மூன்று பொடிமங்களுக்கு எதிர்மின்மங்களாக மாறுவதற்குத் தேவைப்படும் ஆற்றல் இருப்பது இயல்பன்று. ஆனால் எப்போதாவது ஒரு முறை அம்மூன்றில் ஒன்று மாற்றமடைவதற்குப் போதிய ஆற்றலை ஈட்டக் கூடும். ஏனென்றால் நேர்மத்துக்குள்ளிருக்கும் பொடிமங்களின் ஆற்றலைத் துல்லியமாக நிர்ணயிக்க முடியாது என்பதையே

உறுதியின்மைக் கொள்கை குறித்திடும். அப்படி ஈட்டும் போது நேர்மம் சிதைவுறும். ஒரு பொடிமம் போதிய ஆற்றலைப் பெறும் நிகழ்தகவு மிகக் குறைவு. எந்த அளவுக்கு என்றால், குறைந்தது 100 கோடி கோடி கோடி கோடி (1ஐத் தொடர்ந்து முப்பது சுழியங்கள்) ஆண்டுகள் இதற்காகக் காத்திருக்க நேரிடலாம். இது மாவெடிப்பு முதற்கொண்டான காலத்தைக் காட்டிலும் மிக நீண்டது. அது வெறும் ஆயிரம் கோடி (1ஐத் தொடர்ந்து பத்து சுழியங்கள்) ஆண்டுகள் அளவுக்கான காலந்தான். எனவே தன்னியல்பான நேர்மச் சிதைவுக்குரிய வாய்ப்பைச் சோதனை முறையில் சோதித்தறிய முடியாது என்று எண்ணத் தோன்றும். ஆயினும் மிகப் பெரும் எண்ணிக்கையிலான நேர்மங்களைத் தன்னகத்தே கொண்ட பெருமளவிலான பருப்பொருளை நோக்குவதன் வாயிலாக ஒரு சிதைவைக் கண்டுபிடிக்கும் வாய்ப்புகளை அதிகமாக்கிக் கொள்ள முடியும். (எடுத்துக்காட்டாக, 1ஐத் தொடர்ந்து முப்பத்தொரு சுழியங்கள் என்பதற்கு நிகரான எண்ணிக்கையுள்ள நேர்மங்களை ஓராண்டுக் காலத்திற்கு நோக்கினால் மிக எளிய மாகோவின்படி ஒன்றுக்கு மேற்பட்ட நேர்மச் சிதைவுகளை நோக்கியறிய முடியும் என எதிர்பார்க்கலாம்.)

இத்தகைய பல சோதனைகள் நடத்தப்பட்டுள்ளன. ஆனால் நேர்ம அல்லது நொதுமச் சிதைவுக்குத் திட்டவட்டச் சான்று எந்தச் சோதனையிலிருந்தும் கிடைக்கவில்லை. ஓஹையோவிலுள்ள மார்ட்டன் உப்புச் சுரங்கத்தில் 80 லட்சம் கிலோகிராம் தண்ணீரைப் பயன்படுத்தி ஒரு சோதனை நடத்தப்பட்டது. (அண்டக் கதிர்களின் காரணத்தால் மற்ற நிகழ்ச்சிகள் நடைபெற்று அவற்றை நேர்மச் சிதைவுடன் போட்டுக் குழப்பிக் கொள்ளும் வாய்பைத் தவிர்ப்பதற்காக உப்புச் சுரங்கத்தில் சோதனை நடத்தப்பட்டது.) இந்தச் சோதனையின்போது தன்னியல்பான நேர்மச் சிதைவு எதுவும் நோக்கப்படவில்லை. ஆதலால், அனேகமாய் நேர்மத்தின் ஆயுள் ஆயிரம் கோடி கோடி கோடி கோடி (1ஐத் தொடர்ந்து முப்பத்து ஒன்று சுழியங்கள்) ஆண்டுகளுக்கும் அதிகமாகத்தான் இருக்க வேண்டும் என்று கணக்கிடலாம். இது மிக எளிய மாவொருங்கிணைந்த கோட்பாடு ஊகித்த ஆயுட்காலத்தைக் காட்டிலும் நீண்டதாகும். ஆனால் இதனை விடவும் விரிவான கோட்பாடுகளில் இன்னும் நீண்ட ஆயுட்காலங்கள் ஊகிக்கப்பட்டதுண்டு. இவற்றைச் சோதித்தறிவதற்கு இன்னுங்கூட பெருமளவுகளிலான பருப்பொருளைப் பயன்படுத்தும் இன்னுங்கூட நுட்பமான சோதனைகள் தேவைப்படும்.

தன்னியல்பான நேர்மச் சிதைவை நோக்கியறிவது மிகக் கடினம் என்றாலும், நாம் நாமாக இருப்பதே இதற்கு எதிர்த் திசையிலான செயல்வழியின் விளைவாக இருக்கலாம். அதாவது நேர்மங்கள் உண்டானதின், இன்னும் எளிமையாகச் சொல்வதென்றால், எதிர்ப்பொடிமங்களைக் காட்டிலும் பொடிமங்கள் சற்றும் அதிகமில்லாத ஒரு தொடக்கச் சூழலிலிருந்து பொடிமங்கள் உண்டானதின் விளைவாக இருக்கலாம். அண்டத் தொடக்கத்தை எண்ணிப் பார்ப்பதற்கு இதுவே மிக இயல்பான வழி. புவியிலுள்ள பருப்பொருள் முக்கியமாக நேர்மங்களாலும் நொதுமங்களாலும் ஆனது, இவையோ பொடிமங்களாலானவை. பெரும் துகள் முடுக்கிகளில் இயற்பியலர்கள் உண்டாக்கிய ஒரு சிலவற்றைத் தவிர எதிர்ப்பொடிமங்களிலிருந்து உருவான எதிர்நேர்மங்களோ எதிர்நொதுமங்களோ எவையும் இல்லை. இதுவே நமது உடுத்திரளில் உள்ள பருப்பொருள் அனைத்துக்கும் பொருந்தும் என்பதற்கு அண்டக் கதிர்களே சான்று: உயராற்றல் மோதல்களில் துகள்/ எதிர்த்துகள் இணைகளாக உண்டாகிற ஒரு சிறு எண்ணிக்கையிலானவை தவிர எதிர்நேர்மங்களோ எதிர்நொதுமங்களோ எவையும் இல்லை. நமது உடுத்திரளில் எதிர்ப்பருப்பொருள் கொண்ட பெரும் வட்டாரங்கள் இருக்குமானால் பருப்பொருள், எதிர்ப்பருப்பொருள் வட்டாரங்களுக்கு இடைப்பட்ட எல்லைகளிலிருந்து பெருமளவுகளில் கதிரியக்கத்தை நோக்க முடியும் என நாம் எதிர்பார்க்கலாம். அங்கே எராளமான துகள்கள் தம் எதிர்த்துகள்களோடு முட்டி மோதி ஒன்றையொன்று அழித்துக் கொண்டும், உயராற்றல் கதிர்வீச்சை வெளியிட்டுக் கொண்டுமிருக்கும்.

மற்ற உடுத்திரள்களில் உள்ள பருப்பொருள் நேர்மங்களாலும் நொதுமங்களாலும் ஆனதா அல்லது எதிர்நேர்மங்களாலும் எதிர்நொதுமங்களாலும் ஆனதா என்பதற்கான நேரடிச் சான்று எதுவும் நம்மிடம் இல்லை. ஆனால் இப்படியோ அப்படியோதான் இருந்தாக வேண்டும். ஒரே உடுத்திரளில் இரண்டும் கலந்து இருக்க முடியாது. ஏனென்றால் அப்படிக் கலந்திருந்தால் அங்கேயும் அழிப்புகளிலிருந்து ஏராளமான கதிர்வீச்சை நாம் நோக்கலாம். எனவே எல்லா உடுத்திரள்களும் எதிர்ப்பொடிமங்களை விடவும் பொடிமங்களாலானவையே என நாம் நம்புகிறோம்; சில உடுத்திரள்கள் பருப்பொருட்களாகவும் சில உடுத்திரள்கள் எதிர்ப்பருப்பொருட்களாகவும் இருப்பது நம்பக் கூடியதாகத் தோன்றவில்லை.

எதிர்ப்பொடிமங்களைக் காட்டிலும் பொடிமங்கள் ஏன் இவ்வளவு அதிகமாக இருக்க வேண்டும்? ஒவ்வொன்றும் ஏன் சம எண்ணிக்கையில் இல்லை? எண்ணிக்கைகள் சமமாக இல்லை என்பது நமக்கு உறுதியாக நற்பேறு என்றுதான் சொல்ல வேண்டும். ஏனென்றால் அவை ஒரே அளவாக இருந்திருந்தால் முற்பட்ட அண்டத்தில் கிட்டத்தட்ட எல்லாப் பொடிமங்களும் எதிர்ப்பொடிமங்களும் ஒன்றையொன்று அழித்துக் கொண்டிருக்கும், பருப்பொருளே அரிதாகிப் போய் கதிர்வீச்சு நிறைந்த அண்டமே எஞ்சியிருக்கும். பிறகு உடுத்திரள்களோ விண்மீன்களோ மனித உயிர் வளர்ந்திருக்கக் கூடிய கோள்களோ எதுவும் இருந்திருக்காது. அண்டம் பொடிமங்களையும் எதிர்ப்பொடிமங்களையும் சம அளவில் கொண்டு தொடங்கியிருந்தாலும் கூட இப்போது அதில் எதிர்ப்பொடிமங்களைக் காட்டிலும் பொடிமங்கள் கூடுதலாக இருப்பது ஏன் என்பதற்கான ஒரு விளக்கத்தை நல்ல வேளையாக மாவொருங்கிணைந்த கோட்பாடுகள் தரக் கூடும். **மாகோ**கள் உயராற்றலில் பொடிமங்கள் எதிர்மின்மங்களாக மாற இடமளிக்கின்றன என்று முன்பே பார்த்தோம். மேலும் அவை இதற்கு எதிர்த்திசையிலான செயல்வழிகளுக்கும், அதாவது எதிர்ப்பொடிமங்கள் மின்மங்களாக மாறுவதற்கும், மின்மங்களும் எதிர்மின்மங்களும் எதிர்ப்பொடிமங்களாகவும் பொடிமங்களாகவும் மாறுவதற்கும் இடமளிக்கின்றன. இந்த மாற்றங்கள் நடைபெறப் போதுமான அளவுக்குத் துகள் ஆற்றல்கள் உயர்ந்திருக்கக் கூடியவாறு மிகவும் முற்பட்ட அண்டத்தில் வெப்பமயமான ஒரு காலம் இருந்தது. ஆனால் எதிர்ப்பொடிமங்களைக் காட்டிலும் பொடிமங்கள் கூடுதலாய் இருக்கும் ஒரு நிலைக்கு அது ஏன் வழிவகுக்க வேண்டும்? துகள்களுக்கும் எதிர்த்துகள்களுக்கும் இயற்பியல் விதிகள் முழுக்க ஒன்றல்ல என்பதே காரணம்.

மி, ஒ, கா என அழைக்கப்படும்* மூன்று தனித்தனியான சமச்சீர்மைகள் ஒவ்வொன்றுக்கும் இயற்பியல் விதிகள் கீழ்ப்படிவதாகத்தான் 1956 வரை நம்பப்பட்டு வந்தது. சமச்சீர்மை **மி** என்பதன் பொருள் என்னவென்றால், துகள்களுக்கும் எதிர்த்துகள்களுக்கும் விதிகள் ஒன்றே. சமச்சீர்மை **ஒ** என்பதன் பொருள் என்னவென்றால், எந்தச் சூழலுக்கும் அதன் ஆடிப் படிமத்துக்கும் விதிகள் ஒன்றே (வலப்

---

* *மி* - மின்னூட்டப் பிணைவு (C Charge Conjugation);

ஒ- ஒப்புமை (P-Parity); *கா* (T - Time). - மொழிபெயர்ப்பாளர்

பக்கமாகச் சுழலும் துகளின் ஆடிப் படிமம் இடப் பக்கமாகச் சுழலும் துகளாகும்). சமச்சீர்மை **கா** என்பதன் பொருள் என்னவென்றால், அனைத்துத் துகள்களின், அனைத்து எதிர்த்துகள்களின் இயக்கத் திசையையும் நேர்மாறாக்கினால் அமைப்பானது முற்காலத்தில் இருந்த நிலைக்கே திரும்பிச் செல்லும். வேறுவகையில் சொல்வதென்றால், முன்னும் பின்னுமான காலத் திசைகளில் விதிகள் ஒன்றே. மெல் விசை உண்மையில் சமச்சீர்மை ஒக்குக் கீழ்ப்படிவதில்லை என்ற கருத்தை 1956இல் சங்டௌ லீ, சென் நிங் யாங் *[TsungDao Lee and Chen Ning Yang]* ஆகிய இரு அமெரிக்க இயற்பியலர்கள் தெரிவித்தார்கள். வேறு வகையில் சொல்வதென்றால், மெல் விசை அண்டத்தை வளரச் செய்யக் கூடிய வழியும், அண்டத்தின் ஆடிப் படிமம் வளரக் கூடிய வழியும் மாறுபட்டவை. அவர்களின் ஊகம் சரியென்பதை அதே ஆண்டில் அவர்களின் ஆய்வுத் தோழி சியன்ஷியுங் வூ *[ChienShiung Wu]* மெய்ப்பித்தார். கதிரியக்க அணுக்களின் கருக்களை ஒரு காந்தப் புலத்தில் வரிசைப்படுத்தி, இவ்விதம் அவை அனைத்தையும் ஒரே திசையில் சுழல வைத்து அவர் இதனைச் செய்தார்; மேலும் மின்மங்கள் ஒரு திசையில் மற்றொரு திசையைக் காட்டிலும் அதிகமாய் வெளிவிடப்படுகின்றன எனக் காட்டினார். அதற்கு அடுத்த ஆண்டில் லீ, யங் ஆகிய இருவரும் தங்களின் இக்கருத்துக்காக நோபல் பரிசு பெற்றனர். சமச்சீர்மை மிக்கு மெல்விசை கீழ்ப்படிவதில்லை என்றும் காணப்பட்டது. அதாவது அவ்விசை எதிர்த்துகள்களாலான அண்டத்தை நமது அண்டத்திலிருந்து வேறுபட்ட வகையில் நடந்து கொள்ளச் செய்யும். இருந்த போதிலும், **மி-ஒ** இணைந்த சமச்சீர்மைக்கு மெல் விசை கீழ்ப்படிவதாகத்தான் தோன்றியது. அதாவது இதையன்னியல் ஒவ்வொரு துகளும் அதனதன் எதிர்த்துகளுக்குப் பரிமாற்றமானால் அண்டம் அதன் ஆடிப் படிமத்தைப் போன்ற அதே வழியில் வளரும்! ஆனால் 1964இல் மேலும் இரு அமெரிக்கர்களான ஜே. டபுள்யு. குரானின், வால் ஃபிபிட்ச் ஆகியோர் கேஇடைமங்கள் *[kmesons]* என அழைக்கப்படும் குறிப்பிட்ட சில துகள்களின் சிதைவில் **மி-ஒ** சமச்சீர்மையே கூட கீழ்ப்படிவதில்லை என்பதைக் கண்டுபிடித்தார்கள். முடிவில் குரோனின், ஃபிபிட்ஸ் ஆகியோர் 1980இல் தங்கள் ஆய்வுக்காக நோபல் பரிசு பெற்றனர். (நாம் நினைத்திருக்கக் கூடியது போல் அண்டம் அவ்வளவு எளியதன்று எனக் காட்டியதற்காகவே ஏராளமான பரிசுகள் வழங்கப்பட்டுள்ளன!)

அக்குவ இயந்திரவியலுக்கும் சார்பியலுக்கும் கீழ்ப்படிகிற எந்தக் கோட்பாடும் எப்போதுமே மிஒகா இணைந்த சமச்சீர்மைக்குக் கீழ்ப்படியத்தான் வேண்டும் என்று சொல்லும் ஒரு கணக்கியல் தேற்றம் உள்ளது. வேறுவகையில் சொல்வதென்றால், துகள்களை எதிர்த்துகள்களால் மாற்றீடு செய்து ஆடிப் படிமத்தை எடுத்துக் கொண்டு காலத் திசையையும் நேர்மாறாக்கினால், அண்டம் அதே முறையில்தான் நடந்து கொள்ள வேண்டியிருக்கும். ஆனால் துகள்களை எதிர்த்துகள்களால் மாற்றீடு செய்து அண்டத்தின் ஆடிப் படிமத்தை எடுத்து காலத் திசையை மட்டும் நேர்மாறாக்கவில்லை என்றால் அண்டம் அதே முறையில் நடந்து கொள்வது இல்லை என்று குரோனினும் ஃபிட்சும் காண்பித்தனர். ஆகவே காலத் திசையை நேர்மாறாக்கினால் இயற்பியல் விதிகள் மாறியாக வேண்டும் - அவை சமச்சீர்மை காக்குக் கீழ்ப்படிவதில்லை.

முற்பட்ட அண்டம் சமச்சீர்மை காக்குக் கீழ்ப்படிவதில்லை என்பது உறுதி: காலம் முன்னோக்கிச் செல்லச் செல்ல அண்டம் விரிவடைகிறது - காலம் பின்னோக்கிச் சென்றால் அண்டம் சுருங்கிக் கொண்டிருக்கும். சமச்சீர்மை காக்குக் கீழ்ப்படியாத விசைகள் உள்ளன என்பதால், அண்டம் விரிவடைந்து செல்லச் செல்ல இந்த விசைகள் மின்மங்களை எதிர்ப்பொடிமங்களாக மாறச் செய்வதைக் காட்டிலும் அதிகமான அளவில் எதிர்மின்மங்களைப் பொடிமங்களாக மாறச் செய்யக்கூடும் என்றாகிறது. பிறகு அண்டம் விரிவடைந்து குளிரும் நிலையில் எதிர்ப்பொடிமங்கள் பொடிமங்களோடு மோதியழியும். ஆனால் எதிர்ப்பொடிமங்களைக் காட்டிலும் பொடிமங்களே கூடுதலாய் இருக்குமாதலால் எச்சமாய்க் கொஞ்சம் பொடிமங்கள் இருந்து வரும். இவையே நாம் இன்று காணும் பருப்பொருளாக அமைகின்றன. நாமே இவற்றிலிருந்துதான் வந்துள்ளோம். எனவே நாம் நாமாக இருப்பதே மாவொருங்கிணைந்த கோட்பாடுகளை உறுதிசெய்வதாகக் கருதிக் கொள்ளலாம்; ஆனால் இது பண்புவகை உறுதிப்படுத்தல் மட்டுமே. எத்தகைய உறுதியின்மைகள் உள்ளனவென்றால், மோதியழிந்த பின் விட்டு வைக்கப்படும் பொடிமங்களின் எண்ணிக்கைகளை ஊகிக்க முடியாது. மிஞ்சப் போவது பொடிமங்களா? எதிர்ப்பொடிமங்களா? என்றுகூட ஊகிக்க முடியாது. (ஆனால் மிஞ்சியவை எதிர்ப்பொடிமங்களாக இருந்திருந்தால் நாம் எதிர்ப்பொடிமங்களுக்குப் பொடிமங்கள் என்றும் பொடிமங்களுக்கு எதிர்ப்பொடிமங்கள் என்றும் பெயர் சூட்டியிருப்போம், அவ்வளவுதான்.)

மாவொருங்கிணைந்த கோட்பாடுகளில் ஈர்ப்பு விசை அடங்காது. இது அவ்வளாகப் பொருட்டன்று. ஏனென்றால் ஈர்ப்பு விசை என்பது மிகவும் நலிந்த விசையாகும். எனவே அடிப்படைத் துகள்கள் அல்லது அணுக்களைப் பற்றி நாம் பேசும் போதெல்லாம் அதன் விளைவுகளைப் புறக்கணித்து விட முடியும். ஆனால் அது நீண்ட வீச்சுடையதாக மட்டுமல்லாமல் எப்போதும் கவரக் கூடியதாகவும் இருக்கிறது என்ற உண்மை அதன் விளைவுகளெல்லாம் மொத்தமாகக் கூடிக் கொள்வதைக் குறிக்கிறது. எனவே போதிய அளவுக்குப் பெருந்தொகையான பருப்பொருள் துகள்களுக்கு ஈர்ப்பு விசைகள் மற்றெல்லா விசைகளைக் காட்டிலும் ஓங்கித் திகழ முடியும். எனவேதான் அண்டத்தின் படிமலர்ச்சி [evolution] ஈர்ப்பால் உறுதிசெய்யப்படுகிறது. விண்மீன்களின் உருவளவு கொண்ட பொருட்களிலும் கூட ஈர்ப்புக் கவர்ச்சி விசை மற்றெல்லா விசைகளையும் விஞ்சி நின்று விண்மீனைத் தகர்வுறச் செய்ய முடியும். இத்தகைய விண்மீன் தகர்விலிருந்து விளையக் கூடிய கருந்துளைகளும் அவற்றைச் சுற்றியுள்ள தீவிரமான ஈர்ப்புப் புலங்களுமே 1970களில் என் ஆய்வுக்கு மைய இலக்காயின. இந்த ஆய்விலிருந்துதான் அக்குவ இயந்திரவியல், பொதுச் சார்பியல் ஆகிய கோட்பாடுகள் எவ்வாறு ஒன்றையொன்று பாதிக்கக் கூடும் என்பதற்கான முதல் குறிப்புகள் வெளிப்பட்டன - வரவிருக்கும் ஈர்ப்பியல் அக்குவக் கோட்பாடு எப்படி இருக்கும் என்பதற்கான ஒரு முன்னோட்டம்!

விண்மீன் நிறைக்கு வரம்பிட்ட சந்திரசேகர்

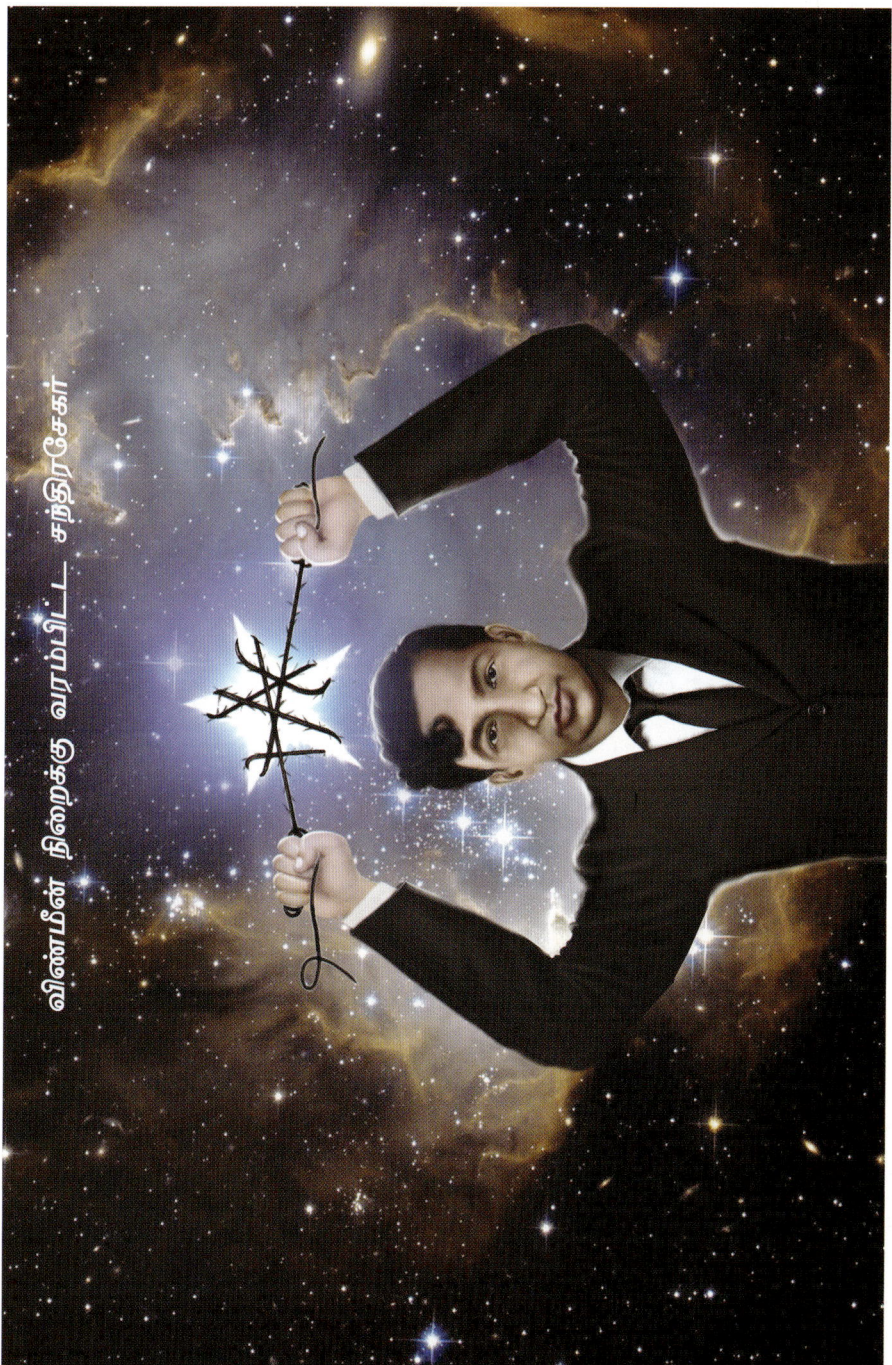

6

கருந்துளைகள்

கருந்துளை *[black hole]* என்ற சொல் அண்மையில்தான் பிறந்தது. 1969இல் அமெரிக்க அறிவியலர் ஜான் வீலர் சுமார் இருநூறு ஆண்டுக்கு முன் பிறந்த ஒரு கருத்தை அப்படியே படம் பிடித்துக் காட்டும் வகையில் இச்சொல்லைப் புனைந்தார். அக்காலத்தில் ஒளி பற்றி இரு கோட்பாடுகள் இருந்தன. ஒன்று, நியூட்டனின் ஆதரவு பெற்ற கோட்பாடு, ஒளி துகள்களால் ஆனது என்பதாகும்; மற்றொன்று அது அலைகளால் ஆனது என்பதாகும். உண்மையில் இரு கோட்பாடுகளுமே சரிதான் என்று இப்போது நமக்குத் தெரியும். அக்குவ இயந்திரவியலின் அலை/துகள் இரட்டைத் தன்மையால் ஒளியை அலை, துகள் இரண்டாகவுமே கருதலாம். ஒளி அலைகளால் ஆனது என்கிற கோட்பாட்டின்படி அதற்கு ஈர்ப்பால் என்ன நேரிடும் என்பது தெளிவாகத் தெரியவில்லை. ஆனால் ஒளி துகள்களால் ஆனது என்றால், ஈர்ப்பால் பீரங்கிக் குண்டுகளும் ஏவுபொறிகளும் கோள்களும் பாதிக்கப்படும் அதே வகையில் இத்துகள்களும் பாதிக்கப்படும் என எதிர்பார்க்கலாம். ஒளித் துகள்கள் ஈறிலா வேகத்தில் பயணம் செய்வதால் அவற்றின் வேகத்தை ஈர்ப்பால் மட்டுப்படுத்த முடிந்திருக்காது என்று முதலில் கருதினர். ஆனால் ஈறுள்ள வேகத்தில்தான் ஒளி பயணம் செய்கிறது எனும் ரோமரின் கண்டுபிடிப்பு கொடுத்த பொருள் என்னவென்றால் ஈர்ப்புக்கு ஒரு முக்கிய விளைவு இருக்கக் கூடும்.

இந்த அனுமானத்தை அடிப்படையாகக் கொண்டு கேம்பிரிட்ஜ் ஆய்வாளரான ஜான் மிஷேல் 1783இல் லண்டன் அரசச் சங்கத்தின் *மெய்யியல் பரிமாற்றங்கள் [Philosophical Transactions of the Royal Society of London]* என்ற அறிவியல் ஏட்டில் ஓர் ஆய்வுத்தாள் வரைந்தார். அதில் அவர் போதிய அளவுக்குப் பெருநிறையும் அடர்செறிவும் கொண்ட விண்மீன் ஒன்று ஒளி தப்பிக்க முடியாத அளவுக்கு வலுவான ஈர்ப்புப் புலம் உடையதாயிருக்கும் என்று சுட்டிக் காட்டினார். அதாவது

விண்மீண் பரப்பிலிருந்து உமிழப்படும் எவ்வொளியும் வெகு தொலைவு செல்லுமுன் அவ்விண்மீனின் ஈர்ப்புக் கவர்ச்சியால் பின்னுக்கு இழுக்கப்படும். இதைப் போன்ற விண்மீன்கள் பெரும் எண்ணிக்கையில் இருக்கக் கூடுமென மிஷேல் முன்மொழிந்தார். அவற்றிலிருந்தான ஒளி நம்மை வந்தடையாது என்பதால் அவற்றை நாம் பார்க்க முடியாது என்றாலும் அவற்றின் ஈர்ப்புக் கவர்ச்சியை நாம் உணர்ந்திடுவோம். இத்தகைய பொருட்களையே இப்போது கருந்துளைகள் என அழைக்கிறோம். ஏனென்றால் அவை அப்படித்தான் உள்ளன: அவை அண்டவெளியில் கருப்பு வெறுமைகள். ஒரு சில ஆண்டுகள் கழித்து இதே போன்ற முன்மொழிவைப் பிரெஞ்சு அறிவியலர் மார்க்விஸ் டி லேப்லஸ் செய்தார். மிஷேல், லேப்லஸ் ஆகியோரால் தனித் தனியே முன்மொழியப் பட்ட கருத்துக்கள் இவை எனத் தெரிகிறது. கருத்துக்குரிய செய்தி என்னவென்றால், அவர் எழுதிய *உலகின் அமைப்பு [The System of the world]* என்கிற நூலின் முதல் இரண்டு பதிப்புகளில் தம் முன்மொழிவைக் குறிப்பிட்டிருந்த லேப்லஸ் பிறகு வந்த பதிப்புகளில் அதனை விட்டுவிட்டார். இக்கருத்து கிறுக்குத்தனமானது என அவர் முடிவு செய்திருக்கலாம். (மேலும், பத்தொன்பதாம் நூற்றாண்டில் ஒளித் துகள் கோட்பாட்டுக்கு ஆதரவு இல்லாமல் போயிற்று. தவிர அலைக் கோட்பாட்டைக் கொண்டு எல்லாவற்றையும் விளக்கி விட முடியும் எனத் தோன்றியது. அலைக் கோட்பாட்டின்படி ஒளியை ஈர்ப்பு பாதிக்கவே செய்யாதா என்று தெளிவாகத் தெரியவில்லை.)

நியூட்டனின் ஈர்ப்புக் கோட்பாட்டில் பீரங்கிக் குண்டுகளைப் போல் ஒளியைக் கருதுவது உண்மையில் முன்னுக்குப் பின் முரணற்றதன்று. ஏனென்றால் ஒளியின் வேகம் நிலையானது. (புவியிலிருந்து மேல் நோக்கிச் சுடப்பட்ட பீரங்கிக் குண்டின் வேகத்தை ஈர்ப்பு மட்டுப்படுத்தும், அக்குண்டு இறுதியில் நின்று கீழ் நோக்கித் திரும்ப விழும். ஆனால் ஒளிமம் மாறா வேகத்தில் மேல் நோக்கித் தொடர்ந்து சென்றாக வேண்டும். பிறகு எப்படி நியூட்டானிய ஈர்ப்பு ஒளியைப் பாதிக்க முடியும்?) ஈர்ப்பு எப்படி ஒளியைப் பாதிக்கிறது என்பது பற்றிய ஒரு முரணற்ற கோட்பாடு 1915இல் ஐன்ஸ்டைன் பொதுச் சார்பியலை முன்மொழியும் வரை வந்தபாடில்லை. அப்போதுங்கூட பெருநிறை விண்மீன்களுக்கு இந்தக் கோட்பாடு ஏற்படுத்தக் கூடிய விளைவுகளைப் புரிந்து கொள்ள நெடுங்காலமாயிற்று.

கருந்துளை எவ்வாறு அமையக் கூடும் என்பதைப் புரிந்து கொள்ள வேண்டுமானால் நாம் முதலில் ஒரு விண்மீனின் வாழ்க்கைச் சுழற்சியைப் பற்றிப் புரிந்து கொள்ள வேண்டும். பெரும் அளவிலான வாயு (பெரும்பாலும் ஹைட்ரஜன்) தன் ஈர்ப்புக் கவர்ச்சியின் காரணமாகத் தானே தனக்குள் தகர்வுறத் தொடங்கும்போது ஒரு விண்மீன் உருவாகிறது. அது சுருங்கச் சுருங்க வாயுவின் அணுக்கள் மென்மேலும் அடிக்கடி, மென்மேலும் அதிக வேகங்களில் ஒன்றோடொன்று முட்டி மோதிக் கொள்கின்றன. வாயு சூடாகிறது. முடிவில் வாயு எந்த அளவுக்குச் சூடாகிறது என்றால், ஹைட்ரஜன் அணுக்கள் முட்டி மோதிக் கொள்ளும் போது அவை முன் போல் ஒன்றிலொன்று மோதி எழும்புவதற்குப் பதிலாகக் கூடிக் கலந்து ஹீலியம் ஆகின்றன. கட்டுப்படுத்தப்பட்ட ஹைட்ரஜன் குண்டு வெடிப்பைப் போன்ற இந்த வினையில் வெளிப்படும் வெப்பமே விண்மீனை ஒளிரச் செய்கிறது. இந்தக் கூடுதல் வெப்பம் வாயுவின் அழுத்தத்தையும் அது ஈர்ப்புக் கவர்ச்சியைச் சரியீடு செய்து கொள்ளப் போதுமானதாகும் வரை அதிகரிக்கச் செய்கிறது, வாயு சுருங்குவது நின்று விடுகிறது. இது சற்றே ஒரு பலூனைப் போன்றது. பலூனுக்குள்ளிருக்கும் காற்றின் அழுத்தம் பலூனைப் பெரிதாக்க முயல, பலூன் ரப்பரின் இழுவை பலூனைச் சிறிதாக்க முயல, இவ்விரு முயற்சிகளுக்கும் இடையில் ஒரு சரியீடு உள்ளது. இதே போன்று விண்மீன்கள் அவற்றின் அணுக்கரு வினைகள் உருவாக்கும் வெப்பத்தால் ஈர்ப்புக் கவர்ச்சியைச் சரியீடு செய்து கொண்டு நீண்ட காலத்திற்கு நிலையாக இருந்து வரும். ஆனால் விண்மீனில் அதன் ஹைட்ரஜனும் இதர அணுக்கரு எரிபொருட்களும் முடிவில் தீர்ந்து போகும். ஒரு விண்மீன் எவ்வளவு அதிக எரிபொருளுடன் தொடங்குகிறதோ அவ்வளவு விரைவில் அதன் எரிபொருள் தீர்ந்து போகும் என்பது ஒரு முரண்புதிரே. ஏனென்றால் விண்மீன் எந்த அளவுக்குப் பெருநிறை கொண்டதாக இருக்கிறதோ அது தன் ஈர்ப்புக் கவர்ச்சியைச் சரியீடு செய்துகொள்ள அந்த அளவுக்கு அதிக வெப்பம் அதற்குத் தேவைப்படுகிறது. அது எந்த அளவுக்கு வெப்பமாக இருக்கிறதோ தன் எரிபொருளை அந்த அளவுக்கு விரைவாகப் பயன்படுத்தித் தீர்த்து விடும். அனேகமாக நம் ஞாயிறு இன்னும் சுமார் 500 கோடி ஆண்டுகளுக்குத் தேவைப்படும் அளவுக்குப் போதுமான எரிபொருள் பெற்றுள்ளது. ஆனால் அதைக் காட்டிலும் பெருநிறை கொண்ட விண்மீன்களால் தம் எரிபொருளை வெறும் 10 கோடி ஆண்டுகளிலேயே தீர்த்துவிட முடியும். இது அண்டத்தின் வயதைக் காட்டிலும் மிகக் குறைவு. ஒரு விண்மீனில் எரிபொருள்

தீர்ந்துபோனால் அது குளிர்ச்சி அடையத் தொடங்குகிறது. எனவே சுருங்கத் தொடங்குகிறது. அடுத்து அதற்கு என்ன நடக்கக் கூடும் என்பது முதன் முதலில் 1920களின் முடிவில் புரிந்து கொள்ளப்பட்டது.

1928இல் சுப்ரமணியன் சந்திரசேகர் என்னும் இந்தியப் பட்டதாரி மாணவர் பொதுச் சார்பியல் வல்லுனராகிய சர் ஆர்தர் எடிங்டன் என்னும் பிரித்தானிய விண்ணியலரிடம் கேம்பிரிட்ஜில் படிப்பதற்காக இங்கிலாந்துக்குக் கப்பலேறினார். *(சில செய்திகளின்படி, 1920களின் தொடக்கத்தில் எடிங்டனிடம் பத்திரிகையாளர் ஒருவர் பொதுச் சார்பியலைப் புரிந்து கொண்டவர்கள் உலகில் மூவர் மட்டுமே என்று கேள்விப்பட்டிருப்பதாகச் சொன்னார். எடிங்டன் சற்றே தயங்கிப் பின் பதிலளித்தார், "மூன்றாமவர் யார் என்றுதான் யோசித்துக் கொண்டிருக்கிறேன்.")* இந்தியாவிலிருந்து கடற்பயணம் செய்த போது சந்திரசேகர் ஒரு விண்மீன் எவ்வளவு பெரியதாக இருந்தால் தன் எரிபொருளை எல்லாம் தீர்த்த பிறகும் தன் ஈர்ப்பிற்கு எதிராகவே தனக்கு முட்டுக் கொடுத்துக் கொள்ளக் கூடும் என்று கணக்கிட்டார். கருத்து இதுதான்: விண்மீன் சிறிதாகும் போது பருப்பொருள் துகள்கள் ஒன்றையொன்று மிகவும் நெருங்கி வருகின்றன. எனவே பாலியின் தவிர்ப்புக் கொள்கை *[Pauli exclusion principle]* கூறுவதன்படி, அவற்றுக்கு மிகவும் மாறுபட்ட திசைவேகங்கள் இருக்க வேண்டும். இதனால் அவை ஒன்றை விட்டு ஒன்று விலகிச் செல்கின்றன, எனவே விண்மீன் விரிவடையும் போக்குடையதாகிறது. ஆக விண்மீனது வாழ்வின் முற்பகுதியில் அதன் ஈர்ப்பு எவ்வாறு வெப்பத்தால் சரியீடு செய்யப்பட்டதோ, அதே போன்று ஒரு விண்மீன் தன் ஈர்ப்புக் கவர்ச்சிக்கும் தவிர்ப்புக் கொள்கையிலிருந்து உருவாகும் விலக்கலுக்கும் இடைப்பட்ட சரியீட்டின் வாயிலாக ஒரு மாறா ஆரத்தில் தன்னை நிலைநிறுத்திக் கொள்ள முடியும்.

ஆனால் தவிர்ப்புக் கொள்கை வழங்கக் கூடிய விலக்கலுக்கு ஓர் எல்லை உண்டு என்பதை சந்திரசேகர் உணர்ந்தார். சார்பியல் கோட்பாடு விண்மீனிலுள்ள பருப்பொருள் துகள்களின் திசைவேகங்களிலான பெரும (அதிகபட்ச) வேறுபாட்டுக்கு ஒளியின் வேகத்தை வரம்பாக்குகிறது. இதன் பொருள் என்னவென்றால், விண்மீன் போதிய அடர்த்தியை அடைந்து விடும் போது தவிர்ப்புக் கொள்கையால் விளையும் விலக்கல் ஈர்ப்புக் கவர்ச்சியைக் காட்டிலும் குறைவாகவே இருக்கும். ஞாயிற்றின் நிறையைப் போல் சுமார் ஒன்றரை மடங்குக்கு மேல் நிறை கொண்ட ஒரு குளிர் விண்மீனால் தன் ஈர்ப்பிற்கு எதிராகத் தன்னை நிலைநிறுத்திக்

கொள்ள இயலாது என சந்திரசேகர் கணக்கிட்டார். (இந்த நிறையே இப்போது சந்திரசேகர் வரம்பு *[Chandrasekhar limit]* என அறியப்படுகிறது.) இதே போன்ற ஒரு கண்டுபிடிப்பை ருஷ்ய அறிவியலர் லெவ் தாவிதோவிச் லாந்தவ் *[Lev Davidovich Landau]* கிட்டத்தட்ட அதே காலத்தில் செய்தார்.

இது பெருநிறை விண்மீன்களின் இறுதிக் கதிக்கு முக்கிய விளைவுகளைக் கொண்டிருந்தது. ஒரு விண்மீனின் நிறை சந்திரசேகர் வரம்பை விடக் குறைவாக இருக்குமானால் அது முடிவில் சுருங்குவதை நிறுத்திக் கொண்டு சில ஆயிரம் கிலோமீட்டர் ஆரமும் ஒரு கன அங்குலத்திற்கு ஆயிரக்கணக்கான கிகி அடர்த்தியும் கொண்ட வெண் குறுளை *[white Dwarf]* எனும் இறுதி நிலவரத்தை அடைந்து நிலைபெறக் கூடும். ஒரு வெண் குறுளைக்கு அதன் பருப்பொருளில் உள்ள மின்மங்களுக்கு இடையே தவிர்ப்புக் கொள்கை ஏற்படுத்தும் விலக்கல் ஆதாரமாய் உள்ளது. ஏராளமான இந்த வெண் குறுளை விண்மீன்களை நாம் நோக்கியறியலாம். முதன் முதலாகக் கண்டுபிடிக்கப்பட்ட வெண் குறுளைகளில் ஒன்று இரவு வானில் பொலிவு மிக்கதாகிய சிரியஸ் என்னும் விண்மீனைச் சுற்றி வலம் வரும் விண்மீனாகும்.

ஒரு விண்மீனின் வரம்புநிறை ஞாயிற்றின் நிறையைப் போல் சுமார் ஒன்று அல்லது இரண்டு மடங்காக இருந்த போதிலும் அது ஒரு வெண் குறுளையை விடவும் மிகச் சிறியதாக இருக்குமானால் அந்த விண்மீனுக்கு வேறொரு வகை இறுதி நிலவரத்துக்கும் வாய்ப்புண்டு என்று லாந்தவ் சுட்டிக் காட்டினார். மின்மங்களுக்கு இடையில் என்பதை விடவும் நொதுமங்களுக்கும் நேர்மங்களுக்கும் இடையில் தவிர்ப்புக் கொள்கை ஏற்படுத்தும் விலக்கல் இந்த விண்மீன்களுக்கு ஆதாரமாயிருக்கும். எனவே அவை நொதும விண்மீன்கள் *[neutron stars]* என அழைக்கப்பட்டன. அவை 16 கிமீ என்ற அளவில் மட்டுமே ஆரமுடையனவாகவும் ஒரு கன சென்டிமீட்டருக்கு நூற்றுக்கணக்கான கோடிக் கணக்கான கிலோகிராம் அடர்த்தி உடையனவாகவும் இருக்கும். நொதும விண்மீன்களை முதன் முதலாக ஊகித்தறிந்த நேரத்தில் அவற்றை நோக்கியறிவதற்கு வழியேதும் இருக்கவில்லை. அவை வெகு காலம் கழித்துத்தான் உள்ளபடியே கண்டறியப்பட்டன.

மறுபுறம், சந்திரசேகர் வரம்புக்கு மேல் நிறை கொண்ட விண்மீன்கள் அவற்றின் எரிபொருள் அறவே தீர்ந்து விடும் போது ஒரு பெருஞ்சிக்கலுக்கு உள்ளாகின்றன. சில நேர்வுகளில் அவை வெடித்து விடலாம் அல்லது தம் நிறையை சந்திரசேகர் வரம்புக்கும்

கீழாக குறைத்துக் கொள்ளப் போதிய பருப்பொருளை எப்படியோ வெளியே விட்டெறிந்து, இவ்விதம் பெருநாச ஈர்ப்புத் தகர்வைத் தவிர்த்து விடலாம். ஆனால் விண்மீன் எவ்வளவு பெரியதாக இருந்தாலும் இதுதான் எப்போதும் நடக்கும் என நம்புவது கடினமாக இருந்தது. எடையை இழக்க வேண்டியிருப்பது அதற்கு எவ்வாறு தெரிந்திருக்கும்? ஒவ்வொரு விண்மீனும் தகர்வைத் தவிர்ப்பதற்குப் போதிய நிறையை எப்படியோ இழந்தாலும் கூட, வெண் குறுளை அல்லது நொதும விண்மீனின் நிறையை சந்திரசேகர் வரம்பைத் தாண்டிச் செல்லும் விதமாகக் கூடுதலாக்கினால் என்ன நடக்கும்? அது ஈறிலா அடர்த்தி நிலைக்குத் தகர்வுறுமா? இந்த முடிவினால் எடிங்டன் அதிர்ச்சியடைந்தார். சந்திரசேகர் அடைந்த முடிவை நம்ப மறுத்தார். விண்மீன் ஒரு புள்ளியாகத் தகர்வுறுவதற்குரிய வாய்ப்பு இல்லவே இல்லை என எடிங்டன் கருதினார். இதுவே பெரும்பாலான அறிவியலர்களின் கருத்தாகவும் இருந்தது. ஐன்ஸ்டைன் தாமே எழுதிய ஆய்வேட்டில் விண்மீன்கள் சுழிய உருவளவுக்குச் சுருங்க மாட்டா என வாதிட்டார். மற்ற அறிவியலர்கள், குறிப்பாகத் தன் முன்னாள் ஆசிரியரும் விண்மீன்களின் கட்டமைப்பில் முன்னணி வல்லுனருமாகிய எடிங்டன் காட்டிய பகைமையால் சந்திரசேகர் இந்த வழியில் ஆய்வு செய்வதைக் கைவிடவும், அதற்குப் பதிலாக விண்மீன் கொத்துக்களின் இயக்கம் போன்ற ஏனைய விண்ணியல் பிரச்சினைகளின் பக்கம் திரும்பவும் தீர்மானித்தார். ஆனால் 1983இல் அவருக்கு நோபல் பரிசு வழங்கப்பட்ட போது, ஓரளவுக்கேனும் குளிர் விண்மீன்களின் வரம்புநிறை தொடர்பான அவரின் தொடக்கக் கால ஆராய்ச்சிக்காகவும் அது வழங்கப்பட்டது.

சந்திரசேகர் வரம்பைக் காட்டிலும் பெருநிறை கொண்ட ஒரு விண்மீனின் தகர்வைத் தவிர்ப்புக் கொள்கையால் தடுத்து நிறுத்த முடியாமற் போகலாம் என்று சந்திரசேகர் காட்டியிருந்தார். ஆனால் பொதுச் சார்பியலின்படி இப்படிப்பட்ட ஒரு விண்மீனுக்கு என்ன நேரிடும் என்பதைப் புரிந்து கொள்வதில் உள்ள சிக்கலை 1939இல் இராபர்ட் ஆப்பன்ஹைமர் *[Robert Oppenheimer]* என்னும் இளம் அமெரிக்கர் முதன் முதலாகத் தீர்த்து வைத்தார். ஆனால் அவர் வந்தடைந்த முடிவு அதன் நோக்காய்வுத் தொடர்விளைவுகளை அன்றைய தொலைநோக்கிகளைப் பயன்படுத்திக் கண்டுபிடிக்க முடியாது என்று எண்ணச் செய்தது. அப்போது இரண்டாம் உலகப் போர் குறுக்கிட்டது. ஆப்பன்ஹைமர் தாமே அணுகுண்டுத் திட்டப் பணியில் நெருங்கிய தொடர்பு உடையவரானார். போருக்குப் பிறகு

ஈர்ப்புத் தகர்வுச் சிக்கல் பெரிதும் மறந்து போயிற்று. ஏனென்றால் பெரும்பாலான அறிவியலர்கள் அணுவின், அதன் கருவின் அளவுவீதத்தில் என்ன நேருகிறது என்பதில் மூழ்கிப் போய் இருந்தார்கள். ஆயினும் 1960களில் புதுமக்காலத் தொழில்நுட்பவியலின் பயன்பாட்டால் விண்ணியல் நோக்காய்வுகளின் எண்ணிக்கையும் வீச்சும் பெருமளவு அதிகரித்ததால் விண்ணியல், அண்டவியல் குறித்த பெருவீதச் சிக்கல்களில் மறுபடியும் ஆர்வம் துளிர்த்தது. அப்போது ஆப்பன்ஹைமரின் பணியைப் பலரும் மறுகண்டுபிடிப்புச் செய்து விரிவாக்கினர்.

ஆப்பன்ஹைமரின் பணியிலிருந்து நமக்கு இப்போது கிடைக்கும் சித்திரம் இதுதான்: விண்மீனின் ஈர்ப்புப் புலமானது வெளி-காலத்தில் ஒளிக் கதிர்களின் பாதைகளை அந்த விண்மீன் இல்லாது போயிருந்தால் அவை எப்படி இருந்திருக்குமோ அந்நிலையிலிருந்து மாற்றுகிறது. ஒளிக் கூம்புகள் அவற்றின் நுனிகளிலிருந்து உமிழப்படும் வெட்டொளிகள் வெளியிலும் காலத்திலும் பயணப்படும் பாதைகளைக் காட்டுகின்றன. இக்கூம்புகள் விண்மீனின் பரப்பருகே சற்றே உள்நோக்கி வளைந்துள்ளன. இதனை ஞாயிற்று மறைப்பின் [கிரகணத்தின்] போது நோக்கப்படும் தொலைதூர விண்மீன்களிலிருந்து வரும் ஒளி வளைவதில் காணலாம். விண்மீன் சுருங்கச் சுருங்க அதன் பரப்பில் ஈர்ப்புப் புலம் மென்மேலும் வலுவடைகிறது; ஒளிக் கூம்புகள் மென்மேலும் உள்நோக்கி வளைகின்றன. விண்மீன்களிலிருந்து வரும் ஒளி தப்பிச் செல்வது இதனால் மென்மேலும் கடினமாகிறது. எனவே தொலைவிலிருந்து பார்க்கும் நோக்கருக்கு அவ்வொளி மென்மேலும் மங்கலாகவும் சிவப்பாகவும் தோற்றமளிக்கிறது. முடிவில் விண்மீன் குறிப்பிட்ட முட்டு ஆரம் [critical radius] ஒன்றுக்குச் சுருங்கி விடும் போது அதன் பரப்பில் ஈர்ப்புப் புலம் பெரிதும் வலுவடைந்து ஒளிக் கூம்புகள் மிக அதிகமாக உள்நோக்கி வளைந்து, ஒளி இனியும் தப்பிச் செல்ல முடியாத நிலை ஏற்படுகிறது (படம் 6.1). சார்பியல் கோட்பாட்டின்படி, எதுவுமே ஒளியைக் காட்டிலும் வேகமாகப் பயணம் செய்ய முடியாது. எனவே ஒளியே தப்பிச் செல்ல முடியாது என்றால் வேறு எதுவுமே கூட தப்பிச் செல்ல முடியாது. ஒவ்வொன்றும் ஈர்ப்புப் புலத்தால் பின்னுக்கு இழுக்கப்படுகிறது. ஆக நிகழ்ச்சிகளின் கணம் ஒன்று, வெளி-காலத்தின் வட்டாரம் ஒன்று உள்ளது. இதிலிருந்து தப்பிச் சென்று தொலைதூரத்திலுள்ள நோக்கரை அடையும் வாய்ப்பில்லை. இந்த வட்டாரத்தையே நாம்

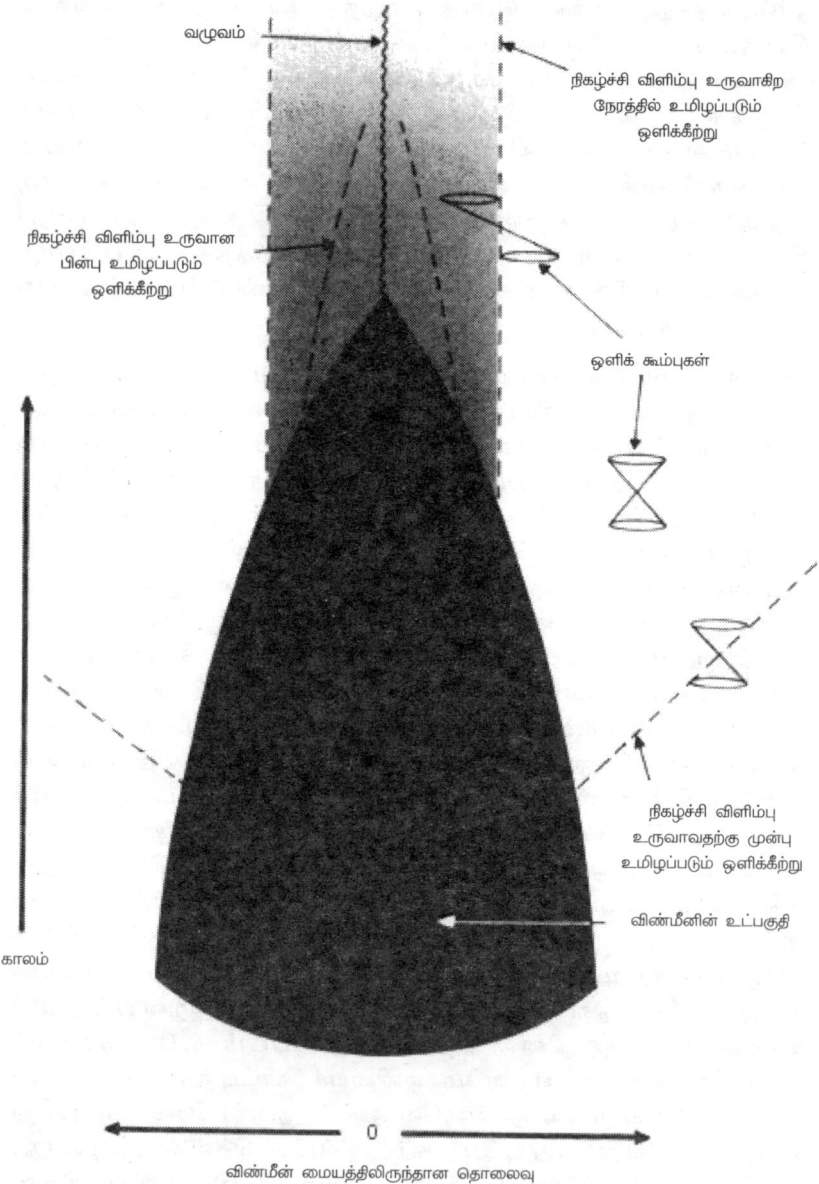

வழுவம்
நிகழ்ச்சி விளிம்பு உருவாகிற நேரத்தில் உமிழப்படும் ஒளிக்கீற்று
நிகழ்ச்சி விளிம்பு உருவான பின்பு உமிழப்படும் ஒளிக்கீற்று
ஒளிக் கூம்புகள்
நிகழ்ச்சி விளிம்பு உருவாவதற்கு முன்பு உமிழப்படும் ஒளிக்கீற்று
விண்மீனின் உட்பகுதி
காலம்
0
விண்மீன் மையத்திலிருந்தான தொலைவு

படம் 6.1

இப்போது கருந்துளை என அழைக்கிறோம். அதன் எல்லை நிகழ்ச்சி விளிம்பு [event horizon] என அழைக்கப்படுகிறது. இது கருந்துளைகளிலிருந்து கடைக் கணத்தில் தப்பிச் செல்ல முடியாமற்போன ஒளிக் கதிர்களின் பாதைகளுடன் ஒருங்கமைகிறது.

ஒரு விண்மீன் தகர்வுற்றுக் கருந்துளையாவதைக் கவனித்துக் கொண்டே இருக்கையில் என்ன காண்பீர்கள் என்பதைப் புரிந்து கொள்ள வேண்டுமென்றால், சார்பியல் கோட்பாட்டில் அறுதிக் காலம் என ஒன்றே இல்லை என்பதை நினைவிற்கொள்ள வேண்டும். ஒவ்வொரு நோக்கருக்கும் அவருக்கே உரிய கால அளவை உள்ளது. ஒரு விண்மீனில் இருக்கும் யாரோ ஒருவருக்கான காலம் தொலைதூரத்திலிருக்கும் யாரோ ஒருவருக்கான காலத்திலிருந்து வேறுபட்டு இருக்கும். இதற்கு அந்த விண்மீனின் ஈர்ப்புப் புலமே காரணம். தகர்வுற்றுக் கொண்டிருக்கும் விண்மீன் பரப்பில் அஞ்சாநெஞ்சரான விண்ணோடி ஒருவர் இருப்பதாகவும், அவர் அவ்விண்மீனோடு சேர்ந்து உள்நோக்கித் தகர்வுற்றுக் கொண்டு இருப்பதாகவும் கொள்வோம். அவர் அந்த விண்மீனைச் சுற்றிக் கொண்டிருக்கும் தனது விண்கலத்துக்குத் தன் கடிகாரம் காட்டியவாறு ஒவ்வொரு வினாடியும் குறிகை [signal] ஒன்றை அனுப்புவதாகவும் வைத்துக் கொள்வோம். அவரது கடிகாரத்தில் ஏதோ ஒரு நேரத்தில், எடுத்துக்காட்டாகக் கடிகாரம் 11:00:00 என்று காட்டும் போது விண்மீன் முட்டு ஆரத்திற்கும் கீழாகச் சுருங்கும். அந்நிலையில் ஈர்ப்புப் புலம் பெரிதும் வலுப் பெற்று எதுவும் தப்பிச் செல்ல முடியாமற்போகும். அவர் அனுப்பும் குறிகைகள் இனியும் விண்கலத்தை அடைய மாட்டா. 11:00:00 நெருங்கி வர வர, விண்கலத்திலிருந்து கவனித்துக் கொண்டிருக்கும் அவருடைய கூட்டாளிகள் அவரிடமிருந்து வரும் அடுத்தடுத்த குறிகைகளின் இடைவேளைகள் மென்மேலும் நீண்டு செல்லக் காண்பார்கள். ஆனால் 10:59:59 மணிக்குமுன் இவ்விளைவு மிகச் சிறியதாகவே இருக்கும். விண்ணோடியின் 10:59:58 குறிகைக்கும் அவரது கடிகாரம் 10:59:59 காட்டிய போது அவர் அனுப்பிய குறிகைக்கும் இடையே அவர்கள் ஒரு வினாடிக்கும் சற்றே கூடுதல் நேரம் மட்டுமே காத்திருக்க வேண்டியிருக்கும். ஆனால் 11:00:00 குறிகை பெற அவர்கள் எக்காலமும் காத்துக் கிடக்க வேண்டியிருக்கும். விண்ணோடியின் கடிகாரம் காட்டியவாறு 10:59:59, 11:00:00 ஆகிய நேரங்களுக்கு இடையே விண்மீன் பரப்பிலிருந்து உமிழப்படும் ஒளியலைகள் விண்கலத்திலிருந்து பார்க்கையில் ஈறிலாக் கால அளவில் விரிந்து செல்லும். விண்கலத்தை வந்தடையும் அடுத்தடுத்த

அலைகளுக்கு இடையேயான கால இடைவெளி மென்மேலும் நீண்டு செல்லும். எனவே விண்மீனிலிருந்து வரும் ஒளி மென்மேலும் சிவப்பாகவும் மென்மேலும் மங்கலாகவும் தோற்றமளிக்கும். முடிவில் விண்மீன் பெரிதும் மங்கலாகி விண்கலத்திலிருந்து இனியும் அதனைப் பார்க்க முடியாமற்போகும். மிஞ்சப் போவதெல்லாம் அண்டவெளியில் ஒரு கருந்துளையே. ஆயினும் விண்மீன் விண்கலத்தின் மீது தொடர்ந்து அதே ஈர்ப்பு விசையைச் செலுத்தி வரும். விண்கலம் தொடர்ந்து கருந்துளையைச் சுற்றி வரும்.

ஆனால் இக்காட்சி வரிசை முழுமையாக மெய்ந்நடப்புக்கு உரியதன்று. பின்வரும் சிக்கலே இதற்குக் காரணம்: நீங்கள் விண்மீனிலிருந்து எந்த அளவுக்குத் தொலைவில் இருக்கிறீர்களோ, ஈர்ப்பு அந்த அளவுக்கு நலிவடைகிறது. எனவே நம் அஞ்சாநெஞ்சர் விண்ணோடியின் பாதங்கள் மீதான ஈர்ப்பு விசை எப்போதும் அவர் தலை மீதான ஈர்ப்பு விசையைவிட அதிகமாகவே இருக்கும். இந்த விசை வேறுபாடு விண்மீன் முட்டு ஆரத்துக்குச் சுருங்கி நிகழ்ச்சி விளிம்பு உருவாகிற அந்நிலைக்கு முன்பாகவே நம் விண்ணோடியை இடியாப்பத்தைப் போல் பிழிந்து விடும் அல்லது நார்நாராய்க் கிழித்து விடும்! ஆனால் உடுத்திரள்களின் மைய வட்டாரங்களைப் போல் அண்டத்தில் காணப்படும் இன்னும் பெரிய பொருட்களுங்கூட ஈர்ப்புத் தகர்வுக்கு உள்ளாகிக் கருந்துளைகள் உருவாக முடியும் என நாம் நம்புகிறோம். இப்பொருட்கள் ஒன்றில் இருக்கும் விண்ணோடி கருந்துளை உருவாவதற்கு முன் கிழித்தெறியப்பட மாட்டார். உண்மையில் முட்டு ஆரத்தை அடையும் போது அவர் தனிச் சிறப்பாக எதையும் உணர மாட்டார். அவர் மீண்டு வரவே முடியாத புள்ளியைக் கவனிக்காமலே அதனைக் கடந்து விடக் கூடும். ஆனால் ஒருசில மணி நேரத்துக்குள்ளாகவே வட்டாரம் தொடர்ந்து தகர்வுறத் தகர்வுற, அவர் தலையிலும் பாதங்களிலுமான ஈர்ப்பு விசை வேறுபாடு பெரிதும் வலுவடைந்து இப்போதும் அவரை நார்நாராய்க் கிழித்துப் போடும்.

1965, 1970 ஆண்டுகளுக்கு இடையே ரோஜர் பென்ரோசும் அடியேனும் செய்த ஆய்வு பொதுச் சார்பியலின்படி கருந்துளைக்குள் ஈறிலா அடர்த்தி, வெளி-கால வளைவாகிய வழுவம் ஆகிய இரண்டுமே இருந்தாக வேண்டும் எனக் காட்டியது. இது ஒரு வகையில் காலத் தொடக்கத்திலான மாவெடிப்பைப் போன்றதே எனலாம். ஆனால் தகர்வுறும் பொருளுருவுக்கும் விண்ணோடிக்கும் அது காலத்தின் முடிவாகவே இருக்கும். இந்த வழுவத்தில் அறிவியல் விதிகளும் எதிர்காலத்தை ஊகித்தறியும் நமது திறனும்

செயலற்றுப் போகும். ஆனால் ஊகித்தறியும் திறன் இப்படி நொடித்துப் போவது கருந்துளைக்குப் புறத்தே இருந்து கொண்டிருக்கும் எந்த நோக்கரையும் பாதிக்காது. ஏனென்றால் அந்த வழுவத்திலிருந்து ஒளியோ வேறு குறிகையோ எதுவும் அவரை அடைய முடியாது. இந்தக் குறிப்பிடத்தக்க உண்மையின் அடிப்படையில்தான் ரோஜர் பென்ரோஸ் அண்டத் தணிக்கைக் கருதுகோளை [cosmic censorship hypothesis] முன்மொழிந்தார். "அம்மண வழுவம் கடவுளுக்கு ஆகாது" என்று இக்கருதுகோளுக்குப் பொழிப்புரை வழங்கலாம். வேறு வகையில் சொல்வதென்றால், ஈர்ப்புத் தகர்வினால் ஏற்படும் வழுவங்கள் கருந்துளைகள் போன்ற இடங்களில் மட்டுமே நேரிடுகின்றன. அங்கே அவற்றைப் புறத்திருந்து பார்க்க விடாமல் நிகழ்ச்சி விளிம்பு கச்சிதமாக ஒளித்து வைக்கிறது. கண்டிப்பாகச் சொல்வதென்றால் இதுவே மெல் அண்டத் தணிக்கைக் கருதுகோள் [weak cosmic censorship hypothesis] என அறியப்படுகிறது. அது வழுவத்தில் ஊகித்தறியும் திறன் செயலற்றுப் போவதால் ஏற்படும் தொடர்விளைவுகளிலிருந்து கருந்துளைக்குப் புறத்தே இருந்து கொண்டிருக்கும் நோக்கர்களைப் பாதுகாக்கிறது. ஆனால் அந்தோ, கருந்துளைக்குள் விழுந்து போய்ச் சேர்ந்து விடுகிறாரே அந்தப் பாவப்பட்ட விண்ணோடி, அவருக்காக அது ஒன்றும் செய்வதில்லை.

பொதுச் சார்பியல் சமன்பாடுகளுக்குச் சில தீர்வுகள் உள்ளன. இவற்றில் நம் விண்ணோடிக்கு ஓர் அம்மண வழுவத்தைப் பார்க்கும் வாய்ப்பு உண்டு. அவர் வழுவத்தின் மீது படாமல் தவிர்த்து விட்டு அதற்குப் பதிலாக அவர் "புழுத்துளை" ஒன்றின் ஊடாக விழுந்து அண்டத்தின் மற்றொரு வட்டாரத்தில் வெளியே வர இயலக் கூடும். இது வெளியிலும் காலத்திலும் பயணம் செய்வதற்குரிய பெரும் வாய்ப்புகளை அமைத்துக் கொடுக்கும். ஆனால் கெடுவாய்ப்பாக இந்தத் தீர்வுகள் எல்லாம் மிகவும் நிலையற்றவையாகவே இருக்கக் கூடும் எனத் தோன்றுகிறது. விண்ணோடி ஒருவர் ஆங்கிருப்பது போன்ற மிகச் சிறு தொல்லையும் கூட அவற்றை மாற்றி விடக் கூடும். இதனால் விண்ணோடி வழுவத்தை அது தன்மீது பட்டுத் தன் காலம் முடிவுக்கு வரும் வரை காண இயலாமற் போகலாம். வேறு வகையில் சொல்வதென்றால், வழுவம் எப்போதும் அவருடைய எதிர்காலத்தில் இருக்குமே தவிர ஒருபோதும் அது அவருடைய கடந்த காலத்தில் இருக்காது. மெய்ந்நடப்புக்கு உகந்த ஒரு தீர்வில் வழுவங்கள் எப்போதும் முழுக்க முழுக்க எதிர்கால நிகழ்வில் (ஈர்ப்புத் தகர்வினால் விளையும் வழுவங்கள் போன்ற நிகழ்வில்)

இருக்கும், அல்லது முழுக்க முழுக்கக் கடந்தகால நிகழ்வில் (மாவெடிப்பு போன்ற நிகழ்வில்) இருக்கும் என அண்டத் தணிக்கைக் கருதுகோளின் வன்மையான விளக்கம் சொல்கிறது. அண்டத் தணிக்கையில் எனக்கிருக்கும் நம்பிக்கை வலுவானதொன்று. எனவேதான் அது எப்போதும் செல்லுபடியாகும் என்று கலிஃபோர்னியா தொழில்நுட்பக் கழகத்தைச் சேர்ந்த கிப் தோர்ன், ஜான் பிரேஸ்கில் ஆகியோரிடம் பந்தயம் கட்டினேன். ஒரு செய்நுட்பக் காரணத்தின் பேரில் நான் தோற்றுப் போனேன். ஏனென்றால் நீண்ட நெடும் தொலைவில் இருந்து காணும்படி யான வழுவங்களுடன் கூடிய தீர்வுகளுக்கு எடுத்துக்காட்டுகள் தரப்பட்டன. இதனால் நான் பந்தயத்தில் தோற்று, பந்தய நிபந்தனைகளின்படி அவர்களின் அம்மண நிலையை உடையால் போர்த்த வேண்டியதாயிற்று. ஆனால் எனக்கோர் அறஞ்சார் வெற்றி கிடைத்ததாகச் சொல்லிக் கொள்ள முடியும். அம்மண வழுவங்கள் *[naked singularities]* நிலையற்றவை: அதாவது சிறு தொல்லையினாலும் கூட அவை மறைந்து போகும், அல்லது ஒரு நிகழ்ச்சி விளிம்பின் பின்னால் ஒளிந்து கொள்ளும். ஆகவே மெய்ந்நடப்புக்குகந்த சூழல்களில் அவை இடம் பெற மாட்டா.

வெளி-கால வட்டாரத்தின் எல்லையான நிகழ்ச்சி விளிம்பிலிருந்து தப்பிச் செல்வதற்கு வாய்ப்பில்லை. இவ்விளிம்பு கருந்துளையைச் சுற்றி ஒருவழிச் சவ்வு போல் செயல்படுகிறது எனலாம்: கவனமில்லாத விண்ணோடியைப் போன்ற பொருட்கள் நிகழ்ச்சி விளிம்பின் ஊடாகக் கருந்துளைக்குள் விழுந்து விடலாம். ஆனால் எதுவுமே நிகழ்ச்சி விளிம்பின் ஊடாகக் கருந்துளையை விட்டு ஒருபோதும் வெளியேற முடியாது. (கருந்துளையை விட்டுத் தப்பிச் செல்ல முயன்று கொண்டிருக்கும் ஒளியின் வெளி-காலப் பாதையே நிகழ்ச்சி விளிம்பு என்பதையும், ஒளியை விட வேகமாக எதுவும் பயணம் செய்ய முடியாது என்பதையும் நினைவிற் கொள்க.) நரகத்தின் நுழைவாயில் குறித்துக் கவிஞர் தாந்தே கூறியதை நிகழ்ச்சி விளிம்பு குறித்தும் அப்படியே கூறலாம்:

“நுழைகின்றீர் ஈண்டு நீவிர்,

நம்பிக்கை யாவும் துறந்து வாரீர்.”

நிகழ்ச்சி விளிம்பினூடாக விழுவது எதுவாயினும் எவராயினும் விரைவில் ஈறிலா அடர்த்தி வட்டாரத்தையும் காலத்தின் முடிவையும் அடைய வேண்டியிருக்கும்.

இயக்கத்திலிருக்கும் கனமான பொருட்களின் காரணத்தால் ஈர்ப்பலைகள் உமிழப்படும் எனப் பொதுச் சார்பியல் ஊகிக்கிறது. இவை வெளி வளைவில் ஒளியின் வேகத்தில் பயணம் செய்யும் சிற்றலைகளாகும். இவை மின்காந்தப் புலத்தின் சிற்றலைகளான ஒளியலைகளை ஒத்தவை. ஆனால் இவற்றைக் கண்டறிவது இன்னுங்கூட கடினம். அடுத்தடுத்துத் தடையின்றி நகர்ந்து கொண்டிருக்கும் பொருட்களுக்கு இடையிலான பிரிவில் இந்த அலைகள் தோற்றுவிக்கும் மிகச் சிறு மாற்றத்தைக் கொண்டு இவற்றை நோக்கியறியலாம். 1 கோடி கோடி கோடியில் (1ஐத் தொடர்ந்து இருபத்து ஒரு சுழியங்கள்) ஒரு பங்கு என்னும் தகவில், அதாவது 16 கிமீ தொலைவுடன் ஒப்புநோக்கின் ஓர் அணுக்கருவை விடவும் குறைவான தகவில் நடைபெறும் இடப்பெயர்ச்சிகளை அளவிடுவதற்குப் பல கண்டுபிடிப்பான்கள் அமெரிக்காவிலும் ஐரோப்பாவிலும் ஜப்பானிலும் கட்டப்பட்டு வருகின்றன.

ஒளியைப் போன்றே ஈர்ப்பலைகளும் தம்மை உமிழும் பொருட்களிலிருந்து ஆற்றலை எடுத்துச் சென்று விடுகின்றன. எனவே பெருநிறைப் பொருட்களின் அமைப்பொன்று முடிவில் நகராது நிற்கும் நிலவரத்துக்கு வந்து நிலைகொள்ளும் என எதிர்பார்க்கலாம். ஏனென்றால் எந்த ஓர் இயக்கத்திலான ஆற்றலையும் ஈர்ப்பலைகளின் உமிழ்வு எடுத்துச் சென்று விடும். (இது ஒரு வகையில் தக்கையைத் தண்ணீருக்குள் போடுவது போன்றதாகும். முதலில் அது மிக அதிகமாக மேலும் கீழும் தவ்வுகிறது. ஆனால் சிற்றலைகள் அதன் ஆற்றலை எடுத்துச் செல்லச் செல்ல, அது முடிவில் நிற்கும் நிலவரம் *[stationary state]* ஒன்றில் வந்து நிலைகொள்கிறது.) எடுத்துக்காட்டாக, புவி ஞாயிற்றைச் சுற்றித் தன் சுற்றுப்பாதையில் நகர்வது ஈர்ப்பலைகளைத் தோற்றுவிக்கிறது. இவ்விதம் ஆற்றலை இழப்பதன் விளைவு புவியின் சுற்றுப்பாதையை மாற்றுவதாக இருக்கும். எனவே புவி பையப் பைய ஞாயிற்றை நெருங்கி நெருங்கிச் சென்று முடிவில் அதனுடன் போய் மோதிக் கொண்டு, நிற்கும் நிலவரம் ஒன்றில் வந்து நிலைகொள்கிறது. புவியையும் ஞாயிற்றையும் பொறுத்த வரை ஆற்றல் இழப்பின் வீதம் மிகக் குறைவு. எந்த அளவுக்குக் குறைவென்றால், அனேகமாய் இது ஒரு சிறிய மின் சூடாக்கியை இயக்குவதற்கே போதுமானது. இதன் பொருள் என்னவென்றால், புவி ஞாயிற்றில் போய் மோதுவதற்குக் கிட்டத்தட்ட 10 லட்சம் கோடி கோடி கோடி ஆண்டுகளாகும். எனவே உடனடியாகக் கவலைப்படக் காரணம் ஒன்றுமில்லை! புவியின் சுற்றுப்பாதையிலான மாற்றம் நோக்கியறிய முடியாத

அளவுக்கு மிக மெதுவாக நடக்கிறது. ஆனால் இதே விளைவு PSR1913+16 என அழைக்கப்படும் அமைப்பில் நடப்பது கடந்த சில ஆண்டுகளாகவே நோக்கியறியப்பட்டு வருகிறது. (ஒழுங்கு முறையான கதிரலைத் துடிப்புகளை உமிழும் தனி வகை நொதும விண்மீனாகிய *pulsur* என்பதையே PSR குறிக்கிறது.) இந்த அமைப்பில் ஒன்றையொன்று சுற்றிவரும் இரு நொதும விண்மீன்கள் அடக்கமாகும். ஈர்ப்பலைகளை உமிழ்வதன் வாயிலாக இவை இழந்து வரும் ஆற்றலின் காரணத்தால் இவை ஒன்றை நோக்கி ஒன்று திருகுச்சுற்று சுற்றுகின்றன. இவ்விதம் பொதுச் சார்பியலை உறுதி செய்ததானது 1993இல் ஜே. எச். டெய்லர், ஆர். ஏ. ஹல்ஸ் ஆகியோருக்கு நோபல் பரிசு பெற்றுத் தந்தது. இந்த விண்மீன்கள் மோதிக் கொள்வதற்குச் சுமார் 30 கோடி ஆண்டுகள் ஆகும். அப்படி அவை மோதிக் கொள்வதற்குச் சற்று முன்னதாக அவை விரைவாகச் சுற்றி குறிப்பான சில கண்டுபிடிப்பான்கள் கண்டெடுக்கப் போதுமான அளவுக்கு ஈர்ப்பலைகளை உமிழும். எடுத்துக்காட்டாக, ஒருங்கொளிக் குறுக்கீட்டுமானி ஈர்ப்பலை வானாய்வுக் கூடம் (லிகோ) *[Laser Interferometer GravitationalWave Observatory - LIGO]* போன்ற கண்டுபிடிப் பான்களைச் சொல்லலாம்.

ஒரு விண்மீன் ஈர்ப்புத் தகர்வுக்கு உள்ளாகிக் கருந்துளையாகும் போது, இயக்கங்களின் வேகம் இன்னும் வெகுவாக உயரும். எனவே ஆற்றல் எடுத்துச் செல்லப்படும் வீதமும் வெகுவாக உயரும். இதனால் அது விரைவில் நிற்கும் நிலவரத்துக்கு வந்து நிலைபெற்று விடும். இந்த இறுதிக் கட்டம் எப்படிக் காட்சியளிக்கும்? இக்காட்சி விண்மீனாக அமைந்திருந்த அதன் அருஞ்சிக்கலான பண்புக்கூறுகள் அனைத்தையும் - அதன் நிறையையும் சுழற்சி வீதத்தையும் மட்டுமல்லாமல் விண்மீனது பல்வேறு பாகங்களின் வேறுபட்ட அடர்த்திகளையும் விண்மீனுக்குள் நடைபெறுகிற வாயுக்களின் சிக்கலான இயக்கங்களையும் கூட - பொறுத்ததாக இருக்கும் என்று கருதிக் கொள்ளலாம். தகர்வுக்கு உள்ளாகிக் கருந்துளையாக அமைந்திடும் பொருட்களைப் போலவே கருந்துளைகளும் பல்வேறுபட்டவையாக இருக்குமானால், பொதுவாகக் கருந்துளைகளைப் பற்றி எவ்வித ஊகங்களும் செய்வது மிகக் கடினமாகி விடக் கூடும்.

ஆயினும் 1967இல் கருந்துளைகள் பற்றிய ஆய்வில் கனடிய அறிவியலர் வெர்னர் இஸ்ரேல் புரட்சி செய்தார் எனலாம். (பெர்லினில் பிறந்த இவர் தென்னாப்பிரிக்காவில் வளர்ந்து அயர்லாந்தில் முனைவர் பட்டம் பெற்றவர்.) பொதுச் சார்பியலின்படி

சுழலாக் கருந்துளைகள் *[non-rotating black holes]* மிக எளியவையாகவே இருக்க வேண்டும் என இஸ்ரேல் காட்டினார். அவை செந்நிறைவுக் கோள வடிவம் கொண்டவை என்றும், அவற்றின் உருவளவு அவற்றின் நிறையை மட்டுமே பொறுத்தது என்றும், இவ்வகையில் ஒரே நிறை கொண்ட எவ்விரு கருந்துளைகளும் முழுதொத்தவையே என்றும் கூறினார். உண்மையில் இவற்றை 1917 முதல் அறியப்பட்டிருந்த ஐன்ஸ்டைன் சமன்பாடுளின் ஒரு குறிப்பிட்ட தீர்வைக் கொண்டு எடுத்துரைக்கலாம். பொதுச் சார்பியல் கண்டுபிடிக்கப்பட்ட பின் குறுகிய காலத்திலேயே கார்ல் ஷ்வார்ட்ஸ்சைல்ட் இத்தீர்வைக் கண்டறிந்தார். கருந்துளைகள் செந்நிறைவான கோள வடிவில் இருந்தாக வேண்டும் என்பதால், ஒரு செந்நிறைவுக் கோள வடிவப் பருப்பொருள் தகர்விலிருந்துதான் கருந்துளை உருவாக முடியும் என முதலில் இஸ்ரேல் உட்படப் பலரும் வாதிட்டனர். ஆகவே மெய்யான எந்த விண்மீனும் ஒருபோதும் செந்நிறைவான கோள வடிவில் இருக்காது என்பதால் அது தகர்வுற்று ஓர் அம்மண வழுவமாக மட்டுமே அமையக் கூடும்.

ஆனால் இஸ்ரேலின் சோதனை முடிவுக்கு ஒரு மாறுபட்ட பொருள்விளக்கம் தரப்பட்டது. குறிப்பாக ரோஜர் பென்ரோஸ், ஜான் வீலர் ஆகியோர் இதனை வலிந்துரைத்தனர். ஒரு விண்மீன் தகர்வில் தொடர்புடைய துரித இயக்கங்களின் பொருள் அது வெளியிடும் ஈர்ப்பலைகள் அதனை மென்மேலும் கோள வடிவமாக்கும் என்பதாகவே இருக்கும் என்றும், அது ஒரு நிற்கும் நிலவரத்துக்கு வந்து நிலைபெறுவதற்குள் சரிநுட்பமான கோள வடிவமாகியிருக்கும் என்றும் அவர்கள் வாதிட்டார்கள். இந்தப் பார்வையின்படி, எந்த ஒரு சுழலா விண்மீனும், அதன் உருவமும் அகக் கட்டமைப்பும் எவ்வளவுதான் சிக்கலாக இருந்தாலும் ஈர்ப்புத் தகர்வுக்குப் பிறகு ஒரு செந்நிறைவான கோள வடிவக் கருந்துளையாகப் போய் முடிவுறும். இந்தக் கருந்துளையின் உருவளவு அதன் நிறையை மட்டுமே பொறுத்ததாயிருக்கும். மேற்கொண்டு செய்த கணக்கீடுகள் இப்பார்வையை ஆதரித்தன. விரைவில் இதைப் பரவலாக ஏற்றுக்கொள்ளும் நிலை வந்தது.

இஸ்ரேல் வந்தடைந்த முடிவு சுழலாப் பொருளுருக்களிலிருந்து உருவான கருந்துளைகளின் நேர்வை மட்டுமே கையாண்டது. 1963இல் நியூசிலாந்து நாட்டைச் சேர்ந்த ராய் கெர் சுழலும் கருந்துளைகளை விவரித்த பொதுச் சார்பியல் சமன்பாடுகளின் தீர்வுக் கணமொன்றைக் கண்டறிந்தார். இந்த “கெர்” கருந்துளைகள் மாறா வீதத்தில் சுழல்கின்றன. அவற்றின் உருவளவும் வடிவமும் அவற்றின்

நிறையையும் சுழற்சி வீதத்தையும் மட்டுமே பொறுத்தவை. அதன் சுழற்சி சுழியம் என்றால், கருந்துளை செந்நிறைவுக் கோளமாகவும், தீர்வு ஷ்வார்ட்ஸ்சைல்டின் தீர்வை முழுதொத்ததாகவும் இருக்கிறது. சுழற்சி சுழியற்றதாக இருந்தால் கருந்துளை அதன் நடுக்கோட்டை ஒட்டிப் புடைக்கும் (இது புவியும் ஞாயிறும் அவற்றின் சுழற்சியால் புடைப்பதைப் போன்றது). அது எந்தளவுக்கு வேகமாகச் சுழல்கிறதோ அந்தளவுக்கு அதிகமாகப் புடைக்கிறது. இஸ்ரேலின் முடிவைச் சுழலும் பொருளுருக்களுக்கும் பொருந்தும்படிச் செய்வதற்காக, தகர்வுற்றுக் கருந்துளையாகிற எந்த ஒரு சுழலும் பொருளுருவும் முடிவில் கெர் தீர்வு எடுத்துரைக்கிறபடி நிற்கும் நிலவரத்துக்கு வந்து நிலைபெறும் என்று அனுமானம் செய்து கொள்ளப்பட்டது.

1970இல் கேம்பிரிட்ஜில் எனது கூட்டாளியும் சக ஆராய்ச்சி மாணவருமான பிராண்டன் கார்ட்டர் இந்த அனுமானத்தை மெய்பிக்கும் திசையில் முதலடி எடுத்து வைத்தார். நகராது நிற்கும் சுழற்கருந்துளையானது சுழலும் பம்பரத்தைப் போன்றே சமச்சீர் அச்சைக் கொண்டிருக்குமானால் அதன் உருவளவும் வடிவமும் அதன் நிறையையும் சுழற்சி வீதத்தையும் மட்டுமே பொறுத்ததாய் இருக்குமென அவர் காட்டினார். பிறகு 1971ஆம் ஆண்டில் எந்த ஒரு நிற்கும் சுழற்கருந்துளைக்கும் உள்ளபடியே இத்தகைய சமச்சீர் அச்சு இருக்கும் என்று நான் மெய்பித்தேன். முடிவாக 1973இல் லண்டன் கிங்ஸ் கல்லூரியைச் சேர்ந்த டேவிட் ராபின்சன் இந்த அனுமானம் சரியானதுதான் எனக் காட்டுவதற்கு கார்ட்டரின் முடிவையும் என் முடிவையும் பயன்படுத்திக் கொண்டார். அதாவது இத்தகைய கருந்துளை கெர் தீர்வாகத்தான் இருக்க வேண்டும் என மெய்ப்பித்தார்.

ஆக, ஒரு கருந்துளை ஈர்ப்புத் தகர்வுக்குப் பிறகு சுழன்று கொண்டிருக்கக் கூடும் என்றாலும் துடித்துக் கொண்டிராத ஒரு நிலவரத்துக்கு வந்து நிலைபெற்றாக வேண்டும். மேலும், அதன் உருவளவும் வடிவமும் அதன் நிறையையும் சுழற்சி வீதத்தையும் மட்டுமே பொறுத்ததாய் இருக்குமே தவிர, தகர்வுற்றுக் கருந்துளையாகிற பொருளுருவின் தன்மையைப் பொறுத்ததாய் இருக்காது. இம்முடிவு “கருந்துளைக்கு முடியில்லை” என்ற சொலவத்தின் வாயிலாக அறியப்படலாயிற்று. இந்த “முடியில்லா” தேற்றம் பெரும் நடைமுறை முக்கியத்துவம் வாய்ந்தது. ஏனென்றால் வாய்ப்பிற்குரிய கருந்துளை வகைகளை இது பெருமளவுக்குக் கட்டுக்குள் வைத்து விடுகிறது. எனவே கருந்துளைகளைத்

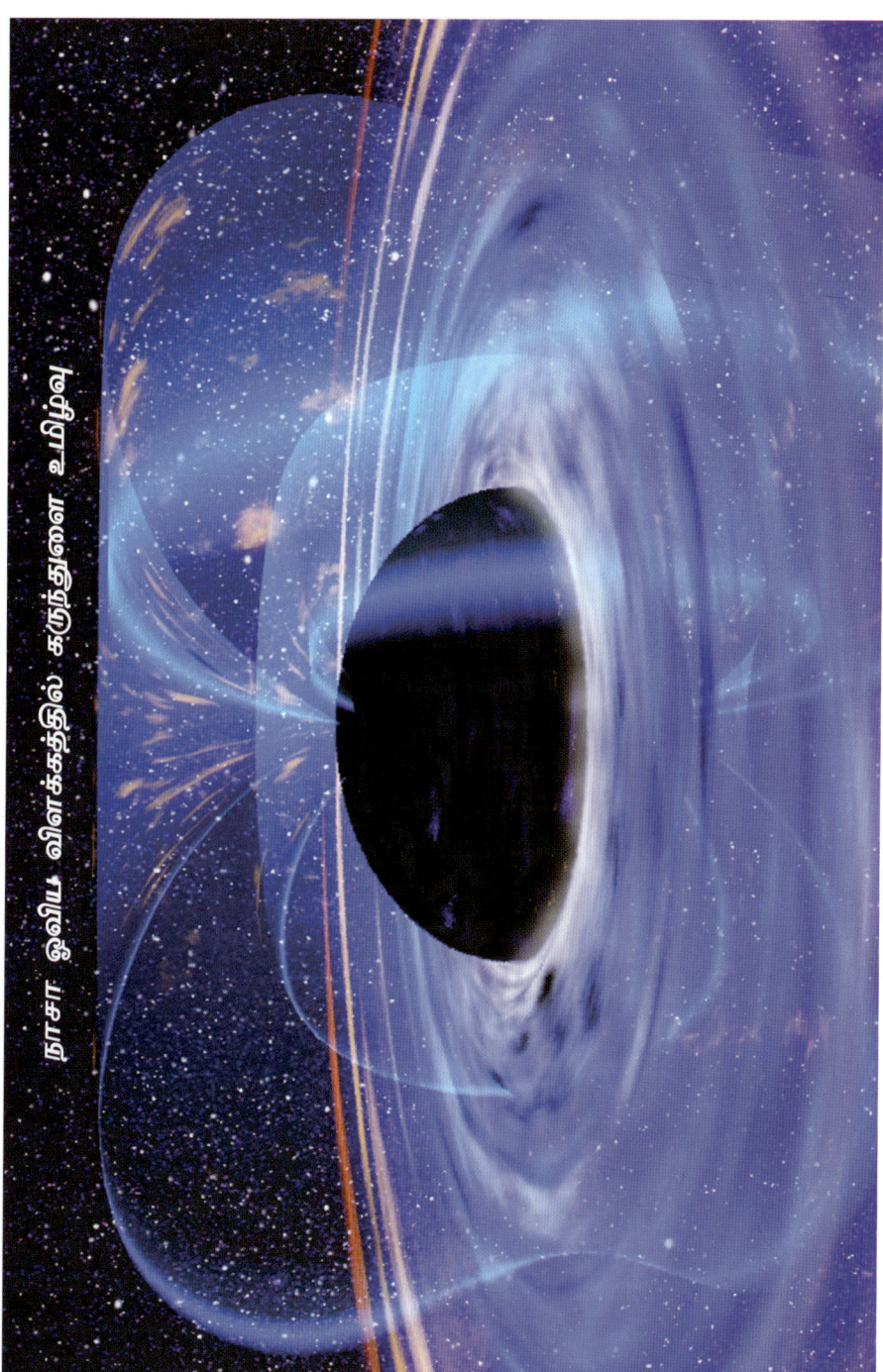

நாசா ஓவிய விளக்கத்தில் கருந்துளை உமிழ்வு

தம்மகத்தே கொண்டிருக்கக் கூடிய பொருட்களின் விவரமான மாதிரியமைப்புகளை உருவாக்கி அவற்றின் ஊகங்களை நோக்கியறிந்தவற்றோடு ஒப்பிட்டுப் பார்க்கலாம். மேலும், இதன் பொருள் என்னவென்றால், தகர்வுற்றிருக்கும் பொருளுரு பற்றிய மிகப் பெருமளவிலான தகவல் கருந்துளை உருவாகும்போது தொலைந்து போயாக வேண்டும். ஏனென்றால் அதன் பிறகு அப்பொருளுருவின் நிறையையும் சுழற்சி வீதத்தையும் மட்டுமே நம்மால் அளவிட முடியும். இதன் முக்கியத்துவத்தை அடுத்த அதிகாரத்தில் பார்க்க இருக்கிறோம்.

ஒரு கோட்பாடு சரிதான் என்பதற்கு நோக்காய்வுகளிலிருந்து சான்றேதும் கிடைப்பதற்கு முன்பே ஒரு கணக்கியல் மாதிரியமைப்பாகவே அக்கோட்பாடு மிக விவரமாக வளர்த்தெடுக்கப்படுவது அறிவியல் வரலாற்றில் ஒரு சில நேரங்களில் மட்டுமே நடந்துள்ளது. கருந்துளைகளும் இவற்றில் ஒன்று. சொல்லப் போனால் இதையே கருந்துளைகள் கருத்துக்கு எதிரானவர்கள் முக்கிய வாதமாக முன்வைப்பது வழக்கம்: ஐயப்பாட்டுக்கு உரிய பொதுச் சார்பியல் கோட்பாடு அடிப்படையிலான கணக்கீடுகளை மட்டுமே சான்றாகக் கொண்டு இப்பொருட்கள் இருப்பதை எவ்வாறு நம்பக் கூடும்?

ஆயினும் 1963இல் கலிஃபோர்னியாவில் பாலோமர் வானாய்வுக் கூடத்தில் விண்ணியலரான மார்ட்டின் ஷ்மிட் 3C273 என அழைக்கப்படும் கதிரலைகள் மூலத்தின் (அதாவது கதிரலை மூலங்கள் பற்றிய மூன்றாம் கேம்பிரிட்ஜ் பட்டியலைச் சேர்ந்த எண் 273 என்னும் மூலத்தின்) திசையில் ஒரு மங்கலான விண்மீன் போன்ற பொருளின் செம்பிறழ்வை அளவிட்டார். இந்தப் பிறழ்வு ஈர்ப்புப் புலம் ஒன்றினால் ஏற்பட முடியாத அளவுக்கு மிகப் பெரிதாக இருக்கக் கண்டார். அது ஈர்ப்புச் செம்பிறழ்வாக இருந்திருக்குமானால் அப்பொருள் ஞாயிற்றுக் குடும்பத்தின் கோள்களின் சுற்றுப்பாதைகளில் குலைவுண்டாக்கும் அளவுக்குப் பெருநிறை கொண்டதாகவும் நமக்கு மிக அருகில் அமைந்ததாகவும் இருக்க வேண்டி வரும். இதற்குப் பதிலாகச் செம்பிறழ்வுக்கு அண்டத்தின் விரிவாக்கமே காரணம் என்று இது எண்ணச் செய்தது. இந்த எண்ணமோ அப்பொருள் வெகு நீண்ட தொலைவில் இருப்பதைக் குறித்தது. இவ்வளவு பெருந் தொலைவில் கண்ணுக்குத் தெரியக் கூடியதாக இருக்க வேண்டுமானால் அப்பொருள் பொலிவு மிக்கதாக இருக்க வேண்டும், அதாவது பேரளவில் ஆற்றலை உமிழ்ந்து கொண்டிருக்க வேண்டும். இவ்வளவு பெரும் அளவுகளில் ஆற்றலை

உண்டுபண்ணக் கூடிய ஒரே பொறியமைவு என்று ஈர்ப்புத் தகர்வைத்தான் எண்ணிப் பார்க்க முடிந்தது. இந்தத் தகர்வென்பது ஒரு விண்மீன் மட்டுமல்ல, ஓர் உடுத்திரளின் மைய வட்டாரம் முழுவதும் தகர்வுறுவதாக இருக்கும். இதே போன்ற வேறு பல "அரைகுறை விண்மீன் பொருட்கள்" அல்லது குவாசர்கள் கண்டறியப்பட்டுள்ளன. எல்லாமே பெரும் செம்பிறழ்வுகள் உடையவை. ஆனால் அவை எல்லாமே மிக அதிகத் தொலைவில் இருக்கின்றன. எனவே இவற்றை நோக்கியறிவதும் இவ்விதம் கருந்துளைகளுக்கு இறுதியான சான்று வழங்குவதும் மிகக் கடினம்.

1967இல் கேம்பிரிட்ஜ் ஆராய்ச்சி மாணவி ஜோசிலின் பெல்பர்னெல் கதிரலைகளின் ஒழுங்கு மாறாத் துடிப்புகளை உமிழும் பொருட்கள் வானில் இருப்பதைக் கண்டுபிடித்த போது, கருந்துளைகள் இருக்கத்தான் செய்கின்றன என்ற கருத்துக்கு மேலும் ஊக்கம் கிடைத்தது. பெல்லும் அவருடைய மேற்பார்வையாளர் ஆன்டனி ஹ்யூவிஷ்ஷும் உடுத்திரளிலுள்ள ஓர் அயல் நாகரிகத்தோடு தொடர்பு ஏற்பட்டிருக்கக் கூடும் என்றுதான் முதலில் நினைத்தார்கள்! பார்க்கப் போனால், அவர்கள் தங்கள் கண்டுபிடிப்பை அறிவித்த கருத்தரங்கத்தில் முதலிற்கண்ட நான்கு மூலங்களையும் *சி.ப.ம.* 14 என அழைத்தது எனக்கு நினைவிருக்கிறது. *சி.ப.ம* என்பது "சிறிய பச்சை மனிதர்கள்" என்பதைக் குறிக்கிறது. ஆனால் முடிவில், பல்சார்கள் எனப் பெயரிட்டழைக்கப்பட்ட இந்தப் பொருட்கள் உண்மையில் அவற்றின் காந்தப் புலங்களுக்கும் அவற்றைச் சூழ்ந்துள்ள பருப்பொருளுக்கும் நடுவிலான அதிசிக்கலான இடைவினைகளின் காரணமாகக் கதிரலைத் துடிப்புகளை உமிழ்ந்து கொண்டிருக்கும் சுழலும் நொதும விண்மீன்களாகும் என்ற அவ்வளவு புனைவில்லா முடிவுக்கு அவர்களும் மற்ற ஒவ்வொருவரும் வந்தடைந்தார்கள். விண்வெளி சாகசக் கதைகள் எழுதும் எழுத்தாளர்களுக்கு இது கசப்பான செய்தியாக இருந்தது.

ஆனால் அந்த நேரத்தில் கருந்துளைகளின் இருத்தலில் நம்பிக்கை வைத்திருந்த எங்களைப் போன்ற சிலருக்குப் பெரும் நம்பிக்கை தரும் செய்தியாக இருந்தது. ஏனெனில் இதுவே நொதும விண்மீன்களின் இருத்தலுக்கான முதல் நேர்ச் சான்றாக இருந்தது. ஒரு நொதும விண்மீன் கிட்டத்தட்ட 16 கிமீ ஆரம் உடையது. இது ஒரு விண்மீன் கருந்துளையாகிற முட்டு ஆரத்தைப் போல் சில மடங்குகள் மட்டுமே அதிகம். ஒரு விண்மீன் இவ்வளவு சிறிய உருவளவிற்குத் தகர்வுறக் கூடுமென்றால் மற்ற விண்மீன்கள்

படம் 6.2

படத்தில் மையத்துக்கருகிலுள்ள இரு விண்மீன்களில் அதிகப் பொலிவாய் இருப்பது சிக்னஸ் எக்ஸ்1 ஆகும். இந்த விண்மீன் ஒன்றையொன்று சுற்றிச் சுழலும் ஒரு கருந்துளையாலும் ஓர் இயல்பான விண்மீனாலும் ஆனதென்று கருதப்படுகிறது.

இன்னுங்கூடச் சிறிய உருவளவிற்குத் தகர்வுற்றுக் கருந்துளைகளாகக் கூடும் என எதிர்பார்ப்பது நியாயந்தான்.

ஒளியேதும் உமிழாது இருத்தலே கருந்துளைக்கான இலக்கணமாக இருக்கையில் கருந்துளையைக் கண்டுபிடிக்க முடியும் என்று எப்படி நம்புவது? ஒரு வகையில் இது இருட்டறையில் கருப்புப் பூனையைத் தேடுவதைப் போன்றதே என எண்ணத் தோன்றும். நல்ல வேளையாக ஒரு வழி இருக்கிறது.

1783இல் ஜான் மிஷேல் தன் முன்னோடியான ஆய்வேட்டில் சுட்டிக் காட்டியது போல ஒரு கருந்துளையுங்கூட அருகிலுள்ள பொருட்கள் மீது ஈர்ப்பு விசை செலுத்துகிறது. இரு விண்மீன்கள் ஈர்ப்பினால் ஒன்றின்பாலொன்று கவரப்பட்டு ஒன்றையொன்று சுற்றி வரும் பல அமைப்புகளை விண்ணியலர்கள் நோக்கியறிந்துள்ளார்கள். கண்ணுக்குத் தெரியும் ஒரே ஒரு விண்மீன் கண்ணுக்குத் தெரியாத ஏதோ ஓர் இணையைச் சுற்றி வரும் அமைப்புகளையும் அவர்கள் நோக்குகிறார்கள். இதை ஒரு கருந்துளை என உடனே முடிவெடுத்து விட முடியாதுதான். ஏனென்றால் அது வெறும் விண்மீனாகவே கூட இருக்க வாய்ப்புண்டு. ஆனால் அது பார்க்க முடியாத அளவுக்கு மங்கலாக இருக்கலாம். ஆயினும் இவற்றில் சில அமைப்புகள், சிக்னஸ் எக்ஸ்1 எனப்படுவது போன்றவை வலுவான ஊடு கதிர் மூலங்களாகவும் திகழ்கின்றன (படம் 6.2). இந்தப் புலப்பாட்டுக்கு மிகச் சிறந்த விளக்கம் கண்ணுக்குத் தெரியும் விண்மீன் பரப்பிலிருந்து பருப்பொருள் வெடித்துச் சிதறியுள்ளது என்பதே. அது கண்ணுக்குத்

கருந்துளைகள் | 147

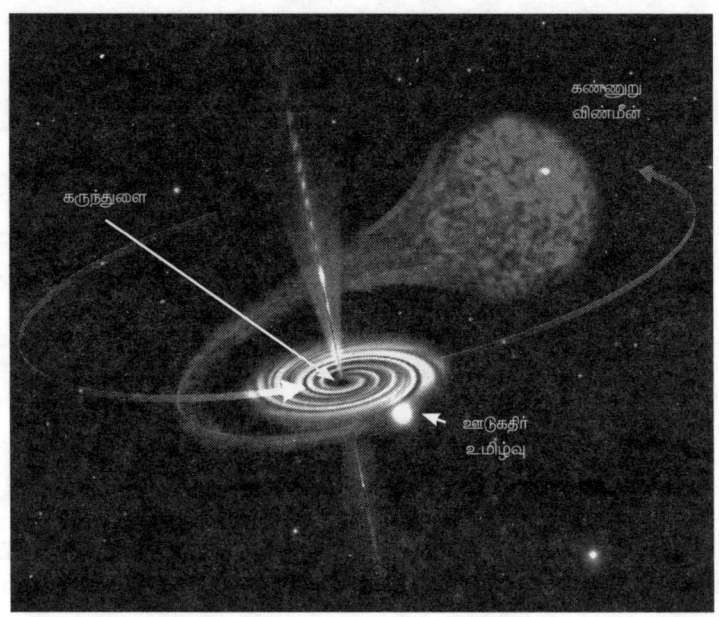

சுழலும் கருந்துளை ஒன்றின் வலுவான ஈர்ப்புப் புலம் உருவாக்கும் திரட்சித் தட்டு நிகழ்ச்சி விளிம்பை நோக்கித் திருகிச் சுற்றுகிறது. ஊடு கதிர் வடிவத்தில் வெளியேற்றப்படும் பேரளவு ஆற்றல்கள் கருந்துளைக்கான அறிகுறிகளில் ஒன்று.

படம் 6.3

தெரியாத இணையை நோக்கி விழும் போது திருகுச் சுற்று வடிவிலான இயக்கத்தை (ஒரு விதத்தில் குளியல் தொட்டியிலிருந்து வெளியேறிச் செல்லும் நீரைப் போல) மேற்கொள்கிறது; பெரிதும் சூடாகி ஊடு கதிர்களை உமிழ்கிறது (படம் 6.3). இத்தகைய பொறியமைவு செயல்பட வேண்டுமானால் கண்ணுக்குத் தெரியாத பொருளானது வெண் குறுளை, நொதும விண்மீன் அல்லது கருந்துளை போல் மிகச் சிறியதாக இருக்க வேண்டும். கண்ணுக்குத் தெரியும் விண்மீனின் நோக்கியறியப்பட்ட சுற்றுப் பாதையிலிருந்து நாம் கண்ணுக்குத் தெரியாத பொருளுக்கு வாய்ப்புள்ள சிறும (குறைந்தபட்ச) நிறையைத் தீர்மானிக்க முடியும். சிக்னஸ் எக்ஸ் 1ஐப் பொறுத்த வரை ஞாயிற்றின் நிறையைப் போல் கிட்டத்தட்ட ஆறு மடங்காகும். சந்திரசேகர் அடைந்த முடிவின்படி இந்நிறை அளவு மீறியதாக இருப்பதால், கண்ணுக்குத் தெரியாத பொருள் வெண் குறுளையாக இருக்க முடியாது. ஒரு நொதும விண்மீனாக இருப்பதற்குங்கூட இது அளவுக்கதிகமான நிறைதான். ஆகவே அது கருந்துளையாகத்தான் இருக்க வேண்டும் எனத் தோன்றுகிறது.

கருந்துளை இல்லாமலே சிக்னஸ் எக்ஸ்1க்கு விளக்கமளிக்கும் ஏனைய மாதிரியமைப்புகளும் உள்ளன. ஆனால் இவை எல்லாம் ஒரு வகையில் வலிந்து பெறப்பட்டவை. கருந்துளை என்பதே நோக்கியறிந்ததற்கு உண்மையிலேயே இயல்பான விளக்கம் எனத் தோன்றுகிறது. இதையும் மீறி, சிக்னஸ் எக்ஸ்1 உண்மையில் ஒரு கருந்துளையைக் கொண்டிருக்கவில்லை எனக் கலிஃபோர்னியா தொழில்நுட்பக் கழகத்தைச் சேர்ந்த கிப் தோர்னிடம் நான் பந்தயம் கட்டினேன்! இது ஒரு விதத்தில் எனக்குக் காப்புறுதிப் பத்திரமாகும். கருந்துளைகளின் ஆய்வுக்காக நான் நிறைய உழைத்துள்ளேன். கருந்துளைகளே இல்லை என்று ஆகிவிட்டால் அதெல்லாம் விழலுக்கிறைத்த நீராகி விடும். ஆனால் அப்போது பந்தயத்தில் வெற்றி பெற்ற ஆறுதலாவது இருக்கும், எனக்கு நான்கு ஆண்டுகள் பிரைவேட் ஐ இதழ் கிடைக்கும். உண்மையில் சிக்னஸ் எக்ஸ்1 தொடர்பான நிலைமை 1975இல் நாங்கள் பந்தயம் கட்டிய பிறகு அதிகம் மாறி விடவில்லை என்றாலும், கருந்துளைகளுக்கு இப்போது வேறு வகை நோக்காய்வுச் சான்றுகள் ஏராளமாய்க் கிடைத்து விட்டன. நான் பந்தயத்தில் தோற்று விட்டதாக ஒப்புக் கொண்டு விட்டேன். பந்தயத்தின்படி பென்ட் ஹௌஸ் இதழுக்கு [பெண்கள் நிர்வாண இதழ் ஒன்றுக்கு] ஓராண்டு சந்தா செலுத்தி விட்டேன். பெண் விடுதலையில் நாட்டம் கொண்ட கிப்பின் மனைவிக்குத்தான் கோபம்!

நமது உடுத்திரளிலும் மெஜல்லனிக் மேகங்கள் என அழைக்கப்படும் இரு அண்டை உடுத்திரள்களிலும் சிக்னஸ் எக்ஸ்1 போன்ற அமைப்புகளில் வேறு பல கருந்துளைகளும் இருப்பதற்கு இப்போது நம்மிடம் சான்று உள்ளது. ஆனால் இன்னுங்கூட பெரும் எண்ணிக்கையில் கருந்துளைகள் இருப்பது அனேகமாய் உறுதியாகி விட்டது. அண்டத்தின் நீண்ட நெடிய வரலாற்றில் நிறைய விண்மீன்கள் அவற்றின் அணுக்கரு எரிபொருள் அனைத்தையும் எரித்து முடித்துத் தகர்வுற்றிருக்கத்தான் வேண்டும். கருந்துளைகளின் எண்ணிக்கை கண்ணுக்குத் தெரியும் விண்மீன்களின் எண்ணிக் கையை விடவும் கூடுதலாக இருக்கத் தடையில்லை. நமது உடுத்திரளில் மட்டும் இத்தகைய விண்மீன்களின் மொத்த எண்ணிக்கை சுமார் பத்தாயிரம் கோடி ஆகும். இவ்வளவு பெரும் எண்ணிக்கையிலான கருந்துளைகளின் கூடுதல் ஈர்ப்புக் கவர்ச்சியே நமது உடுத்திரள் இந்த வீதத்தில் சுழல்வதற்குக் காரணமாய் இருக்கக் கூடும். கண்ணுக்குத் தெரியும் விண்மீன்களின் நிறை இதற்கு விளக்கமளிக்கப் போதுமானதாக இல்லை. நமது உடுத்திரளின்

மையத்தில் ஞாயிற்றின் நிறையைப் போல் சுமார் 1 லட்சம் மடங்கு நிறை கொண்ட இன்னும் மிகப் பெரியதொரு கருந்துளை இருப்பதற்கும் நம்மிடம் கொஞ்சம் சான்று உள்ளது. உடுத்திரளிலுள்ள விண்மீன்கள் இந்தக் கருந்துளையை அதிகப்படியாகவே நெருங்கி வருமானால் அவற்றின் அண்மை, சேய்மைப் பக்கங்களின் மீதான ஈர்ப்பு விசைகளில் ஏற்படும் வேறுபாட்டினால் அவை கிழித்தெறியப்படும். அவற்றின் மிச்சங்களும் மற்ற விண்மீன்களிலிருந்து வீசி எறியப்படும் வாயுவும் கருந்துளையை நோக்கி விழும். சிக்னஸ் எக்ஸ்1இல் நிகழும் அளவுக்கு இல்லையென்றாலும் இங்கேயும் அதில் போன்றே வாயு உள்நோக்கித் திருகுச் சுற்றுச் சுற்றிச் சூடாகும். அது ஊடுகதிர்களை உமிழப் போதுமான அளவுக்குச் சூடாகாது. ஆனால் இது உடுத்திரளின் மையத்தில் நோக்கப்படும் கதிரலைகள், அகச் சிவப்புக் கதிர்கள் ஆகியவற்றின் மிகவும் அடர்செறிவான மூலத்திற்குக் காரணமாகக் கூடும்.

இதே போன்ற, ஆனால் இன்னுங்கூட பெரிய, ஞாயிற்றின் நிறையைப் போல் கிட்டத்தட்ட பத்து கோடி மடங்கு நிறை கொண்ட கருந்துளைகள் குவாசார்களின் மையங்களில் இடம் பெற்றிருப்பதாகக் கருதப்படுகிறது. எடுத்துக்காட்டாக, M87 என்று அறியப்படும் உடுத்திரளை ஹபிள் தொலைநோக்கி கொண்டு நோக்காய்வுகள் செய்ததில், ஞாயிற்றைப் போல் 200 கோடி மடங்கு நிறை கொண்ட மையப் பொருளைச் சுற்றிச் சுழலும் 130 ஒளியாண்டுகள் குறுக்களவு கொண்ட ஒரு வாயுத் தட்டு அந்த உடுத்திரளில் அடங்கியிருப்பது தெரிகிறது, இது ஒரு கருந்துளையாகத்தான் இருக்க முடியும். இத்தகைய பெருமாநிறை கொண்ட கருந்துளைக்குள் வந்து விழும் பருப்பொருள் என்கின்ற மாபெரும் ஆற்றல் மூலத்தைக் கொண்டு மட்டுமே இந்தப் பொருட்கள் உமிழ்ந்து கொண்டிருக்கும் மிகப் பெரும் ஆற்றல் அளவுகளுக்கு விளக்கமளிக்க முடியும். பருப்பொருள் திருகிச் சுற்றிக் கருந்துளையுள் விழும் போது அது கருந்துளையை அதே திசையில் சுழல வைக்கும். இதனால் ஒரு வகையில் புவியின் காந்தப் புலம் போன்றே கருந்துளையிலும் ஒரு காந்தப் புலம் உருவாகும். வந்து விழும் பருப்பொருள் கருந்துளைக்கு அருகே மிக்குயர் ஆற்றல் துகள்களைப் பிறப்பிக்கும். இந்தக் காந்தப் புலமானது இந்தத் துகள்களைக் கருந்துளையின் சுழலச்சை ஒட்டி, அதாவது அதன் வட, தென் துருவத் திசைகளில் பீச்சியடிக்கும் தாரைகளாகச் செலுத்தக் கூடிய அளவுக்கு மிகவும் வலுவாக இருக்கும். உள்ளபடியே

இத்தகைய தாரைகளைப் பல உடுத்திரள்களிலும் குவாசர்களிலும் காண்கிறோம். ஞாயிற்றின் நிறையை விடவும் மிகக் குறைந்த நிறைகள் கொண்ட கருந்துளைகள் இருக்கக் கூடும் என்பதையும் கருத்தில் கொள்ளலாம். இத்தகைய கருந்துளைகள் ஈர்ப்புத் தகர்வினால் உருவானவையாக இல்லாமற் போகலாம். ஏனென்றால் அவற்றின் நிறைகள் சந்திரசேகர் நிறை வரம்புக்குக் கீழானவை. இத்தகைய குறைநிறை விண்மீன்கள் அவற்றின் அணுக்கரு எரிபொருளைத் தீர்த்து விட்ட பின்புங்கூட ஈர்ப்பு விசைக்கு எதிராகத் தம்மை நிலைநிறுத்திக் கொள்ள முடிகிறது.

பருப்பொருள் மிகப் பெரிய புற அழுத்தங்களால் பென்னம் பெரும் அடர்த்திகளுக்கு நெருக்கப்பட்டால் மட்டுமே குறைநிறைக் கருந்துளைகள் உருவாகக் கூடும். இத்தகைய நிலைமைகள் மிகப் பெரிய ஹைட்ரஜன் குண்டில் ஏற்படலாம். உலகின் கடல்கள் அனைத்திலுமுள்ள கன நீர் முழுவதையும் எடுத்து ஹைட்ரஜன் குண்டு ஒன்று செய்தால் மையத்தில் பருப்பொருளை அது நெருக்கியழுத்தி ஒரு கருந்துளை உண்டாகச் செய்யும் என்று இயற்பியலர் ஜான் வீலர் ஒரு முறை கணக்கிட்டார். (அந்தக் கருந்துளையைக் காண்பதற்கு எவரும் மிஞ்சப் போவதில்லை என்பது தனிக் கதை!) இதைக் காட்டிலும் நடைமுறைக்குகந்த வாய்ப்பு என்னவென்றால், மிகவும் முற்பட்ட அண்டத்தில் வெப்பநிலைகளும் அழுத்தங்களும் மிக அதிகமாய் இருந்த போது இத்தகைய குறைநிறைக் கருந்துளைகள் உருவாகியிருக்கக் கூடும். முற்பட்ட அண்டம் சரளத்திலும் ஒரேசீரான தன்மையிலும் செந்நிறைவானதாய் இல்லாமல் இருந்திருந்தால்தான் கருந்துளைகள் உருவாகியிருக்கும். ஏனென்றால் சராசரியைக் காட்டிலும் அதிக அடர்த்தியுள்ள ஒரு சிறிய வட்டாரம் மட்டுமே இவ்விதம் நெருக்கியழுத்தப்பட்டுக் கருந்துளை ஆகக் கூடும். ஆனால் சில ஒழுங்கீனங்கள் இருந்திருக்க வேண்டும் என்பதை நாம் அறிவோம். ஏனென்றால் அவ்வாறு இருந்திருக்கா விட்டால் நிகழ் ஊழியில் அண்டத்திலுள்ள பருப்பொருள்கள் விண்மீன்களிலும் உடுத்திரள்களிலும் சேர்த்துக் குவிக்கப்படுவதற்குப் பதிலாகச் செந்நிறைவாக ஒரேசீரான முறையில் பரவியிருக்கும்.

விண்மீன்களும் உடுத்திரள்களும் உருவாவதற்குத் தேவையான ஒழுங்கீனங்கள் ஒரு குறிப்பிடத்தக்க எண்ணிக்கையிலான "ஆதி" கருந்துளைகள் உருவாவதற்குக் காரணமாகியிருக்குமா? என்பது முற்பட்ட அண்டத்தில் நிலவிய நிலைமைகளின் விவரங்களைப் பொறுத்ததாகும் என்பது தெளிவு. எனவே இப்போது எத்தனை ஆதிக்

கருந்துளைகள் [primordial block holes] உள்ளன என்பதை நம்மால் உறுதிசெய்ய முடியுமானால், அண்டத்தின் மிகவும் முற்பட்ட நிலைகளைப் பற்றி நாம் நிறையக் கற்றுக் கொள்வோம். 1 லட்சம் கோடி கிலோ கிராமுக்கும் அதிகமான நிறை (ஒரு பெரிய மலையின் நிறை) கொண்ட ஆதிக் கருந்துளைகளைக் கண்ணுக்குத் தெரியும் ஏனைய பருப்பொருள் மீது அல்லது அண்ட விரிவாக்கத்தின் மீது அவை கொண்டிருக்கும் ஈர்ப்பு அளாவலைக் கொண்டு மட்டுமே கண்டுபிடிக்கக் கூடும். சொல்லப் போனால் கருந்துளைகள் உண்மையில் கருப்பானவையே அல்ல என்பதை அடுத்த அதிகாரத்தில் கற்றுக் கொள்வோம்: அவை சூடான பொருளைப் போல் ஒளிர்கின்றன. எந்த அளவுக்குச் சிறியவையோ அந்த அளவுக்கு அதிகமாக ஒளிர்கின்றன. ஆக, உள்ளபடியே பெரிய கருந்துளைகளைக் காட்டிலும் சிறிய கருந்துளைகளைக் கண்டுபிடிப்பதுதான் எளிது என்றாகி விடக் கூடிய சூழல் ஒரு முரண்புதிரே!

7
கருந்துளைகள் அவ்வளவு கருப்பல்ல

மாவெடிப்பு வழுவம் என்ற ஒன்று இருந்ததா? இல்லையா? என்ற வினாவின் மீதே 1970க்கு முன் பொதுச் சார்பியல் குறித்து என் ஆராய்ச்சி முக்கியக் கவனம் செலுத்தியது. அந்த ஆண்டு நவம்பரில், என் மகள் லூசி பிறந்து சிறிது காலம் கழித்து ஒரு நாள் மாலை படுக்கச் செல்லும் போது கருந்துளைகளைப் பற்றி சிந்திக்கத் தொடங்கினேன். என் ஊனம் காரணத்தால் படுக்கச் செல்வதையே சற்று மெதுவாகத்தான் செய்ய முடிகிறது. எனவே எனக்கு நிறைய நேரம் இருந்தது.

வெளி-காலத்திலான எந்தப் புள்ளிகள் கருந்துளைக்கு உள்ளே இருக்கும்? எந்தப் புள்ளிகள் புறத்தே இருக்கும்? என்பதற்கான சரிநுட்பமான வரையறை ஏதும் அந்த நாளில் இருக்கவில்லை. ஒரு கருந்துளை என்பது பெருந் தொலைவுக்குத் தப்பிச் செல்ல இடமளிக்காத நிகழ்ச்சிக் கணம் என்று இலக்கணம் கூறலாம் என்ற கருத்தை நான் ஏற்கெனவே ரோஜர் பென்ரோசுடன் விவாதித்திருந்தேன். அதுவே இப்போது பொதுவான ஏற்பைப் பெற்றுள்ள இலக்கணம் ஆகும். இதன் பொருள் என்னவென்றால், கருந்துளையிலிருந்து தப்பிச் செல்ல கடைக் கணத்தில் முடியாமற்போய் எக்காலத்திற்கும் ஓரத்திலேயே தத்தளித்து வட்டமடித்துக் கொண்டிருக்கும் ஒளிக் கதிர்களின் வெளி-காலப் பாதைகளே கருந்துளையின் எல்லையாகிய நிகழ்ச்சி விளிம்பாக அமைகின்றன (படம் 7.1). இது ஒரு வகையில் காவல் துறையிடமிருந்து ஓட்டம் பிடித்து ஓரடி முன்னே ஓடிக் கொண்டிருந்தாலும் தப்பி ஓடி விட முடியாத நிலையைப் போன்றது. இந்த ஒளிக் கதிர்களின் பாதைகள் ஒருபோதும் ஒன்றையொன்று நெருங்க முடியாது என்பதை நான் திடீரென உணர்ந்தேன். அவை அப்படி நெருங்கினால் முடிவில் ஒன்றன்மேலொன்று மோதிக் கொண்டாக வேண்டும். இது எதிர்த் திசையில் காவல் துறையிடமிருந்து தப்பி ஓடி வரும் வேறு ஒருவரைச் சந்திப்பதை

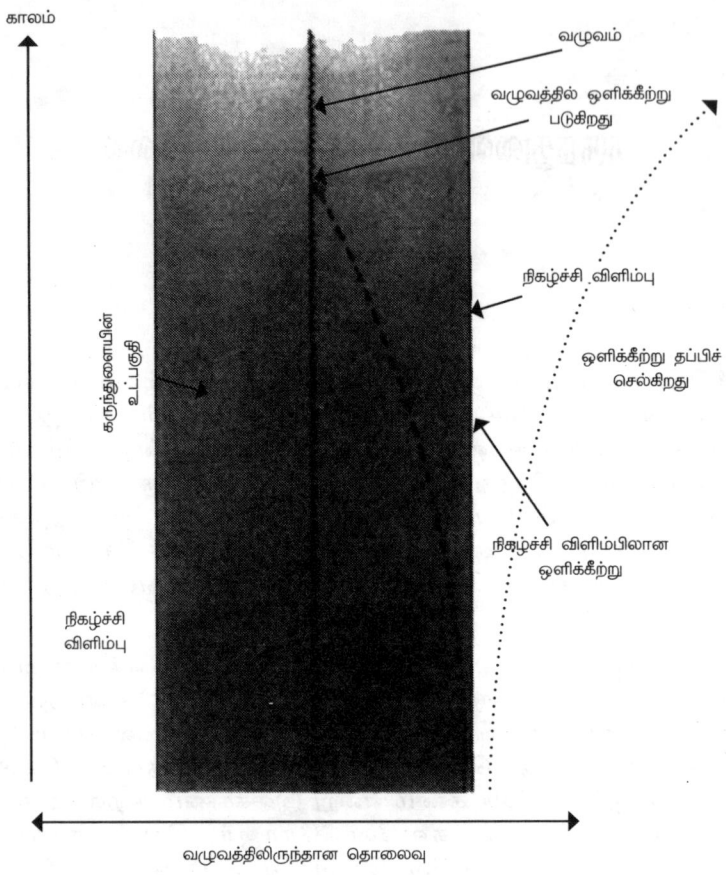

படம் 7.1

போன்றதாக இருக்கும் - இருவரும் மாட்டிக் கொள்வார்கள்! (அதாவது நாம் பார்த்துக் கொண்டிருக்கும் நேர்வில் கருந்துளைக்குள் விழுவதாகி விடும்!) ஆனால் இந்த ஒளிக் கதிர்களைக் கருந்துளை விழுங்கி விடுமானால் அவை கருந்துளையின் எல்லையில் இருந்திருக்க முடியாது. எனவே நிகழ்ச்சி விளிம்பில் ஒளிக் கதிர்களின் பாதைகள் எப்போதுமே ஒன்றுக்கொன்று இணையாகவோ அல்லது ஒன்றைவிட்டொன்று விலகியோதான் சென்று கொண்டிருக்க வேண்டும். வேறு வகையில் பார்த்தால், கருந்துளையின் எல்லையாகிய நிகழ்ச்சி விளிம்பு ஒரு நிகழ்வின் விளிம்பைப் போன்றது - அதாவது இது நிகழவிருக்கும் அழிவின் நிழல். ஞாயிறு

போன்று பெருந் தொலைவிலுள்ள ஓர் ஒளிமூலம் ஏற்படுத்தும் நிழலின் விளிம்பைப் பார்த்தால் ஒளிக் கதிர்கள் ஒன்றையொன்று நெருங்காமல் இருக்கக் காணலாம்.

கருந்துளையின் எல்லையாகிய நிகழ்ச்சி விளிம்பாக அமைந்திடும் ஒளிக் கதிர்கள் ஒருபோதும் ஒன்றையொன்று நெருங்க முடியாது என்றால் நிகழ்ச்சி விளிம்பின் பரப்பு மாறாமல் இருந்து வரலாம் அல்லது காலம் செல்லச் செல்ல அதிகரிக்கலாம். ஆனால் ஒருபோதும் குறைய முடியாது. ஏனெனில் அது குறையுமானால் எல்லையில் உள்ள ஒளிக் கதிர்களில் சிலவாவது ஒன்றையொன்று நெருங்கிக் கொண்டிருக்க வேண்டும் எனப் பொருளாகி விடும். உண்மையில் பருப்பொருளோ கதிர்வீச்சோ கருந்துளைக்குள் விழும் போதெல்லாம் இந்தப் பரப்பும் அதிகரிக்கும் (படம் 7.2); அல்லது

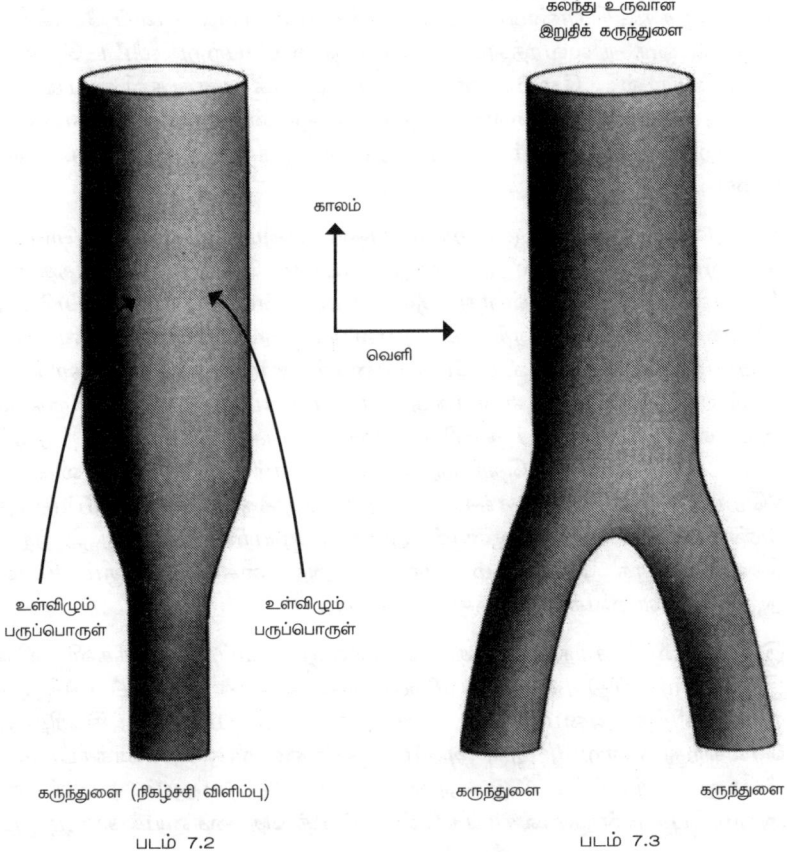

படம் 7.2

படம் 7.3

கருந்துளைகள் அவ்வளவு கருப்பல்ல | 155

இரு கருந்துளைகள் ஒன்றோடொன்று மோதி இரண்டறக் கலந்து ஒற்றைக் கருந்துளையாக அமைந்திடுமானால் இறுதிக் கருந்துளையின் நிகழ்ச்சி விளிம்பின் பரப்பானது தொடக்கக் கருந்துளைகளின் நிகழ்ச்சி விளிம்புகளின் பரப்புகளது கூட்டுத் தொகைக்குக் கூடுதலாகவோ அல்லது சமமாகவோ இருக்கும் (படம் 7.3). நிகழ்ச்சி விளிம்புப் பரப்பின் இந்தக் குறையாப் பண்பு கருந்துளைகள் எப்படியெல்லாம் நடந்து கொள்ள முடியும் என்பதற்கு ஒரு முக்கியக் கட்டுத்தளையை விதிக்கிறது. என் கண்டுபிடிப்பு தந்த பரவசத்தால் அன்று இரவு என்னால் சரியாகத் தூங்க முடியவில்லை. மறுநாள் ரோஜர் பென்ரோசைத் தொலைபேசியில் அழைத்தேன். அவர் என்னோடு உடன்பட்டார். உண்மையில் அவர் விளிம்புப் பரப்பின் இந்தப் பண்பை அறிந்து வைத்திருந்தார் என நினைக்கிறேன். ஆனால் அவர் கருந்துளை என்றால் என்ன என்பதற்குச் சற்றே மாறுபட்ட இலக்கணம் ஒன்றைப் பயன்படுத்திக் கொண்டிருந்தார். கருந்துளையானது காலப் போக்கில் மாறாத ஒரு நிலவரத்துக்கு வந்து நிலைபெற்று விட்டதென்று கொண்டால், மேற்கண்ட இரு இலக்கணங்களின்படியும் கருந்துளையின் எல்லைகள் ஒன்றாகத்தான் இருக்கும், எனவே அவற்றின் பரப்புகளும் ஒன்றாகத்தான் இருக்கும் என்பதை அவர் உணரவில்லை.

கருந்துளைப் பரப்பின் குறையாப் பண்பு என்பது குலைதரம் *[entropy]* என்னும் இயற்பியல் அளவீடு நடந்து கொள்ளும் விதத்தை நினைவூட்டுவதாய் உள்ளது. குலைதரம் என்பது ஓர் அமைப்பினது சீர்குலைவின் படித்தரத்தை அளவிடுகிறது. எவற்றையானாலும் அப்படியே விட்டு விட்டோமானால் சீர்குலைவு அதிகரித்துச் செல்லப் பார்க்கும் என்பதைச் சாதாரணப் பட்டறிவிலிருந்தே அறியலாம். (வீட்டைச் சுற்றிப் பழுதுநீக்கங்கள் செய்வதை நிறுத்தி விட்டாலே இதைத் தெரிந்து கொள்ளலாம்!) சீர்குலைவிலிருந்து சீரொழுங்கை உண்டாக்கலாம் (எடுத்துக்காட்டாக, வீட்டுக்கு வண்ணம் பூசலாம்), ஆனால் அதற்கு முயற்சி அல்லது ஆற்றல் செலவிட்டாக வேண்டும். எனவே அது கையிலிருக்கும் சீரான ஆற்றல் அளவைக் குறைத்து விடுகிறது.

இக்கருத்தைச் சரிநுட்பமாகச் சொல்வது வெப்ப இயக்கவியலின் இரண்டாம் விதி *[second law of thermodynamics]* என அறியப்படுகிறது. ஒரு தனித்த அமைப்பின் குலைதரம் எப்போதும் அதிகரித்துச் செல்கிறது என்றும், இரு அமைப்புகள் ஒன்றாக இணைக்கப்படும் போது அந்தக் கூட்டு அமைப்பின் குலைதரம் தனித்தனி அமைப்புகளின் குலைதரங்களின் கூட்டுத் தொகையைக் காட்டிலும்

அதிகமாக இருக்கும் என்றும் அது சொல்கிறது. ஒரு பெட்டியில் இருக்கும் வாயு மூலக்கூறுகளின் அமைப்பு ஒன்றை எடுத்துக்காட்டாகக் கொள்வோம். இந்த மூலக்கூறுகளைத் தொடர்ச்சியாக ஒன்றுடன் ஒன்று முட்டி மோதிக் கொண்டும் பெட்டியின் சுவர்களில் பட்டு எழும்பிக் கொண்டும் இருக்கும் சிறு பிலியார்டு பந்துகளைப் போல் எண்ணிப் பார்க்கலாம். எந்த அளவுக்கு வாயுவின் வெப்பநிலை அதிகமாக உள்ளதோ அந்த அளவுக்கு வேகமாக மூலக்கூறுகள் இயங்குகின்றன, அவை பெட்டிச் சுவர்களில் அந்த அளவுக்கு அடிக்கடியும் கடுமையாகவும் மோதுகின்றன, சுவர்களின் மீது அவை அந்த அளவுக்குப் புறம் நோக்கிய அழுத்தம் செலுத்துகின்றன. இந்த மூலக்கூறுகள் எல்லாம் தொடக்கத்தில் ஒரு தடுப்பைக் கொண்டு பெட்டியின் இடப் பக்கத்தில் அடைத்து வைக்கப்படுவதாகக் கொள்வோம். பிறகு அத்தடுப்பு அகற்றப்பட்டால் மூலக்கூறுகள் பரவிச் சென்று பெட்டியின் இரு பாதிகளிலும் இடம் பிடிக்கப் பார்க்கும். பின்னொரு நேரத்தில் தற்செயலாக அவை அனைத்தும் வலப் பாதியில் மட்டும் இருக்கக் கூடும், அல்லது இடப் பாதியிலேயே இருந்து விடக் கூடும். ஆனால் அவை இரு பாதிகளிலும் சற்றொப்ப சம எண்ணிக்கையில் இருக்க மிக அதிகமாய் வாய்ப்புள்ளது. இத்தகைய நிலவரமானது எல்லா மூலக்கூறுகளும் ஒரே பாதியில் இருந்த தொடக்க நிலவரத்தைக் காட்டிலும் குறைந்த சீரொழுங்குடையது அல்லது அதிகம் சீர்குலைவுற்றதாகும். எனவே வாயுவின் குலைதரம் உயர்ந்திருக்கிறது என்கிறோம். இதே போல் இரு பெட்டிகளை வைத்துத் தொடங்குவதாகக் கொள்வோம். ஒன்றில் ஆக்சிஜன் மூலக்கூறுகளும் மற்றொன்றில் நைட்ரஜன் மூலக்கூறுகளும் இருக்கட்டும். இரு பெட்டிகளையும் ஒன்றாக இணைத்து இடைச் சுவரை அகற்றிவிட்டால் ஆக்சிஜன், நைட்ரஜன் மூலக்கூறுகள் கலக்கத் தொடங்கும். பின்னொரு நேரத்தில் இரு பெட்டிகள் முழுவதிலும் ஆக்சிஜன், நைட்ரஜன் மூலக்கூறுகள் ஓரளவுக்கு ஒரேசீராகக் கலந்திருக்கும் நிலவரத்துக்கே மிக அதிக வாய்ப்புள்ளது, இரு தனித் தனிப் பெட்டிகளின் தொடக்க நிலவரத்தைக் காட்டிலும் இந்த நிலவரம் குறைந்த சீரொழுங்கு உடையதாக, எனவே அதிகக் குலைதரம் உடையதாக இருக்கும்.

வெப்ப இயக்கவியலின் இரண்டாம் விதிக்கு நியூட்டனின் ஈர்ப்பு விதி போன்ற மற்ற அறிவியல் விதிகளுக்கு இல்லாத ஒரு மாறுபட்ட தகுநிலை இருப்பதாகச் சொல்லலாம். ஏனென்றால் இது மிகப் பெரும்பாலான நேர்வுகளில் செல்லுபடியாகிறதே தவிர எல்லா நேர்வுகளிலும் செல்லுபடியாவதில்லை. நமது முதல் பெட்டியில் உள்ள எல்லா வாயு மூலக்கூறுகளும் பின்னொரு நேரத்தில்

பெட்டியின் ஒரு பாதியில் காணப்படும் நிகழ்தகவு பற்பல லட்சம் லட்சங்களில் ஒரு பங்கேயாகும். ஆனால் அப்படி நிகழ முடியும். இருப்பினும் அக்கம் பக்கத்தில் ஒரு கருந்துளை இருந்தால் இரண்டாம் விதியை மீறுவதற்கு இன்னுங்கூட எளிய வழியிருப்பதாகத் தோன்றுகிறது. வாயு அடங்கிய பெட்டி போல் அதிகக் குலைதரம் கொண்ட ஏதோ ஒரு பருப்பொருளைக் கருந்துளைக்குள் தூக்கிப் போட்டால் போதும். கருந்துளைக்குப் புறத்திலுள்ள பருப்பொருளின் மொத்தக் குலைதரமும் குறைந்து விடும். கருந்துளைக்கு உள்ளே இருக்கும் குலைதரம் உட்பட மொத்தக் குலைதரமும் குறையவில்லை என இப்போதுங் கூட சொல்லலாந்தான். ஆனால் கருந்துளைக்குள்ளே பார்ப்பதற்கு எந்த வழியும் இல்லையாதலால் அதற்குள்ளிருக்கும் பருப்பொருளுக்கு எவ்வளவு குலைதரம் உள்ளது என்பதைக் காண முடியாது. கருந்துளையின் ஏதோ ஒரு பண்புக் கூறு அதற்குப் புறத்தேயுள்ள நோக்கர்கள் அதன் குலைதரத்தைச் சொல்வதற்கு உதவக் கூடுமென்றால், குலைதரம் ஏந்திய பருப்பொருள் கருந்துளைக்குள் வந்து விழும் போதெல்லாம் அந்தப் பண்புக்கூறு அதிகரித்துச் செல்லுமென்றால், சிறப்பாகவே இருக்கும். மேலே எடுத்துரைக்கப்பட்டவாறு கருந்துளைக்குள் பருப்பொருள் விழும் போதெல்லாம் நிகழ்ச்சி விளிம்புப் பரப்பு அதிகரிக்கிறது என்று கண்டுபிடிக்கப்பட்டதைத் தொடர்ந்து பிரின்ஸ்டன் ஆராய்ச்சி மாணவர் ஜேக்கப் பெக்கன்ஸ்டைன் நிகழ்ச்சி விளிம்புப் பரப்பு கருந்துளையின் குலைதரத்துக்கு ஓர் அளவீடாகும் என முன்மொழிந்தார். குலைதரம் ஏந்திய பருப்பொருள் கருந்துளைக்குள் விழ விழ அதன் நிகழ்ச்சி விளிம்பின் பரப்பு அதிகரித்துச் செல்லும். எனவே கருந்துளைக்குப் புறத்திலுள்ள பருப்பொருள் குலைதரத்தையும் விளிம்புகளின் பரப்பையும் கூட்டி வரும் தொகை ஒரு போதும் குறையாது.

இந்த முன்மொழிவு வெப்ப இயக்கவியலின் இரண்டாம் விதி பெரும்பாலான சூழல்களில் மீறப்படுவதைத் தடுத்து விட்டதாகத் தோன்றியது. ஆனால் இதில் ஒரு மோசமான பிழை இருந்தது. ஒரு கருந்துளைக்குக் குலைதரம் இருந்தால் அதற்கு ஒரு வெப்பநிலையும் இருந்தாக வேண்டும். ஆனால் குறிப்பிட்ட வெப்பநிலை கொண்ட ஒரு பொருளுரு குறிப்பிட்ட வீதத்தில் கதிரியக்கத்தை உமிழ்ந்தாக வேண்டும். ஒரு கம்பியை நெருப்பில் பழுக்கக் காய்ச்சினால் அது செந்தழலாய் ஒளிர்ந்து கதிரியக்கத்தை உமிழ்வது சாதாரண அனுபவத்தின்பாற்பட்டது. ஆனால் குறைந்த வெப்பநிலைகளிலும் பொருளுருக்கள் கதிரியக்கத்தை உமிழ்கின்றன. ஆனால் இந்தக் கதிரியக்கத்தின் அளவு மிகக் குறைவே என்பதால் இயல்பாகவே இது

கவனிக்கப்படுவதில்லை. இரண்டாம் விதி மீறப்படுவதைத் தடுப்பதற்கு இந்தக் கதிரியக்கம் தேவைப்படுகிறது. எனவே கருந்துளைகள் கதிரியக்கத்தை உமிழ்ந்தாக வேண்டும். ஆனால் கருந்துளைகள் என்பதற்கான இலக்கணமே அவை எதையும் உமிழக் கூடிய பொருட்கள் அல்ல என்பதுதான். எனவே ஒரு கருந்துளையினது நிகழ்ச்சி விளிம்பின் பரப்பை அதன் குலைதரமாகக் கருத முடியாது எனத் தோன்றியது. மோசமானதாகத் தோன்றும் இந்த இடர்ப்பாடு உள்ளபடியே குலைதரத்துக்கும் நிகழ்ச்சி விளிம்பின் பரப்புக்குமான நிறைய ஒற்றுமைகளையும் மீறி இருக்கத்தான் செய்கிறது என்பதை விளக்கியுரைத்து 1972இல் பிரான்டன் கார்ட்டருடனும் ஜிம். பர்தீன் என்ற அமெரிக்கத் தோழருடனும் சேர்ந்து ஓர் ஆய்வேடு வரைந்தேன். நிகழ்ச்சி விளிம்பின் பரப்பு அதிகமாவது பற்றிய என் கண்டுபிடிப்பை பெக்கன்ஸ்டைன் தவறாகப் பயன்படுத்திக் கொண்டு விட்டார் என்று நான் கருதியதால் எனக்கு அவர்பால் ஏற்பட்ட எரிச்சலும் கூட இந்த ஆய்வேட்டை எழுதிட எனக்கு ஓரளவு தூண்டுதலாய் இருந்தது என்பதை ஏற்றுக்கொள்ளத்தான் வேண்டும். ஆனால் நிச்சயமாக அவர் எதிர்பார்த்த முறையில் அல்ல என்றாலுங்கூட அடிப்படையில் அவர் கருத்தே சரி என்று ஆகிப் போனது.

1973 செப்டம்பர் மாதம் நான் மாஸ்கோ சென்றிருந்த போது யாக்கோவ் செல்டோவிச், அலெக்சாண்டர் ஸ்டாரோபின்ஸ்கி ஆகிய இரு முன்னணி சோவியத் வல்லுனர்களுடன் கருந்துளைகள் பற்றி விவாதித்தேன். அக்குவ இயந்திரவியலின் உறுதியின்மைக் கொள்கைப்படி சுழலும் கருந்துளைகள் துகள்களைப் படைக்கவும் உமிழவும் வேண்டும் என அவர்கள் என்னை நம்பச் செய்தார்கள். நான் அவர்கள் வாதங ்களை இயற்பியல் அடிப்படையில் நம்பினேன். ஆனால் அவர்கள் உமிழ்வைக் கணக்கிட்ட கணக்கியல் முறை எனக்குப் பிடிக்கவில்லை. எனவே இன்னுங்கூடச் சிறப்பான கணக்கியல் முறையை வகுக்க முற்பட்டேன். இதனை 1973 நவம்பர் மாத இறுதியில் ஆக்ஸ்ஃபோர்டில் நடைபெற்ற முறைசாராக் கருத்தரங்கொன்றில் எடுத்துரைத்தேன். உள்ள படியே எவ்வளவு உமிழப்படும் என்பதைக் காண்பதற்கான கணக்கீடுகள் எதையும் அப்போது நான் செய்திருக்கவில்லை. செல்டோவிச்சும் ஸ்டாரோபின்ஸ்கியும் சுழலும் கருந்துளைகளிலிருந்து ஊகித்திருந்த அதே கதிரியக்கத்தையே நானும் கண்டுபிடிப்பேன் எனத்தான் எதிர்பாத்துக் கொண்டிருந்தேன். நான் என் கணக்கீடுகளைச் செய்து முடித்த போது சுழலாக் கருந்துளைகளும் கூட ஒரு சீரான வீதத்தில் துகள்களைப் படைத்து உமிழ்வதாகத் தோன்றக் கண்டு வியப்புக்கும் சங்கடத்துக்கும் ஆளானேன். நான் பயன்படுத்திய தோராயங்களில்

ஒன்று செல்லத்தக்கதன்று என்பதையே இந்த உமிழ்வு காட்டுவதாக முதலில் நினைத்தேன். இது பற்றி பெக்கன்ஸ்டைன் தெரிந்துகொண்டுவிட்டால் கருந்துளைகளின் குலைதரம் பற்றிய தன் கருத்துகளை, இன்னமும் எனக்குப் பிடிக்காத இந்தக் கருத்துகளை நிலைநிறுத்துவதற்கு இதனை மேலும் ஒரு வாதமாகப் பயன்படுத்திக் கொள்வாரோ என்று அஞ்சினேன். ஆனால் நான் இதைப் பற்றிச் சிந்தனை செய்யச் செய்ய, இந்தத் தோராயங்கள் உண்மையில் செல்லுபடியாக வேண்டும் எனத் தோன்றியது. ஆனால் உமிழப்படும் துகள்களின் நிறமாலை ஒரு சூடான பொருளுருவால் உமிழப்படக் கூடிய நிறமாலையே தவிர வேறல்ல என்பதும், இரண்டாம் விதி மீறப்படாமல் தடுப்பதற்குத் துல்லியமாகச் சரியான வீதத்திலேயே கருந்துளையானது துகள்களை உமிழ்ந்து கொண்டிருக்கிறது என்பதுமே உமிழ்வு மெய்யானதுதான் என இறுதியில் என்னை ஏற்கச் செய்தன. அது முதற்கொண்டு மற்றவர்கள் பல்வேறு வடிவங்களில் இக்கணக்கீடுகளைத் திரும்பத் திரும்பச் செய்துள்ளார்கள். கருந்துளை என்பது ஒரு சூடான பொருளுருவாக இருந்தால் எப்படியோ அதேபோல் துகள்களையும் கதிரியக்கத்தையும் உமிழ்ந்தாக வேண்டும் என்பதை இவை யாவும் உறுதி செய்கின்றன. கருந்துளையின் வெப்பநிலை அதன் நிறையை மட்டுமே பொறுத்ததாகும்: நிறை எந்த அளவுக்கு அதிகமோ வெப்பநிலை அந்த அளவுக்குக் குறைவு.

கருந்துளையின் நிகழ்ச்சி விளிம்பிற்குள்ளிருந்து எந்த ஒன்றுமே தப்பிச் செல்ல முடியாது என நமக்குத் தெரிந்திருக்கையில் அது துகள்களை உமிழ்வதாக எவ்வாறு தோன்றக் கூடும்? துகள்கள் கருந்துளையின் நிகழ்ச்சி விளிம்பை ஒட்டிப் புறத்தே இருக்கும் "வெற்று" வெளியிலிருந்து வருகின்றனவே தவிர கருந்துளைக்கு உள்ளிருந்து வருவதில்லை என்பதே விடையென்று அக்குவக் கோட்பாடு நமக்குச் சொல்கிறது!

இதனை நாம் பின்வரும் வழியில் புரிந்து கொள்ள முடியும்: "வெற்று" வெளியென்று நாம் நினைப்பது அடியோடு வெற்றாக இருக்க முடியாது. அப்படி இருக்குமானால் ஈர்ப்புப் புலம், மின்காந்தப் புலம் போன்ற எல்லாப் புலங்களுமே துல்லியமாகச் சுழியமாய் இருக்க வேண்டி வரும். ஆனால் புலத்தின் மதிப்பும் காலத்துடனான அதன் மாற்ற வீதமும் துகளின் அமைவிடம், திசைவேகம் ஆகிய இரண்டையும் போன்றவை. உறுதியின்மைக் கொள்கை குறிப்பது என்னவென்றால் இந்த இரு அளவுகளில் ஒன்றை எந்த அளவுக்குத் திருத்தமாக அறிந்துள்ளோமோ அந்த அளவுக்குத் திருத்தக் குறைவாகவே மற்றொன்றை அறிய முடியும்.

எனவே வெற்று வெளியில் புலத்தைத் துல்லியமான முறையில் சுழியமாக நிலைப்படுத்த முடியாது. ஏனென்றால் அப்போது அதற்குச் சரிநுட்பமான மதிப்பு (சுழியம்), சரிநுட்பமான மாற்ற வீதம் (இதுவும் சுழியம்) ஆகிய இரண்டும் இருக்கும். புலத்தின் மதிப்பில் ஏதோ ஒரு குறிப்பிட்ட சிறும அளவு உறுதியின்மை, அல்லது அக்குவ ஏற்றவற்றங்கள் இருந்தாக வேண்டும். இந்த ஏற்றவற்றங்களை ஒரு நேரம் ஒன்றாகத் தோன்றி விலகிச் சென்று பிறகு மீண்டும் நெருக்கமாக வந்து ஒன்றையொன்று அழித்துக் கொள்ளும் ஒளி அல்லது ஈர்ப்புத் துகள்களின் இணைகளாகவும் கருதலாம். இத்துகள்கள் ஞாயிற்றின் ஈர்ப்பு விசையை ஏந்திச் செல்லும் துகள்களைப் போன்ற மாயத் துகள்களாகும். மெய்த் துகள்களைப் போலல்லாது இவற்றைத் துகள் கண்டுபிடிப்பானைக் கொண்டு நேரடியாக நோக்கியறிய முடியாது. ஆனால் அணுக்களிலான மின்மச் சுற்றுப் பாதைகளின் ஆற்றலில் ஏற்படும் சிறு மாற்றங்கள் போன்ற இத்துகள்களின் சுற்றடி விளைவுகளை அளவிட முடியும். இவை கோட்பாட்டு ஊகங்களோடு குறிப்பிடத்தகுந்த அளவிற்குத் துல்லியமாக ஒத்துப் போகின்றன. இவற்றையொத்த மாய இணைகளாக மின்மங்கள் அல்லது பொடிமங்கள் போன்ற பருப்பொருள் துகள்கள் இருக்குமென்றும் உறுதியின்மைக் கொள்கை ஊகித்தறிகிறது. ஆனால் இந்த நேர்வில் இணையின் ஓர் உறுப்பு துகளாகவும் மற்றோர் உறுப்பு எதிர்த்துகளாகவும் இருக்கும் (ஒளி, ஈர்ப்பு ஆகியவற்றின் எதிர்த்துகள்களும் துகள்களும் ஒன்றே).

ஆற்றல் என்பது ஏதுமற்ற ஒரு நிலையிலிருந்து படைக்கப்பட முடியாது என்பதால் துகள்/எதிர்த்துகள் இணையிலுள்ள துணைகளில் ஒன்று நேர்நிறை ஆற்றலும் மற்றொன்று எதிர்மறை ஆற்றலும் பெற்றிருக்கும். எதிர்மறை ஆற்றல் பெற்ற துணையானது அற்பாயுள் உடைய மாயத் துகளாகவே இருக்க விதிக்கப்பட்டதாகும். ஏனென்றால் இயல்புச் சூழல்களில் மெய்த் துகள்கள் எப்போதும் நேர்நிறை ஆற்றல் பெற்றிருக்கும். எனவே அது தன் துணையைத் தேடிப் பிடித்து அதனுடன் மோதி அழிந்தாக வேண்டும். ஆனால் ஒரு பெருநிறைப் பொருளுருவை நெருங்கியிருக்கும் மெய்த் துகளுக்குத் தொலைதூரத்தில் அதற்கு இருக்கக் கூடியதை விடவும் குறைந்த ஆற்றலே உள்ளது. ஏனென்றால் அந்தப் பொருளுருவின் ஈர்ப்புக் கவர்ச்சிக்கு எதிராக அதனைத் தொலைதூரம் தூக்கிச் செல்வதற்கு ஆற்றல் தேவைப்படும். இயல்பாகப் பார்த்தால், அத்துகளின் ஆற்றல் இப்போதும் நேர்நிறையாகவே இருக்கும். ஆனால் கருந்துளைக்குள்ளிருக்கும் ஈர்ப்புப் புலம் மிக வலுவானது ஆகையால் அங்கு மெய்த் துகளுக்கும் கூட எதிர்மறை ஆற்றல்

இருக்க முடியும். ஆகவே கருந்துளை இருக்குமானால் எதிர்மறை ஆற்றல் கொண்ட மாயத் துகள் அக்கருந்துளைக்குள் விழுந்து ஒரு மெய்த் துகள் அல்லது எதிர்த்துகளாகும் வாய்ப்பு உண்டுதான். இந்த நேர்வில் இனியும் அது தன் துணையோடு மோதியழிய வேண்டாம். அதன் கைவிடப்பட்ட துணையுங்கூட கருந்துளைக்குள் விழுந்து விடலாம் அல்லது நேர்நிறை ஆற்றல் பெற்றிருப்பதால் அதுவுங்கூட மெய்த் துகளாகவோ எதிர்த்துகளாகவோ கருந்துளையின் அண்மையிலிருந்து தப்பிச் சென்றும் விடலாம் (படம் 7.4). தொலைவிலுள்ள நோக்கருக்கு அது கருந்துளையிலிருந்து

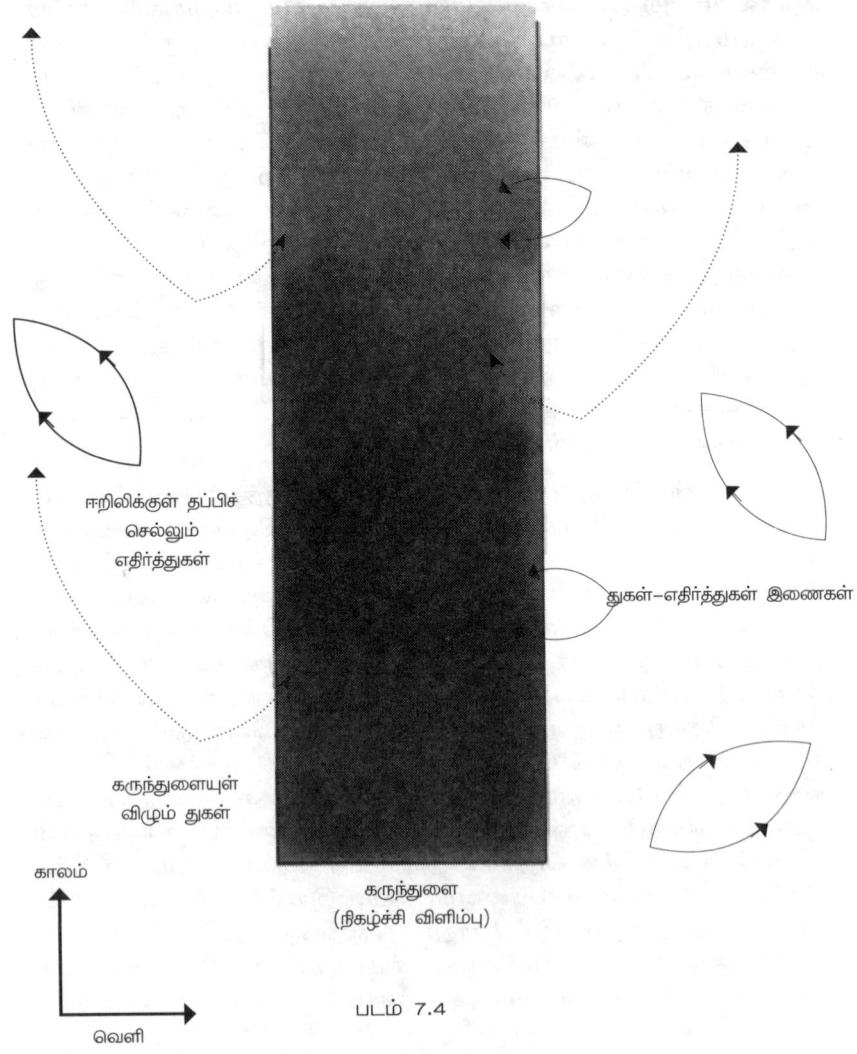

ஈறிலிக்குள் தப்பிச்
செல்லும்
எதிர்த்துகள்

துகள்–எதிர்த்துகள் இணைகள்

கருந்துளையுள்
விழும் துகள்

காலம்

வெளி

கருந்துளை
(நிகழ்ச்சி விளிம்பு)

படம் 7.4

உமிழப்பட்டிருப்பதாகத் தோன்றும். கருந்துளை எந்த அளவுக்குச் சிறியதாக உள்ளதோ, எதிர்மறை ஆற்றல் கொண்ட துகள் மெய்த் துகளாவதற்கு முன் செல்ல வேண்டிய தொலைவு அந்த அளவுக்குக் குறைவாக இருக்கும். எனவே கருந்துளையின் உமிழ்வு வீதமும் மேலீடான வெப்பநிலையும் அந்த அளவுக்கு அதிகமாக இருக்கும்.

வெளியேறிச் செல்லும் கதிர்வீச்சின் நேர்நிறை ஆற்றல் கருந்துளைக்குள் வந்து பாயும் எதிர்மறை ஆற்றல் துகள்களால் சரியீடு செய்யப்படும். $E = mc^2$ (இங்கு E என்பது ஆற்றல், m என்பது நிறை, c என்பது ஒளியின் வேகம்) என்ற ஐன்ஸ்டைன் சமன்பாட்டின்படி, ஆற்றல் என்பது நிறைக்கு நேர்த்தகவுடையது. எனவே கருந்துளைக்குள் எதிர்மறை ஆற்றல் வந்து பாய்வது அதன் நிறையைக் குறையச் செய்கிறது. கருந்துளை நிறையை இழக்க இழக்க அதன் நிகழ்ச்சி விளிம்பின் பரப்பு குறைந்து செல்கிறது. ஆனால் கருந்துளையின் குலைதரத்தில் ஏற்படும் இந்தக் குறைவு உமிழப்படும் கதிர்வீச்சின் குலைதரத்தால் தேவைக்கு அதிகமாகவே ஈடு செய்யப்படுகிறது. எனவே இரண்டாம் விதி ஒருபோதும் மீறப்படுவதில்லை.

மேலும், கருந்துளையின் நிறை எந்த அளவுக்குக் குறைவாக இருக்கிறதோ அதன் வெப்பநிலை அந்த அளவுக்கு அதிகமாக இருக்கும். எனவே கருந்துளை நிறையை இழக்க இழக்க அதன் வெப்பநிலையும் உமிழ்வு வீதமும் அதிகரித்துச் செல்கின்றன. எனவே அது இன்னும் துரிதமாக நிறை இழக்கிறது. முடிவில் கருந்துளையின் நிறை மிக மிகச் சிறியதாகி விடும் போது என்ன நேரிடும் என்பது அவ்வளவு தெளிவாகத் தெரியவில்லை. ஆனால் மிகவும் அறிவுக்குகந்த ஊகம் இதுதான்: லட்சக்கணக்கான ஹைட்ரஜன் குண்டுகள் வெடிப்பதற்கு நிகரான இறுதிப் பெரும் உமிழ்வுத் தெறிப்பில் கருந்துளை அடியோடு மறைந்து போகும்.

ஞாயிற்றின் நிறையைப் போல் சில மடங்கு நிறை கொண்ட ஒரு கருந்துளைக்கு அறுதிச் சுழியத்துக்கு மேல் ஒரு டிகிரியில் 1 கோடியில் ஒரு பங்கு வெப்பநிலைதான் இருக்கும். இது அண்டத்தில் நிறைந்துள்ள நுண்ணலைக் கதிர்வீச்சின் வெப்பநிலையை (அறுதிச் சுழியத்துக்கு மேல் சற்றொப்ப 2.7^o) விட மிகக் குறைந்ததாகும். எனவே இத்தகைய கருந்துளைகள் தாம் உட்கொள்வதற்கும் குறைவாகவே உமிழும். அண்டம் என்றென்றும் விரிவடைந்து கொண்டே செல்ல விதிக்கப்பட்டிருக்குமானால் இறுதியில் இத்தகைய கருந்துளைகளின் வெப்பநிலையைக் காட்டிலும் நுண்ணலைக் கதிர்வீச்சின் வெப்பநிலை குறைந்து விடும். பிறகு கருந்துளை நிறையை இழக்கத் தொடங்கி விடும். ஆனால்

அப்போதுங்கூட அதன் வெப்பநிலை மிகக் குறைவாகவே இருக்கும். எந்தளவுக்கு என்றால், அது முழுக்க ஆவியாவதற்குக் கிட்டத்தட்ட ஆயிரம் கோடி கோடி கோடி கோடி கோடி கோடி கோடி கோடி கோடி (1ஐத் தொடந்து 66 சுழியங்கள்) ஆண்டுகள் ஆகும். இது அண்டத்தின் வயதை விட மிக நீண்ட காலமாகும். அண்டத்தின் வயது சுமார் ஓராயிரம் அல்லது ஈராயிரம் கோடி ஆண்டுகள் (1 அல்லது 2 ஐத் தொடர்ந்து 10 சுழியங்கள்) மட்டுமே. மறுபுறம், அதிகாரம் 6இல் குறிப்பிட்டது போல் அண்டத்தின் மிகவும் முற்பட்ட கட்டங்களில் ஒழுங்கீனங்களின் தகர்வால் உண்டான மிகச் சிறிய நிறை கொண்ட ஆதிக் கருந்துளைகள் இருக்கலாம். இத்தகையக் கருந்துளைக்கு மிக அதிக வெப்பநிலை இருக்கும். அவை மிக அதிகமான வீதத்தில் கதிரியக்கத்தை உமிழ்ந்துகொண்டு இருக்கும். 1 லட்சம் கோடி கிலோகிராம் தொடக்க நிறை கொண்ட ஆதிக் கருந்துளையின் ஆயுட்காலம் கிட்டத்தட்ட அண்டத்தின் வயதுக்கு நிகராக இருக்கும். இதை விடக் குறைந்த தொடக்க நிறைகள் கொண்ட ஆதிக் கருந்துளைகள் ஏற்கெனவே முழுக்க ஆவியாகியிருக்கும். ஆனால் சற்றே அதிக நிறைகள் கொண்ட அத்தகைய ஆதிக் கருந்துளைகள் இன்னமும் ஊடு கதிர், காமாக் கதிர் வடிவங்களில் கதிரியக்கத்தை உமிழ்ந்து கொண்டிருக்கும். இந்த ஊடு கதிர்களும் காமாக் கதிர்களும் ஒளியலைகளைப் போன்றவை என்றாலும் அவற்றை விட மிகக் குறைந்த அலைநீளம் கொண்டவை. இத்தகையக் கருந்துளைகள் கருப்புப் பட்டத்துக்கு அவ்வளவாகத் தகுதியற்றவை. உண்மையில் அவை வெண்தழலாய் இருப்பவை. கிட்டத்தட்ட பத்தாயிரம் மெகாவாட்டுகள் வீதத்தில் அவை ஆற்றலை உமிழ்ந்து கொண்டிருக்கும்.

இத்தகைய ஒரு கருந்துளையின் ஆற்றலை நம்மால் முறையாகப் பயன்படுத்த முடியுமானால் பத்து பெரிய மின்விசை நிலையங்களை நடத்தக் கூடும். ஆனால் இது கடினமாகத்தான் இருக்கும். மலையளவு நிறையை ஓரங்குலத்தில் ஒரு லட்சம் கோடியில் ஒரு பங்குக்கும் குறைவானதாக, அதாவது ஓர் அணுவினது கருவின் உருவளவாக நெருக்கித் திணித்தாற்போல் அக்கருந்துளை இருக்கும்! இந்தக் கருந்துளைகளில் ஒன்றைப் புவிப் பரப்பில் கொண்டு வந்து வைத்துவிட்டால், அது தரையினூடாகப் புவியின் மையத்தில் போய் விழுவதைத் தடுத்து நிறுத்த வழியே இருக்காது. அது புவியினூடாகப் போய் வந்து ஊசலாடும். முடிவில் மையத்தில் வந்து நிலை கொள்ளும். இத்தகைய கருந்துளை உமிழும் ஆற்றலைப் பயன்படுத்திக் கொள்ளக் கூடிய முறையில் அதை வைப்பதற் குரிய ஒரே இடம் புவியைச் சுற்றிய சுற்றுப்பாதையாகவே இருக்கும். அது புவியைச் சுற்றும்படிச் செய்வதற்கு ஒரே வழி, கழுதைக்கு முன்னால்

கேரட்டைக் காட்டிச் செல்வது போல் அதற்கு முன்னால் பெருநிறை ஒன்றைக் கட்டியிழுத்துச் சென்று ஆங்கதனைக் கவர்வதாகவே இருக்கும். இது அவ்வளவாக வேலைக்காகிற யோசனையாகத் தெரியவில்லை, எப்படியும் உடனடி வருங்காலத்தில் இல்லை.

ஆனால் இந்த ஆதிக் கருந்துளையிலிருந்து வரும் உமிழ்வை நம்மால் முறையாகப் பயன்படுத்திக் கொள்ள முடியவில்லைஎன்றாலுங்கூட அவற்றை நாம் நோக்கியறியும் வாய்ப்புகள் என்ன? ஆதிக் கருந்துளைகள் தம் ஆயுட்காலத்தின் பெரும் பகுதியில் உமிழ்கிற காமாக் கதிர்களை நாம் தேடிப் பார்க்கலாம். அவை மிகவும் தொலைவில் இருப்பதால் பெரும்பாலானவற்றிலிருந்து வரும் கதிர்வீச்சு மிகவும் நலிந்திருக்கும் என்றாலும் அவை அனைத்திலிருந்தும் வரக் கூடிய ஒட்டு மொத்த அளவு கண்டறியத்தக்கதாகவே இருக்கக் கூடும். காமாக் கதிர்களின் இத்தகைய பின்னணியை நாம் நோக்கவே செய்கிறோம்: நோக்கப்பட்ட செறிவுநிலை எவ்வாறு மாறுபட்ட அதிர்வெண்களில் (வினாடிக்கு இத்தனை அலைகள்) வேறுபடுகிறது என்பதைப் படம் 7.5 காட்டுகிறது. ஆனால் இந்தப் பின்னணி அனேகமாக ஆதிக் கருந்துளைகள் தவிர வேறு நிகழ்முறைகளின் காரணமாகத் தோற்றுவிக்கப்பட்டிருக்கலாம். ஒரு கன ஒளியாண்டுப் பரப்பில் சராசரியாக 300 ஆதிக் கருந்துளைகள் இருக்குமானால் அவற்றினால் வெளியேற்றப்படும் காமாக் கதிர்களின் அதிர்வெண்ணிற்கு ஏற்றாற்போல் செறிவுநிலை எவ்வாறு மாறும் என 7.5 படத்தில் புள்ளி வைத்த கோடு காட்டுகிறது. எனவே காமாக் கதிர்ப் பின்னணியின் நோக்காய்வுகள் கருந்துளைகள் இருப்பதற்கு எந்த நேர்வகைச் சான்றும் வழங்கவில்லை எனலாம். ஆனால் சராசரியாக அண்டத்தின் ஒவ்வொரு கன ஒளியாண்டுப் பரப்பிற்கும் 300 ஆதிக் கருந்துளைகளுக்கு மேல் இருக்க முடியாது என அவை நமக்குப் புலப்படுத்தவே செய்கின்றன. இந்த எல்லை நமக்குத் தெரியப்படுத்துவது என்னவென்றால், ஆதிக் கருந்துளைகள் அண்டத்திலுள்ள பருப்பொருளில் பெருமமாக 10 லட்சத்தில் ஒரு பங்காகவே அமையக் கூடும்.

ஆதிக் கருந்துளைகள் இவ்வளவு தட்டுப்பாடாக இருக்கும் நிலையில் அவற்றில் ஒன்று காமாக் கதிர்களின் தனியொரு மூலமாக நாம் நோக்குவதற்கேற்ப அருகாமையில் இருக்கக் கூடும் எனத் தோன்றவில்லை. ஆனால் ஈர்ப்பு ஆதிக் கருந்துளைகளை எந்தப் பருப்பொருள் நோக்கியும் இழுத்துச் செல்லுமாகையால் அவை உடுத்திரள்களிலும் உடுத்திரள்களைச் சுற்றியும் இன்னுங்கூடப் பரவலாக இருக்கும். எனவே சராசரியாக ஒரு கன ஒளியாண்டில் 300

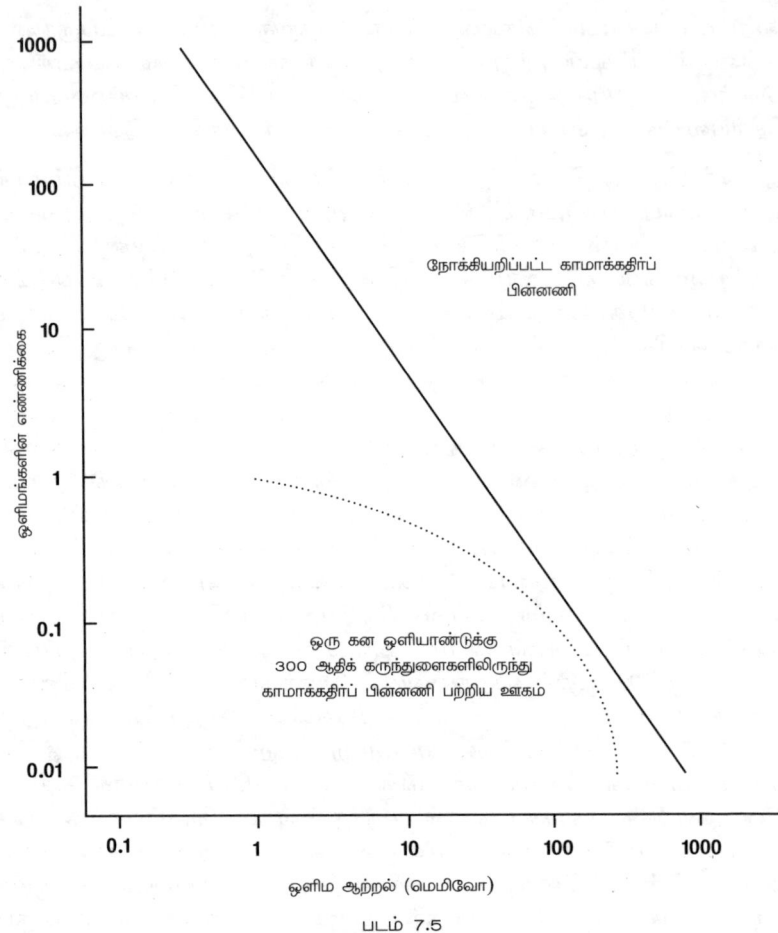

படம் 7.5

ஆதிக் கருந்துளைகளுக்கு மேல் இருக்க முடியாது என்பதை காமாக் கதிர்ப் பின்னணி நமக்கு உணர்த்தினாலும் அவை எவ்வளவு பரவலாக நமது உடுத்திரளிலேயே இருக்கக் கூடும் என்பதைப் பற்றி அது நமக்கு ஒன்றும் சொல்வதில்லை. அவை இதை விட சுமார் பத்து லட்சம் மடங்கு பரவலாய் இருப்பதாகக் கொள்வோமானால், நமக்கு மிக அருகில் இருக்கும் கருந்துளை அனேகமாகச் சுமார் 100 கோடி கிலோமீட்டர் தொலைவில், அதாவது அறியப்பட்ட கோள்களிலேயே அதிகத் தொலைவிலுள்ள புளூட்டோ அளவுக்குத் தொலைவில் இருக்கும். ஒரு கருந்துளையின் சீரான உமிழ்வு பத்தாயிரம் மெகாவாட்டுகளாக இருந்தால் கூட அந்த உமிழ்வைக் கண்டுபிடிப்பது இந்தத் தொலைவிலும் மிகக் கடினமாகவே

இருக்கும். ஆதிக் கருந்துளையை நோக்கியறிய வேண்டுமானால், ஒரு வாரம் என்பது போன்ற நியாயமான கால அளவிற்குள் ஒரே திசையிலிருந்து வரும் பல காமாக் கதிர் அக்குவங்களைக் கண்டுபிடிக்க வேண்டி இருக்கும். இல்லாவிடில் அவை அப்பின்னணியின் பகுதியாகவே இருக்கக் கூடும். ஆனால் பிளாங்கின் அக்குவக் கொள்கை காமாக் கதிர் அக்குவம் ஒவ்வொன்றுக்கும் மிக உயர்ந்த ஆற்றல் உள்ளது என நமக்குச் சொல்கிறது. ஏனென்றால் காமாக் கதிர்கள் மிக உயர்ந்த அதிர்வெண் கொண்டவை. எனவே அவை பத்தாயிரம் மெகாவாட்டுகளை உமிழ்வதற்கேகூட அதிக அக்குவங்கள் தேவைப்பட மாட்டா. புளூட்டோ அளவுக்குத் தொலைவிலிருந்து வரும் இந்தச் சிலவற்றை நோக்கியறிய இது நாள் வரை கட்டப்பட்டுள்ள எதைக் காட்டிலும் பெரிய காமாக் கதிர்க் கண்டுபிடிப்பான் தேவைப்படும். மேலும், கண்டுபிடிப்பான் விண்வெளியில் இருக்க வேண்டும். ஏனென்றால் காமாக் கதிர்களால் வளிமண்டலத்துக்குள் ஊடுருவ முடியாது.

புளூட்டோ அளவுக்கு அருகிலுள்ள கருந்துளையின் ஆயுள் முடிந்து அது வெடித்துச் சிதறுமானால் இறுதி உமிழ்வுத் தெறிப்பைக் கண்டுபிடிப்பது எளிதாயிருக்கும் என்பதில் ஐயமில்லை. ஆனால் கருந்துளை கடந்த ஆயிரம் அல்லது ஈராயிரம் கோடி ஆண்டுகளுக்கு உமிழ்ந்து கொண்டே இருந்திருக்குமானால், அடுத்த சில ஆண்டுகளில் அதன் ஆயுள் முடிவடையும் வாய்ப்பு உண்மையில் குறைவுதான். இதற்குக் கடந்தகாலத்திலோ எதிர்காலத்திலோ பற்பல லட்சம் ஆண்டுகள் தேவைப்படலாம்! எனவே உங்கள் ஆராய்ச்சிக்கான மானியம் தீர்வதற்குள் வெடிப்பைப் பார்க்க நியாயமான வாய்ப்பு உங்களுக்கு இருக்க வேண்டுமானால் சுமார் ஓர் ஒளியாண்டுத் தொலைவுக்குள் நடக்கும் வெடிப்புகளெதையும் கண்டுபிடிக்கும் வழியை நீங்கள் பார்க்க வேண்டி இருக்கும். உண்மையில் விண்வெளியிலிருந்து வரும் காமாக் கதிர் வெடிப்புகள் முதலில் அணுவெடிச் சோதனைத் தடை ஒப்பந்த மீறல்களைக் கண்டறிவதற்காக அமைக்கப்பட்ட செயற்கைத் துணைக்கோள்களால் கண்டுபிடிக்கப்பட்டுள்ளன. இவை மாதத்துக்குச் சுமார் 16 முறை நிகழ்வதாகத் தோன்றுகிறது. வானத்தில் இது வெவ்வேறு திசைகளில் கிட்டத்தட்ட ஒரேசீராகப் பரவியிருப்பது போல் தோன்றுகிறது. இவை ஞாயிற்றுக் குடும்பத்தின் புறத்தே இருந்து வருவது இதிலிருந்து தெரிகிறது. ஏனென்றால் அப்படி இல்லாவிட்டால் அவை கோள்களின் சுற்றுப்பாதைகளின் தளம் நோக்கிக் குவிந்து இருக்கும் என்று எதிர்பார்க்கலாம். இந்தக் கதிர் மூலங்கள் நமது உடுத்திரளில் நமக்குச் சற்றே நெருக்கத்தில் உள்ளன, அல்லது புறத்தே அண்டவியல் தொலைவுகளில் உள்ளன என்பதும் இந்த

ஒரேசீரான பரவலிலிருந்து தெரிகிறது. ஏனென்றால், அப்படி இல்லா விட்டால், இவை உடுத்திரளின் தளம் நோக்கிக் குவிந்திருக்கும். அப்படிக் குவிந்திருந்தால் கதிர் வெடிப்புகளுக்குத் தேவையான ஆற்றல் மிக அதிகமாய் இருக்கும். அந்த அளவு ஆற்றலைச் சின்னஞ் சிறு கருந்துளைகள் உண்டாக்கி இருக்க முடியாது. ஆனால் கதிர்மூலங்கள் உடுத்திரள் நோக்கில் நெருக்கமாக இருக்குமானால் அவை வெடிக்கும் கருந்துளைகளாக இருக்கக் கூடும். இது இப்படி இருப்பதையே நான் பெரிதும் விரும்புவேன். ஆனால் காமாக் கதிர் வெடிப்புகளுக்கு நொதும விண்மீன்கள் மோதிக் கொள்வது போன்ற வேறு விளக்கங்களுக்கும் வாய்ப்புண்டு என்பதை நான் ஏற்றுக் கொள்ளத்தான் வேண்டும். அடுத்த சில ஆண்டுகளில் புதிய நோக்காய்வுகள், குறிப்பாக ஒருங்கொளிக் குறுக்கீட்டுமானி ஈர்ப்பியல் வானாய்வுக் கூடம் (லிகோ) போன்ற ஈர்ப்பலைக் கண்டுபிடிப்பான்கள் காமாக் கதிர் வெடிப்புகளின் மூலக் காரணத்தைக் கண்டுபிடிக்க நமக்குத் துணை செய்யும்.

ஆதிக் கருந்துளைக்கான தேடல் பயனற்றுப் போய் விடக் கூடுமெனத் தோன்றுகிறது. அது அப்படியானாலும் கூட அண்டத்தின் மிகவும் முற்பட்ட கட்டங்களைப் பற்றி நமக்கு முக்கியத் தகவல் தருவதாக இருக்கும். முற்பட்ட அண்டம் குழப்பமானதாகவோ ஒழுங்கீனமானதாகவோ இருந்திருந்தால், அல்லது பருப்பொருளின் அழுத்தம் குறைவாக இருந்திருந்தால், அத்தகைய அண்டமானது காமாக் கதிர்ப் பின்னணி பற்றிய நமது நோக்காய்வுகள் ஏற்கெனவே விதித்துள்ள வரம்பைக் காட்டிலும் பற்பலவான ஆதிக் கருந்துளைகளை தோற்றுவித்திருக்குமென எதிர்பார்த்திருப்போம். முற்பட்ட அண்டமானது உயர் அழுத்தத்தோடு மிகவும் சரளமாகவும் ஒரேசீராகவும் இருந்திருந்தால் மட்டுமே ஆதிக் கருந்துளைகள் நோக்கியறியத் தக்க எண்ணிக்கையில் இல்லாமற் போனதற்கு விளக்கமளிக்க முடியும்.

20ஆம் நூற்றாண்டின் இரு பெரும் கோட்பாடுகளான பொதுச் சார்பியலையும் அக்குவ இயந்திரவியலையும் அடிப்படையாகக் கொண்ட ஊகித்தறிதலுக்கு முதல் எடுத்துக்காட்டாகத் திகழ்ந்தது கருந்துளையிலிருந்து கதிர்வீச்சு என்னும் கருத்து. இது நடப்பிலிருந்த கண்ணோட்டத்தைக் கவிழ்த்துப் போட்டதால் தொடக்கத்தில் பெரும் எதிர்ப்பைக் கிளப்பி விட்டது: "எப்படி ஒரு கருந்துளையால் எந்த ஒன்றையும் உமிழ முடியும்?" ஆக்ஸ்ஃபோர்டுக்கு அருகே ரூதர்ஃபோர்டு ஆப்பிள்டன் ஆய்வுக் கூடத்தில் நடந்த ஒரு மாநாட்டில் நான் முதலில் என் கணக்கீடுகளின் முடிவுகளை அறிவித்த போது பொதுவாக யாரும் எளிதில் நம்ப மறுத்தனர். நான்

பேசி முடித்தபோது அந்த அமர்வுக்குத் தலைமை வகித்த லண்டன் கிங்ஸ் கல்லூரியைச் சேர்ந்த ஜான் ஜி. டெய்லர் இதெல்லாம் அபத்தம் என்று அறிவித்தார். அதே பொருளில் ஆய்வேடு ஒன்றுங்கூட எழுதினார். ஆனால் பொதுச் சார்பியல், அக்குவ இயந்திரவியல் ஆகிய இரண்டு பற்றிய ஏனைய கருத்துகள் சரி என்றால் சூடான பொருளுருக்களைப் போல் கருந்துளைகள் கதிர்வீச்சை உமிழ்ந்தாக வேண்டும் என்ற முடிவுக்கே ஜான் டெய்லர் உள்ளிட்ட பெரும்பாலார் இறுதியில் வந்து சேர்ந்துள்ளார்கள். ஆதிக் கருந்துளை ஒன்றைக் கண்டறிய இன்றளவும் நம்மால் முடிந்தபாடில்லை என்றாலுங்கூட நாம் அதைக் கண்டறிந்து விட்டால் அது பெரும் அளவில் காமாக் கதிர்களையும் ஊடு கதிர்களையும் உமிழ்ந்து கொண்டிருக்க வேண்டும் என்று ஓரளவுக்குப் பொதுவாகவே ஏற்றுக் கொள்ளப்படுகிறது.

கருந்துளைகளிலிருந்து கதிர்வீச்சு இருத்தல் என்பது ஈர்ப்புத் தகர்வு நாம் ஒரு காலத்தில் எண்ணியிருந்த அளவுக்கு இறுதியானதும் மாற்ற முடியாததும் அல்ல என்பதையே குறிப்பதாகத் தோன்றுகிறது. விண்ணோடி ஒருவர் ஒரு கருந்துளைக்குள் விழுந்து விட்டால் அதன் நிறை அதிகரிக்கும். ஆனால் முடிவில் அக்கூடுதல் நிறைக்கு நிகரான ஆற்றல் கதிர்வீச்சின் வடிவில் அண்டத்திற்குத் திருப்பி அளிக்கப்படும். இவ்வாறு ஒரு விதத்தில் விண்ணோடி "மறுசுழற்சி" செய்யப்படுவார். ஆனால் இந்தச் சாகாவரம் அவலமானதாகவே இருக்கும். ஏனென்றால் கருந்துளைக்குள் விண்ணோடி நார்நாராகக் கிழித்தெறியப்படுகையில் காலம் பற்றி அவருக்குச் சொந்தக் கருத்து ஏதும் இருந்தால் அது முடிவுக்கு வந்து விடும் என்பது கிட்டத்தட்ட உறுதியானது! முடிவில் அந்தக் கருந்துளையால் உமிழப்படும் துகள் வகைகளும் கூட விண்ணோடியாக உருப்பெற்றிருந்த துகள் வகைகளிலிருந்து வேறுபட்டிருக்கும். அவரது பண்புக்கூறுகளில் தப்பிப் பிழைப்பதாக அவரது நிறை அல்லது ஆற்றல் மட்டுமே இருக்கும்.

கருந்துளைகளிலிருந்தான உமிழ்வை உய்த்தறிவதற்கு நான் பயன்படுத்திய தோராயங்கள் ஒரு கிராமின் பின்னத்துக்குக் கூடுதல் நிறை கொண்டதாகக் கருந்துளை இருக்கும் போது நன்குதவும். ஆனால் கருந்துளையினது வாழ்வின் முடிவில் அதன் நிறை மிகச் சிறியதாகும் போது இந்தத் தோராயங்கள் செயலற்று விடும். இதன் விளைவு மிக அனேகமாய் இப்படித்தான் இருக்கும் எனத் தோன்றுகிறது: கருந்துளை மறைந்தே போய்விடும், எப்படியும் அண்டத்தின் நமது வட்டாரத்திலிருந்தாவது மறைந்து போகும். அப்படி மறைந்து போகும் போது விண்ணோடியையும், உண்மையில்

வழுவம் என்ற ஒன்று இருக்குமானால் தனக்குள் இருக்கக் கூடிய அந்த வழுவத்தையும் சேர்த்துக் கொண்டு போய் விடும். இதுவே பொதுச் சார்பியல் ஊகித்தறிந்த வழுவங்களை அக்குவ இயந்திரவியல் நீக்கி விடக் கூடும் என்பதற்கான முதல் அறிகுறியாக இருந்தது. ஆனால் நானும் மற்றவர்களும் 1974இல் பயன்படுத்திக் கொண்டிருந்த வழிமுறைகளால் அக்குவ ஈர்ப்பியலில் வழுவங்கள் நேரிடுமா என்பது போன்ற வினாக்களுக்கு விடையளிக்க இயலவில்லை. எனவே நான் 1975 முதற்கொண்டு ரிச்சர்ட் ஃபைன்மனின் கூட்டுத் தொகையான வரலாறுகள் என்ற கருத்தை அடிப்படையாகக் கொண்டு அக்குவ ஈர்ப்பியலை அணுகுவதற்கான மேலும் திறமான அணுகுமுறையை வளர்த்தெடுக்கத் தொடங்கினேன். அண்டத்தின் பிறப்பும் ஊழ்வழியும் தொடர்பான வினாக்களுக்கும் விண்ணோடிகள் போன்ற அதன் உள்ளடக்கங்கள் குறித்த ஐயங்களுக்கும் இந்த அணுகுமுறை முன்மொழியும் விடைகள் அடுத்த இரு அதிகாரங்களில் எடுத்துரைக்கப்படும். நமது ஊகங்கள் எல்லாம் எந்த அளவுக்குத் திருத்தமானவை என்பதற்கு உறுதியின்மைக் கொள்கை வரம்புகள் விதிக்கிறது, ஆனால் அதேவேளையில் வெளி-கால வழுவத்தில் ஏற்படும் அடிப்படை ஊகிக்கவொண்ணாமையை அது அகற்றி விடக் கூடும் என்பதைப் பார்க்கத்தான் போகிறோம்.

8

அண்டத்தின் பிறப்பும் ஊழ்வழியும்

வெளி-காலம் என்பது மாவெடிப்பு வழுவத்தில் தொடங்கியது என்றும், (முழு அண்டமும் மறுதகர்வுற்றால்) மாநெரிப்பு *[big crunch]* வழுவத்திலோ, (ஒரு விண்மீன் போன்ற வட்டாரப் பகுதி தகர்வுறுவதாக இருந்தால்) ஒரு கருந்துளைக்கு உள்ளிருக்கும் வழுவத்திலோ அது முடிவுக்கு வரும் என்றும் ஐன்ஸ்டைனின் பொதுச் சார்பியல் கோட்பாடு தானாகவே ஊகித்தது. அத்துளைக்குள் விழும் எந்தப் பருப்பொருளும் வழுவத்தில் அழிக்கப்படும்; அதன் நிறையின் ஈர்ப்பு விளைவு மட்டும் புறத்தே தொடர்ந்து உணரப்படும். மறுபுறம், அக்குவ விளைவுகளைக் கணக்கில் எடுத்துக் கொண்ட போது பருப்பொருளின் நிறை அல்லது ஆற்றல் முடிவில் அண்டத்தின் மீதப்பகுதிக்குத் திருப்பித் தரப்படும் என்றும், கருந்துளையானது வழுவமேதும் அதனுள்ளே இருக்குமானால் அதனையும் சேர்த்துக் கொண்டு ஆவியாகிப் போய் முடிவில் மறைந்துவிடும் என்றும் தோன்றியது. மாவெடிப்பு, மாநெரிப்பு வழுவங்கள் மீது அக்குவ இயந்திரவியல் இதே போன்ற விறுவிறுப்பான விளைவைத் தரக் கூடுமா? அண்டத்தின் மிகவும் முற்பட்ட அல்லது பிற்பட்ட கட்டங்களின் போது ஈர்ப்புப் புலங்கள் வலுவாக இருப்பதால் அக்குவ விளைவுகளைக் கண்டுகொள்ளாது இருக்க முடியாது என்னும் நிலையில் உண்மையில் என்ன நடக்கிறது? அண்டத்திற்கு உண்மையில் ஒரு தொடக்கமோ முடிவோ உண்டா? உண்டு என்றால் அவை எப்படி இருக்கும்?

1970கள் முழுதும் நான் முக்கியமாகக் கருந்துளைகளைத்தான் பயின்று வந்தேன். ஆனால் 1981இல் வாடிகனில் சேசு சபையார் ஒழுங்கு செய்த அண்டவியல் மாநாட்டில் நான் கலந்துகொண்டபோது அண்டத்தின் பிறப்பும் ஊழ்வழியும் பற்றிய வினாக்களில் என் ஆர்வம் மீண்டும் விழித்துக் கொண்டது. கத்தோலிக்கத் திருப்பேரவையானது புவியை ஞாயிறு சுற்றுவதாக அறிவித்ததன் வாயிலாக ஓர் அறிவியல் வினா குறித்துச் சட்டம் விதிக்க முயன்ற

போது கலிலியோ தொடர்பாக மோசமான தவறிழைத்து விட்டது. இப்போது, இத்தனை நூற்றாண்டுகள் கழித்து, அண்டவியல் குறித்துத் தனக்கு அறிவுரை வழங்கப் பல வல்லுனர்களை அழைக்க முடிவு செய்தது. மாநாட்டின் முடிவில் அதில் பங்கேற்றவர்களுக்குப் போப்பாண்டவரைக் கண்டு பேசும் வாய்ப்பு வழங்கப்பட்டது. அவர் எங்களிடம் சொன்னார்: மாவெடிப்புக்குப் பிற்பட்ட அண்டத்தின் படிமலர்ச்சியை ஆராய்வதெல்லாம் சரிதான்; ஆனால் நாங்கள் மாவெடிப்பையே ஆராயக் கூடாதாம். ஏனென்றால் அதுவே ஆதிப்படைப்புத் தருணம், எனவே அது கடவுள் செயல் என்றார். நான் மாநாட்டில் சற்று முன் நிகழ்த்திய உரையின் பொருள் பற்றி அவருக்குத் தெரியவில்லை என்று அப்போது நான் மகிழ்ச்சியடைந்தேன். வெளி-காலம் என்பது ஈறுள்ளதாக இருந்தாலும் எல்லையேதும் அற்றதாக இருப்பதற்குரிய வாய்ப்பு பற்றியே நான் பேசியிருந்தேன். அதற்குத் தொடக்கம் என்பதே இல்லை, எனவே ஆதிப்படைப்புத் தருணம் என்பதே இல்லை என்று இதற்குப் பொருள். கலிலியோவுக்கு ஏற்பட்ட அதே கதி எனக்கும் நேரிடுவதை நான் விரும்பவில்லை. அவரோடு எனக்கு வலுவான ஓர்மை உணர்வுள்ளது. அவர் இறந்து சரியாக 300 ஆண்டுகள் கழித்துப் பிறந்தேன் என்ற பொருத்தமும் ஒரு காரணம்!

அண்டத்தின் பிறப்பிலும் ஊழ்வழியிலும் அக்குவ இயந்திரவியல் எவ்வாறு தாக்கம் செலுத்தக் கூடும் என்பது பற்றி நானும் மற்றவர்களும் வைத்திருக்கிற கருத்துகளை விளக்கும் பொருட்டு "வெப்ப மாவெடிப்பு மாதிரியமைப்பு" [hot big bang model] என அறியப்படும் ஒன்றின் அடிப்படையில், பொதுவாக ஏற்றுக்கொள்ளப்படும் அண்ட வரலாற்றை முதலில் புரிந்து கொள்ள வேண்டும். இந்த மாதிரியமைப்பு அண்டமானது மாவெடிப்பு முதற்கொண்டே ஃப்ரீட்மன் மாதிரியமைப்பைக் கொண்டு விவரிக்கப்பட்டிருப்பதாக அனுமானித்துக் கொள்கிறது. இத்தகைய மாதிரியமைப்புகளில் அண்டம் விரிவடைய விரிவடைய அதில் அடங்கிய பருப்பொருள் அல்லது கதிர்வீச்சு எதுவும் குளிர்ந்து செல்லக் காணலாம். (அண்டம் உருவளவில் இரட்டிக்கும் போது அதன் வெப்பநிலை பாதியளவு குறைகிறது.) வெப்பநிலை என்பது துகள்களின் சராசரி ஆற்றலின், அல்லது வேகத்தின் ஓர் அளவைதான் என்பதால் அண்டம் இப்படிக் குளிர்ந்து செல்வது அதில் அடங்கிய பருப்பொருள் மீது பெருவிளைவு கொண்டிருக்கும். மிக உயர்ந்த வெப்பநிலைகளில் துகள்களின் இயக்கம் மிக வேகமாக இருக்கும். எனவே அணுக்கரு அல்லது மின்காந்த விசைகளால் அவை தமக்குள் உள்ள எந்தக் கவர்ச்சியிலிருந்தும் தப்பி விடக் கூடும். ஆனால் அவை குளிர்ந்து செல்லச் செல்ல துகள்கள் ஒன்றையொன்று கவர்ந்து

ஒன்றாகக் குவியத் தொடங்கும் என எதிர்பார்க்கலாம். மேலும் அண்டத்தில் இருக்கும் துகள்களின் வகைகள் கூட வெப்பநிலையைப் பொறுத்தமையும். போதிய அளவுக்கு உயர்ந்த வெப்பநிலைகளில் துகள்கள் அதிக ஆற்றல் கொண்டிருக்கும். எனவே அவை மோதிக் கொள்ளும் போதெல்லாம் பல்வேறு துகள்/எதிர்த்துகள் இணைகள் உண்டாகும். இந்தத் துகள்களில் சில எதிர்த்துகள்களில் மோதி அழியும் என்றாலும் அழியக் கூடியதை விட மிக விரைவாக உண்டாக்கப்படும். ஆனால் குறைந்த வெப்பநிலைகளில் மோதிக் கொண்டிருக்கும் துகள்கள் குறைந்த ஆற்றல் கொண்டிருக்கும் போது துகள்/எதிர்த்துகள் இணைகள் குறைந்த வேகத்திலேயே உண்டாகும். எனவே உண்டாவதை விட அழிதல் விரைவாகி விடும்.

மாவெடிப்பில் அண்டம் சுழிய உருவளவும், எனவே ஈறிலா வெப்பமும் கொண்டிருந்ததாகக் கருதப்படுகிறது. ஆனால் அண்டம் விரிவடைய விரிவடைய கதிர்வீச்சின் வெப்பநிலை குறைந்தது. மாவெடிப்பு நிகழ்ந்து ஒரு வினாடி கழித்து இந்த வெப்பநிலை சுமார் ஆயிரம் கோடி டிகிரியாகக் குறைந்திருக்கும். இது ஞாயிற்றின் மையத்தில் உள்ள வெப்பநிலையைப் போல் சுமார் ஆயிரம் மடங்கு ஆகும். ஆனால் ஹைட்ரஜன் குண்டு வெடிப்புகளில் இந்த அளவு உயர்ந்த வெப்பநிலைகள் எட்டப்படுகின்றன. அந்த நேரத்தில் அண்டமானது பெரும்பாலும் ஒளிமங்கள், மின்மங்கள், நியூட்ரினோக்கள் (மெல்விசையாலும் ஈர்ப்பினாலும் மட்டுமே பாதிப்புக்குள்ளாகிற மிகவும் இலேசான துகள்கள்) ஆகியவற்றையும், இம்மூன்றின் எதிர்த்துகள்களையும், கூடவே சில நேர்மங்களையும் நொதுமங்களையும் தன்னகத்தே கொண்டதாக இருந்திருக்கும். அண்டம் தொடர்ந்து விரிவடைந்தும் அதன் வெப்பநிலை தொடர்ந்து குறைந்தும் செல்லச் செல்ல மோதல்களில் மின்ம/எதிர்மின்ம இணைகள் உண்டாகும் வீதமானது அவை அழிப்பினால் ஒழிந்து போகும் வீதத்தை விடக் குறைந்திருக்கும். எனவே மின்மங்களிலும் எதிர்மின்மங்களிலும் பெரும்பாலானவை ஒன்றோடொன்று மோதியழிந்து கூடுதலான ஒளிமங்களை உண்டாக்கியிருக்கும். ஒரு சில மின்மங்கள் மட்டுமே மிச்சமிருக்கும். ஆனால் நியூட்ரினோக்களும் எதிர்நியூட்ரினோக்களும் ஒன்றோடொன்று மோதி அழிந்திருக்க மாட்டா. ஏனென்றால் இந்தத் துகள்கள் தமக்குள்ளேயும் மற்றத் துகள்களோடும் மிகவும் நலிவாகவே இடைவினை புரிகின்றன. எனவே அவை இன்றளவும் எங்கோ இருக்க வேண்டும். அவற்றை நாம் நோக்கியறியக் கூடுமானால் முற்பட்ட கட்டத்தில் வெப்பந்தகித்த அண்டம் என்ற இந்தச் சித்திரிப்புக்கு அது ஒரு நற்சோதனையாக அமையும். வாய்ப்புக் கேடாக இப்போதெல்லாம் அவற்றின் ஆற்றல்கள் மிகக் குறைவாக

இருக்கும் என்பதால் நாம் அவற்றை நேரடியாக நோக்கியறிய முடியாது. ஆனால் அண்மைக் காலத்திய சில சோதனைகள் காட்டுவது போல நியூட்ரினோக்கள் நிறையற்றவையாக இல்லாமல் தமக்கென்று சிறு நிறை கொண்டவையாக இருக்குமானால் நம்மால் அவற்றைச் சுற்றடி வழிகளில் கண்டுபிடிக்க முடியலாம்: அவை முன்பு நாம் குறிப்பிட்டது போல் அண்ட விரிவாக்கத்தை நிறுத்தி, அதனை மீண்டும் தகர்வுறச் செய்யப் போதுமான ஈர்ப்புக் கவர்ச்சி கொண்ட "இருட்பொருளின்" ஒரு வடிவமாக இருக்கக் கூடும்.

மாவெடிப்பு நிகழ்ந்து சுமார் நூறு வினாடி கழித்து வெப்பநிலை 100 கோடி டிகிரியாகக் குறைந்திருக்கும். இது மீவெப்ப விண்மீன்களுக்குள்ளே இருக்கும் வெப்பநிலையாகும். இந்த வெப்பநிலையில் நேர்மங்களுக்கும் நொதுமங்களுக்கும் வல் அணுக்கரு விசைக் கவர்ச்சியிலிருந்து தப்பிச் செல்லப் போதிய ஆற்றல் இனியும் இருக்காது. அவை ஒன்று சேர்ந்து டியூட்ரியம் (கன ஹைட்ரஜன்) அணுக்களின் கருக்களை உண்டாக்கத் தொடங்கியிருக்கும். இந்தக் கருக்களில் நேர்மமும் நொதுமமும் அடங்கியிருக்கும். பிறகு டியூட்ரிய அணுக்கருக்கள் இன்னுமதிக நேர்மங்களோடும் நொதுமங்களோடும் சேர்ந்து இரு நேர்மங்களையும் இரு நொதுமங்களையும் கொண்ட ஹீலிய அணுக்கருக்களை உண்டாக்கியிருக்கும். இவை தவிர லித்தியம், பெரிலியம் என்ற இன்னுங்கனமான இரு தனிமங்களையும் சிறு அளவுகளில் உண்டாக்கியிருக்கும். வெப்ப மாவெடிப்பு மாதிரியமைப்பில் சுமார் கால் பங்கு நேர்மங்களும் நொதுமங்களும் ஹீலியம் அணுக்கருக்களாக மாற்றப்பட்டிருக்கும் என்று கணக்கிடலாம். கூடவே சிறு அளவில் கன ஹைட்ரஜனாகவும் மற்றத் தனிமங்களாகவும் மாற்றப்பட்டிருக்கும். எஞ்சிய நொதுமங்கள் சாதாரண ஹைட்ரஜன் அணுக்களின் கருக்களாகிய நேர்மங்களாகச் சிதைந்து போயிருக்கும்.

முற்பட்ட கட்டத்தில் வெப்பந்தகித்த அண்டம் என்ற இந்தச் சித்திரத்தை முதன் முதலாக முன் வைத்தவர் ஜார்ஜ் காமவ் என்னும் அறிவியலர் ஆவார். இவர் 1948இல் ரால்ஃப் ஆல்ஃபர் என்னும் தன் மாணவருடன் சேர்ந்து எழுதிய புகழார்ந்த ஆய்வேட்டில் இக்கருத்தை முன்வைத்தார். காமவ் நகைச்சுவை உணர்வு மிக்கவர். ஹான்ஸ் பீட்டே எனும் அணுவியல் அறிவியலரிடம் பேசி ஆய்வேட்டில் அவரது பெயரையும் சேர்த்துக் கொள்வதற்கு இணங்க வைத்தார். இவ்விதம் கிரேக்க மொழியின் முதல் மூன்று எழுத்துகளான ஆல்ஃபா, பீட்டா, காமா என்பதைப்போல் ஆய்வேட்டை எழுதியவர்களின் பட்டியலை "ஆல்ஃபர், பீட்டே, காமவ்"

என்றாக்கினர்: அண்டத்தின் தொடக்கம் பற்றிய ஆய்வேட்டுக்குப் பொருத்தமான பெயர்களே! அவர்கள் இந்த ஆய்வேட்டில் தெரிவித்த குறிப்பிடத்தகுந்த ஊகம் என்னவென்றால், மிகவும் முற்பட்ட கட்டங்களில் வெப்பந்தகித்த அண்டத்திலிருந்து வெளிப்பட்ட கதிர்வீச்சு (ஒளிமங்களின் வடிவில்) இன்றளவும் எங்கோ இருக்க வேண்டும், ஆனால் அதன் வெப்பநிலை அறுதிச் சுழிக்கு (-273° C) மேல் ஒரு சில டிகிரிகள் மட்டுமே என்ற அளவாகக் குறைந்திருக்கும். இந்தக் கதிர்வீச்சைத்தான் பென்சியாசும் வில்சனும் 1965இல் கண்டுபிடித்தனர். ஆல்ஃபர், பீட்டே, காமவ் தங்கள் ஆய்வேட்டை எழுதிய நேரத்தில் நேர்மங்கள், நொதுமங்களின் அணுக்கரு வினைகளைப் பற்றி அதிகம் தெரிந்திருக்கவில்லை. எனவே முற்பட்ட அண்டத்தில் பல்வேறு தனிமங்களின் தகவுறவுகளைப் பற்றிச் செய்யப்பட்ட ஊகங்கள் அவ்வளவு துல்லியமாக இல்லை. ஆனால் இந்தக் கணக்கீடுகள் அறிவு வளர்ச்சியின் வெளிச்சத்தில் திரும்பத் திரும்பச் செய்யப்பட்டுள்ளன. இவை இப்போது நாம் நோக்கியறிகிறவற்றோடு மிக நன்றாக ஒத்துப் போகின்றன. மேலும், அண்டத்தில் இவ்வளவு அதிகமான ஹீலியம் இருப்பது ஏன் என்பதற்கு வேறு எவ்வழியிலும் விளக்கமளிப்பது மிகக் கடினம். எனவே, எப்படியும் மாவெடிப்புக்குப் பின் சுமார் ஒரு வினாடி கழிந்த போதிருந்தாவது நமக்குச் சரியான சித்திரம் கிடைத்து விட்டது என்று ஓரளவுக்கு நம்பிக்கையுடன் இருக்கிறோம்.

மாவெடிப்பு நிகழ்ந்த ஒரு சில மணி நேரத்துக்குள்ளேயே ஹீலியம் முதலான தனிமங்களின் உற்பத்தி நின்று போயிருக்கும். அதற்குப் பின் அடுத்து வந்த சுமார் 10 லட்சம் ஆண்டுகளுக்குப் பெரிதாக எதுவும் நிகழ்ந்து விடாமல் அண்டம் அப்படியே தொடர்ந்து விரிவடைந்து சென்றிருக்கும். முடிவில், வெப்பநிலை ஒரு சில ஆயிரம் டிகிரிகளாக இறங்கி, மின்மங்களுக்கும் அணுக்கருக்களுக்கும் தமக்கிடையிலான மின்காந்தக் கவர்ச்சியை வெல்வதற்குப் போதுமான ஆற்றல் இனிமேலும் இல்லாமற் போய்விடும் போது உடனே அவை இணைந்து அணுக்களாக உருப்பெறத் தொடங்கியிருக்கும். முழு அண்டமும் தொடர்ந்து விரிவடைந்து கொண்டும் குளிர்ந்து கொண்டும் இருந்திருக்கும். ஆனால் சராசரிக்கு மேல் சற்றே அடர்த்தி கூடிய வட்டாரங்களில் கூடுதல் ஈர்ப்புக் கவர்ச்சியினால் விரிவாக்கத்தின் வேகம் மட்டுப்பட்டிருக்கும். முடிவில் இது சில வட்டாரங்களில் விரிவாக்கத்தை நிறுத்தி அவற்றின் மறுதகர்வைத் தொடக்கி வைக்கும். அவை தகர்வுற்றுக் கொண்டிருந்தபோது இந்த வட்டாரங்களுக்குப் புறத்தே பருப்பொருளின் ஈர்ப்பு இழுவையானது அவற்றை இலேசாகச் சுழற்றத் தொடங்கக் கூடும். தகர்வுற்றுக் கொண்டிருக்கும் வட்டாரம்

சிறிதாகிச் செல்லச் செல்ல அது இன்னும் வேகமாகச் சுழலும் - பனிக்கட்டித் தரை மீது சுழலும் பனிச் சறுக்கு வீரர்கள் எவ்வாறு கைகோத்துச் செல்லச் செல்ல மேலும் விரைவாகச் சுழல்வார்களோ அதே போல. முடிவில் அந்த வட்டாரம் போதிய அளவுக்குச் சிறியதாகி விடும் போது அது ஈர்ப்புக் கவர்ச்சியைச் சரியீடு செய்வதற்குப் போதுமான விரைவுடன் சுழன்று கொண்டிருக்கும். இவ்விதமாகத்தான் தட்டு போன்ற சுழலும் உடுத்திரள்கள் பிறந்தன. சுழற்சி அடையாமற்போக நேரிட்ட மற்ற வட்டாரங்கள் நீள்வட்ட உடுத்திரள்கள் எனப்படும் முட்டை வடிவப் பொருட்கள் ஆகிவிடும். இவற்றில் வட்டாரம் தகர்வுறுவதை நிறுத்திக் கொள்ளும். ஏனென்றால் உடுத்திரளின் தனித்தனிப் பகுதிகள் அதன் மையத்தை நிலையாகச் சுற்றிக் கொண்டிருக்கும். ஆனால் உடுத்திரளுக்கு ஒட்டு மொத்தச் சுழற்சி ஏதும் இருக்காது.

காலம் செல்லச் செல்ல உடுத்திரள்களில் இருக்கும் ஹைட்ரஜன், ஹீலியம் வாயுக்கள் இன்னுஞ்சிறிய மேகங்களாகக் கலைந்து போய் இந்த மேகங்கள் தம் ஈர்ப்பினாலேயே தகர்வுறும். அவை சுருங்கச் சுருங்க அவற்றுக்குள் அடங்கிய அணுக்கள் ஒன்றோடொன்று மோதிக் கொள்ள மோதிக் கொள்ள வாயுவின் வெப்பநிலை அதிகரிக்கும். முடிவில் அணுக்கருச் சேர்க்கை வினைகளைத் தொடங்கப் போதுமான அளவுக்கு வெப்பமுடையதாகும். இவை ஹைட்ரஜனை இன்னுமதிக ஹீலியமாக மாற்றும். வெளிப்படும் வெப்பம் அழுத்தத்தை உயர்த்தி, இவ்விதம் மேகங்களை இதற்கு மேல் எவ்வகையிலும் சுருங்க விடாமல் தடுத்து நிறுத்தும். அவை நம் ஞாயிற்றைப் போன்ற விண்மீன்களாக நீண்ட காலத்துக்கு இந்நிலவரத்தில் நிலையாக இருந்து, ஹைட்ரஜனை எரித்து ஹீலியமாக மாற்றி, இதில் விளைந்த ஆற்றலை வெப்பமாகவும் ஒளியாகவும் உமிழ்ந்து கொண்டு இருந்து வரும். கூடுதல் நிறை கொண்ட விண்மீன்கள் தங்கள் ஈர்ப்புக் கவர்ச்சியின் கூடுதல் வலிமையைச் சரியீடு செய்வதற்குக் கூடுதல் வெப்பமுடையவையாக இருக்கத் தேவைப்படும். இதற்காக அணுக்கருச் சேர்க்கை வினைகளை அந்த அளவுக்குக் கூடுதல் விரைவுடன் நடக்கச் செய்யும். இதனால் அவை வெறும் 10 கோடி ஆண்டுகளிலேயே தமது ஹைட்ரஜனைத் தீர்த்து விடும். பிறகு அவை சற்றே சுருங்கும். அவை மேலும் வெப்பமடையும் போது ஹீலியத்தைக் கார்பன் அல்லது ஆக்சிஜன் போன்ற இன்னுங்கனமான தனிமங்களாக மாற்றத் தொடங்கும். ஆனால் இது கூடுதல் ஆற்றல் வெளியிடாது. எனவே ஒரு நெருக்கடி உண்டாகும். கருந்துளைகள் பற்றிய அதிகாரத்தில் இது பற்றி எடுத்துரைத்தோம். அடுத்து என்ன நடக்கிறது என்பது குறித்து முழுத் தெளிவு இல்லை. ஆனால்

அண்டம்

ஒரு வரலாற்றுச் சுருக்கம்

(வெப்ப மாவெடிப்பு மாதிரியமைப்பு)

மாவெடிப்பு
அக்குவ விளைவுகள் — இயற்பியல் விதிகளின் வழுவல்
10^{32} டிகிரி
10^{-43} வினாடி
10^{27} டிகிரி
10^{-34} வினாடி
10^{15} டிகிரி
10^{-10} வினாடி
10^{10} டிகிரி
நேர்ம நொதுமப் பிணைவில் ஹைட்ரஜன், ஹீலியம், லித்தியம், டியூட்ரியம் ஆகியவற்றின் அணுக்கரு உருவாதல்
1 வினாடி
10^{9} டிகிரி
பருப்பொருளும் கதிர்வீச்சும் ஒன்றாய்ப் பிணைதல்
3 நிமிடம்
3000 டிகிரி
மின்மங்களும் அணுக்கருக்களும் இணைய இணைய பருப்பொருள், கதிர்வீச்சுப் பிணைவு பிரிதல். அண்டப் பின்னணிக் கதிர்வீச்சின் தொடக்கம்
3 லட்சம் ஆண்டு
3000 டிகிரி
பருப்பொருள் கொத்துக்கள் வாயிலாக அரைகுறை விண்மீன் பொருட்களும் விண்மீன்களும் மூல உடுத்திரள்களும் உருவாதல். விண்மீன்கள் ஆதி ஹைட்ரஜனையும் ஆதி ஹீலியத்தையும் எரித்து கனங்கூடிய அணுக்கருக்களை உருவாக்கல்.
100 கோடி ஆண்டு
3 டிகிரி கெல்வின்
சூரியக் குடும்பம் விண்மீன்களுக்குச் சுற்றிலும் செறிவடைதல். அணுக்கள் இணைந்து சிக்கலான மூலக்கூறுகளும் உயிர்ப் பொருட்களும் உருவாதல்
1500 கோடி ஆண்டு

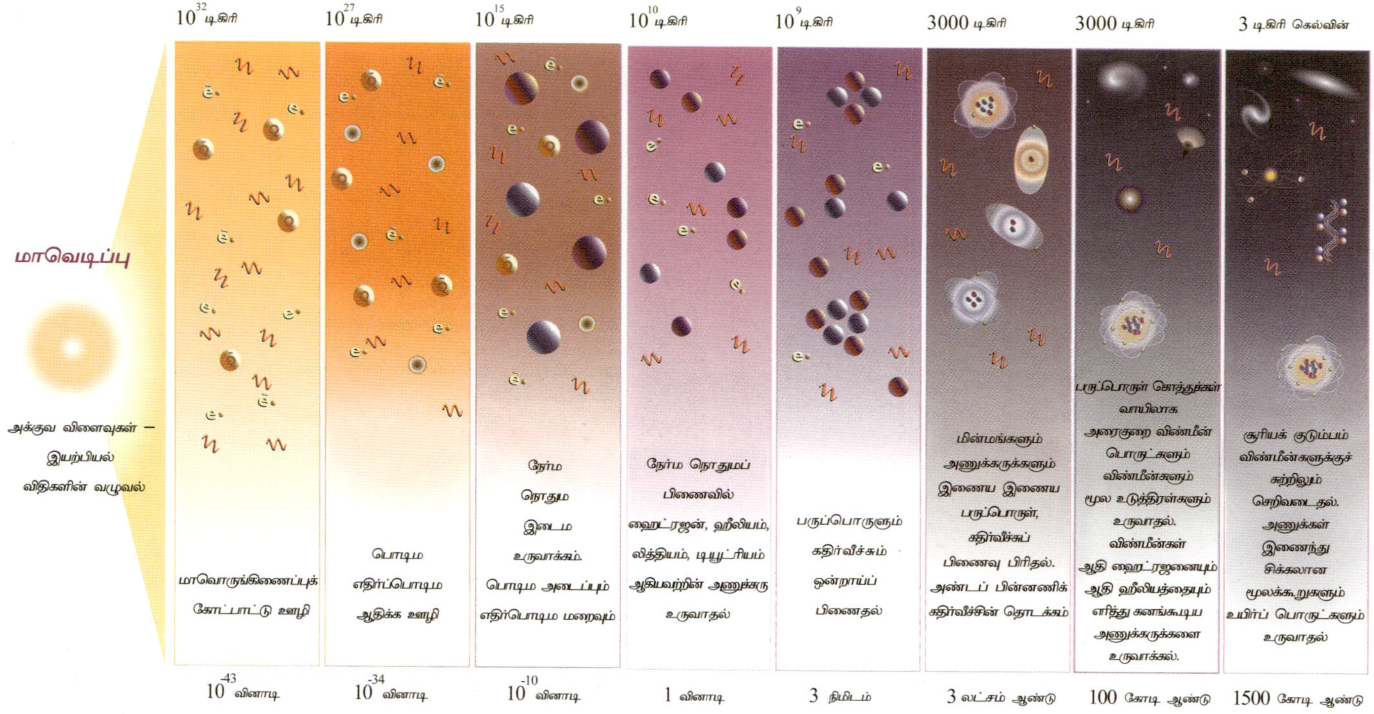

விண்மீனின் மைய வட்டாரங்கள் தகர்வுற்று நொதும விண்மீன் அல்லது கருந்துளை போன்ற ஒரு மிகு அடர்த்தி நிலவரத்தை அடையும் போல் தோன்றுகிறது. விண்மீனின் புறவட்டாரங்கள் சில நேரம் ஒரு மாபெரும் வெடிப்பில் வெடித்துச் சிதறக் கூடும். பேரொளிர் முகில் [supernova] எனப்படும் இவ்வெடிப்பு அதன் உடுத்திரளில் மற்றெல்லா விண்மீன்களையும் விஞ்சி ஒளிரும். விண்மீனின் ஆயுள் முடிவு நெருங்குகையில் உண்டாகும் சில கனங்கூடிய தனிமங்கள் உடுத்திரளில் இருக்கும் வாயுவிற்குள் திரும்ப வீசப்படும். அது அடுத்த தலைமுறை விண்மீன்களுக்கான மூலப்பொருளில் ஒரு பகுதியை வழங்கும். நம் ஞாயிற்றில் இந்தக் கனங்கூடிய தனிமங்களில் சுமார் 2 விழுக்காடு அடங்கியுள்ளது. ஏனென்றால் அது தனக்கு முற்பட்ட பேரொளிர் முகில்களின் சிதைகூளத்தைத் தன்னகத்தே கொண்ட சுழலும் வாயு மேகம் ஒன்றிலிருந்து சற்றொப்ப 500 கோடி ஆண்டுகளுக்கு முன்னால் உருப்பெற்ற ஓர் இரண்டாவது அல்லது மூன்றாவது தலைமுறை விண்மீனாகும். அந்த மேகத்தில் அடங்கிய வாயுவில் பெரும் பகுதி ஞாயிறாக உருப்பெறுவதற்குப் பயன்பட்டது அல்லது அடித்துச் செல்லப்பட்டது. ஆனால் சிறிய அளவிலான கனங்கூடிய தனிமங்கள் ஒன்று சேர்ந்து பொருளுருக்களாக அமைந்தன, இந்த உருக்களே இப்போது புவி போன்ற கோள்களாக ஞாயிற்றைச் சுற்றி வருகின்றன.

புவியானது தொடக்கத்தில் மிகுதியான வெப்பத்தோடும் வளிமண்டலமற்றும் இருந்தது. கால ஓட்டத்தில் அது குளிர்வடைந்தது. பிறகு பாறைகளிலிருந்து உமிழப்படும் வாயுக்களை வைத்து ஒரு வளிமண்டலத்தைப் பெற்றது. காலத்தால் முற்பட்ட இந்த வளிமண்டலத்தில் நாம் தப்பிப் பிழைத்திருக்க முடியாது. அதில் ஆக்சிஜனே இல்லை. ஆனால் ஹைட்ரஜன் சல்ஃபைட் (அழுகிய முட்டையை நாறச் செய்யும் வாயு) போன்று நமக்கு நச்சுத் தன்மை வாய்ந்த வேறு வாயுக்கள் ஏராளமாய் இருந்தன. ஆனால் இத்தகைய நிலைமைகளில் தழைத்தோங்க முடிகிற ஏனைய ஆதி உயிரினங்கள் இருக்கின்றன. இவை கடல்களில் விளைந்தன என்றும், அணுக்கள் தற்செயலாக இணைந்து பெருமூலக்கூறுகள் எனப்படும் பெருங்கட்டமைப்புகள் ஆனதன் விளைவாக இது நிகழ்ந்திருக்கக் கூடும் என்றும் கருதப்படுகிறது. இந்தப் பெருமூலக் கூறுகளால் கடலில் இருக்கும் ஏனைய அணுக்களை ஒன்று திரட்டி இதே போன்ற கட்டமைப்புகளை உருவாக்க முடிந்தது. இப்படியாக அவை தம்மைத்தாமே மறுஆக்கம் செய்து பல்கிப் பெருகியிருக்கும். சில நேர்வுகளில் மறுஆக்கத்தில் தவறுகள் நேர்ந்திருக்கும். பெரும்பாலும் இத்தவறுகள் எப்படி இருந்திருக்கும் என்றால் புதிய பெருமூலக்கூறு தன்னைத்தான் மறுஆக்கம் செய்து கொள்ள முடியாமல் போய்

முடிவில் அழிந்து போயிருக்கும். ஆனால் ஒருசில தவறுகளானவை இன்னுங்கூட சிறந்த முறையில் தம்மைத்தாமே மறுஆக்கம் செய்து கொள்ளக் கூடிய புதிய பெருமூலக்கூறுகளை உண்டாக்கியிருக்கும். எனவே இந்தப் பெருமூலக்கூறுகளுக்குத் தோதான நிலை இருந்திருக்கும். அவை ஆதிப் பெருமூலக் கூறுகளை மாற்றீடு செய்யப் பார்த்திருக்கும். இந்த விதத்தில் தொடங்கப் பெற்ற படிமலர்ச்சி *[evolution]* நிகழ்முறை தன்னைத்தான் மறுஆக்கம் செய்து கொள்ளக் கூடிய மென் மேலும் சிக்கலான உயிரிகள் தோன்றி வளர்வதற்கு வழி வகுத்தது. ஆதி முதல் உயிர் வகைகள் ஹைட்ரஜன் சல்ஃபைடு உட்பட பல்வேறு பொருட்களை உட்கொண்டு ஆக்சிஜனை வெளிவிட்டன. இது வளிமண்டலமாகப் படிப்படியாக அதன் இன்றைய இயைபுக்கு மாற்றியமைத்து, மீன்கள், ஊர்வன, பாலூட்டிகள், இறுதியில் மனித இனம் போன்ற இன்னும் உயர்ந்த உயிர் வகைகள் தோன்றி வளர்வதற்கு இடமளித்தது.

வெப்பந்தகிக்கும் நிலையிலிருந்து தொடங்கி, பிறகு விரிவடைய விரிவடையக் குளிர்ந்து சென்ற அண்டம் என்னும் இச்சித்திரம் இன்று நம்மிடம் உள்ள நோக்காய்வுச் சான்று அனைத்துடனும் ஒத்துப் போகிறது. ஆயினும் விடை கிடைக்காத பல முக்கிய வினாக்கள் எஞ்சியுள்ளன:

1) முற்பட்ட அண்டம் ஏன் அவ்வளவு வெப்பமாக இருந்தது?

2) அண்டம் பெருவீதத்தில் இந்த அளவுக்கு ஒரேசீராக இருப்பது ஏன்? வெளியின் புள்ளிகள் அனைத்திலும் திசைகள் அனைத்திலும் அது ஒன்றே போல் தோற்றமளிப்பது ஏன்? அதிலும் குறிப்பாக வெவ்வேறு திசைகளில் நாம் பார்க்கும்போது நுண்ணலைப் பின்னணிக் கதிர்வீச்சின் வெப்பநிலை இந்த அளவுக்குக் கிட்டத்தட்ட ஒன்றாகவே இருப்பது ஏன்? இது ஒரு விதத்தில் பல மாணவர்களிடம் தேர்வில் ஒரு கேள்வி கேட்பதைப் போன்றதாகும். எல்லோரும் துல்லியமாக ஒரே விடையளித்தால் அவர்கள் ஒருவரையொருவர் பார்த்து எழுதியிருக்கிறார்கள் என்று உறுதியாகவே கருதலாம். ஆனால் மேலே எடுத்துரைத்த மாதிரியமைப்பில், முற்பட்ட அண்டத்தில் எந்த வட்டாரப் பகுதிகளும் அருகருகே நெருக்கமாக இருந்திருந்த போதிலும், வட்டாரம் விட்டு வட்டாரம் ஒளி போய்ச் சேர மாவெடிப்புக்குப் பின் நேரம் இருந்திருக்காது. சார்பியல் கோட்பாட்டின்படி, ஒரு வட்டாரத்திலிருந்து மற்றொரு வட்டாரத்திற்குப் போய்ச் சேர ஒளியால் முடியாது என்றால் வேறு எதனாலும் முடியாது. எனவே ஏதோ ஒரு விளக்கப்படாத காரணத்தால் முற்பட்ட அண்டத்தின் வெவ்வேறு வட்டாரங்கள்

ஒரே வெப்பநிலையுடன் தொடங்க நேரவில்லை என்றால், அவை ஒவ்வொன்றும் ஒரே வெப்பநிலையை அடைந்திருக்க வழியே இருக்காது.

3) மறுதகர்வுறும் மாதிரியமைப்புகளை என்றென்றும் விரிவடைந்து செல்லும் மாதிரியமைப்புகளிலிருந்து பிரித்து வேறுபடுத்தும் முட்டு விரிவாக்க வீதத்துக்கு *[critical rate of expansion]* இவ்வளவு நெருக்கமான வீதத்தில் அண்டம் தொடங்கியதும், இப்போதும் கூட, ஆயிரம் கோடி ஆண்டுகள் கழிந்த பிறகும் முட்டு வீதத்துக்கு நெருக்கமாகவே அது விரிவடைந்து கொண்டிருப்பதும் ஏன்? மாவெடிப்புக்கு ஒரு வினாடி பிற்பட்ட விரிவாக்க வீதம் ஆயிரம் கோடி கோடியில் ஒரே ஒரு பங்கு என்ற அளவு குறைவாக இருந்திருந்தால் கூட இன்றைய உருவளவை எட்டுவதற்கு முன்பாகவே அண்டம் மறுதகர்வுற்றிருக்கும்.

4) அண்டம் பெருவீதத்தில் இந்த அளவுக்கு ஒரேசீராகவும் ஒருபடித்தாகவும் இருந்த போதிலும் விண்மீன்கள், உடுத்திரள்கள் போன்ற பகுதிசார் ஒழுங்கின்மைகளைத் தன்னகத்தே கொண்டுள்ளது. இந்த ஒழுங்கின்மைகள் முற்பட்ட அண்டத்தில் ஒரு வட்டாரத்துக்கும் மற்றொரு வட்டாரத்துக்குமான சிறு அடர்த்தி வேறுபாடுகளிலிருந்து வளர்ந்ததாகக் கருதப்படுகிறது. இந்த அடர்த்தி ஏற்றவற்றங்களின் தோற்றுவாய் என்ன?

பொதுச் சார்பியல் கோட்பாட்டால் தானாகவே இந்தப் பண்புக் கூறுகளுக்கு விளக்கமளிக்கவோ இந்த வினாக்களுக்கு விடையளிக்கவோ முடியாது. இதற்கு அண்டமானது மாவெடிப்பு வழுவத்தில் ஈறிலா அடர்த்தியுடன் தொடங்கிற்று என்ற அதன் ஊகமே காரணம். வழுவத்தில் பொதுச் சார்பியலும் மற்றெல்லா இயற்பியல் விதிகளும் செயலற்றுப் போகும். வழுவத்திலிருந்து வருவதென்ன என்பதை ஊகிக்க முடியாது. முன்னரே விளக்கிச் சொன்னது போல் இதன் பொருள் என்னவென்றால் இந்தக் கோட்பாட்டிலிருந்து மாவெடிப்பையும் அதற்கு முற்பட்ட நிகழ்ச்சிகள் எதனையும் கத்தரித்து விடலாம். ஏனென்றால் நாம் நோக்கியறிவதன் மீது அவற்றால் எந்த விளைவையும் ஏற்படுத்த முடியாது. வெளி-காலத்துக்கு மாவெடிப்பில் ஓர் எல்லை, ஒரு தொடக்கம் இருந்திருக்கும்.

அண்டம் எந்தக் குறிப்பிட்ட ஒரு நேரத்திலும் எந்நிலவரத்தில் உள்ளது என்பதைத் தெரிந்து கொண்டால் அது காலத்தோடு எப்படி வளர்ந்து செல்லும் என்பதை உறுதியின்மைக் கொள்கை விதிக்கும் எல்லைகளுக்குட்பட்டு நமக்குச் சொல்கிற விதிகள் சிலவற்றை

அறிவியல் கண்டுபிடித்திருப்பதாகத் தோன்றுகிறது. இந்த விதிகளை ஆதியில் கடவுள் ஆணையிட்டுப் பிறப்பித்திருக்கலாம். ஆனால் அவர் அண்டத்தை அந்த விதிகளின்படி மலர்ந்து செல்ல விட்டு விட்டதாகவும் இப்போது அதில் தலையிடுவதில்லை என்றும் தெரிகிறது. ஆனால் அவர் அண்டத்துக்குத் தொடக்க நிலவரம் அல்லது கோலம் *[configuration]* ஒன்றை எவ்வாறு தெரிந்தெடுத்தார்? காலத்தின் தொடக்கத்தில் "எல்லை நிலைமைகள்" *[boundary conditions]* என்னவாக இருந்தன?

இதற்குக் கிடைக்கக் கூடிய விடைகளில் ஒன்று கடவுள் இந்த அண்டத்தின் தொடக்கக் கோலத்தைத் தெரிந்தெடுத்தமைக்கான காரணங்களை நம்மால் புரிந்து கொள்ள முடியும் என நம்புவதற்கில்லை என்பதாகும். இது எல்லாம்வல்ல ஒருவரின் அதிகாரத்துக்கு உட்பட்டதாகவே இருந்திருக்கும் என்பது உறுதி. ஆனால் புரிதற்கரிய இவ்வழியில் அவர் இதனைத் தொடங்கியிருப்பாரானால் நாம் புரிந்து கொள்ளக் கூடிய விதிகளின்படி அதனை மலரச் செய்ய ஏன் முடிவெடுத்தார்? நிகழ்ச்சிகள் தற்போக்கான முறையில் நடப்பதில்லை என்பதையும், அவை தெய்வத் தூண்டுதல் பெற்ற அல்லது அற்ற அடியோட்ட ஒழுங்கு ஒன்றைக் காட்டுகின்றன என்பதையும் படிப்படியாக உணர்ந்து கொள்வதாகவே அறிவியலின் முழு வரலாறும் இருந்துள்ளது. இந்த ஒழுங்கானது இவ்விதிகளுக்கு மட்டுமல்லாமல் அண்டத்தின் தொடக்க நிலவரத்தைக் குறித்துக் காட்டும் வெளி-கால எல்லையிலான நிலைமைகளுக்கும் பொருந்துமெனக் கொள்வது இயல்பாகவே இருக்கும். அண்டத்தைப் பொறுத்த வரை, அதற்கு இவ்வனைத்து விதிகளுக்குக் கீழ்ப்படியும்படியான, வெவ்வேறு தொடக்க நிலைமைகள் கொண்ட ஏராளமான மாதிரியமைப்புகள் இருக்கலாம். நம் அண்டத்தைக் குறிக்க ஒரு தொடக்க நிலவரத்தையும், எனவே ஒரு மாதிரி யமைப்பையும் தெரிந்தெடுப்பதற்கு ஏதேனும் ஒரு கொள்கை இருக்க வேண்டும்.

இந்த வகைக்கு வாய்ப்புள்ள ஒன்று குழப்பமான எல்லை நிலைமைகள் *[chaotic boundary conditions]* எனப்படுகிறவை ஆகும். அண்டம் வெளி வகையில் ஈறுள்ளது என்பதோ அல்லது ஈறிலாத் தொகையில் பல அண்டங்கள் உள்ளன என்பதோ இந்த நிலைமைகளின் உட்கிடக்கையான அனுமானமாகும். குழப்பமான எல்லை நிலைமைகள் என்னும் ஒன்றில், மாவெடிப்புக்குச் சற்றே பிறகு குறிப்பிட்ட எந்தக் கோலத்திலும் வெளியின் எந்தக் குறிப்பிட்ட வட்டாரத்தையும் காணும் நிகழ்தகவும், அதனை வேறு எந்தக் கோலத்திலும் காணும் நிகழ்தகவும் ஒரு வகையில் ஒன்றுதான்:

அண்டத்தின் தொடக்க நிலவரம் எவ்விதத் திட்டமுமின்றித் தெரிந்தெடுக்கப்படுகிறது. இதன் பொருள் என்னவென்றால், முற்பட்ட அண்டத்துக்கு அனேகமாக மிகவும் குழப்பமான, ஒழுங்கற்றக் கோலங்களே மிகக் கூடுதலாக இருந்திருக்கும். ஏனென்றால் அண்டத்துக்குச் சரளமான, ஒழுங்கான கோலங்கள் இருப்பதைக் காட்டிலும் குழப்பமான, ஒழுங்கற்ற கோலங்களே மிகக் கூடுதலாக உள்ளன. (ஒவ்வொரு கோலத்துக்கும் சரிநிகரான நிகழ்தகவு இருக்குமானால், அண்டம் அனேகமாக ஒரு குழப்பமான, ஒழுங்கற்ற நிலவரத்தில் தொடங்கியிருக்கும். இவ்வாறானவை மிக அதிக அளவில் உள்ளன என்பதே காரணம்.) இத்தகைய குழப்பமான தொடக்க நிலைமைகளிலிருந்து இன்று நமது அண்டம் பெருவீதத்தில் இவ்வளவு சரளமாகவும் ஒழுங்காகவும் இருக்கும் நிலைமைக்கு எப்படி வந்திருக்க முடியும் என்பதை அறிவது கடினம். இத்தகைய மாதிரியமைப்பில் ஏற்படும் அடர்த்தி ஏற்றவற்றங்களானவை காமாக் கதிர்ப் பின்னணியின் நோக்காய்வுகளால் விதிக்கப்பட்டிருக்கும் மேல்வரம்பைக் காட்டிலும் மிக அதிகமான ஆதிக் கருந்துளைகள் உண்டாவதற்கு வழிவகுத்திருக்கும் என்றும் எதிர்பார்க்கப் பட்டிருக்கும்.

அண்டம் வெளி வகையில் ஈறில்லாததுதான் என்றால் அல்லது ஈறிலாத் தொகையில் பல அண்டங்கள் உள்ளன என்றால் சரளமான, ஒரேசீரான முறையில் தொடங்கிய சில பெரிய வட்டாரங்கள் அனேகமாக எங்கோ இருக்கும். இது ஒரு குரங்குக் கூட்டம் தட்டச்சுப் பொறிகளில் ஓங்கித் தட்டிக் கொண்டே போகும் கதையைப் போன்றதே; அவை தட்டச்சு செய்வது மிகப் பெரும்பாலும் வெறும் குப்பையாகவே இருக்கும். ஆனால் முற்ற முழுக்கத் தற்செயல் வாய்ப்பாகவே ஷேக்ஸ்பியர் பாக்களில் ஒன்றை அவை தட்டச்சு செய்தாலும் செய்து விடும். இதைப் போன்றே அண்டத்தைப் பொறுத்தளவில், தற்செயலாகவே சரளமாகயும் ஒரேசீராகவும் இருக்க நேரிட்டுள்ள ஒரு வட்டாரத்தில் நாம் வாழ்ந்து கொண்டிருக்கிறோம் என்பதாக இருக்கக் கூடுமோ? அனேகமாய் இப்படி நடக்க வாய்ப்பில்லை என்றே எடுத்த எடுப்பில் தோன்றக் கூடும். ஏனென்றால் குழப்பமான, ஒழுங்கற்ற வட்டாரங்கள் இத்தகைய சரளமான வட்டாரங்களை எண்ணிக்கையில் பெரிதும் விஞ்சி நிற்கும். ஆயினும் சரளமான வட்டாரங்களில் மட்டுமே உடுத்திரள்களும் விண்மீன்களும் உண்டாயின என்றும், “அண்டம் ஏன் இவ்வளவு சரளமாக உள்ளது?” என்று வினாத் தொடுக்க வல்லமை பெற்ற நம்மைப் போன்ற தம்மைத்தாம் மறுஆக்கம் செய்து கொள்கிற சிக்கலான உயிரிகளின் வளர்ச்சிக்குப் பொருத்தமான நிலைமைகள் அந்த வட்டாரங்களில் மட்டுமே

இருந்தன என்றும் வைத்துக் கொள்வோம். இது மாந்தமையக் கொள்கை *[anthropic principle]* என அறியப்படுவதன் பயன்பாட்டுக்கு ஓர் எடுத்துக்காட்டாகும். "நாம் இருக்கிறோம் என்ற காரணத்தால் அண்டத்தை அது எப்படி உள்ளதோ அப்படிப் பார்க்கிறோம்" என்று இந்தக் கொள்கைக்கு விளக்கமளிக்கலாம்.

மாந்தமையக் கொள்கைக்கு நலிந்ததும் வலுவானதுமாகிய இரு விளக்கங்கள் உள்ளன. நலிந்த மாந்தமையக் கொள்கை உரைப்பதென்னவெனில் வெளி மற்றும்/அல்லது காலத்தில் பெரியதாகவோ ஈறில்லாததாகவோ உள்ள அண்டத்தில் அறிவுள்ள உயிரியின் வளர்ச்சிக்குத் தேவையான நிலைமைகள் வெளியிலும் காலத்திலும் வரம்புக்குட்பட்ட குறிப்பிட்ட சில வட்டாரங்களில் மட்டுமே நிறைவு செய்யப்படும். எனவே இந்த வட்டாரங்களில் இருக்கும் அறிவுள்ள பிறவிகள் தங்கள் வாழ்க்கைக்குத் தேவையான நிலைமைகளை அண்டத்தில் தங்களின் பகுதி நிறைவுசெய்யக் கண்டால் வியப்படையக் கூடாது. ஒரு வகையில் இது செல்வங்கொழிக்கும் வட்டாரத்தில் வாழும் பணக்காரர் ஒருவர் ஏழ்மையையே பார்க்காததைப் போன்றது.

நலிந்த மாந்தமையக் கொள்கையின் பயன்பாட்டுக்கு ஓர் எடுத்துக்காட்டு: ஏன் சுமார் ஆயிரம் கோடி ஆண்டுகளுக்கு முன்பு மாவெடிப்பு நிகழ்ந்தது? இதற்கு அது தந்த "விளக்கம்" இதுதான்: அறிவுள்ள பிறவிகளின் படிமலர்ச்சிக்குச் சுமாராக அவ்வளவு காலம் ஆகிறது. மேலே விளக்கியது போல், விண்மீன்களின் ஒரு முற்பட்ட தலைமுறை முதலில் உருவாக வேண்டியிருந்தது. இந்த விண்மீன்கள் தொடக்கக் காலத்திய ஹைட்ரஜனிலும் ஹீலியத்திலும் ஒரு பகுதியைக் கார்பன், ஆக்சிஜன் போன்ற தனிமங்களாக மாற்றின. இந்தத் தனிமங்களிலிருந்தே நாம் உருவாகியுள்ளோம். பிறகு இவ்விண்மீன்கள் பேரொளிர் முகில்களாக வெடித்தன. அவற்றின் சிதைகூளங்கள் போய் வேறு விண்மீன்களாகவும் கோள்களாகவும் உருப்பெற்றன. நமது ஞாயிற்றுக் குடும்பத்தைச் சேர்ந்தவையும் இவற்றுள் அடங்கும். இக்குடும்பத்தின் வயது சுமார் 500 கோடி ஆண்டுகள் ஆகும். புவியின் வாழ்வில் முதல் 100 அல்லது 200 கோடி ஆண்டுகள் அதிவெப்பமாய் இருந்ததால் சிக்கலான எந்த ஒன்றும் தோன்றி வளர முடியவில்லை. எஞ்சிய 300 கோடி அளவிலான ஆண்டுகளை உயிரியல் படிமலர்ச்சியின் மெதுவான நிகழ்முறை எடுத்துக் கொண்டு விட்டது. இந்தப் படிமலர்ச்சியானது ஆக எளிய உயிரிகளில் தொடங்கி, மாவெடிப்பிலிருந்து இன்று வரையிலான காலத்தை அளவிட வல்லமை பெற்ற பிறவிகள் வரை சென்றுள்ளது.

நலிந்த மாந்தமையக் கொள்கை செல்லுபடியாகும் அல்லது பயனுள்ளது என்பதை மறுத்துச் சண்டையிடக் கூடியவர்கள் அதிகம் இல்லை. ஆனால் சிலரோ பெரிதும் மேலே போய் இக்கொள்கைக்கு ஒரு வலுவான விளக்கத்தை முன்மொழிகிறார்கள். இக்கோட்பாட்டின்படி பல்வேறு அண்டங்கள் உள்ளன, அல்லது ஒற்றை அண்டத்தின் பல்வேறு வட்டாரங்கள் உள்ளன; இவை ஒவ்வொன்றுக்கும் அதற்குறிய தொடக்கக் கோலம் *[intial configuration]* உள்ளது, ஒருவேளை அதற்கே உரிய சில அறிவியல் விதிகளும் இருக்கலாம். இந்த அண்டங்களில் பெரும்பாலானவற்றில் நிலைமைகள் சிக்கலான உயிரிகளின் வளர்ச்சிக்கு உகந்தவையாக இருக்க மாட்டா. நமது அண்டத்தைப் போன்ற சிலவற்றில் மட்டுமே அறிவுள்ள பிறவிகள் தோன்றி வளர்ந்து, "அண்டம் அதை நாம் எப்படிப் பார்க்கிறோமோ அப்படி இருப்பது ஏன்?" என்ற வினாத் தொடுக்கும். அப்படியானால் விடை எளிது: அது வேறு வகையில் இருந்திருக்குமானால் நாம் இங்கிருக்க மாட்டோம்!

அறிவியல் விதிகள் இன்று நாம் அறிந்துள்ள வடிவில், மின்மத்தின் மின்னூட்ட அளவு, நேர்ம மின்ம நிறைகளின் விகிதம் போன்ற பல அடிப்படை எண்களைத் தம்மகத்தே கொண்டுள்ளன. நாம் இப்போதைக்காவது இந்த எண்களின் மதிப்புகளைக் கோட்பாட்டிலிருந்து ஊகித்தறிய முடியாது. நாம் அவற்றை நோக்காய்வின் துணை கொண்டே கண்டுபிடிக்க வேண்டி உள்ளது. இவை எல்லாவற்றையும் ஊகித்தறியும் முழுமையான ஒருங்கிணைந்த கோட்பாடு ஒன்றை நாம் ஒரு நாள் கண்டுபிடிப்போம் என்பதாக இருக்கலாம். ஆனால் இவற்றில் சிலவோ எல்லாமோ அண்டத்துக்கு அண்டம் அல்லது ஒற்றை அண்டத்திற்குள் மாறுபடுவதற்கும் வாய்ப்புண்டு. இதில் குறிப்பிடத்தக்க உண்மை என்னவென்றால், உயிர் தோன்றி வளர்வதற்குரிய வாய்ப்பை உருவாக்கும் வகையில் இந்த எண்களின் மதிப்புகள் நுட்பமாகச் சரிக்கட்டப்பட்டது போல் தோன்றுகிறது. எடுத்துக்காட்டாக, மின்மங்களின் மின்னூட்டம் சிறிதளவே மாறுபட்டு இருந்திருக்குமானால் விண்மீன்களால் ஹைட்ரஜனையும் ஹீலியத்தையும் எரிக்க முடியாமல் போயிருக்கும் அல்லது அவை வெடிக்காது போயிருக்கும். ஆனால் அறிவியல் புனைகதை எழுத்தாளர்களே கனவிலும் எண்ணிப் பார்க்க முடியாத வேறு வகையான அறிவுஉயிர் இருக்கலாம்தான். அதற்கு ஞாயிற்றைப் போன்ற விண்மீனின் ஒளியோ, விண்மீன்களில் ஆக்கப்பட்டு அந்த விண்மீன்கள் வெடிக்கும் போது அண்டவெளிக்குள் திருப்பி வீசப்படும் கனங்கூடிய வேதித் தனிமங்களோ தேவைப்படாமல் போகலாம்தான். எப்படி இருப்பினும், எவ்வகையான அறிவுஉயிரும்

தோன்றி வளர இடமளிக்கக் கூடிய எண்களுக்கான மதிப்புகளுக்கு ஒப்பளவில் மிகச் சில அளவெல்லைகள் மட்டுமே உள்ளன என்று தெளிவாகத் தோன்றுகிறது. பெரும்பாலான மதிப்புக் கணங்கள் தோற்றுவிக்கக் கூடிய அண்டங்கள் மிகவும் அழகாக இருக்கக் கூடும் என்றாலும் அந்த அழகைக் கண்டு வியக்கும் திறனுடைய எவரையும் கொண்டிருக்க மாட்டா. இதனை எப்படியும் எடுத்துக் கொள்ளலாம். இந்த உண்மையை ஆதிப்படைப்புச் செயலிலும் அறிவியல் விதிகளைத் தெரிந்தெடுப்பதிலும் தெய்விக நோக்கம் இருப்பதற்கான சான்றாகவோ அல்லது வலுவான மாந்தமையக் கொள்கைக்கான ஆதரவாகவோ எடுத்துக் கொள்ளலாம்.

அண்டத்தின் நோக்கியறியப்பட்ட நிலவரத்துக்கு வலுவான மாந்தமையக் கொள்கை விளக்கமாவதைப் பல வகையிலும் மறுத்துரைக்க முடியும். முதலாவதாக, வெவ்வேறான இந்த அண்டங்கள் எல்லாம் இருப்பதாக எந்தப் பொருளில் சொல்ல முடியும்? அவை உண்மையிலேயே ஒன்றுக்கொன்று தொடர்பில்லாமல் தனித்தனியாக இருக்குமானால், வேறோர் அண்டத்தில் நிகழ்வது நம் அண்டத்தின் நோக்கியறியக் கூடிய விளைவுகள் எதையும் ஏற்படுத்த முடியாது. எனவே நாம் சிக்கனக் கொள்கையைப் பயன்படுத்திக் கோட்பாட்டிலிருந்து அவற்றைக் கத்தரித்து விட வேண்டியதுதான். மறுபுறம், அவை ஒற்றை அண்டத்தின் வெவ்வேறு வட்டாரங்களே தவிர வேறல்ல என்றால், அறிவியல் விதிகள் வட்டாரத்துக்கு வட்டாரம் ஒன்றாகவே அமைய வேண்டி இருக்கும். அப்படி இல்லை என்றால் ஒரு வட்டாரத்திலிருந்து பிறிதொரு வட்டாரத்துக்குத் தொடர்ச்சியாகச் செல்ல முடியாமற் போகலாம் என்பதே காரணம். இந்த நேர்வில் வட்டாரங்களுக்கு இடையிலான ஒரே வேறுபாடு அவற்றின் தொடக்கக் கோலங்களாகவே இருக்கும். எனவே வலுவான மாந்தமையக் கொள்கை நலிந்த மாந்தமையக் கொள்கையாகச் சுருங்கும்.

வலுவான மாந்தமையக் கொள்கைக்கு எதிரான இரண்டாவது மறுப்புரை, அது அறிவியல் வரலாறு முழுவதன் ஓட்டத்திற்கும் எதிராகச் செல்கிறது என்பதாகும். தாலமியும் அவருக்கு முன்சென்றவர்களும் எடுத்துரைத்த புவி மைய அண்டவியல்களிலிருந்து புறப்பட்ட நாம் கோப்பர் நிக்கஸ், கலிலியோ ஆகியோரின் ஞாயிறு மைய அண்டவியல் வழியாக வளர்ந்து இன்றைய புதுமக்கால அண்டச் சித்திரத்தை அடைந்துள்ளோம். இந்தச் சித்திரத்தில் புவியானது ஒரு சாதாரணச் சுருள் உடுத்திரளின் புறப்பேட்டைகளில் ஒரு சராசரி விண்மீனைச்

சுற்றிக் கொண்டிருக்கும் இடைத்தர அளவிலான கோள்களில் ஒன்றாகும். இந்த உடுத்திரளே கூட நோக்கியறியத்தக்க அண்டத்தில் சுமார் ஒரு லட்சம் கோடி உடுத்திரள்களில் ஒன்றுதான். இருந்தாலும் இந்த விரிந்து பரந்த கட்டுமானம் முழுவதும் நமக்காகவே இருப்பதாகுமென வலுவான மாந்தமையக் கொள்கை சொல்லிக் கொள்ளும். இதை நம்புவது மிகவும் கடினம். நம் ஞாயிற்றுக் குடும்பம் உறுதியாக நம் வாழ்வுக்கு ஒரு முன்தேவைதான். இதனை மேலும் நீட்டி நம் உடுத்திரள் முழுவதற்கும் பொருந்தச் செய்து, கனங்கூடிய தனிமங்களை உண்டாக்கிய விண்மீன்களின் முற்பட்ட தலைமுறை ஒன்றுக்கு இடமளிக்கலாம். ஆனால் அந்த வேறு உடுத்திரள்களுக்கெல்லாம் தேவையேதும் இருப்பதாகத் தெரியவில்லை. அண்டம் பெருவீதத்தில் ஒவ்வொரு திசையிலும் இந்த அளவுக்கு ஒரேசீராக ஒன்றே போல் அமைவதற்கும் தேவையேதும் இருப்பதாகத் தெரியவில்லை.

அண்டத்திற்கான பல்வேறு தொடக்கக் கோலங்களும் படிமலர்ச்சியடைந்து நாம் நோக்கியறிவது போன்ற அண்டத்தை உண்டாக்கியிருக்கும் என்று காட்டக் கூடுமானால் மாந்த மையக் கொள்கையைப் பற்றி, எப்படியும் அதன் நலிந்த விளக்கத்தைப் பற்றியாவது இன்னுங்கூட மகிழ்ச்சியடைவோம். இப்படித்தான் நிகழ்ந்ததென்றால், திட்டமற்ற ஏதோ ஒருவிதமான தொடக்க நிலைமைகளிலிருந்து தோன்றி வளர்ந்த அண்டம் சரளமாகவும் ஒரேசீராகவும், அறிவுஉயிரின் படிமலர்ச்சிக்குப் பொருத்தமாகவும் இருக்கிற பல வட்டாரங்களைத் தன்னகத்தே கொண்டிருக்க வேண்டும். மறுபுறம், நம்மைச் சுற்றி நாம் பார்ப்பதைப் போன்ற ஏதோ ஒன்றுக்கு வழிவகுக்கும் வகையில் அண்டத்தின் தொடக்க நிலவரத்தை மிக மிகக் கவனமாகத் தெரிந்தெடுக்க வேண்டியிருக்குமானால், உயிர் தோன்றும்படியான எந்த வட்டாரத்தையும் அனேகமாய் அண்டம் தன்னகத்தே கொண்டிருக்காது. மேலே எடுத்துரைத்த வெப்ப மாவெடிப்பு மாதிரியமைப்பில், முற்பட்ட அண்டத்தில் வெப்பம் ஒரு வட்டாரத்திலிருந்து மற்றொரு வட்டாரத்திற்குப் பாய்வதற்குப் போதுமான நேரம் இருக்கவில்லை. இதன் பொருள் என்னவென்றால், நுண்ணலைப் பின்னணியில் நாம் பார்க்கும் ஒவ்வொரு திசையிலும் ஒரே வெப்பநிலை உள்ளது என்ற உண்மைக்குக் காரணம் காட்ட வேண்டுமாயின், அண்டத்தின் தொடக்க நிலவரத்தில் ஒவ் வோர் இடத்திலும் துல்லியமாக ஒரே வெப்பநிலைதான் இருந்திருக்க வேண்டியிருக்கும். மறுதகர்வைத் தவிர்ப்பதற்குத் தேவையான அளவுக்கு விரிவாக்க வீதம் இன்று வரையிலும் முட்டு வீதத்துக்கு நெருக்கமாய் இருக்க வேண்டுமானால்

தொடக்க விரிவாக்க வீதத்தையும் சரிநுட்பமாகத் தெரிந்தெடுக்க வேண்டியிருக்கும். அதாவது, வெப்ப மாவெடிப்பு மாதிரியமைப்பானது காலத்தின் தொடக்கத்திலிருந்தே சரியாக இருந்ததென்றால் அண்டத்தின் தொடக்க நிலவரத்தை வெகு கவனமாகத்தான் தெரிந்தெடுத்திருக்க வேண்டும். நம்மைப் போன்ற பிறவிகளைப் படைக்க விரும்பிய கடவுளின் செயல் என்றல்லாமல் அண்டம் ஏன் இப்படித்தான் தொடங்கியிருக்க வேண்டும் என்பதற்கு வேறு விளக்கமளிப்பது மிகக் கடினமாய் இருக்கும்.

பல்வேறு தொடக்கக் கோலங்கள் இன்றைய அண்டத்தைப் போன்ற ஒன்றாகப் படிமலர்ச்சி அடைந்திருக்கக் கூடிய அண்ட மாதிரியமைப்பு ஒன்றைக் கண்டுபிடிப்பதற்கான முயற்சியில் மாசாச்யூசெட்ஸ் தொழில்நுட்பக் கழகத்தைச் சேர்ந்த அறிவியலர் ஆலன் கத் [Alan Guth] ஈடுபட்டார். முற்பட்ட அண்டம் மிகத் துரிதமாக விரிவடையும் காலக் கட்டத்தைக் கடந்து வந்திருக்கக் கூடும் என்று முன்மொழிந்தார். இந்த விரிவாக்கம் "உப்பல்" [inflationary] எனச் சொல்லப்படுகிறது. அண்டமானது இன்று குறைந்து செல்லும் வீதத்தில் விரிவடைந்து கொண்டிருப்பதுபோல் அல்லாமல் ஒரு காலத்தில் பெருகிச் செல்லும் வீதத்தில் விரிவடைந்து கொண்டிருந்தது என்பதே இதன் பொருள். அண்டத்தின் ஆரம் ஒரு வினாடியில் சின்னஞ்சிறு பகுதிக்குள்ளேயே 100 கோடி கோடி கோடி கோடி (1ஐத் தொடர்ந்து முப்பது சுழியங்கள்) மடங்கு அதிகரித்தது என்றார் கத்.

மாவெடிப்பிலிருந்து தொடங்கிய போது அண்டத்தின் நிலவரம் சற்றே குழப்பமாய் இருந்தாலும் வெப்பந்தகிக்க இருந்ததென கத் முன்மொழிந்தார். அண்டத்தில் இருக்கும் துகள்கள் அதிவேகமாக இயங்கிக் கொண்டிருக்கும், அவை உயர் ஆற்றல்கள் கொண்டவையாக இருக்கும் என்பதை இந்த உயர் வெப்பநிலைகள் குறித்திருக்கும். நாம் ஏற்கெனவே எடுத்துரைத்தது போல் இத்தகைய உயர் வெப்பநிலைகளில் வல் அணுக்கரு விசை, மெல் அணுக்கரு விசை, மின்காந்த விசை எல்லாம் சேர்ந்து ஒற்றை விசையாக ஒருங்கிணைக்கப்படும் என்று எதிர்பார்ப்போம். அண்டம் விரிவடைய விரிவடைய குளிர்ந்து துகள் ஆற்றல்கள் குறைந்து செல்லும். முடிவில் கட்ட இடைமாற்றம் [phase transition] என்பது நிகழும்; விசைகளிடையிலான சமச்சீர்மை முறிபடும்: அதாவது மெல் விசையிலிருந்தும் மின்காந்த விசையிலிருந்தும் வல் விசை மாறுபட்டுப் போகும். கட்ட இடைமாற்றத்துக்கு ஒரு சாதாரண எடுத்துக்காட்டு, நீரைக் குளிர்விக்கும் போது அது உறைவதாகும். திரவ நீர் சமச்சீரானது; அதாவது ஒவ்வொரு புள்ளியிலும் ஒவ்வொரு

திசையிலும் ஒன்றே ஆகும். ஆனால் பனிப் படிகங்கள் உருவாகும் போது அவை திட்டமான அமைவிடங்கள் கொண்டிருக்கும், ஏதோ ஒரு திசையில் வரிசைப்பட்டிருக்கும். இது நீரின் சமச்சீர்மையை முறிக்கிறது.

நீரைப் பொறுத்த வரை, கவனமாக இருந்தால் அதனை "மீக்குளிர்விப்பு" *[supercool]* செய்ய முடியும்; அதாவது, பனிக்கட்டி உருவாகும் முன்பே உறை புள்ளிக்குக் *(0º C)* கீழே நீரின் வெப்பநிலையைக் குறைக்க முடியும். அண்டம் இதே போல் நடந்து கொள்ளலாம் என கத் முன்மொழிந்தார்: விசைகளுக்கு இடையிலான சமச்சீர்மை முறிபடாமலே முட்டு மதிப்புக்குக் கீழே வெப்பநிலை இறங்கலாம். இப்படி நடந்ததென்றால் அண்டம் நிலையற்ற நிலவரத்தில் இருக்கும்; சமச்சீர்மை முறிபட்டிருந்தால் இருக்கக் கூடியதை விடவும் ஆற்றல் அதிகமாய் இருக்கும். இந்தத் தனிக் கூடுதல் ஆற்றல் எதிர்ஈர்ப்பு விளைவு கொண்டதென்று காட்ட முடியும்: நிற்கும் அண்ட மாதிரியமைப்பு ஒன்றை ஐன்ஸ்டைன் உருவாக்க முயன்று கொண்டிருந்த போது பொதுச் சார்பியலில் நுழைத்த அண்டவியல் மாறிலியைப் போலவே அந்த எதிர்ஈர்ப்பு விளைவும் செயல்பட்டிருக்கும். அண்டமானது வெப்ப மாவெடிப்பு மாதிரியமைப்பில் போலவே ஏற்கெனவே விரிவடைந்து கொண்டிருக்குமாதலால் அண்டவியல் மாறிலியின் இந்த விலக்கித் தள்ளும் விளைவு அண்டத்தை என்றென்றும் அதிகரித்துச் செல்லும் ஒரு வீதத்தில் விரிவடையச் செய்திருக்கும். பருப்பொருள் துகள்கள் சராசரிக்கு மேல் கூடுதலாய் இருந்த வட்டாரங்களிலேயே கூட பருப்பொருளின் ஈர்ப்புக் கவர்ச்சியைச் செயல்விளைவுள்ள அண்டவியல் மாறிலியின் விலக்கல் விஞ்சி நிற்கும். இவ்வாறு இந்த வட்டாரங்களும் முடுக்கிச் செல்லும் உப்பல் முறையில் விரிவடையும். அவை விரிவடைந்து பருப்பொருள் துகள்கள் மென்மேலும் விலகிச் செல்கையில் இதன் விளைவாக அண்டம் விரிவடைந்து செல்லும்; அது துகள்கள் எதனையும் தன்னகத்தே கொண்டிருத்தல் அரிதே; அது இன்னமும் மீக்குளிர்ந்த நிலவரத்திலேயே இருந்து வரும். ஒரு பலூனை ஊத ஊதச் சுருக்கங்கள் நீங்கி அது சரளமாவது போல் அண்டத்தில் ஏதேனும் ஒழுங்கீனங்கள் இருந்திருக்குமானால் விரிவாக்கத்தால் அவை நீங்கி அண்டம் சரளமாகி இருக்கும், அவ்வளவுதான். இவ்வாறு அண்டத்தின் இன்றைய சரளமான, ஒரேசீரான நிலவரம் பல்வேறு ஒரேசீரற்ற தொடக்க நிலவரங்களிலிருந்து படிமலர்ச்சி அடைந்திருக்கக் கூடும்.

அண்டத்தின் விரிவாக்கம் பருப்பொருளின் ஈர்ப்புக் கவர்ச்சியால் மட்டுப்படுத்தப்படுவதைக் காட்டிலும் அண்டவியல் மாறிலியால் முடுக்கி விடப்பட்டது என்றால், முற்பட்ட அண்டத்தில் ஒரு வட்டாரத்திலிருந்து மற்றொரு வட்டாரத்துக்கு ஒளி பயணம் செய்வதற்குப் போதுமான காலம் இருந்திருக்கும். அதாவது முற்பட்ட அண்டத்தில் வெவ்வேறுபட்ட வட்டாரங்கள் ஏன் ஒரே பண்புகளைக் கொண்டிருக்கின்றன என முன்பு தொடுத்த வினாவுக்கு இதுவே விடையாகக் கூடும். மேலும், அண்டத்தின் விரிவாக்க வீதமானது அண்டத்தின் ஆற்றல் அடர்த்தியால் தீர்மானிக்கப்படும் முட்டு வீதத்தைத் தானாகவே மிகவும் நெருங்கிச் செல்லும். இதுவே விரிவாக்க வீதம் ஏன் இன்னமும் முட்டு வீதத்தை இந்த அளவுக்கு நெருங்கி உள்ளது என்பதற்கு விளக்கமாகக் கூடும். இப்போது இந்த விளக்கம் தருவதற்கு அண்டத்தின் தொடக்க விரிவாக்க வீதத்தை மிகவும் கவனமாகத் தெரிந்தெடுக்கப்பட்டதாக அனுமானம் செய்து கொள்ள வேண்டிய தேவையிருக்காது.

உப்பல் கருத்தானது அண்டத்தில் ஏன் இவ்வளவு பருப்பொருள் இருக்கிறது என்பதற்குங்கூட விளக்கமாகலாம். நம் மால் நோக்கியறிய முடிகிற அண்ட வட்டாரத்தில் பத்து கோடி கோடி கோடி கோடி கோடி கோடி கோடி கோடி கோடி கோடி கோடி கோடி (1ஐத் தொடர்ந்து 85 சுழியங்கள்) என்ற அளவில் துகள்கள் உள்ளன. இவையெல்லாம் எங்கிருந்து வந்தன? அக்குவக் கோட்பாட்டில் துகள்/எதிர்த்துகள் இணைகளின் வடிவில் ஆற்றலிலிருந்து துகள்கள் படைக்கப்படலாம் என்பதே விடை. ஆனால் ஆற்றல் எங்கிருந்து வந்தது? என்ற வினாவிற்குத்தான் இது இட்டுச் செல்கிறது. அண்டத்தின் மொத்த ஆற்றல் துல்லியமாகச் சுழியம் ஆகும் என்பதே விடை. அண்டத்தில் உள்ள பருப்பொருள் யாவும் நேர்நிறை ஆற்றலால் உருவானவை. ஆனால் பருப்பொருள் யாவும் ஈர்ப்பினால் தன்னைத்தானே கவர்ந்து கொண்டிருக்கின்றன. இரு பருப்பொருள் உருப்படிகள் விலகித் தொலைவாய் இருக்கும் போது பெற்றிருப்பதைக் காட்டிலும் ஒன்றுக்கொன்று நெருக்கமாக இருக்கும் போது குறைந்த ஆற்றலையே பெற்றிருக்கின்றன. ஏனென்றால் அவற்றைச் சேர்த்து இழுத்துக் கொண்டிருக்கும் ஈர்ப்பு விசைக்கு எதிராக அவற்றைப் பிரிப்பதற்கு ஆற்றல் செலவாகிறது. இவ்வாறு ஒரு வகையில் ஈர்ப்புப் புலத்துக்கு எதிர்மறை ஆற்றல் உள்ளது. வெளியில் கிட்டத்தட்ட ஒரேசீராக இருக்கும் அண்டத்தைப் பொறுத்த வரை இந்த எதிர்மறை ஈர்ப்பாற்றல் பருப்பொருளால் குறிக்கப் பெறும் நேர்நிறை ஆற்றலைத் துல்லியமாக நீக்கிவிடுவதை மெய்ப்பிக்க முடியும். எனவே அண்டத்தின் மொத்த ஆற்றல் என்பது சுழியமாகும்.

நிற்க, சுழியத்தின் இரு மடங்கும் சுழியந்தான். எனவே அண்டத்தால் நேர்நிறைப் பருப்பொருள் ஆற்றலின் அளவை இரட்டிப்பாக்குவதோடு எதிர்மறை ஈர்ப்பாற்றலையும் இரட்டிப்பாக்கி ஆற்றல் அழியா விதியை மீறாதிருக்க முடியும். அண்டம் பெரிதாகிச் செல்லச் செல்ல பருப்பொருள் ஆற்றல் அடர்த்தி குறைந்து செல்லும்படியான இயல்பான அண்ட விரிவாக்கத்தில் இது நடப்பதில்லை. ஆனால் உப்பல் விரிவாக்கத்தில் இது நடக்கவே செய்கிறது. ஏனென்றால் இங்கு அண்டம் விரிவடைகையில் மீக்குளிர் நிலவரத்தின் ஆற்றல் அடர்த்தி மாறாது இருந்து வருகிறது: அண்டம் தன் உருவளவில் இரட்டிப்பாகும் போது நேர்நிறைப் பருப்பொருள் ஆற்றல், எதிர்மறை ஈர்ப்பு ஆற்றல் ஆகிய இரண்டுமே இரட்டிப்பாகின்றன. எனவே மொத்த ஆற்றல் சுழியமாகவே இருந்து வருகிறது. உப்பல் கட்டத்தின் போது அண்டம் தன் உருவளவை மிகப் பெரும் அளவு அதிகமாக்கிக் கொள்கிறது. எனவே துகள்களை உண்டாக்கக் கிடைக்கும்படியான மொத்த ஆற்றல் அளவு மிகப் பெரிதாகிறது. கத் குறிப்பிட்டு இருப்பது போல், "ஒரு பிண்டச் சோறும் நமக்குச் சும்மா கிடைக்காது என்பார்கள். ஆனால் அண்டமே நமக்குச் சும்மா கிடைத்திருப்பதுதான்."

இன்று அண்டம் உப்பல் வழியில் விரிவடைந்து கொண்டிருக்கவில்லை. எனவே மிகப் பெரும் திறனுடைய அண்டவியல் மாறிலியை ஒழிப்பதற்கும், எனவே விரிவாக்க வீதத்தை முடுக்கம் பெற்ற ஒன்று என்ற நிலையிலிருந்து இன்றிருப்பது போல் ஈர்ப்பால் மட்டுப்படுத்தப்படும் ஒன்று என்ற நிலைக்கு மாற்றுவதற்கும் ஏதோ பொறியமைவு இருந்தாக வேண்டும். மீக்குளிர் நீர் எப்போதுமே எப்படி முடிவில் உறைந்து விடுகிறதோ அதே போல் உப்பல் விரிவாக்கத்திலும் விசைகளுக்கு இடையேயான சமச்சீர்மை முடிவில் முறிபடும் என்று எதிர்பார்க்கலாம். முறிபடாத சமச்சீர்மை நிலவரத்தின் கூடுதல் ஆற்றல் அப்போது வெளிவிடப்படும். அது விசைகளுக்கு இடையேயான சமச்சீர்மைக்குரிய முட்டு வெப்பநிலையை விட சற்றே குறைவான வெப்பநிலைக்கு அண்டத்தை மீண்டும் சூடேற்றும். அண்டம் அதற்கு மேல் தொடர்ந்து விரிவடைந்து குளிர்ச்சியடையும். இது வெப்ப மாவெடிப்பு மாதிரியமைப்பைப் போன்றதே. ஆனால் அண்டம் ஏன் துல்லியமாக முட்டு வீதத்தில் விரிவடைந்து கொண்டிருந்தது? என்பதற்கும், வெவ்வேறு வட்டாரங்கள் ஏன் ஒரே வெப்பநிலை கொண்டிருந்தன? என்பதற்கும் இப்போது நமக்கு விளக்கம் கிடைக்கும்.

கத்தின் மூல முன்மொழிவில் கட்ட இடைமாற்றம் திடீரென நிகழ்வதாகக் கொள்ளப்பட்டது. ஒரு வகையில் இது மிகக் குளிர்ந்த நீரில் பனிப் படிகங்கள் தோன்றுவதைப் போன்றதே. கருத்து என்னவென்றால், கொதிநீரால் சூழப்பட்ட நீராவிக் குமிழிகளைப் போல் முறிபட்ட சமச்சீர்மையின் புதிய கட்டக் "குமிழிகள்" பழைய கட்டத்தில் உருப்பெற்றிருக்கும். முழு அண்டமும் புதிய கட்டத்தை அடையும் வரை குமிழிகள் விரிவடைந்து ஒன்றையொன்று சந்தித்துக் கொள்வதாகக் கொள்ளப்பட்டது. இதில் சங்கடம் என்னவென்றால், நானும் வேறு பலரும் சுட்டிக்காட்டியது போல், அண்டம் மிக வேகமாக விரிவடைந்து கொண்டிருப்பதால் குமிழிகள் ஒளியின் வேகத்தில் வளர்ந்தாலும் கூட அவை ஒன்றிலிருந்து ஒன்று விலகிச் சென்று கொண்டிருக்கும், எனவே அவற்றால் இணைய முடியாமற்போகும். இதனால் அண்டம் ஒரே சீரில்லாத நிலவரத்தை அடையும்; அதன் சில வட்டாரங்கள் மட்டும் இன்னமும் வெவ்வெறு விசைகளிடையே சமச்சீர்மை கொண்டிருக்கும். அண்டத்தின் இத்தகைய மாதிரியமைப்பு நாம் காண்பதற்குப் பொருந்தி வராது.

நான் *1981* அக்டோபர் மாதத்தில் அக்குவ ஈர்ப்பியல் பற்றிய மாநாட்டில் கலந்து கொள்வதற்காக மாஸ்கோ சென்றேன். அந்த மாநாட்டிற்குப் பிறகு ஸ்டெர்ன்பெர்க் வானியல் கழகத் தில் உப்பல் மாதிரியமைப்பு பற்றியும், மேலும் அதன் சிக்கல்கள் குறித்தும் கருத்துரை வழங்கினேன். இதற்கு முன் வேறு ஒருவரைக் கொண்டு என் உரைகளை வழங்கி வந்தேன்; ஏனென்றால் பெரும்பாலானவர்களுக்கு என் குரல் விளங்கவில்லை. ஆனால் இக்கருத்துரையைத் தயாரிக்க நேரம் இல்லாததால் நானே அதை வழங்கிட, என் பட்டப் படிப்பு மாணவர்களில் ஒருவர் நான் பேசியதைத் திருப்பிச் சொன்னார். அது நன்கு பயன்பட்டது. அது அவையோருடன் எனக்கு இன்னும் நல்ல தொடர்பை ஏற்படுத்திக் கொடுத்தது. மாஸ்கோவிலுள்ள லெபெடேவ் கழகத்தைச் சேர்ந்த ஆன்ட்ரை லிண்டே எனும் இளம் ருஷ்யரும் அந்த அவையில் இருந்தார். குமிழிகள் மிகப் பெரியவையாக இருந்து அண்டத்தின் நமது வட்டாரம் முழுவதும் ஒற்றைக் குமிழிக்குள் அடங்கியிருக்குமானால் குமிழிகள் இணையாமற்போகும் இடர்ப்பாட்டைத் தவிர்க்கக் கூடும் என்று அவர் சொன்னார். இது செயல்பட வேண்டுமானால், சமச்சீர்மையிலிருந்து முறிபட்ட சமச்சீர்மைக்கான மாற்றம் குமிழிக்குள் மிக மெதுவாக நடந்திருக்க வேண்டும். ஆனால் மாவொருங்கிணைப்புக் கோட்பாடுகளின்படி இதற்கு வாய்ப்பு உண்டுதான். சமச்சீர்மை மெதுவாக முறிவடைதல் என்ற லிண்டேயின் கருத்து மிகச் சிறப்பானதுதான். ஆனால் அவரின் குமிழிகள் அந்த நேரத்தில் அண்டத்தின் உருவளவை விடப்

பெரியதாக இருந்திருக்க வேண்டும் என்பதை நான் பிற்பாடு உணர்ந்து கொண்டேன்! இதற்குப் பதிலாகச் சமச்சீர்மையானது குமிழிகளுக்குள் மட்டுமே முறிபடுவதை விடவும் ஒரே நேரத்தில் எல்லா இடங்களிலும் முறிபட்டிருக்கும் என்று நான் காட்டினேன். இது நாம் நோக்குவதைப் போன்ற ஒரேசீரான அண்டத்திற்கு வழிவகுக்கும். இக்கருத்தால் நான் பெரிதும் மனக் கிளர்ச்சியுற்றேன். இதைப் பற்றி என் மாணவர்களில் ஒருவரான அயன் மாஸ் என்பவருடன் விவாதித்தேன். ஆனால் பிற்பாடு அறிவியல் ஏடொன்று லிண்டேயின் ஆய்வுக் கட்டுரையை எனக்கு அனுப்பி வைத்து வெளியிடுவதற்கு அது பொருத்தமானதா? எனக் கேட்ட போது லிண்டேயின் நண்பன் என்ற வகையில் நான் சற்றே சங்கடத்துக்கு உள்ளானேன். குமிழிகள் அண்டத்தைக் காட்டிலும் பெரிதாக இருப்பது தொடர்பான இந்தக் குறைபாடு இருந்த போதிலும் சமச்சீர்மை மெதுவாக முறிபடுவது என்னும் அடிப்படைக் கருத்து மிக நன்றாக இருக்கிறது என்று நான் விடையளித்தேன். லிண்டே தன் ஆய்வுக் கட்டுரையைத் திருத்திச் சரிசெய்வதற்குப் பல மாதங்கள் ஆகிவிடும் என்பதால் அதனை உள்ளது உள்ளவாறே வெளியிடும்படி நான் பரிந்துரைத்தேன். ஏனென்றால் அவர் மேலை நாடுகளுக்கு அனுப்பக் கூடிய எந்த ஒன்றுக்கும் சோவியத் தணிக்கை அதிகாரிகளின் இசைவு தேவைப்படும்; அவர்களுக்கோ அறிவியல் ஆய்வுக் கட்டுரைகளைத் தணிக்கை செய்வதில் அவ்வளவு தேர்ச்சியும் இல்லை, அவ்வளவு சுறுசுறுப்பும் இல்லை. இதற்குப் பதிலாக நான் அதே ஏட்டில் அயான் மாசோடு சேர்ந்து ஒரு சுருக்கமான ஆய்வுக் கட்டுரை எழுதினேன். இதில் நாங்கள் குமிழி தொடர்பான இந்தச் சிக்கலைச் சுட்டிக்காட்டி அதை எப்படித் தீர்க்கக் கூடும் என்றும் காட்டினோம்.

நான் மாஸ்கோவிலிருந்து திரும்பிய மறுநாள் ஃபிலடெல்ஃபியா புறப்பட்டேன். அங்கு நான் ஃபிராங்ளின் கழகத்திலிருந்து ஒரு பதக்கம் பெறுவதாக இருந்தது. எனது செயலர் ஜூடி ஃபெல்லா என்னும் பெண்மணி தன் சீர் வனப்பைப் பயன்படுத்தி பிரிட்டிஷ் ஏர்வேஸ் நிறுவனத்தாரிடம் பேசி, அவர்கள் எங்கள் பயணத்தை அவர்களின் விளம்பரத்துக்குப் பயன்படுத்திக் கொள்ளலாம் என எடுத்துச் சொல்லி, கான்கார்டு வானூர்தியில் அவருக்கும் எனக்குமாக இலவசச் சீட்டுகள் தரச் செய்தார். ஆனால் வானூர்தி நிலையத்திற்குச் செல்லும் வழியில் அடை மழையினால் என் பயணம் தடைப்பட்டது. நான் வானூர்தியைத் தவற விட்டு விட்டேன். எப்படியோ கடைசியில் ஃபிலடெல்ஃபியா சென்று பதக்கம் பெற்றேன். பிறகு அங்குள்ள டிரெக்சல் பல்கலைக்கழகத்தில் உப்பல் அண்டம் பற்றிக் கருத்துரை வழங்கச் சொல்லி என்னைக் கேட்டுக் கொண்டார்கள்.

உப்பல் அண்டத்தின் சிக்கல்கள் பற்றி நான் மாஸ்கோவில் வழங்கிய அதே கருத்துரையை இங்கேயும் வழங்கினேன்.

லிண்டே கூறியதைப் பெரிதும் ஒத்ததான ஒரு கருத்தை ஒரு சில மாதங்களுக்குப் பிறகு பென்சில்வேனியா பல்கலைக்கழகத்தைச் சேர்ந்த பால் ஸ்டைன்ஹார்ட், அந்திரியாஸ் அல்ப்ரெக்ட் ஆகியோர் தாமாகவே தன்னிச்சையாக முன்வைத்தனர். சமச்சீர்மை மெதுவாக முறிபடுவது என்னும் கருத்தை அடிப்படையாகக் கொண்ட "புதிய உப்பல் மாதிரியமைப்பு" எனப்படுவதைக் கண்டுபிடித்ததற்கான கூட்டுப்பெருமை இப்போது லிண்டேயுடன் அவர்களுக்கும் தரப்படுகிறது. (சமச்சீர்மை விரைவாக முறிபடுதலும் குமிழிகள் உருவாதலுமான கத்தின் மூல முன்மொழிவே பழைய உப்பல் மாதிரியமைப்பாக இருந்தது.)

புதிய உப்பல் மாதிரியமைப்பானது அண்டம் ஏன் இப்படி இருக்கிறது? என்பதை விளக்குவற்கு ஒரு நல்ல முயற்சியாக அமைந்தது. ஆனால் இந்த மாதிரியமைப்பு, எப்படியும் மூலவடிவில், நுண்ணலைப் பின்னணிக் கதிர்வீச்சின் வெப்ப நிலையில் நோக்கியறியப்படுவதை விடவும் மிக அதிகமான மாறுபாடுகளை ஊகித்தறிந்தது என்று நானும் வேறு பலரும் மெய்ப்பித்தோம். அதற்குப் பிறகு நடைபெற்ற பணியும் தேவைப்பட்ட வகையிலான பெரிதும் முற்பட்ட அண்டத்தில் ஒரு கட்ட இடைமாற்றம் நிகழக் கூடுமா? என்பதில் ஐயமேற்படச் செய்தது. அறிவியல் கோட்பாடு என்ற முறையில் புதிய உப்பல் மாதிரியமைப்பு இப்போது செத்து விட்டது என்பதே என் சொந்தக் கருத்து. ஆனால் அதன் மறைவைப் பலரும் அறிந்ததாகவே தெரியவில்லை. ஏதோ அது ஒப்பேறக் கூடியது என்பது போல் இன்னமும் அவர்கள் ஆய்வுக் கட்டுரைகள் எழுதிக் கொண்டிருக்கிறார்கள். குழப்பமான உப்பல் மாதிரியமைப்பு *[chaotic inflationary model]* என்ற பெயரில் இன்னும் மேம்பட்ட ஒரு மாதிரியமைப்பை 1983இல் லிண்டே முன்வைத்தார். இதில் கட்ட இடைமாற்றமோ மீக்குளிர்தலோ இல்லை. இதற்குப் பதிலாகச் சுழல் 0 கொண்ட புலம் இருக்கிறது. இதற்கு அக்குவ ஏற்றவற்றங்களால் முற்பட்ட அண்டத்தின் சில வட்டாரங்களில் பெரும் மதிப்புகள் இருக்கும். அந்த வட்டாரங்களில் புலத்தின் ஆற்றல் அண்டவியல் மாறிலியைப் போல் நடந்து கொள்ளும். அது விலக்க ஈர்ப்பு விளைவைக் கொண்டிருக்கும். எனவே அது அவ்வட்டாரங்களை உப்பல் முறையில் விரிவடையச் செய்யும். அவை விரிவடைய விரிவடைய அவற்றில் புலத்தின் ஆற்றல் மெதுவாகக் குறையும். உப்பல் விரிவாக்கமானது வெப்ப மாவெடிப்பு மாதிரியமைப்பில் காணப்படுவதைப் போன்ற விரிவாக்கமாக மாறும் வரை இந்தக்

குறையும் போக்கு தொடரும். இந்த வட்டாரங்களில் ஒன்று இப்போது நாம் பார்க்கும் நோக்கியறியத்தக்க அண்டமாக உருப்பெறும். இந்த மாதிரியமைப்புக்கு முற்பட்ட உப்பல் மாதிரியமைப்புகளின் நற்பயன்கள் அனைத்தும் உள்ளது. ஆனால் இது ஐயப்பாட்டுக்கு உரிய கட்ட இடைமாற்றத்தைச் சார்ந்திருக்கவில்லை. மேலும் நுண்ணலைப் பின்னணியின் வெப்பநிலை ஏற்றவற்றங்களுக்கு நோக்காய்வுடன் ஒத்துப்போகும் நியாயமான உருவளவை இதனால் தர முடியும்.

அண்டத்தின் இந்த நிலவரம் மிகப் பல்வேறுபட்ட தொடக்கக் கோலங்களிலிருந்து தோன்றியிருக்கக் கூடும் என்று உப்பல் மாதிரியமைப்புகள் பற்றிய இந்த ஆய்விலிருந்து தெரிய வந்தது. இது முக்கியமானது. ஏனென்றால் அண்டத்தில் நாம் வாழ்கிற பகுதியின் தொடக்க நிலவரத்தைப் பெரும் கவனத்துடன் தெரிந்தெடுக்க வேண்டிய தேவை ஏற்படவில்லை என்று இது காட்டுகிறது. எனவே அண்டம் இப்போது இப்படிக் காட்சியளிப்பது ஏன் என்று விளக்குவதற்கு நாம் விரும்பினால் நலிந்த மாந்தமையக் கொள்கையைப் பயன்படுத்திக் கொள்ளலாம். ஆனால் தொடக்கக் கோலம் ஒவ்வொன்றும் நாம் நோக்கியறிவது போன்ற அண்டத்திற்கு இட்டுச் சென்றிருக்கும் என்பதாக இருக்க முடியாது. இதை மெய்ப்பிப்பதற்கு நிகழ்காலத்தில் அண்டத்திற்கென்று மிகவும் மாறுபட்ட ஒரு நிலவரத்தை, எடுத்துக்காட்டாகப் பெருமளவுக்குக் கட்டிகட்டியாகவும் ஒழுங்கீனமாகவும் இருக்கும் நிலவரத்தைக் கருதிப் பார்க்கலாம். அறிவியல் விதிகளைப் பயன்படுத்தி அண்டத்தைக் கால வகையில் பின்னோக்கிப் படிமலர்ச்சி அடையச் செய்து முற்பட்டக் காலங்களில் அஃதிருந்த கோலத்தை உறுதிசெய்யலாம். செவ்வியல் பொதுச் சார்பியலின் வழுவத் தேற்றங்களின்படி அந்நிலையிலுங்கூட மாவெடிப்பு வழுவம் இருந்திருக்கும். இத்தகைய அண்டத்தை அறிவியல் விதிகளின்படி கால வகையில் முன்னோக்கிப் படிமலரச் செய்தால், தொடக்கத்தில் இருந்த கட்டிகட்டியான ஒழுங்கீனமான நிலவரத்தில் போய் முடியும். இவ்விதம், இன்று நாம் பார்ப்பது போன்ற அண்டத்திற்கு வழிவகுத்திருக்காத தொடக்கக் கோலங்கள் இருந்திருக்கத்தான் வேண்டும். ஆகவே நாம் நோக்கியறிவதிலிருந்து பெரிதும் மாறுபட்ட ஒன்றை உண்டாக்கக் கூடிய வகையில் தொடக்கக் கோலம் இல்லாமற்போனது ஏன் என்பதை உப்பல் மாதிரியமைப்பும் கூட நமக்குச் சொல்வதில்லை. விளக்கம் பெறும் பொருட்டு மாந்தமையக் கொள்கையின் பக்கந்தான் திரும்ப வேண்டுமா? எல்லாமே வெறும் குருட்டு வாய்ப்புதானா? இது நம்பிக்கையிழக்கச் சொல்லும் அறிவுரை போல் தோன்றும். அண்டத்தின் அடிநாதமான

ஒழுங்கைப் புரிந்து கொள்ள முடியுமென்ற நமது எதிர்பார்ப்புகளை எல்லாம் மறுதலிப்பது போல் தோன்றும்.

அண்டம் எவ்வாறு தொடங்கியிருக்க வேண்டும் என்பதை ஊகித்தறிய வேண்டுமானால் காலத் தொடக்கத்தில் பொருந்தும்படியான விதிகள் தேவை. செவ்வியல் பொதுச் சார்பியல் கோட்பாடு சரியானது என்றால், காலத் தொடக்கமானது ஈறிலா அடர்த்தியும் ஈறிலா வெளி-கால வளைவும் கொண்ட ஒரு புள்ளியாக இருந்திருக்குமென ரோஜர் பென்ரோசும் அடியேனும் மெய்ப்பித்த வழுவத் தேற்றங்கள் காட்டுகின்றன. அறியப்பட்ட அறிவியல் விதிகள் எல்லாம் இப்படி ஒரு புள்ளியில் செயலற்று விடும். வழுவங்களில் பொருந்தும் புதிய விதிகள் இருப்பதாக வைத்துக் கொள்ளலாந்தான். ஆனால் மோசமாக நடந்து கொள்ளும் இத்தகைய புள்ளிகளில் இத்தகைய விதிகளை வகுத்துரைப்பதே கூட மிகக் கடினமாய் இருக்கும். அந்த விதிகள் என்னவாய் இருக்கக் கூடும் என்பதை அறிய நோக்காய்வுகளிலிருந்து நமக்கு எந்த வழிகாட்டுதலும் இருக்காது. ஆனால் வழுவத் தேற்றங்கள் உண்மையில் காட்டுவது என்னவென்றால், ஈர்ப்புப் புலம் வலு மிக்கதாகி அக்குவ ஈர்ப்பியல் விளைவுகள் அதனால் முக்கியமாகின்றன: செவ்வியல் கோட்பாடு இனியும் அண்டத்திற்கொரு நல்ல வர்ணனை ஆகாது. எனவே அண்டத்தின் மிகவும் முற்பட்ட கட்டங்களைப் பற்றிப் பேச வேண்டுமானால் ஈர்ப்பியல் அக்குவக் கோட்பாட்டைப் பயன்படுத்த வேண்டும். காலத் தொடக்கம் உட்பட எங்கெங்கும் சாதாரண அறிவியல் விதிகள் பொருந்துவதற்குள்ள வாய்ப்பு அக்குவக் கோட்பாட்டில் உண்டு என்பதை நாம் பார்க்கத்தான் போகிறோம்: வழுவங்கள் வேண்டிப் புதிய விதிகளை அமைத்துக் கொள்ளத் தேவையில்லை. ஏனென்றால் அக்குவக் கோட்பாட்டில் வழுவங்களேதும் இருக்க வேண்டியதில்லை.

அக்குவ இயந்திரவியலையும் ஈர்ப்பியலையும் இணைப்பதற்கு முழுமையானதும் முரணற்றதுமாகிய ஒரு கோட்பாடு இது வரை நம்மிடம் இல்லை. ஆனால் இத்தகைய ஓர் ஒருங்கிணைந்த கோட்பாட்டுக்கு இருக்க வேண்டிய சில பண்புக் கூறுகளை நாம் ஓரளவு உறுதியாகவே அறிந்துள்ளோம். ஒன்று என்னவென்றால், கூட்டுத்தொகையான வரலாறுகள் என்கிற வகையில் அக்குவக் கோட்பாட்டை வகுத்துரைக்க வேண்டும் என்ற ஃபைன்மனின் முன்மொழிவை ஒருங்கிணைந்த கோட்பாடு தன்னுள் சேர்த்துக் கொள்ள வேண்டும். இந்த அணுகுமுறையில் ஒரு துகளுக்குச் செவ்வியல் கோட்பாட்டில் இருக்கக் கூடியது போல் ஒற்றை வரலாறு

மட்டும் இருக்காது. அது இதற்குப் பதிலாக வெளி-காலத்தில் தனக்கு வாய்ப்புள்ள ஒவ்வொரு பாதையிலும் செல்வதாகக் கொள்ளப்படுகிறது. இந்த வரலாறுகள் ஒவ்வொன்றுக்கும் உரியவையாக இரு எண்கள் உள்ளன. ஒன்று ஓர் அலையின் உருவளவைக் குறிப்பதாகும். மற்றொன்று சுழற்சியிலான அதன் அமைவிடத்தை (அதன் கட்டத்தை) குறிப்பதாகும். துகள் ஏதோ ஒரு குறிப்பிட்டப் புள்ளி வழியாகச் செல்லும் நிகழ்தகவைக் கண்டறிய வேண்டுமானால், அந்தப் புள்ளி வழியாகச் செல்வதற்கு வாய்ப்புள்ள ஒவ்வொரு வரலாற்றுக்கும் உரிய அலைகளைக் கூட்டிச் சேர்க்க வேண்டும். ஆனால் உள்ளபடியே இந்தக் கூட்டல் கணக்குகளைச் செய்ய முயலும் போது கடும் செய்நுட்பச் சிக்கல்கள் எதிர்ப்படுகின்றன. இவற்றைத் தவிர்ப்பதற்கு ஒரே வழி பின்வரும் வினோதமான கட்டளைதான்: துகள் வரலாறுகளை அறிய அலைகளைக் கூட்டிச் சேர்த்தாக வேண்டும் என்பது உண்மைதான், ஆனால் இந்த வரலாறுகளோ நானும் நீங்களும் அனுபவிக்கும் "மெய்" காலத்தில் அல்லாமல் கற்பனைக் காலம் என்று அழைக்கப்படுவதில் நடைபெறுகின்றன. கற்பனைக் காலம் என்பது அறிவியல் புனைகதை போல் ஒலிக்கலாம். ஆனால் உண்மையில் இது நன்கு வரையறுக்கப்பட்ட கணக்கியல் கருத்தமைவே ஆகும். நாம் எந்த ஒரு சாதாரண (அல்லது "மெய்") எண்ணையும் எடுத்துக் கொண்டு அதனை அதனாலேயே பெருக்கினால் மிகை எண் *[positive number]* கிடைக்கும். (எடுத்துக்காட்டாக, 2ஐ 2ஆல் பெருக்கினால் 4, ஆனால் -2ஐ -2ஆல் பெருக்கினாலும் 4 தான்.) ஆனால் சிறப்பு எண்கள் (கற்பனை எண்கள் எனப்படுகிறவை) அவற்றாலேயே பெருக்கப்படும் போது குறை எண்கள் *[negative numbers]* பெறப்படுகின்றன. (அத்தகையது i என அழைக்கப்படுகிறது. அதனை அதனாலேயே பெருக்கிக் கிடைப்பது -1; 2iஐ அதனாலேயே பெருக்கிக் கிடைப்பது -4, மேலும் இவ்வாறே.)

மெய் எண்களையும் கற்பனை எண்களையும் பின்வரும் வழியில் படம்பிடித்துக் காட்டலாம் (படம் 8.1). மெய் எண்கள் சுழியத்தை மையமாகக் கொண்டு இடது பக்கத்திலிருந்து வலது பக்கத்திற்குச் செல்லும் கோட்டினால் குறிக்கப் பெறுகின்றன. சுழியம் மையத்தில் இருக்க, -1, -2 முதலான குறை எண்கள் இடது பக்கத்திலும், 1, 2 முதலான மிகை எண்கள் வலது பக்கத்திலும் உள்ளன. கற்பனை எண்கள் நடுக்கோட்டுக்கு மேல் கீழாக அமைந்த கோட்டினால் குறிக்கப் பெறுகின்றன; i, 2i முதலானவை நடுப்புள்ளிக்கு மேலேயும், -i, -2i முதலானவை கீழேயும் உள்ளன. இவ்விதம் கற்பனை எண்கள் ஒரு விதத்தில் சாதாரண மெய் எண்களுக்குச் செங்கோணங்களில் உள்ளன.

ஃபைன்மனின் கூட்டுத் தொகையான வரலாறுகளில் உள்ள செய்நுட்ப இடர்ப்பாடுகளைத் தவிர்ப்பதற்குக் கற்பனைக் காலத்தைப் பயன்படுத்தியாக வேண்டும். அதாவது இந்தக் கணக்கீட்டின் நோக்கங்களுக்கு மெய் எண்களுக்குப் பதிலாகக் கற்பனை எண்களைப் பயன்படுத்திக் காலத்தை அளவிட வேண்டும். இது வெளி-காலத்தின் மீது ஏற்படுத்தும் விளைவு கருத்துக்குரியதாகும்: காலத்துக்கும் வெளிக்குமான வேறுபாடு அடியோடு மறைகிறது. வெளி-காலம் ஒன்றில் நிகழ்ச்சிகளுக்குக் கால ஆயத்தின் கற்பனை மதிப்புகள் இருக்குமானால் அது யூக்லிடியன் வெளி-காலம் *[Euclidean spacetime]* எனச் சொல்லப்படுகிறது. இரு பரிமாணப் பரப்புகளின் வடிவியல்

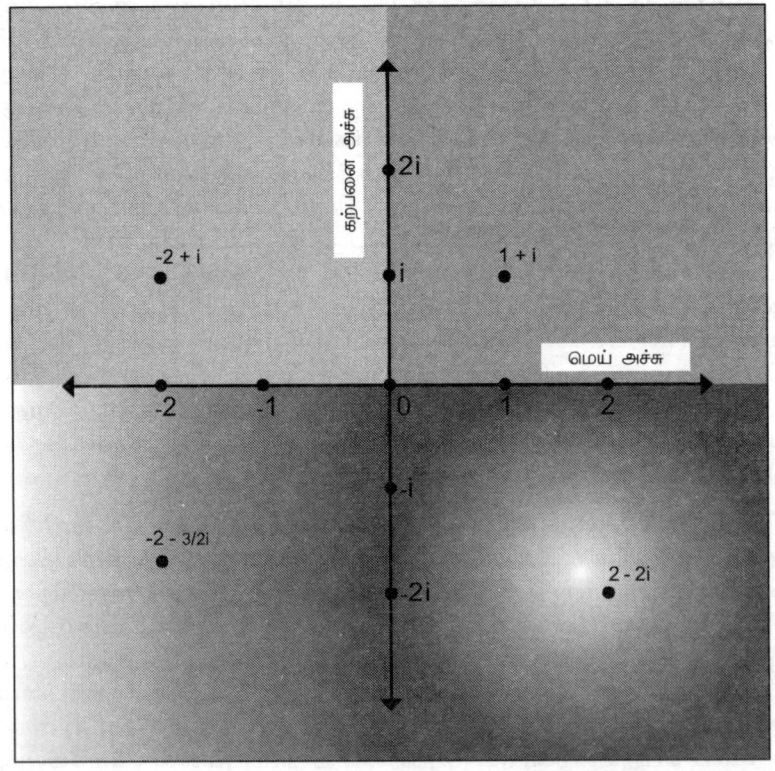

படம் 8.1

ஆய்வை நிறுவிய பழங்கால கிரேக்கர் யூக்லிட் பெயரால் இப்படிச் சொல்லப்படுகிறது. யூக்லிடிய வெளி-காலம் என இப்போது நாம் அழைப்பது இரு பரிமாணங்களுக்குப் பதிலாக நான்கு பரிமாணங்களைக் கொண்டுள்ளது என்பதைத் தவிர அதனைப் பெரிதும் ஒத்துள்ளது. அங்கு யூக்லிடிய வெளி-காலத்தில் காலத் திசைக்கும் வெளித் திசைகளுக்கும் இடையே எந்த வேறுபாடுமில்லை. மறுபுறம், நிகழ்ச்சிகளைக் கால ஆயத்தின் சாதாரண மெய் மதிப்புகளால் குறிக்கும்படியான மெய் வெளி-காலத்தில் வேறுபாட்டைச் சொல்வது எளிது; அதாவது காலத் திசை எல்லாப் புள்ளிகளிலும் ஒளிக் கூம்பிற்கு உள்ளேயும் வெளித் திசைகள் ஒளிக் கூம்பிற்குப் புறத்தேயும் அமைந்துள்ளன. எது எப்படியானாலும் அன்றாட அக்குவ இயந்திரவியலைப் பொறுத்த வரை, கற்பனைக் காலம், யூக்லிடிய வெளி-காலம் ஆகியவற்றை நாம் பயன்படுத்துவது மெய் வெளி-காலம் பற்றிய விடைகளைக் கணக்கிடுவதற்கான ஒரு கணக்கியல் உத்தி (அல்லது தந்திரம்) மட்டுமே எனக் கருதிக் கொள்ளலாம்.

எந்த ஓர் இறுதிக் கோட்பாட்டின் பகுதியாகவும் இருந்தாக வேண்டும் என நாம் நம்புகிற இரண்டாவது பண்புக் கூறு, ஈர்ப்புப் புலத்தை வெளி-கால வளைவு குறிக்கிறது என்ற ஐன்ஸ்டைனின் கருத்தாகும்: துகள்கள் ஒரு வளைவுற்ற வெளியில் நேர்ப்பாதைக்கு மிக நெருங்கிய ஒன்றில் செல்ல முயல்கின்றன. ஆனால் வெளி-காலம் தட்டையாக இல்லாதிருப்பதால் துகள்களின் பாதைகள் ஓர் ஈர்ப்புப் புலத்தால் வளைக்கப்பட்டிருந்தால் எப்படியோ அப்படி வளைந்து தோற்றமளிக்கின்றன. நாம் ஃபைன்மனின் கூட்டுத் தொகையான வரலாறுகளை ஐன்ஸ்டைனின் ஈர்ப்புப் பார்வைக்குப் பொருத்திப் பார்த்தால் ஒரு துகளின் வரலாற்றுக்கு ஒப்புமையாக இப்போது இருப்பது முழு அண்டத்தின் வரலாற்றையும் குறிக்கிற முழுமையான வெளி-கால வளைவாகும். உள்ளபடியே கூட்டுத் தொகையான வரலாறுகளைக் கணக்கிடுவதிலான செய்நுட்ப இடர்ப்பாடுகளைத் தவிர்ப்பதற்கு இந்த வளைவுற்ற வெளி-காலங்களை யூக்லிடிய வெளி-காலங்களாக எடுத்துக் கொள்ள வேண்டும். அதாவது, காலம் கற்பனையானது, வெளித் திசைகளிலிருந்து வேறுபடுத்திக் காண முடியாதது என்று பொருள். ஒவ்வொரு புள்ளியிலும் ஒவ்வொரு திசையிலும் ஒன்றே போல் காட்சியளித்தல் என்பது போன்ற ஏதோ ஒரு குறிப்பிட்ட பண்பு கொண்ட ஒரு மெய் வெளி-காலத்தைக் கண்டறிவதற்குள்ள நிகழ்தகவைக் கணக்கிடுவதற்காக அந்தப் பண்புடைய எல்லா வரலாறுகளுக்கும் உரிய அலைகளைக் கூட்டிச் சேர்க்கிறோம்.

செவ்வியல் பொதுச் சார்பியல் கோட்பாட்டில் கூடுமான பல்வேறு வளைவுற்ற வெளி-காலங்கள் உள்ளன. ஒவ்வொன்றும் அண்டத்தின் வெவ்வேறான தொடக்க நிலவரத்துக்கு உரியதாகும். நமக்கு நம் அண்டத்தின் தொடக்க நிலவரம் தெரிந்திருந்தால் அதன் முழு மொத்த வரலாறும் தெரிய வரும். இதேபோல் ஈர்ப்பியல் அக்குவக் கோட்பாட்டில் அண்டத்திற்குக் கூடுமான பல்வேறு அக்குவ நிலவரங்கள் உள்ளன. இங்கேயும் கூட்டுத் தொகையான வரலாறுகளில் யூக்லிடிய வளைவுற்ற வெளி-காலங்கள் முற்பட்டக் காலங்களில் எவ்வாறு நடந்து கொண்டன என்று நமக்குத் தெரிந்தால் அண்டத்தின் அக்குவ நிலவரம் தெரிய வரும்.

மெய் வெளி-காலத்தை அடிப்படையாகக் கொண்ட செவ்வியல் ஈர்ப்பியல் கோட்பாட்டில், அண்டம் நடந்து கொள்வதற்குரிய வாய்ப்புள்ள வழிகள் இரண்டே இரண்டுதான்: ஒன்று, அது ஈறிலாக் காலத்திற்கு இருந்திருக்க வேண்டும் அல்லது கடந்தகாலத்தில் ஏதோ ஒரு திட்டமான நேரத்தில் ஒரு வழுவத்தில் அதற்கொரு தொடக்கம் இருந்திருக்க வேண்டும். மறுபுறம், ஈர்ப்பியல் அக்குவக் கோட்பாட்டில் மூன்றாவது வாய்ப்புவழி எழுகிறது. காலத் திசை வெளித் திசைகளுக்குரிய அதே அடிப்படையில் அமையும்படியான யூக்லிடிய வெளி-காலங்களைப் பயன்படுத்துகிற காரணத்தால், வெளி-காலம் நீட்சியில் வரம்புள்ளதாக இருக்கும் வாய்ப்புண்டு, இருப்பினும் இதற்கு எல்லை அல்லது விளிம்பாக அமைந்த வழுவங்கள் எதுவும் இருப்பதில்லை. கூடுதலாக இரு பரிமாணங்கள் உண்டு என்பதைத் தவிர வெளி-காலம் புவிப் பரப்பைப் போன்றதாக இருக்கும். புவிப் பரப்பு நீட்சியில் ஈறுள்ளதாய் இருப்பினும் அதற்கு எல்லையோ விளிம்போ இல்லை: நீங்கள் ஞாயிறு கடலில் மறைந்து கொண்டிருக்கும் திசையை நோக்கிப் பயணம் செய்தால் விளிம்பிலிருந்து விழுந்து விடுவதில்லை அல்லது வழுவத்துக்குள் சென்று விடுவதில்லை. (உலகைச் சுற்றியவன் என்பதால் எனக்கிது தெரியும்!)

யூக்லிடிய வெளி-காலம் பின்னோக்கி நீண்டு ஈறிலாக் கற்பனைக் காலம் வரை சென்றால் அல்லது கற்பனைக் காலத்தில் ஒரு வழுவத்தில் தொடங்கினால் செவ்வியல் கோட்பாட்டில் போலவே அண்டத்தின் தொடக்க நிலவரத்தைக் குறித்துரைக்கும் அதே சிக்கல் உள்ளது: அண்டம் எவ்வாறு தொடங்கியது என்று கடவுளுக்குத் தெரிந்திருக்கலாம். ஆனால் நம்மால் அது ஒரு வகையில் அல்லாமல் பிறிதொரு வகையில் ஏன் தொடங்கியது? என்றெல்லாம் சிந்திப்பதற்குக் குறிப்பான காரணம் ஏதும் தர முடியாது. மறுபுறம், ஈர்ப்பியல் அக்குவக் கோட்பாடு புதியதொரு வாய்ப்புவழியைத்

198 | காலம் – ஒரு வரலாற்றுச் சுருக்கம்

திறந்து விட்டுள்ளது. இதில் வெளி-காலத்திற்கு எல்லையேதும் இருக்காது. எனவே எல்லையிலான நடப்பைக் குறித்துரைக்க வேண்டிய தேவையேதும் இருக்காது. அறிவியல் விதிகள் செயலற்றுப் போகும்படியான வழுவங்களேதும் இருக்க மாட்டா. மேலும் வெளி-காலத்துக்கு விளிம்புங்கூட இருக்காது. எனவே வெளி-காலத்துக்கு எல்லை நிலைமைகளைக் குறிக்கச் சொல்லி கடவுளிடமோ ஏதேனும் புதிய விதியிடமோ நாம் மன்றாடிக் கேட்கும் தேவையேதும் இருக்காது. இப்படி வேண்டுமானாலும் சொல்லலாம்: "அண்டத்தின் எல்லை நிலைமை என்பது அதற்கு எல்லையே இல்லை என்பதுதான்." அண்டம் முற்றிலும் தன்னிறைவு *[self contained]* கொண்டதாக இருக்கும். அது தனக்குப் புறத்தே இருக்கக் கூடிய எதனாலும் பாதிக்கப்படாது. அது ஆக்கப்படாது, அழிக்கவும்படாது. அது இருக்கும், அவ்வளவுதான்.

நான் முன்னர் குறிப்பிட்ட வாடிகன் மாநாட்டில்தான், காலமும் வெளியும் சேர்ந்து உருவளவில் ஈறுள்ள, ஆனால் எல்லையோ விளிம்போ ஏதுமற்ற ஒரு பரப்பாக அமைகின்றன என்ற கருத்தை முதன் முதலாக முன்வைத்தேன். ஆனால் என் ஆய்வுக் கட்டுரை சற்றே கணக்கியல் சார்ந்ததாக இருந்தது. எனவே அண்டத்தின் படைப்பில் கடவுளுக்குரிய பங்கு பற்றிய கருத்தின் மீது அது ஏற்படுத்தக் கூடிய விளைவுகளை அப்போது பொதுவாக யாரும் இன்னவை என்று தெரிந்து கொள்ளவில்லை (இதுவும் என் நன்மைக்கே). வாடிகன் மாநாடு நடைபெற்ற நேரத்தில் எனக்கு அண்டத்தைப் பற்றிய ஊகங்களைச் செய்ய "எல்லையில்லை" கருத்தை எப்படிப் பயன்படுத்திக் கொள்வதெனத் தெரியாது. அடுத்து வந்த கோடை காலத்தை சாந்தா பார்பராவில் கலிஃபோர்னியா பல்கலைக்கழகத்தில் கழித்தேன். அங்கே என் நண்பரும் கூட்டாளியுமான ஜிம் ஹார்டில் என்னோடு சேர்ந்து வெளி-காலத்துக்கு எல்லையில்லா விட்டால், அண்டம் நிறைவு செய்தாக வேண்டிய நிபந்தனைகள் என்னவென்று வகுத்துரைத்தார். நான் கேம்பிரிட்ஜுக்குத் திரும்பியதும் என் ஆராய்ச்சி மாணவர்களுள் இருவரான ஜூலியன் லட்றெல், ஜோனதன் ஹாலிவெல் ஆகியோரோடு சேர்ந்து இப்பணி தொடர்ந்தேன்.

காலமும் வெளியும் "எல்லையில்லாமல்" ஈறுள்ளதாக இருக்கும் என்ற கருத்து வெறும் முன்மொழிவு மட்டுமே என்பதை நான் வலியுறுத்த விரும்புகிறேன்: வேறு ஏதோ ஒரு கோட்பாட்டிலிருந்து இதனை வருவிக்க முடியாது. வேறு எந்த அறிவியல் கோட்பாட்டையும் போலவே இதுவும் தொடக்கத்தில் அழகியல் அல்லது மானசிகவியல் காரணங்களுக்காக முன்வைக்கப்படலாம்.

ஆனால் அது நோக்காய்வுகளோடு ஒத்துப்போகும் ஊகங்கள் செய்கிறதா? என்பதே உண்மையான உரைகல். ஆனால் அக்குவ ஈர்ப்பியலைப் பொறுத்த வரை இதை உறுதிசெய்வது இரு காரணங்களால் கடினம். முதலாவதாக, பொதுச் சார்பியலையும் அக்குவ இயந்திரவியலையும் வெற்றிகரமாக இணைக்கிற ஒரு கோட்பாடு கொண்டிருக்க வேண்டிய வடிவம் பற்றி நமக்கு நிறையவே தெரியுமென்றாலும் அந்தக் கோட்பாடு துல்லியமாக எதுவென்று இதுவரை நமக்கு உறுதியாகத் தெரியவில்லை, இது குறித்து 11ஆவது அதிகாரத்தில் விளக்கம் பெறுவோம். இரண்டாவதாக, முழு அண்டத்தையும் விவரமாக வர்ணிக்கிற எந்த மாதிரியமைப்பும் நமக்குக் கணக்கியல் வகையில் மிகவும் சிக்கலானதாக இருக்கும் என்பதால் நம்மால் துல்லியமான ஊகங்களைக் கணக்கிட்டுச் சொல்ல முடியாமற் போகும். எனவே எளிமைப்படுத்துவதற்கான அனுமானங்களையும் தோராய மதிப்பீடுகளையும் செய்யத்தான் வேண்டும்; அப்போதுங்கூட ஊகங்களை வடிப்பதில் உள்ள சிக்கல் வெல்லற்கரியதாகவே இருந்து வருகிறது.

கூட்டுத் தொகையான வரலாறுகளில் உள்ள ஒவ்வொரு வரலாறும் வெளி-காலத்தை மட்டும் வர்ணிப்பதில்லை; அதில் அடங்கிய ஒவ்வொன்றையும், அண்டத்தின் வரலாற்றை நோக்காய்வு செய்ய வல்ல மனிதப் பிறவிகள் போன்ற சிக்கலான உயிரிகள் ஏதும் இருக்குமானால் அவை உட்பட அனைத்தையும் வர்ணிக்கும். இது மாந்தமையக் கொள்கையை நியாயப்படுத்துவதற்கு இன்னொரு காரணத்தை வழங்கலாம். ஏனெனில் எல்லா வரலாறுகளுக்குமே வாய்ப்புண்டு என்றால், இவ்வரலாறுகளில் ஒன்றில் நாம் இருக்கும் வரை அண்டம் எப்படி உள்ளதோ அப்படிக் காணப்படுவது ஏன் என்பதை விளக்குவதற்கு மாந்தமையக் கொள்கையை நாம் பயன்படுத்தலாம். நாம் இருந்திடாத மற்ற வரலாறுகளுக்குத் துல்லியமாக என்ன பொருள் தர முடியும் என்பது தெளிவாகத் தெரியவில்லை. ஈர்ப்பியல் அக்குவக் கோட்பாட்டின் இந்தப் பார்வை இன்னுங்கூட அதிக நிறைவளிப்பதாய் இருக்கும். ஆனால் அதற்குக் கூட்டுத் தொகையான வரலாறுகள் என்பதைப் பயன்படுத்தி நமது அண்டம் வாய்ப்புவழியுள்ள வரலாறுகளில் ஒன்று என்பது மட்டுமல்லாமல் மிக அதிக நிகழ்தகவுள்ள வரலாறுகளில் ஒன்றாகவும் இருப்பதாகக் காட்ட வேண்டியிருக்கும். இதைச் செய்வதற்கு, எல்லையில்லாத யூக்லிடிய வெளி-காலங்களில் கூடுமான அனைத்துக்கும் வரலாறுகளின் கூட்டுத் தொகையை நாம் கணக்கிட்டாக வேண்டும்.

“எல்லையின்மை” முன்மொழிவு *[no boundary proposal]* என்பதன் கீழ் அண்டமானது கூடுமான வரலாறுகளில் பெரும்பாலானவற்றின் வழிச் செல்வதாகக் காணப்படும் வாய்ப்பு சொற்பமே என்பதை அறிகிறோம். ஆனால் மற்ற வரலாறுகளைக் காட்டிலும் வெகு அதிக நிகழ்தகவுள்ள வரலாறுகளின் குறிப்பிட்டக் குடும்பம் ஒன்று உள்ளது. இந்த வரலாறுகளைப் புவிப் பரப்பு போல் இருப்பதாகச் சித்திரிக்கலாம். வட துருவத்திலிருந்தான தொலைவு கற்பனைக் காலத்தையும், வட துருவத்திலிருந்து மாறாத் தொலைவில் அமைந்த வட்டத்தின் உருவளவு அண்டத்தின் வெளி உருவளவையும் குறிக்கின்றன. அண்டம் வட துருவத்தில் ஒற்றைப் புள்ளியாகத் தொடங்குகிறது. ஒருவர் தெற்கே செல்லச் செல்ல வட துருவத்திலிருந்து மாறாத் தொலைவிலுள்ள குறுக்குக்கோட்டின் வட்டங்கள் பெரிதாகிச் செல்கின்றன, இவை காலத்தோடு விரிவடைந்து செல்லும் அண்டத்தைக் குறிக்கின்றன (படம் 8.2). அண்டம் நடுக்கோட்டில் பெரும உருவளவை அடைந்து, அதிகரித்துச் செல்லும் கற்பனைக் காலத்தோடு சுருங்கிச் சென்று தென் துருவத்தில் ஒற்றைப் புள்ளியை அடையும். அண்டத்தின் உருவளவு வட, தென் துருவங்களில் சுழியமாகவே இருக்கும் என்றாலுங்கூட, இந்தப் புள்ளிகளும் புவியின் வட, தென் துருவங்களைப் போலவே வழுவங்களாக இருக்க மாட்டா. அறிவியல் விதிகள் புவியின் வட, தென் துருவங்களில் போலவே இந்தப் புள்ளிகளிலும் செல்லுபடியாகும்.

ஆனால் அண்டத்தின் வரலாறு மெய்க் காலத்தில் பெரிதும் மாறுபட்டுத் தோற்றமளிக்கும். ஏறத்தாழ ஓராயிரம் அல்லது ஈராயிரம் கோடி ஆண்டுகளுக்கு முன் அதற்கொரு சிறும உருவளவு இருக்கும், அது கற்பனைக் கால வரலாற்றின் பெரும ஆரத்துக்குச் சமமாக இருக்கும். பிறகு வரும் மெய்க் காலங்களில் லிண்டே முன்மொழிந்த குழப்ப உப்பல் மாதிரியமைப்பைப் போல் அண்டம் விரிவடையும். (ஆனால் அண்டம் எப்படியோ சரியான வகைப்பட்ட நிலவரத்தில் ஆக்கப்பட்டதாக இப்போது அனுமானம் செய்து கொள்ள வேண்டி இருக்காது). அண்டம் விரிவடைந்து சென்று மிகப் பெரும் உருவளவை அடையும் (படம் 8.2), முடிவில் மறுதகர்வுற்று மெய்க் காலத்தில் வழுவம் போல் காட்சியளிப்பதாகி விடும். இவ்வாறு ஒரு வகையில் பார்த்தால், நாம் கருந்துளைகளிலிருந்து விலகியிருந்தால் கூட நாம் எல்லோரும் அழிவது திண்ணம். கற்பனைக் காலம் என்ற அடிப்படையில் அண்டத்தைச் சித்திரிக்கக் கூடுமானால் மட்டுமே வழுவங்கள் ஏதும் இருக்காது.

படம் 8.2

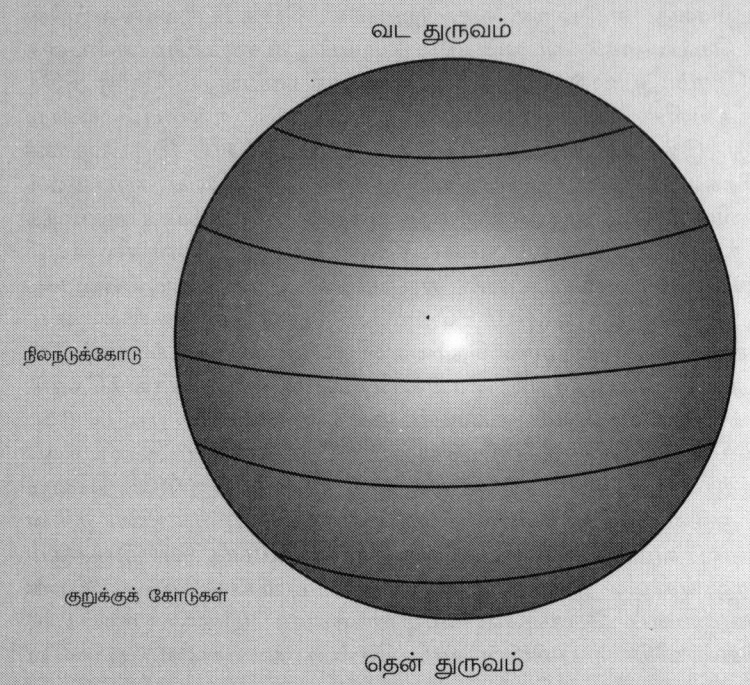

வட துருவம்
நிலநடுக்கோடு
குறுக்குக் கோடுகள்
தென் துருவம்

புவி

அண்டம் மெய்யாகவே இத்தகைய அக்குவ நிலவரத்தில் இருக்குமானால் கற்பனைக் காலத்தில் அண்டத்தின் வரலாற்றில் வழுவங்கள் எவையும் இருக்க மாட்டா. எனவே அண்மைக் காலத்திய என் ஆய்வுப் பணி வழுவங்கள் குறித்து முன்பு நான் செய்த ஆய்வின் முடிவுகளை அடியோடு ஒன்றுமில்லாமற் செய்துவிட்டது போல் தோன்றக் கூடும். ஆனால் மேலே சுட்டியது போல், அக்குவ ஈர்ப்பியல் விளைவுகளைக் கண்டுகொள்ளாதிருக்க முடியாது என்னும் அளவுக்கு ஈர்ப்புப் புலம் வலுப்பெற்றே தீரும் என்பதைக் காட்டியதுதான் வழுவத் தேற்றங்களின் உண்மை முக்கியத்துவமாக இருந்தது. இதன் தொடர்ச்சியாகவே, அண்டம் கற்பனைக் காலத்தில் ஈறுள்ளதாக இருந்தாலும் எல்லைகளோ வழுவங்களோ அற்றதாய் இருக்கக் கூடும் என்ற கருத்து பிறந்தது. ஆனால் நாம் வாழும் மெய்க் காலத்திற்குத் திரும்பிச் சென்றால் அப்போதும் வழுவங்கள்

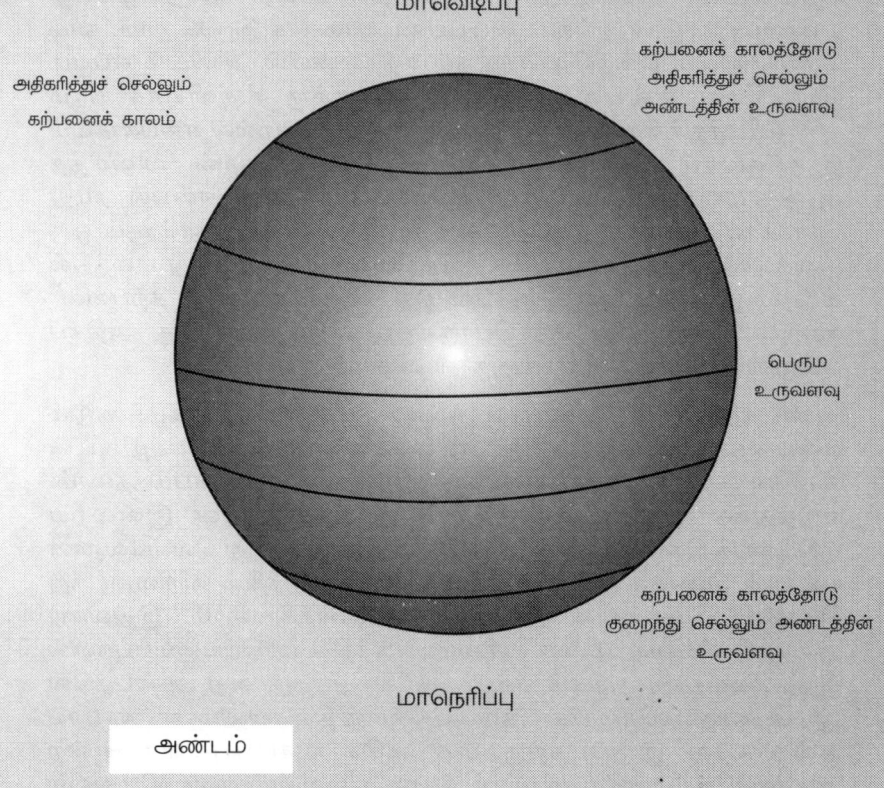

அண்டம்

இருப்பதாகத் தோன்றும். கருந்துளையுள் விழும் பரிதாபத்திற்குரிய நம் விண்ணோடி இப்போதும் துன்பமான முடிவையே அடைவார். அவர் கற்பனைக் காலத்தில் வாழ்ந்தால் மட்டுமே வழுவங்கள் எதிர்ப்பட மாட்டா.

இது நம் மனத்தில் கற்பனைக் காலம் எனச் சொல்லப்படுவது உண்மையிலேயே மெய்க் காலந்தான் என்ற எண்ணத்தை, மெய்க் காலம் என்று நாம் அழைப்பது நம் கற்பனைகளில் ஒரு துணுக்கு மட்டுமே என்ற கருத்தை உருவாக்கக் கூடும். மெய்க் காலத்தில், அண்டத்துக்குள்ள தொடக்கமும் முடிவும் வழுவங்களில், அதாவது வெளி-காலத்துக்கு எல்லையாக அமைகிறவையும் விதிகள் செயலற்றுப் போகும் நிலைமைகளுமான வழுவங்களில் உள்ளது. ஆனால் கற்பனைக் காலத்தில் வழுவங்களோ எல்லைகளோ

ஏதுமில்லை. எனவே நாம் கற்பனைக் காலம் என்றழைப்பது உண்மையில் இன்னுங்கூட அடிப்படையானதாக இருக்கலாம்; நாம் மெய்க் காலம் என்றழைப்பது நம் சிந்தனையில் அண்டம் எப்படி இருக்கிறது என்பதை எடுத்துரைப்பதற்கு உதவியாக நாம் கண்டுபிடித்துச் சொல்லும் ஒரு கருத்தே தவிர வேறல்ல என்பதாகவும் இருக்கலாம். ஆனால் அதிகாரம் 1இல் நான் விவரித்த அணுகுமுறையின்படி ஓர் அறிவியல் கோட்பாடு என்பது நமது நோக்காய்வுகளை எடுத்துரைக்க நாம் உருவாக்கிக் கொள்ளும் ஒரு கணக்கியல் மாதிரியமைப்பே தவிர வேறல்ல: அது நமது மனத்தில் மட்டும் இருக்கும் ஒன்று. ஆகவே இது "மெய்" காலமா? "கற்பனை" காலமா? என்று கேட்பது பொருளற்றது. இவற்றுள் எது அதிகப் பயனுள்ள வர்ணனை என்பதுதான் வினா.

அண்டத்தின் எந்தப் பண்புகள் அனேகமாய்ச் சேர்ந்து நிகழக் கூடும் என்பதைக் கண்டறிவதற்கு, எல்லையின்மை முன்மொழிவுடன் கூடவே கூட்டுத் தொகையான வரலாறுகளையும் பயன்படுத்தலாம். எடுத்துக்காட்டாக, அண்டத்தின் அடர்த்தி அதன் இன்றைய மதிப்பைக் கொண்டிருக்கும் நேரத்தில் அண்டமானது வெவ்வேறான எல்லாத் திசைகளிலும் கிட்டத்தட்ட ஒரே வீதத்தில் விரிவடைந்து கொண்டிருப்பதற்கான நிகழ்தகவைக் கணக்கிடலாம். இதுவரை ஆய்வு செய்யப்பட்டுள்ள எளிமைப்படுத்திய மாதிரியமைப்புகளில் இந்த நிகழ்தகவு அதிகம் என்று தெரிகிறது. அதாவது அண்டத்தின் இப்போதைய விரிவாக்க வீதம் ஒவ்வொரு திசையிலும் அனேகமாய் ஒன்றாகவே இருப்பதற்கு மிக அதிக வாய்ப்புள்ளது என்ற ஊகத்துக்கே முன்மொழியப்பட்டுள்ள எல்லையின்மை நிலைமை இட்டுச் செல்கிறது. இது நுண்ணலைப் பின்னணிக் கதிர்வீச்சின் நோக்காய்வுகளோடு ஒத்துப் போகிறது. எத்திசையிலும் அதற்கு அனேகமாய் ஒரே செறிவடர்த்திதான் உள்ளது என்பதை இந்த நோக்காய்வுகள் காட்டுகின்றன. அண்டமானது சில திசைகளில் வேறு திசைகளைக் காட்டிலும் துரிதமாக விரிவடைந்து கொண்டிருந்தது என்றால், அந்தத் திசைகளில் கதிர்வீச்சின் செறிவடர்த்தி ஒரு கூடுதல் செம்பிறழ்வின் அளவு குறைந்து போகும்.

எல்லையின்மை நிலைமையின் அடிப்படையில் மேற்கொண்டு செய்யப்படும் ஊகங்கள் இப்போது வகுத்துரைக்கப்பட்டு வருகின்றன. முற்பட்ட அண்டத்தில் ஒரேசீரான அடர்த்தியிலிருந்து நேரிட்ட சிறு விலகல்களின் அளவு குறிப்பாகக் கருத்துக்குரிய ஒரு சிக்கலாகும்: இந்த விலகல்களே முதலில் உடுத்திரள்களும், பிறகு விண்மீன்களும், இறுதியில் நாமும் உருவாகக் காரணமாய் இருந்தன. துகள்களின் அமைவிடங்களிலும் திசைவேகங்களிலும் சில

உறுதியின்மைகள் அல்லது ஏற்றவற்றங்கள் இருந்திருக்க வேண்டுமாதலால் முற்பட்ட அண்டம் முழுக்க முழுக்க ஒரேசீரானதாய் இருந்திருக்க முடியாது என்று உறுதியின்மைக் கொள்கை குறித்திடுகிறது. எல்லையின்மை நிலைமையை நாம் பயன்படுத்துகையில், உண்மையில் அண்டமானது உறுதியின்மைக் கொள்கை அனுமதிப்பதற்கு வாய்ப்புள்ள சிறுமச் சீரின்மையோடு மட்டும் தொடங்கியிருக்க வேண்டும் எனக் காண்கிறோம். பிறகு அண்டமானது உப்பல் மாதிரியமைப்புகளில் போலவே ஒரு துரித விரிவாக்கக் காலத்திற்கு உள்ளாகி இருக்கும். இந்தக் காலக் கட்டத்தில் தொடக்கக் காலத்திய சீரின்மைகள் பெருகியிருக்கும். நாம் நம்மைச் சுற்றி நோக்குகிற கட்டமைப்புகளின் பிறப்புக்கு விளக்கமளிக்கப் போதிய அளவுக்கு அவை பெரிதாகும். 1992இல் அண்டவியல் பின்னணி ஆய்வுத் துணைக்கோளானது நுண்ணலைப் பின்னணியின் செறிவடர்த்தியில் திசைக்கேற்ப ஏற்படும் மிகச் சிறு மாற்றங்களை முதன் முதலாகக் கண்டுபிடித்தது. இந்தச் சீரின்மைகள் திசையைப் பொருத்தமையும் விதமானது உப்பல் மாதிரியமைப்பின் ஊகங்களுக்கும் எல்லையின்மை முன்மொழிவுக்கும் ஒத்துப் போவதாகத் தோன்றுகிறது. இவ்விதம் எல்லையின்மை முன்மொழிவு கார்ல் பாப்பரின் பார்வையில் ஒரு நல்ல அறிவியல் கோட்பாடாகும்: அது நோக்காய்வுகளால் பொய்ப்பிக்கப்பட்டிருக்கக் கூடும். ஆனால் இதற்குப் பதிலாக அதன் ஊகங்கள் உறுதி செய்யப்பட்டுள்ளன. விரிவடைந்து செல்லும் அண்டத்தின் பருப்பொருளின் அடர்த்தி இடத்துக்கு இடம் சிறிதளவு மாறுபடும் நிலையில், ஈர்ப்பின் காரணத்தால் அடர்த்தி கூடிய வட்டாரங்களின் விரிவாக்கம் மென்மேலும் வேகங்குறைந்து, அவை சுருங்கத் தொடங்கியிருக்கும். உடுத்திரள்களும் விண்மீன்களும் இறுதியில் நம்மைப் போன்ற அற்ப உயிர்களும் கூட உருவாவதற்கு இது இட்டுச் சென்றிருக்கும். எனவே அண்டத்திற்குரிய எல்லையின்மை நிலைமையும் அக்குவ இயந்திரவியலின் உறுதியின்மைக் கொள்கையும் சேர்ந்து அண்டத்தில் நாம் காணும் சிக்கலான கட்டமைப்புகள் அனைத்துக்கும் விளக்கமாக அமையக் கூடும்.

வெளியும் காலமும் எல்லையில்லாத மூடிய பரப்பாக அமை யலாம் என்ற கருத்து அண்ட விவகாரங்களில் கடவுள் வகிக்கும் பங்கின் மீதும் கூட ஆழ்ந்த விளைவுகளைக் கொண்டிருக்கிறது. நிகழ்ச்சிகளை எடுத்துரைப்பதில் அறிவியல் கோட்பாடுகள் வெற்றி பெற்றுள்ள நிலையில், கடவுள் சில பல விதிகளின்படி அண்டப் படிமலர்ச்சியை அனுமதிக்கிறார் என்றும் அவர் அண்டத்தில் குறுக்கிட்டு இந்த விதிகளை மீறுவதில்லை என்றும் பெரும்பாலானவர்கள் நம்பும் நிலைக்கு வந்துள்ளார்கள். ஆனால் அண்டம் தொடங்கிய போது

எப்படிக் காட்சியளித்திருக்க வேண்டும் என இவ்விதிகள் நமக்குச் சொல்வதில்லை. அதாவது காலக் கடிகாரத்துக்குச் சாவி கொடுப்பதும் அதனை எப்படி ஓட விடுவது என்று தேர்வதும் இப்போதும் கடவுளுக்கு உரியனவாகவே இருக்கும். அண்டத்துக்கு ஒரு தொடக்கம் இருக்கும் வரை அதற்கொரு படைப்பாளி உண்டென்று நாம் வைத்துக் கொள்ளக் கூடும். ஆனால் உண்மையிலேயே அண்டம் எல்லையோ விளிம்போ இல்லாமல் முற்ற முழுக்கத் தன்னிறைவு கொண்டதாக இருந்தால் அதற்குத் தொடக்கமோ முடிவோ இருக்காது: அது இருக்கும், அவ்வளவுதான். அப்படியானால் படைத்தவர் ஒருவருக்கு ஏது இடம்?

9
காலக் கணை

காலத்தின் இயல்பு பற்றிய நம் கருத்துகள் கடந்த பல ஆண்டுகளில் எப்படி எல்லாம் மாறியுள்ளன என்பதை முன்சென்ற அதிகாரங்களில் பார்த்தோம். இந்நூற்றாண்டுத் தொடக்கம் வரை அறுதிக் காலம் மீது நம்பிக்கை வைத்திருந்தோம். அதாவது ஒவ்வொரு நிகழ்ச்சியையும் தனித்துவமான வழியில் "காலம்" என்றழைக்கப்படும் எண்ணைக் கொண்டு அடையாளப்படுத்தலாம். இரு நிகழ்ச்சிகளுக்கு இடையேயான கால இடைவெளியை அளவிடுவதில் எல்லா நல்ல கடிகாரங்களும் ஒத்துப் போகும். ஆனால் ஒவ்வொரு நோக்கருக்கும், அவர் எப்படி நகர்ந்து கொண்டிருந்தாலும் சரி, ஒளியின் வேகம் ஒன்றே போல் தோன்றும் என்ற கண்டுபிடிப்பு சார்பியல் கோட்பாட்டுக்கு வழிவகுத்தது. அக்கோட்பாட்டில் ஒரு தனித்துவமான அறுதிக் காலம் உள்ளது என்ற கருத்தைக் கைவிட வேண்டியிருந்தது. இதற்குப் பதிலாக ஒவ்வொரு நோக்கரும் அவரவர் எடுத்துச் செல்கிற கடிகாரம் காட்டும் நேரத்தின்படி தத்தமக்குரிய கால அளவையைக் கொண்டிருப்பர். அதாவது வெவ்வேறு நோக்கர்கள் கொண்டு செல்லும் கடிகாரங்கள் ஒத்துப் போக வேண்டும் என்பதற்கான எந்தத் தேவையும் இல்லை. இவ்விதம் காலம் என்பது இன்னுங்கூட சொந்த முறையிலான கருத்தாக்கமாயிற்று, அதனை அளவிடும் நோக்கரைச் சார்ந்த ஒன்றாயிற்று.

அக்குவ இயந்திரவியலோடு ஈர்ப்பியலை ஒருங்கிணைக்க முயன்ற போது "கற்பனை" காலம் என்ற கருத்தை அறிமுகப்படுத்த வேண்டி வந்தது. கற்பனைக் காலம் என்பதை வெளியிலான திசைகளிலிருந்து வேறுபடுத்திப் பார்க்க முடியாது. ஒருவரால் வடக்கே செல்ல முடியுமென்றால் அவரால் சுற்றித் திரும்பித் தெற்கேயும் செல்ல முடியும். இதே போல் கற்பனைக் காலத்தில் ஒருவரால் முன்னோக்கிச் செல்ல முடிந்தால் அவரால் சுற்றித் திரும்பிப் பின்னோக்கியும்

செல்ல முடியும். இதன் பொருள் என்னவென்றால் கற்பனைக் காலத்தில் முன்னோக்கிய, பின்னோக்கிய திசைகளுக்கிடையே முக்கிய வேறுபாடு ஏதும் இருக்க முடியாது. மறுபுறம், "மெய்" காலத்தைப் பார்த்தோமானால் முன்னோக்கிய, பின்னோக்கிய திசைகளுக்கு இடையே மிகப் பெரும் வேறுபாடு இருப்பது நம் எல்லோருக்குமே தெரிந்ததுதான். கடந்தகாலத்துக்கும் எதிர்காலத்துக்கும் இடையிலான இந்த வேறுபாடு எங்கிருந்து வருகிறது? கடந்தகாலத்தை நினைவு வைத்திருக்கிற நாம் எதிர்காலத்தை ஏன் நினைவு வைத்திருப்பதில்லை?

அறிவியல் விதிகள் கடந்தகாலத்தையும் எதிர்காலத்தையும் வேறுபடுத்திப் பார்ப்பதில்லை. இன்னும் சரியாகச் சொல்வதென்றால், ஏற்கெனவே விளக்கியபடி **மி, ஒ, கா** என அறியப்படும் செயற்பாடுகளின் (அல்லது சமச்சீர்மைகளின்) கூட்டிணைவின் கீழ் அறிவியல் விதிகள் மாறாமல் உள்ளன. (**மி** என்பது எதிர்த்துகள்களுக்குத் துகள்களை மாற்றிக் கொள்வதைக் குறிக்கும்; **ஒ** என்பது இடதும் வலதும் மாறிப் போகும் ஆடிப் படிமத்தை எடுத்துக் கொள்வதைக் குறிக்கும்; **கா** என்பது எல்லாத் துகள்களின் இயக்கத்தை எதிர்மாறாக்குவதைக் குறிக்கும், அதாவது செயலளவில் இயக்கத்தைப் பின்னோக்கிச் செலுத்துவதைக் குறிக்கும்.) இயல்பான எல்லாச் சூழல்களிலும் பருப்பொருள் நடந்து கொள்ளும் விதத்தை ஆளும் அறிவியல் விதிகளானவை **மி, ஒ** ஆகிய இரு செயற்பாடுகளும் தாமாகச் சேர்ந்திணையும் போது மாறாதுள்ளன. வேறு வகையில் சொல்வதென்றால், வேற்றுக் கோள்வாசிகள் நம் ஆடிப் படிமங்களாக மட்டுமல்லாமல் பருப்பொருளுக்குப் பதிலாக எதிர்ப்பருப்பொருளால் ஆனவர்களாகவும் இருப்பார்களானால் அவர்களின் வாழ்க்கையும் இதே போலத்தான் இருக்கும்.

மி, ஒ செயற்பாடுகளின் கூட்டிணைவாலும் **மி, ஒ, கா** கூட்டிணைவாலும் கூட அறிவியல் விதிகள் மாறாதிருந்தால் தனித்த கா செயற்பாட்டாலும் அவை மாறாமல் இருந்தாக வேண்டும். எனினும் சாதாரண வாழ்க்கையில் மெய்க் காலத்தின் முன்னோக்கிய, பின்னோக்கிய திசைகளுக்கிடையே பெரும் வேறுபாடு உள்ளது. ஒரு தண்ணீர்க் கோப்பை மேசையிலிருந்து தரையில் விழுந்து துண்டு துண்டாக உடைந்து விடுவதாகக் கொள்வோம். இதை நீங்கள் ஒளிப்பதிவு செய்து, அந்தப் படத்தை ஓட்டினால், அது முன்னோக்கி ஓடுகிறதா, பின்னோக்கி ஓடுகிறதா என எளிதாகச் சொல்லி விடலாம். நீங்கள் அதைப் பின்னோக்கி ஓட விட்டால், துண்டுகள் திடீரென்று

கடந்தகாலம் நோக்கிப் பாயுமா
காலக் கணை?
10
11
12
1
2

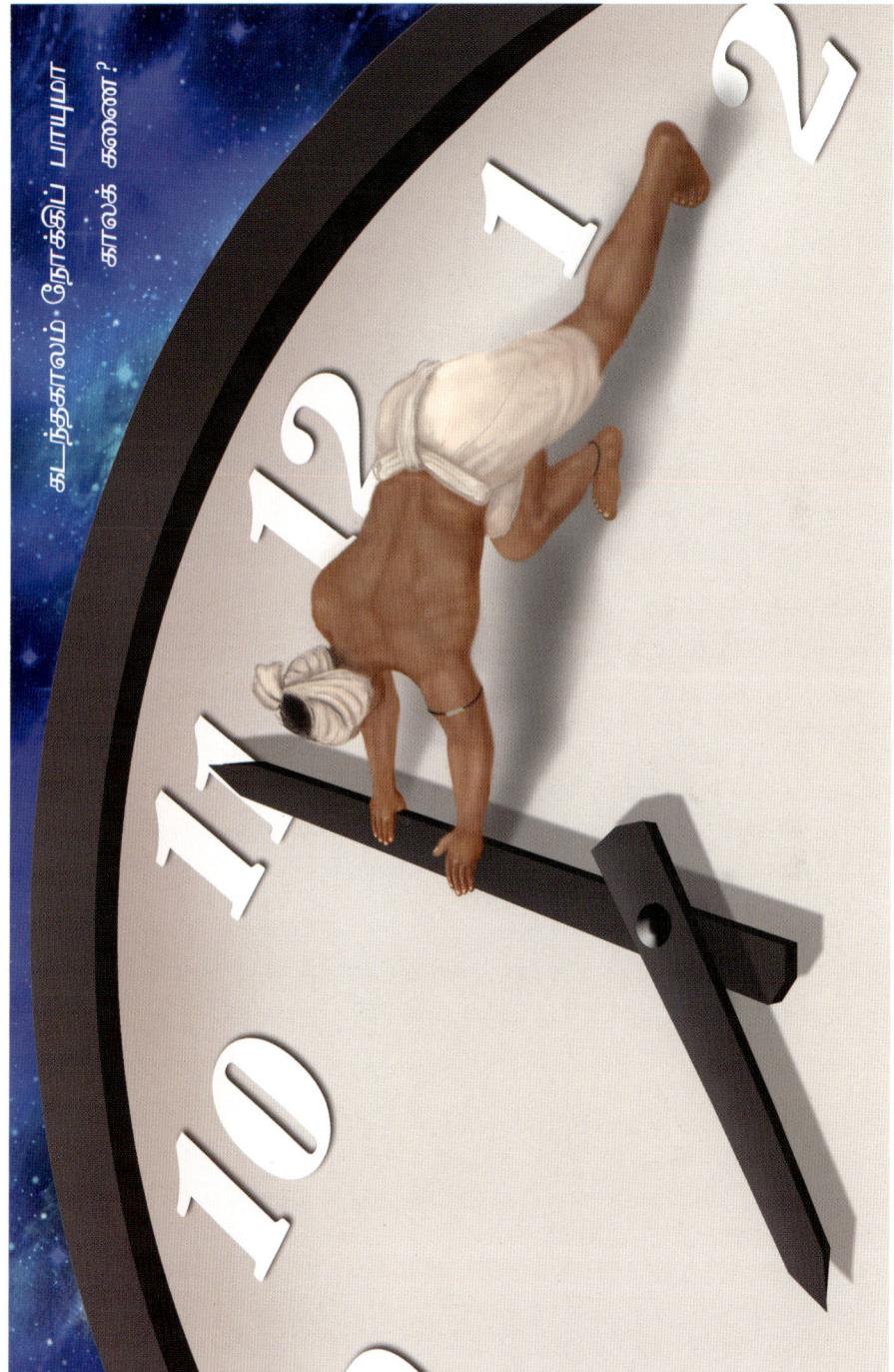

தரையில் ஒன்றாகச் சேர்ந்து கொண்டு பின்னோக்கித் தாவி மேசையின் மீது முழுக் கோப்பையாக அமரக் காண்பீர்கள். இப்படி நடப்பதைச் சாதாரண வாழ்க்கையில் ஒரு போதும் காண்பதற்கில்லை என்பதால் படம் பின்னோக்கி ஓட விடப்படுகிறது என்று உங்களால் சொல்லி விட முடியும். இப்படி நிகழுமானால் பீங்கான், கண்ணாடிப் பண்ட உற்பத்தியாளர்கள் தங்கள் தொழிலை இழுத்து மூட வேண்டியதுதான்.

உடைந்த கோப்பைகள் தரையில் ஒன்று சேர்ந்து முழுக் கோப்பைகளாக மேசைக்குத் தாவுவதை நாம் ஏன் காண்பதில்லை என்பதற்கு வழக்கமாகக் கொடுக்கப்படும் விளக்கம் வெப்பஇயக்கவியலின் இரண்டாம் விதி இதைத் தடை செய்து விலக்கி விடுகிறது என்பதுதான். மூடிய அமைப்பு எதனிலும் சீர்குலைவு அல்லது குலைதரம் எப்போதும் காலத்தோடு சேர்ந்து அதிகரித்துச் செல்கிறது என்று இவ்விதி சொல்கிறது. வேறு முறையில் சொல்வதென்றால், இது ஒரு வகையான மர்ஃபி விதிதான்: யாவும் எப்போதும் தவறாய்ப் போகப் பார்க்கின்றன! மேசையில் இருக்கும் முழுக் கோப்பை என்பது உயர்ந்த சீரொழுங்கு நிலவரமாகும். ஆனால் தரையில் கிடக்கும் உடைந்த கோப்பை என்பது சீர்குலைந்த நிலவரமாகும். கடந்தகாலத்தில் மேசையிலிருக்கும் கோப்பை என்பதிலிருந்து எதிர்காலத்தில் தரையில் கிடக்கும் உடைந்த கோப்பை என்பதற்கு உடனே சென்று விட முடியும். ஆனால் பின்னதிலிருந்து முன்னதற்குச் செல்ல முடியாது.

காலத்தோடு சேர்ந்து சீர்குலைவு அல்லது குலைதரம் அதிகரிப்பது காலக் கணை *[arrow of time]* என அழைக்கப்படும் ஒன்றிற்கான எடுத்துக்காட்டாகும். இது கடந்தகாலத்தை எதிர்காலத்திலிருந்து வேறுபடுத்திக் காட்டி காலத்திற்கு ஒரு திசை கொடுக்கிறது. குறைந்தது மூவேறு காலக் கணைகள் உள்ளன. முதலாவது வெப்ப இயக்கவியல் காலக் கணை. இந்தக் காலத் திசையில்தான் சீர்குலைவு அல்லது குலைதரம் அதிகரிக்கிறது. அடுத்து வருவது உளத்தியல் காலக் கணை. இந்தத் திசையில்தான் காலம் கடந்து செல்வதாக நாம் உணர்கிறோம். இந்தத் திசையில்தான் கடந்தகாலத்தை நினைவு வைத்திருக்கிற நாம் எதிர்காலத்தை நினைவு வைத்திருப்பதில்லை. கடைசியாக வருவது, அண்டவியல் காலக் கணை. இந்தக் காலத் திசையில்தான் அண்டம் சுருங்கிச் செல்லாமல் விரிவடைந்து செல்கிறது.

மூன்று காலக் கணைகளுமே ஒரே திசையைக் காட்டுவது ஏன்? மேலும், நன்கு வரையறுக்கப்பட்ட காலக் கணை என்ற ஒன்றே இருப்பது ஏன்? ஆகிய இந்த வினாக்களுக்கு நலிந்த மாந்தமையக் கொள்கையோடு அண்டத்திற்கான எல்லையின்மை நிலைமையும் சேர்ந்து விளக்கம் தர முடியுமென இந்த அதிகாரத்தில் நான் வாதிடுவேன். வெப்ப இயக்கவியல் கணையால் உளத்தியல் கணை நிர்ணயிக்கப்படுகிறது என்றும் இவ்விரு கணைகளும் எப்போதும் ஒரே திசையைக் காட்டுவது அவசியமாகும் என்றும் வாதிடுவேன். அண்டத்திற்கு எல்லையின்மை நிலைமையை அனுமானம் செய்து கொண்டால், நன்கு வரையறுக்கப்பட்ட வெப்ப இயக்கவியல் காலக் கணை, அண்டவியல் காலக் கணை ஆகிய இரு கணைகளுமே கண்டிப்பாக இருக்க வேண்டும் என்றாலும் அவை அண்டத்தின் ஒட்டு மொத்த வரலாற்றுக்கும் ஒரே திசையைக் காட்ட மாட்டா என்பதைக் காண்போம். அவை ஒரே திசையைக் காட்டும் போதுதான் நிலைமைகள் அறிவுள்ள பிறவிகளின் வளர்ச்சிக்கு - அண்டம் விரிவடைந்து செல்லும் அதே காலத் திசையில் சீர்குலைவு அதிகரித்துச் செல்வது ஏன் என்ற கேள்வியைக் கேட்க வல்ல இப்பிறவிகளின் வளர்ச்சிக்கு - பொருத்தமாக உள்ளன என்று நான் வாதிடுவேன்.

முதலில் வெப்ப இயக்கவியல் காலக் கணை பற்றி விவாதிப் பேன். எப்போதுமே சீரொழுங்கான நிலவரங்கள் இருப்பதைக் காட்டிலும் சீர்குலைவான நில்வரங்களே மிக அதிகமாக இருக்கின்றன என்ற உண்மையிலிருந்து வெப்ப இயக்கவியலின் இரண்டாம் விதி விளைகிறது. எடுத்துக்காட்டாக, ஒரு படத்தைத் துண்டு துண்டாக வெட்டி அந்தத் துண்டுகளை ஒரு பெட்டியில் போட்டு வைத்திருப்பதாகக் கொள்வோம். ஒரு முறையில், ஒரே ஒரு முறையில், அடுக்கினால் மட்டுமே அப்படத் துண்டுகள் ஒரு முழுப் படமாக அமையும். மறுபுறம், மிகப் பெரும் எண்ணிக்கையிலான அடுக்கல் முறைகளில் துண்டுகள் சீர்குலைவுற்று, ஒரு படத்தை உருவாக்கித் தருவதில்லை.

ஓர் அமைப்பு சிறு எண்ணிக்கையிலான சீரொழுங்கு நிலவரங்களில் ஒன்றிலிருந்து தொடங்குவதாகக் கொள்வோம். காலம் செல்லச் செல்ல அவ்வமைப்பு அறிவியல் விதிகளின் அடிப்படையில் படிமலர்ச்சியடைந்து அதன் நிலவரம் மாறும். பின்னொரு நேரத்தில், அவ்வமைப்பு சீரொழுங்கான நிலவரத்தில் இருப்பதைக் காட்டிலும் சீர்குலைவுற்ற நிலவரத்தில் இருப்பதற்கான நிகழ்தகவே அதிகம். சீர்குலைவுற்ற நிலவரங்கள் அதிகம் என்பதே இதற்குக் காரணம்.

எனவே அமைப்பானது உயர்ந்த சீரொழுங்கு கொண்ட தொடக்க நிலைமைக்குக் கீழ்ப்படியுமென்றால் அதில் சீர்குலைவு காலத்தோடு சேர்ந்து அதிகரிக்கும் போக்கு காணப்படும்.

ஒரு பெட்டியில் இருக்கும் துண்டுகள் படமாக அமையத்தக்கவாறு தொடக்கத்திலேயே சீரொழுங்கான முறையில் அடுக்கி வைக்கப்பட்டிருப்பதாகக் கொள்வோம். பெட்டியைக் குலுக்கினால் துண்டுகள் வேறொரு முறையில் அடுக்கப்பட்டிருக்கும். அவை மிக அனேகமாகச் சீர்குலைவுற்ற முறையிலேயே அடுக்கப்பட்டிருக்கும். இந்த முறையில் அவை ஒழுங்கான படமாவதில்லை. அவை இன்னும் எத்தனையோ முறைகளில் இன்னுங்கூட சீர்குலைவாக அடுக்கப்படலாம் என்பதே காரணம். இப்போதுங்கூட சிற்சில துண்டுகள் சேர்ந்து படப் பகுதிகளாக அமையலாம். ஆனால் பெட்டியை எந்த அளவுக்குக் குலுக்குகிறீர்களோ, அந்த அளவுக்கு இந்தச் சேர்க்கைகள் கலைந்து போவதற்கும் துண்டுகள் அடியோடு குழம்பித் தாறுமாறாவதற்கும் அவை எவ்விதமான படமாகவும் அமையாது போவதற்குமே அதிக வாய்ப்பு உள்ளது. எனவே துண்டுகள் உயர்ந்த சீரொழுங்கு நிலைமையிலிருந்து தொடங்குதல் என்னும் தொடக்க நிலைமைக்குப் படிந்தால் அனேகமாய் அவற்றின் சீர்குலைவு காலம் செல்லச் செல்ல அதிகரிக்கும்.

அண்டம் உயர்ந்த சீரொழுங்கு நிலவரத்தில் முடிவடைய வேண்டும் என்றும், ஆனால் அது எந்நிலவரத்தில் தொடங்கியது என்பது ஒரு பொருட்டு இல்லை என்றும் கடவுள் முடிவு எடுத்ததாகக் கொள்வோம். முற்பட்டக் காலங்களில் அண்டம் அனேகமாகச் சீர்குலைவுற்ற நிலவரத்தில் இருந்திருக்கும். அதாவது காலம் செல்லச் செல்ல சீர்குலைவு குறைந்து செல்லும் என்று பொருள். இப்போது உடைந்த கோப்பைகள் ஒன்று சேர்ந்து முழுக் கோப்பைகளாகி மேசைக்குத் தாவக் காண்பீர்கள். ஆனால் இந்தக் கோப்பைகளை நோக்கிக் கொண்டிருக்கும் மனிதப் பிறவிகள் எவரும் காலம் செல்லச் செல்ல சீர்குலைவு குறைந்து செல்லும் அண்டத்தில் வாழ்ந்து கொண்டிருப்பர். இத்தகைய மனிதப் பிறவிகள் பின்னோக்கிச் செல்லும் உளத்தியல் காலக் கணையைக் கொண்டிருப்பர் என வாதிடுவேன். அதாவது அவர்கள் எதிர்காலத்திய நிகழ்ச்சிகளை நினைவு வைத்துக் கொள்வார்கள், தங்கள் கடந்தகாலத்திய நிகழ்ச்சிகளை நினைவு வைத்துக் கொள்ள மாட்டார்கள். கோப்பை உடையும்போது அவர்கள் அது மேசையில் இருப்பதை நினைவு வைத்துக் கொள்வார்கள். ஆனால் மேசையில்

காலக் கணை | 211

இருக்கும் போது தரையில் கிடப்பதை நினைவு வைத்துக் கொள்ள மாட்டார்கள்.

மனித நினைவாற்றலைப் பற்றிப் பேசுவது சற்றே கடினம். ஏனென்றால் மூளை எவ்வாறு வேலை செய்கிறது என்று நமக்கு விவரமாகத் தெரியாது. ஆனால் கணினி நினைவாற்றல்கள் எவ்வாறு வேலை செய்கின்றன என்பதெல்லாம் நமக்குத் தெரிந்ததே. எனவே கணினிகளுக்கான உளத்தியல் காலக் கணை பற்றிப் பேசுவேன். கணினிகளுக்கான கணையும் மனிதர்களுக்கான கணையும் ஒன்றே என்று வைத்துக் கொள்வது அறிவுக்குகந்ததே என நினைக்கிறேன். இல்லையென்றால் நாளைய பங்கு விலைகளை நினைவு வைத்துக் கொள்ளக் கூடிய ஒரு கணினி இருந்தால் போதும், பங்குச் சந்தையில் சக்கை போடு போடலாம்! அடிப்படையில் ஒரு கணினியின் நினைவாற்றல் என்பது இரண்டில் எந்த ஒரு நிலவரத்திலும் இருக்க முடிகிற அடிக்கூறுகளைத் தன்னகத்தே கொண்ட ஒரு கருவியாகும். இதற்கு மணிச் சட்டம் ஓர் எளிய எடுத்துக்காட்டு. மிக எளிய வடிவில் இது பல கம்பிகளால் ஆனது. ஒவ்வொரு கம்பியிலும் மணிகள் உள்ளன. இந்த மணிகளை இரண்டில் ஓர் அமைவிடத்தில் வைக்கலாம். கணினி நினைவாற்றலில் எந்த ஒரு செய்தியையும் பதிவு செய்தவற்கு முன்பு அந்நினைவாற்றல் சீர்குலைவுற்ற நிலவரத்தில் இருக்கும். இங்கு கூடுமான இரு நிலவரங்களுக்கும் சரிநிகரான நிகழ்தகவுகள் இருக்கும். (மணிச் சட்ட மணிகள் அதன் கம்பிகளின் மீது இங்கொன்றும் அங்கொன்றுமாக இறைந்திருக்கும்.) நினைவு கொள்ள வேண்டிய அமைப்போடு நினைவாற்றல் இடைவினை புரிந்த பிறகு அது அவ்வமைப்பின் நிலவரத்திற்கு ஏற்றாற்போல் நிச்சயமாக இரண்டில் ஒரு நிலவரத்தில் இருக்கும். (மணிச் சட்ட மணி ஒவ்வொன்றும் மணிச் சட்டக் கம்பியின் இடப் பக்கத்திலோ, வலப் பக்கத்திலோ இருக்கும்.) எனவே நினைவாற்றல் சீர்குலைவுற்ற நிலவரத்திலிருந்து சீரொழுங்கான நிலவரத்திற்குச் சென்றுள்ளது. ஆனால் நினைவாற்றல் சரியான நிலவரத்தில் இருப்பதை உறுதிசெய்யும் பொருட்டு (எடுத்துக்காட்டாக, மணியை நகர்த்துவதற்கு அல்லது கணினிக்குத் திறன் வழங்குவதற்கு) குறிப்பிட்ட அளவு ஆற்றலைப் பயன்படுத்துவது அவசியம். இந்த ஆற்றல் வெப்பமாகச் சிதறடிக்கப்பட்டு அண்டத்தில் சீர்குலைவின் அளவை அதிகமாக்குகிறது. சீர்குலைவிலான இந்த அதிகரிப்பு நினைவாற்றலுக்குள்ள சீரொழுங்கிலான அதிகரிப்பைக் காட்டிலும் எப்போதும் கூடுதலாய் இருப்பதை மெய்ப்பிக்க முடியும். எனவே கணினியின் குளிரூட்டும் விசிறியால் வெளியேற்றப்படும் வெப்பம்

குறிப்பது என்னவென்றால், கணினி ஒரு செய்தியை நினைவாற்றலில் பதிவு செய்து கொள்ளும் போது அண்டத்தில் சீர்குலைவின் மொத்த அளவு இன்னுங்கூட அதிகரித்துச் செல்கிறது. கணினி கடந்தகாலத்தை நினைவு வைத்துக் கொள்ளும் காலத் திசையும் சீர்குலைவு அதிகரித்துச் செல்லும் காலத் திசையும் ஒன்றே.

எனவே காலத் திசை பற்றிய நமது அக உணர்வு, அதாவது உளத்தியல் காலக் கணை வெப்ப இயக்கவியல் காலக் கணையால் நமது மூளைக்குள் நிர்ணயிக்கப்படுகிறது. கணினியைப் போன்றே நாமும் குலைதரம் அதிகரித்துச் செல்லும் வரிசையில்தான் செய்திகளை நினைவு வைத்துக் கொண்டாக வேண்டும். இதனால் வெப்ப இயக்கவியலின் இரண்டாம் விதி கிட்டத்தட்ட அற்பமானதாகி விடுகிறது. சீர்குலைவு அதிகரித்துச் செல்லும் திசையில் நாம் காலத்தை அளவிடுவதால் காலம் செல்லச் செல்ல சீர்குலைவு அதிகரித்துச் செல்கிறது. இதைக் காட்டிலும் பாதுகாப்பாக உங்களால் பந்தயம் கட்ட முடியாது!

ஆனால் வெப்ப இயக்கவியல் காலக் கணை என்ற ஒன்றே ஏன் இருக்க வேண்டும்? அல்லது வேறு வகையில் சொல்வதென்றால் காலத்தின் ஒரு முனையில், கடந்தகாலம் என்று நாம் அழைக்கின்ற முனையில் அண்டம் ஏன் உயர்ந்த சீரொழுங்கு கொண்ட நிலவரத்தில் இருக்க வேண்டும்? அது ஏன் எல்லா நேரங்களிலும் முழுமையான சீர்குலைவுற்ற நிலவரத்தில் இருப்பதில்லை? எப்படிப் பார்த்தாலும், இதற்கே அதிக நிகழ்தகவு இருப்பதாகத் தோன்றக் கூடும். சீர்குலைவு அதிகரித்துச் செல்லும் காலத் திசையும் அண்டம் விரிவடைந்து செல்லும் காலத் திசையும் ஒன்றாகவே இருப்பது ஏன்?

செவ்வியல் பொதுச் சார்பியல் கோட்பாட்டில் அண்டம் எவ்வாறு தொடங்கியிருக்கும் என்பதை ஊகித்தறிய முடியாது. ஏனென்றால் அறியப்பட்ட அறிவியல் விதிகள் எல்லாம் மாவெடிப்பு வழுவத்தில் செயலற்றுப் போயிருக்கும். அண்டமானது மிகவும் சரளமான சீரொழுங்கான நிலவரத்தில் தொடங்கியிருக்க முடியும். இது நாம் நோக்கியறியும்படியான நன்கு வரையறுக்கப்பட்ட வெப்ப இயக்கவியல் காலக் கணைக்கும் அண்டவியல் காலக் கணைக்கும் இட்டுச் சென்றிருக்கும். ஆனால் இதே போல் மிகவும் சீர்குலைவுற்ற கட்டிகட்டியான நிலவரத்தில் அது தொடங்கியிருக்கவும் கூடும். அந்நேர்வில் அண்டம் ஏற்கெனவே அடியோடு சீர்குலைவுற்ற நிலவரத்தில் இருக்கும். எனவே காலம் செல்லச் செல்லச் சீர்குலைவு அதிகரித்துச் செல்ல முடியாது. ஒன்று, அது மாறாதிருக்கும், அப்படி

இருக்குமானால் நன்கு வரையறுக்கப்பட்ட வெப்ப இயக்கவியல் காலக் கணை எதுவும் இருக்காது. அல்லது, அது குறைந்து செல்லும், அப்படிச் செல்லுமானால் வெப்ப இயக்கவியல் காலக் கணை அண்டவியல் காலக் கணைக்கு எதிர்த்திசையை நோக்கும். இந்த இரு வாய்ப்புவழிகளில் எந்த ஒன்றும் நாம் நோக்கியறிவதுடன் ஒத்துப் போவதில்லை. ஆனால் செவ்வியல் பொதுச் சார்பியல் தானே தன் வீழ்ச்சியை ஊகித்தறிகிறது எனப் பார்த்தோம். வெளி-கால வளைவு பெரிதாகும் போது அக்குவ ஈர்ப்பியல் விளைவுகள் முக்கியமானவையாகி விடும். செவ்வியல் கோட்பாடு அண்டத்திற்கு ஒரு நல்ல வர்ணனையாக இல்லாமற் போய் விடும். அண்டம் எவ்வாறு தொடங்கியது என்று புரிந்து கொள்வதற்கு அக்குவ ஈர்ப்பியல் கோட்பாட்டைப் பயன்படுத்த வேண்டும்.

அக்குவ ஈர்ப்பியல் கோட்பாட்டில், அண்டத்தின் நிலவரத்தைக் குறித்துரைக்கும் பொருட்டுக் கூடுமான அதன் வரலாறுகள் வெளி-கால எல்லையில் கடந்தகாலத்தில் எவ்வாறு நடந்து கொண்டிருக்கும் என்பதை இப்போதுங்கூட சொல்ல வேண்டியிருக்குமெனச் சென்ற அதிகாரத்தில் பார்த்தோம். நமக்குத் தெரியாமலும் நம்மால் தெரிந்து கொள்ள முடியாமலும் இருப்பதை வர்ணனை செய்தாக வேண்டிய இந்த இடர்ப்பாட்டைத் தவிர்க்க வேண்டுமென்றால் எல்லையின்மை நிலைமையை வரலாறுகள் நிறைவு செய்தால்தான் முடியும். அதாவது அவை நீட்சியில் ஈறுள்ளவையாகவும், ஆனால் எல்லைகளோ விளிம்புகளோ வழுவங்களோ இல்லாதவையாகவும் இருக்க வேண்டும். அப்படி இருக்குமானால் காலத்தின் தொடக்கம் ஒழுங்கான, சரளமான ஒரு வெளி-காலப் புள்ளியாக இருக்கும்; அண்டம் தன் விரிவாக்கத்தை மிகச் சரளமான, ஒழுங்கான நிலவரத்தில் தொடங்கி இருக்கும். அது முற்ற முழுக்க ஒரேசீரானதாக இருந்திருக்க முடியாது. ஏனென்றால் அது அக்குவக் கோட்பாட்டின் உறுதியின்மைக் கொள்கையை மீறியதாகி விடும். துகள்களின் அடர்த்தியிலும் திசைவேகங்களிலும் சிறு ஏற்றவற்றங்கள் இருக்க வேண்டியதாயிற்று. ஆனால் உறுதியின்மைக் கொள்கைக்கு இணங்க இந்த ஏற்றவற்றங்கள் கூடுமான வரை சிறியவையாகவே இருந்தன என்பதை எல்லையின்மை நிலைமை குறித்தது.

அண்டமானது படிக்குறி [exponential] அல்லது "உப்பல்" விரிவாக்கக் கட்டத்தோடு தொடங்கியிருக்கும். அந்தக் கட்டத்தில் அண்டம் தன் உருவளவை ஒரு மிகப் பெரிய காரணியால் பெருக்கிக் கொண்டிருக்கும். இந்த விரிவாக்கத்தின் போது அடர்த்தி

ஏற்றவற்றங்கள் முதலில் சிறிதாக இருந்திருக்கும். ஆனால் பிற்பாடு வளரத் தொடங்கியிருக்கும். சராசரியைக் காட்டிலும் சற்றே உயர்ந்த அடர்த்தி கொண்ட வட்டாரங்களில் விரிவாக்கம் கூடுதல் நிறையின் ஈர்ப்புக் கவர்ச்சியால் மட்டுப்பட்டிருக்கும். முடிவில் இத்தகைய வட்டாரங்கள் விரிவடைவதை நிறுத்திக் கொண்டு தகர்வுற்று உடுத்திரள்களாகவும் விண்மீன்களாகவும் நம்மைப் போன்ற பிறவிகளாகவும் உருப்பெறும். அண்டம் சரளமான, சீரொழுங்கான நிலவரத்தில் தொடங்கியிருக்கும், காலம் செல்லச் செல்ல கட்டிகட்டியான, சீர்குலைவுற்ற நிலவரத்துக்கு மாறியிருக்கும். வெப்ப இயக்கவியல் காலக் கணை என்ற ஒன்று இருப்பதற்கு இதுவே விளக்கமாகும்.

ஆனால் அண்டம் விரிவடைவதை நிறுத்திக் கொண்டு சுருங்கத் தொடங்கினால் அப்போது என்ன நிகழும்? வெப்ப இயக்கவியல் காலக் கணை நேர்மாறாகிக் காலம் செல்லச் செல்லச் சீர்குலைவு குறையத் தொடங்குமா? விரிவடையும் கட்டத்தில் தப்பிப் பிழைத்துச் சுருங்கும் கட்டத்துக்கு வந்து சேர்கிறவர்களுக்கு அறிவியல் புனைகதையொத்த அனைத்து வகை வாய்ப்புவழிகளுக்கும் இது இட்டுச் செல்லும். அவர்கள் உடைந்த கோப்பைகள் தரையில் ஒன்றுசேர்ந்து முழுக் கோப்பைகளாகி மேசை மீது தாவி அமர்வதைக் காண்பார்களா? நாளைய பங்கு விலைகளை நினைவு வைத்திருந்து பங்குச் சந்தையில் பெரும் பணம் அள்ளிச் செல்ல அவர்களால் இயலுமா? அண்டம் மீண்டும் தகர்வுறும் போது என்ன நிகழும் என்பது பற்றிக் கவலைப்படுவது சற்றே ஏட்டுக் கல்வி தொடர்பானதாகத் தோன்றலாம். ஏனென்றால் குறைந்தது அடுத்த ஓராயிரம் கோடி ஆண்டுகளுக்கு அண்டம் சுருங்கத் தொடங்காது. ஆனால் என்ன நடக்கும் என்பதைத் துரிதமாகக் கண்டுபிடிக்க ஒரு வழியுள்ளது: ஒரு கருந்துளைக்குள் குதிக்க வேண்டியதுதான். விண்மீன் தகர்வுற்றுக் கருந்துளையாக உருப்பெறுவது ஒரு வகையில் பார்த்தால் முழு அண்டமும் தகர்வுறுவதன் பிற்பட்டக் கட்டங்களைப் போன்றதே ஆகும். எனவே அண்டம் சுருங்கும் கட்டத்தில் சீர்குலைவு குறைந்து செல்லுமானால் ஒரு கருந்துளைக்குள்ளும் சீர்குலைவு குறைந்து செல்லும் என எதிர்பார்க்கலாம். எனவே கருந்துளைக்குள் விழுந்து விட்ட ஒரு விண்ணோடி சுற்றுச் சக்கரப் பந்துச் சூதாட்டத்தில் பந்தயம் கட்டுவதற்கு முன்பாக பந்து எங்கே சென்றது என்பதை நினைவு வைத்துக் கொண்டு பணம் பண்ண இயலக் கூடும். (ஆனால் பாவம், அவர் நீண்ட நேரம் விளையாட முடியாது. அதற்குள் இடியாப்பமாகப் பிழியப்பட்டிருப்பார். வெப்ப

இயக்கவியல் காலக் கணை நேர்மாறானதைப் பற்றி அவரால் நமக்கு அறியத்தர இயலாது அல்லது பந்தயத்தில் வென்ற பணத்தை வங்கியில் போடுவதுங்கூட முடியாது. ஏனென்றால் அவர் கருந்துளையின் நிகழ்ச்சி விளிம்பிற்குப் பின்னே மாட்டிக் கொண்டிருப்பார்.)

அண்டம் மறுதகர்வுறும் போது சீர்குலைவு குறையும் என நான் முதலில் நம்பினேன். அண்டம் மீண்டும் சிறிதாகும் போது சரளமான, சீரொழுங்கான நிலவரத்துக்குத் திரும்பி வர வேண்டும் என்று நான் நினைத்ததே காரணம். சுருங்கும் கட்டமானது விரிவடையும் கட்டத்தின் காலத் திசைமாற்றம் போன்றதாக இருக்கும் என்பதே இதன் பொருள். சுருங்கும் கட்டத்தில் மனிதர்கள் தமது வாழ்க்கையைப் பின்னோக்கி வாழ்வார்கள்: பிறப்பதற்கு முன்பே இறப்பார்கள், அண்டம் சுருங்கச் சுருங்க மென்மேலும் இளமையாவார்கள்.

இந்தக் கருத்து கவர்ச்சிகரமானதே. ஏனென்றால் விரிவடையும் கட்டத்துக்கும் சுருங்கும் கட்டத்துக்கும் இடையே ஒரு நேர்த்தியான சமச்சீர்மையை இது குறித்திடும். ஆயினும் அண்டத்தைப் பற்றிய மற்றக் கருத்துகளுக்குத் தொடர்பின்றித் தனித்து இக்கருத்தை மட்டுமே எடுத்துக் கொள்ள முடியாது. இதிலிருந்து எழும் வினா: இதுதான் எல்லையின்மை நிலைமையின் பொருளா? அல்லது இது அந்நிலைமைக்கு முரணானதா? சுருங்கும் கட்டத்தில் சீர்குலைவு குறையும் என்பதை எல்லையின்மை நிலைமை குறிப்பதாகத்தான் நான் முதலில் நினைத்ததாகச் சொன்னேன். புவிப் பரப்புடனான ஒப்புமை என்னை ஓரளவுக்கு ஏமாற்றி விட்டது. அதாவது அண்டத்தின் தொடக்கத்தை வட துருவத்துக்கு இணையாகக் கொண்டால், தென் துருவம் வட துருவத்தை ஒத்திருப்பது போலவே அண்டத்தின் முடிவும் அதன் தொடக்கத்தை ஒத்திருக்க வேண்டும். ஆனால் வட, தென் துருவங்கள் கற்பனைக் காலத்தில் அண்டத்தின் தொடக்கத்துக்கும் முடிவுக்கும் இணையாகின்றன. மெய்க் காலத்தில் தொடக்கமும் முடிவும் ஒன்றுக்கொன்று பெரிதும் வேறுபட்டவையாக இருக்கலாம். அண்டத்தின் எளிய மாதிரியமைப்பு ஒன்றை வைத்து நான் செய்த ஆய்வும் என்னை ஏமாற்றி விட்டது. இந்த மாதிரியமைப்பில் தகர்வுறும் கட்டம் விரிவடையும் கட்டத்தின் காலத் திசை மாற்றத்தைப் போல் காட்சியளித்தது. ஆனால் பென் ஸ்டேட் பல்கலைக்கழகத்தைச் சேர்ந்த என் கூட்டாளி டான் பேஜ் சுருங்கும் கட்டம் விரிவடையும் கட்டத்தின் காலத் திசைமாற்றமாகத்தான் இருந்தாக வேண்டும்

என்பது எல்லையின்மை நிலைமைக்குத் தேவையில்லை என்று சுட்டிக் காட்டினார். மேலும் என் மாணவர்களுள் ஒருவரான ரேமண்ட் லாஃப்லாம் சற்றே சிக்கல் கூடிய ஒரு மாதிரியமைப்பில் அண்டத்தின் தகர்வு விரிவாக்கத்திலிருந்து பெரிதும் மாறுபட்டிருப்பதைக் கண்டறிந்தார். நான் தவறு செய்திருப்பதை உணர்ந்தேன். அதாவது அண்டம் சுருங்கிச் செல்லும் போது உண்மையிலேயே சீர்குலைவு தொடர்ந்து அதிகமாகிச் செல்லும் என்பதையே எல்லையின்மை நிலைமை குறிப்பதை உணர்ந்தேன். அண்டம் மறுபடியும் சுருங்கத் தொடங்கும் போதோ அல்லது கருந்துளைகளுக்குள்ளோ வெப்ப இயக்கவியல் காலக் கணை, உளத்தியல் காலக் கணை ஆகியவை திசை மாற மாட்டா.

இப்படி ஒரு தவறு செய்திருப்பதாகத் தெரியும் போது என்ன செய்வது? சிலர் தாங்கள் தவறு செய்திருப்பதை ஒப்புக் கொள்ளவே மாட்டார்கள். இவர்கள் தங்கள் கட்சியைத் தூக்கி நிறுத்தத் தொடர்ந்து புதுப் புது வாதங்களை, பல நேரம் ஒன்றுக்கொன்று முரணான வாதங்களைத் தேடிப் பிடிப்பார்கள்; கருந்துளைக் கோட்பாட்டை எதிர்க்கையில் எடிங்டன் இப்படித்தான் செய்தார். வேறு சிலர் தாங்கள் உண்மையில் தவறான கருத்தை முதலில் ஆதரிக்கவே இல்லை என்றோ, அப்படியே ஆதரித்திருந்தாலும் அக்கருத்து முரணான ஒன்று என்பதைக் காட்டுவதற்காகவே அப்படிச் செய்தோம் என்றோ சொல்லிக் கொள்வார்கள்! தவறு செய்துவிட்டதை அச்சில் ஒப்புக் கொள்வதே சாலச் சிறந்ததும் குழப்பத்தைக் குறைக்கக் கூடியதுமாகும் என்று எனக்குப் படுகிறது. இதற்கொரு சிறந்த எடுத்துக்காட்டு ஐன்ஸ்டைன் ஆவார். அவர் நிற்கும் அண்ட மாதிரியமைப்பை ஆக்கிட முயல்கையில் தாம் அறிமுகப்படுத்திய அண்டவியல் மாறிலியைத் தமது வாழ்க்கையிற் செய்த மிகப் பெரிய தவறு எனக் குறிப்பிட்டார்.

காலக் கணையிடம் திரும்பிச் சென்றால் எஞ்சியிருக்கும் வினா இதுதான்: வெப்ப இயக்கவியல் கணையும் அண்டவியல் கணையும் ஒரே திசையைக் காட்டுவதாக நாம் நோக்கியறிவது ஏன்? அல்லது வேறுவகையில் சொல்வதென்றால் அண்டம் விரிவடைந்து செல்லும் அதே காலத் திசையில் சீர்குலைவும் அதிகரித்துச் செல்வது ஏன்? எல்லையின்மை முன்மொழிவு குறிப்பதாகத் தோன்றுவது போல் அண்டம் விரிவடைந்து பிறகு மறுபடியும் சுருங்குமென்று நம்பினால், இந்த வினா நாம் சுருங்கும் கட்டத்தில் இல்லாமல் விரிவடையும் கட்டத்தில் இருப்பது ஏன் என்றாகி விடுகிறது.

நலிந்த மாந்தமையக் கொள்கையின் அடிப்படையில் இதற்கு விடையளிக்கலாம். அண்டம் விரிவடைந்து செல்லும் அதே காலத் திசையில் சீர்குலைவும் அதிகரித்துச் செல்வது ஏன்? எனும் கேள்வியைக் கேட்கக் கூடிய அறிவுப் பிறவிகள் இருப்பதற்குச் சுருங்கும் கட்டத்திலான நிலைமைகள் பொருத்தமாக இருக்க மாட்டா. எல்லையின்மை முன்மொழிவு ஊகித்தறிவது போல் அண்டத்தின் முற்பட்ட கட்டங்களில் நிகழும் உப்பலின் பொருள் என்னவென்றால் அண்டம் மறுதகர்வைத் தவிர்க்கச் சரியாகப் போதுமானதாகிய முட்டு வீதத்திற்கு மிக நெருங்கிய வீதத்தில் விரிவடைந்து கொண்டிருந்தாக வேண்டும். எனவே அது வெகு நீண்ட காலத்திற்கு மறுதகர்வுறாது. அதற்குள் விண்மீன்கள் எல்லாம் எரிந்து முடிந்திருக்கும். அவற்றிலிருந்த நேர்மங்களும் நொதுமங்களும் அனேகமான ஒளித் துகள்களாகவும் கதிர்வீச்சாகவும் சிதைவுற்றிருக்கும். அண்டம் கிட்டத்தட்ட முழுமையான சீர்குலைவு நிலவரத்தில் இருக்கும். அப்போது வலுவான வெப்ப இயக்கவியல் காலக் கணையேதும் இருக்காது. சீர்குலைவும் பெரிதும் அதிகரிக்க முடியாமற் போகலாம். ஏனென்றால் அண்டம் ஏற்கெனவே கிட்டத்தட்ட முழுமையான சீர்குலைவு நிலவரத்தில் இருக்கும். ஆனால் அறிவுஉயிர் இயங்குவதற்கு வலுவான வெப்ப இயக்கவியல் கணை தேவைப்படுகிறது. மனிதப் பிறவிகள் பிழைத்திருக்க வேண்டுமானால், சீரொழுங்கான ஆற்றல் வடிவமாகிய உணவை உட்கொண்டு அதனைச் சீர்குலைவுற்ற ஆற்றல் வடிவமாகிய வெப்பமாக மாற்ற வேண்டும். எனவே அண்டத்தின் சுருங்கும் கட்டத்தில் அறிவுஉயிர் வாழ முடியாமற் போகலாம். வெப்ப இயக்கவியல் காலக் கணையும் அண்டவியல் காலக் கணையும் ஒரே திசையைக் காட்டுவதாக நாம் நோக்கியறிவது ஏன் என்பதற்கு இதுவே விளக்கமாகும். அண்டத்தின் விரிவாக்கம் சீர்குலைவை அதிகரிக்கச் செய்கிறது என்பதில்லை. பார்க்கப் போனால், எல்லையின்மை நிலைமைதான் சீர்குலைவை அதிகரிக்கச் செய்து, விரிவடையும் கட்டத்தில் மட்டும் சூழல்களை அறிவு-உயிருக்குப் பொருத்தமானவையாக்குகிறது.

தொகுத்துச் சொன்னால், அறிவியல் விதிகள் முன்னோக்கிய, பின்னோக்கிய காலத் திசைகளை வேறுபடுத்திப் பார்ப்பதில்லை. ஆனால், எப்படியும் மூன்று காலக் கணைகளாவது உள்ளன, இவை கடந்தகாலத்தை எதிர்காலத்திலிருந்து வேறுபடுத்திக் காட்டவே செய்கின்றன. அவையாவன: சீர்குலைவு அதிகரித்துச் செல்லும் காலத் திசையான வெப்ப இயக்கவியல் கணை, நாம் கடந்தகாலத்தை நினைவில் வைத்திருந்தாலும், எதிர்காலத்தை நினைவில் வைத்திராத

காலத் திசையான உளத்தியல் கணை, அண்டம் சுருங்குவதற்குப் பதிலாக விரிவடைந்து செல்லும் காலத் திசையான அண்டவியல் கணை. உளத்தியல் கணையும் வெப்ப இயக்கவியல் கணையும் சாரத்தில் ஒன்றே என்றும் எனவே இரண்டும் எப்போதும் ஒரே திசையைக் காட்டும் என்றும் காண்பித்திருக்கிறேன். அண்டத்திற்கான எல்லையின்மை முன்மொழிவு நன்கு வரையறுக்கப்பட்ட வெப்ப இயக்கவியல் காலக் கணை ஒன்று இருப்பதை ஊகித்தறிகிறது. ஏனென்றால் அண்டம் சரளமான, சீரொழுங்கான நிலவரத்தில்தான் தொடங்கியாக வேண்டும். இந்த வெப்ப இயக்கவியல் கணை அண்டவியல் கணையோடு ஒத்துப் போவதை நாம் நோக்கியறியக் காரணம், விரிவடையும் கட்டத்தில் மட்டுமே அறிவுப் பிறவிகள் இருக்க முடியும் என்பதுதான். சுருங்கும் கட்டம் பொருத்தமற்றதாக இருக்கும். ஏனென்றால் அக்கட்டத்தில் வலுவான வெப்ப இயக்கவியல் காலக் கணை ஏதும் இருக்காது.

அண்டத்தைப் புரிந்து கொள்வதில் மனித இனம் அடைந்துள்ள முன்னேற்றம் மென்மேலும் சீர்குலைவு அதிகரித்துச் செல்லும் அண்டத்தில் ஒரு சிறிய ஒழுங்கு மூலையை ஏற்படுத்தியிருக்கிறது. இந்த நூலில் வரும் ஒவ்வொரு சொல்லையும் நீங்கள் நினைவு வைத்துக் கொண்டால், உங்கள் நினைவாற்றல் சுமார் 20 லட்சம் செய்திகளைப் பதிவு செய்திருக்கும்: உங்கள் மூளையிலான சீரொழுங்கு சுமார் 20 லட்சம் அலகுகள் அதிகரித்திருக்கும். ஆனால் நீங்கள் இந்த நூலைப் படித்துக் கொண்டிருந்த போதே, உணவின் வடிவிலான குறைந்தது ஆயிரம் கலோரி சீரொழுங்கான ஆற்றலை வெப்பச் சலனத்தினாலும் வியர்வையினாலும் உங்களைச் சூழ்ந்துள்ள காற்றுக்கு நீங்கள் இழந்திடும் வெப்ப வடிவிலான சீர்குலைவுற்ற ஆற்றலாக மாற்றியிருப்பீர்கள். இது அண்டத்தின் சீர்குலைவைச் சுமார் 20 ஆயிரம் கோடி கோடி கோடி அலகுகள், அல்லது உங்கள் மூளையிலான சீரொழுங்கில் ஏற்படும் அதிகரிப்பைப் போல் சுமார் 1 லட்சம் கோடி கோடி மடங்கு அதிகரிக்கச் செய்யும். இதெல்லாம் இந்த நூலில் வரும் ஒவ்வொன்றையும் நீங்கள் நினைவு வைத்துக் கொண்டால் மட்டுமே! நான் எடுத்துரைத்திருக்கிற பகுதிக் கோட்பாடுகளைச் சேர்த்துப் பொருத்தி அண்டத்திலான ஒவ்வொன்றையும் அளாவும்படியான முழுமையான ஒருங்கிணைந்த கோட்பாடு ஒன்றை உருவாக்குவதற்கு எப்படி எல்லாம் முயற்சிகள் நடைபெறுகின்றன என்பதை விளக்கிச் சொல்வதன் வாயிலாக நமது பேட்டையிலான சீரொழுங்கை இன்னும் கொஞ்சம் அதிகப்படுத்த அடுத்த அதிகாரத்தில் முயல்வேன்.

10
புழுத்துளைகளும் காலப் பயணமும்

நாம் ஏன் காலம் முன்னோக்கிச் செல்லக் காண்கிறோம்? சீர்குலைவு ஏன் அதிகரித்துச் செல்கிறது? கடந்தகாலத்தை நினைவு வைத்துக் கொள்கிற நாம் ஏன் எதிர்காலத்தை நினைவு வைத்துக் கொள்வதில்லை? என்பதை எல்லாம் சென்ற அதிகாரம் விவாதித்தது. இப்படியோ அப்படியோ செல்வதற்கு மட்டுமே இடமளிக்கும்படியான நேரான இருப்புப் பாதை போல் காலம் கருதிப் பார்க்கப்பட்டது.

ஆயின் இருப்புப் பாதைக்கு வளைவழிகளும் கிளை வழிகளும் இருந்து, அதில் ஒரு தொடர்வண்டி முன்னோக்கிச் சென்று கொண்டே இருந்தாலும் முன்பே கடந்து சென்று விட்ட ஒரு நிலையத்துக்குத் திரும்பி வரக் கூடுமானால் எப்படி இருக்கும்? அதாவது, யாரேனும் ஒருவர் எதிர்காலத்துக்குள்ளோ கடந்தகாலத்துக்குள்ளோ பயணம் செய்யும் வாய்ப்புண்டா?

ஹெச். ஜி. வெல்ஸ் *கால இயந்திரம் [The Time Machine]* நூலில், இந்த வாய்ப்புவழிகளை ஆராய்ந்து பார்த்தார். அறிவியல் புனைகதை எழுத்தாளர்கள் வேறு பலருங்கூட இதைச் செய்துள்ளனர். ஆனால் அறிவியல் புனைகதை கருத்துகள் பலவும், எடுத்துக்காட்டாக, நீர்மூழ்கிக் கப்பல், நிலவுப் பயணம் போன்றவை அறிவியல் உண்மையின்பாற்பட்டவையாகி விட்டன. ஆக, காலப் பயணத்துக்கு எதிர்கால வாய்ப்புகள் என்ன?

பொதுச் சார்பியல் இடமளிக்கும்படியான ஒரு புதிய வெளி-காலத்தை 1949இல் கர்ட் கோடல் *[Kurt Godel]* கண்டுபிடித்த நிகழ்ச்சி மனிதர்கள் காலப் பயணம் செய்வதற்கு இயற்பியல் விதிகள் மெய்யாகவே இடமளிக்கக் கூடும் என்பதற்கு முதல் அறிகுறியாக அமைந்தது. கோடல் ஒரு கணக்கியலர். எல்லா உண்மைக் கூற்றுகளையும் மெய்ப்பிப்பது முடியாத காரியம் என்று மெய்பித்துப் புகழ் பெற்றவர் அவர். எண் கணிதம் போன்று இறுகிய ஒன்றாகத் தோன்றுகிற ஒரு

பாடத்தில் மட்டும் எல்லா உண்மைக் கூற்றுகளையும் மெய்ப்பிக்க முயல்வதாக இருந்தாலும் கூட அது முடியாத காரியமே என்று அவர் மெய்ப்பித்தார். உறுதியின்மைக் கொள்கையைப் போன்றே கோடலின் முழுமையின்மைத் தேற்றம் [incompleteness theorem] கூட அண்டத்தைப் புரிந்து கொள்வதும் ஊகித்தறிவதுமான நம் திறனை அடிப்படையாகவே வரம்புக்குட்படுத்துவதாய் இருக்கக் கூடும். ஆனால் எப்படியும் இன்று வரை இது ஒரு முழுமையான ஒருங்கிணைந்த கோட்பாட்டுக்கான நமது தேடலில் ஒரு தடை என்பதாகத் தோன்றவில்லை.

கோடலும் ஐன்ஸ்டைனும் தங்களின் பிற்கால ஆண்டுகளை அமெரிக்க ஐக்கிய நாடுகளில் பிரின்ஸ்டனில் உயர்நிலை ஆய்வுக் கழகத்தில் கழித்தபோது கோடல் பொதுச் சார்பியல் பற்றி அறிந்து கொண்டார். முழு அண்டமும் சுழன்று கொண்டிருக்கிறது என்ற அரும் பண்பு அவரின் வெளி-காலத்துக்கு இருந்தது. "எதைப் பொறுத்துச் சுழல்கிறது?" என்று கேட்கலாம். சிறிய பம்பரங்கள் அல்லது சுழல்மானிகள் [gyroscopes] எத்திசைகளில் சுழல்கின்றனவோ அத்திசைகளைப் பொறுத்துத் தொலைவான பருப்பொருள் சுழன்று கொண்டி ருக்கும் என்பதே விடை.

இதனால் ஏற்பட்ட பக்கவிளைவு என்னவென்றால் ஒருவர் ஏவுபொறி [ராக்கெட்] விண்கலத்தில் கிளம்பிச் சென்று, புறப்பட்ட நேரத்துக்கு முன்னதாகவே புவிக்குத் திரும்பி வருவது கூடும். இந்தப் பண்பு ஐன்ஸ்டைனை உண்மையிலேயே கலக்கமடையச் செய்தது. பொதுச் சார்பியல் காலப் பயணத்துக்கு இடமளிக்காது என்று அவர் எண்ணியதே காரணம். எவ்வாறாயினும் ஈர்ப்புத் தகர்வையும் உறுதியின்மைக் கொள்கையையும் ஐன்ஸ்டைன் சரியான அடிப்படை இல்லாமல் தொடர்ந்து எதிர்த்து வந்ததைக் கருதிப் பார்க்கையில், இது ஊக்கமளிக்கும் அறிகுறியாக இருந்தது எனலாம். கோடல் கண்ட தீர்வு நாம் வாழும் அண்டத்துக்குப் பொருந்தாது. ஏனென்றால் அண்டம் சுழன்று கொண்டிருக்கவில்லை என நம்மால் மெய்ப்பிக்க முடியும். அண்டம் மாறாதிருப்பதாகக் கருதி ஐன்ஸ்டைன் அறிமுகப்படுத்திய அண்டவியல் மாறிலியின் சுழியமல்லா மதிப்பும் அத்தீர்வுக்கு இருந்தது. அண்டம் விரிவடைவதை ஹபிள் கண்டுபிடித்த பிறகு அண்டவியல் மாறிலி என்பதற்குத் தேவையில்லாமல் போய் விட்டது. அது சுழியம் என்று இப்போது பொதுவாக நம்பப்படுகிறது. ஆனாலும் அதன் பிறகு பொதுச் சார்பியல் இடமளிக்கும்படியாகவும் கடந்தகாலத்துக்குள் பயணம் செய்வதை அனுமதிக்கும்படியாகவும் இன்னுங்கூட அறிவுக்குகந்த வேறு சில வெளி-காலங்கள் கண்டறியப்பட்டுள்ளன. ஒன்று, ஒரு

சுழலும் கருந்துளையின் உட்புறத்தில் அமைந்துள்ள வெளி-காலம் ஆகும். மற்றொரு வெளி-காலத்தில் ஒன்றையொன்று உயர் வேகத்தில் கடந்து செல்லும் இரு அண்டத் தந்திகள் [cosmic strings] அடங்கியுள்ளன. பெயருக்கேற்றாற் போல், அண்டத் தந்திகள் என்பவை நீளமும் மிகச்சிறு குறுக்குவெட்டும் கொண்டவை என்ற அளவில் தந்தி போன்ற பொருட்களாகும். உள்ளபடியே அவை 'ரப்பர் வளையங்கள்' போன்றவை. ஏனென்றால் அவை 10 லட்சம் கோடி கோடி கோடி கிலோகிராம் என்ற அளவுக்குப் பெரும் இழுவைக்கு உட்பட்டுள்ளன. புவியுடன் இணைந்த ஓர் அண்டத் தந்தி அதனை 1/30 வினாடியில் மணிக்கு 0 கிலோமீட்டரிலிருந்து 96 கிலோமீட்டருக்கு முடுக்கி விடக் கூடும். அண்டத் தந்திகள் என்பவை முழுக்க முழுக்க அறிவியல் புனைகதையாகவே தோன்றக் கூடும். ஆனால் அதிகாரம் 5இல் எடுத்துரைத்தது போன்ற சமச்சீர்மை முறிவின் விளைவாக முற்பட்ட அண்டத்தில் அவை உண்டாகியிருக்கலாம் என நம்புவதற்குக் காரணங்கள் உள்ளன. அவை பெரும் இழுவைக்கு உட்பட்டிருக்கும் என்பதாலும், எவ்விதமான கோலத்திலும் தொடங்கக் கூடும் என்பதாலும் அவை நீண்டு நேராகும் போது மிகுந்த உயர் வேகங்களுக்கு முடுக்கம் பெறக் கூடும்.

கோடல் தீர்வும் அண்டத் தந்தி வெளி-காலமும் பெரிதும் உருச்சிதைந்து தொடங்குவதால் கடந்தகாலத்துக்குள் பயணம் செய்வது எப்போதும் கூடுமானதாகவே இருந்தது. கடவுள் இப்படியொரு சுருண்ட அண்டத்தைப் படைத்தாலும் படைத்திருக்கலாம். ஆனால் அவர் இதைச் செய்தார் என்று நாம் நம்புவதற்கு எக்காரணமும் இல்லை. நுண்ணலைப் பின்னணியையும், இலகுத் தனிமங்களின் மிதமிஞ்சிய நிலையையும் நோக்காய்வு செய்ததில், முற்பட்ட அண்டமானது காலப் பயணத்துக்கு இடமளிக்கத் தேவைப்படும் வகையிலான வளைவு கொண்டதாய் இருக்கவில்லை என்று தெரிய வருகிறது. எல்லையின்மை முன்மொழிவு சரியென்றால் கோட்பாட்டு அடிப்படையில் இதே முடிவு பெறப்படுகிறது. எனவே இதுதான் வினா: காலப் பயணத்துக்குத் தேவைப்படும் வகையிலான வளைவு இல்லாமல் அண்டம் தொடங்குமானால் பின்னர் இதற்கு இடமளிக்கப் போதியவாறு வெளி-காலத்தின் உள் வட்டாரங்களை நம்மால் சுருட்ட முடியுமா?

இதற்கு நெருங்கிய தொடர்புள்ள ஒரு சிக்கல், அறிவியல் புனைகதை எழுத்தாளர்களுக்கும் கூட கவலையளிக்கும் ஒரு சிக்கல் விண்மீன்களுக்கிடையிலோ உடுத்திரள்களுக்கிடையிலோ

விரைவாகப் பயணம் செய்வதாகும். சார்பியலின்படி எதனாலும் ஒளியைக் காட்டிலும் வேகமாகப் பயணம் செய்ய முடியாது. எனவே நமக்கு மிகவும் அண்மையிலுள்ள நம் அண்டை விண்மீனாகிய சுமார் நான்கு ஒளியாண்டுகள் தொலைவிலுள்ள ஆல்ஃபா சென்டாரிக்கு விண்கலத்தை அனுப்புவோமானால், குறைந்தது எட்டாண்டுகள் கழித்துத்தான் அந்த விண்பயணிகள் திரும்பி வந்து தாங்கள் கண்டதை நம்மிடம் சொல்வார்கள் என்று எதிர்பார்க்கலாம். நம் உடுத்திரளின் மையத்துக்கு விண் பயணம் செய்வதாக இருந்தால் திரும்பி வருவதற்குக் குறைந்தது 1 லட்சம் ஆண்டாகும். சார்பியல் கோட்பாடு ஓர் ஆறுதலுக்கு இடமளிக்கவே செய்கிறது. 2ஆவது அதிகாரத்தில் குறிப்பிட்ட இரட்டையர் முரண்புதிர் *[twin paradox]* எனப்படுவதே அது.

நோக்கர்கள் ஒவ்வொருவரும் தாங்கள் எடுத்துச் செல்லும் கடிகாரங்களைக் கொண்டே காலத்தை அளவிட்டுக் கொள்கிறார்களே தவிர தனித்து நிற்கும் காலத் திட்டம் என்று எதுவும் இல்லையாதலால், இந்தப் பயணம் புவியில் இருப்பவர்களைக் காட்டிலும் விண் பயணிகளுக்கு மிகக் குறுகியதாகத் தோன்ற வாய்ப்புண்டு. ஆனால் விண் பயணம் முடித்துத் திரும்புகையில் உங்கள் வயதில் சில ஆண்டுகளே கூடியிருக்க, நீங்கள் புறப்படும் போது விட்டுச் சென்றவர்கள் எல்லாம் மிச்சமே இல்லாமல் ஆயிரக்கணக்கான ஆண்டுகள் முன்பே மடிந்து மண்ணாகி விட்டதை அறிவது அவ்வளவாய் மகிழ்ச்சி தராது. ஆகவே அறிவியல் புனைகதை எழுத்தாளர்கள் தாம் எழுதும் கதைகளில் மனிதர்களுக்குச் சிறிதாவது அக்கறை உண்டாக்க வேண்டும் என்பதற்காக, ஒளியைக் காட்டிலும் விரைவாகப் பயணம் செய்வது எப்படி என்பதை என்றாவது ஒரு நாள் கண்டுபிடிப்போம் என்று வைத்துக் கொள்ள வேண்டியதாயிற்று. உங்களால் ஒளியைக் காட்டிலும் விரைவாகப் பயணம் செய்ய முடியுமானால், காலத்தில் பின்னோக்கிப் பயணம் செய்யவும் முடியும் என்பதைச் சார்பியல் கோட்பாடு குறிப்பதைத்தான் இந்தக் கதாசிரியர்களில் பெரும்பாலார் உணர்ந்திருப்பதாகத் தெரியவில்லை. பின்வரும் நையாண்டிப் பாட்டு இதையே சொல்கிறது:

இளம் பெண்ணொருத்தி இருந்தாள்

ஒளியினும் விரைவாய்ப் பயணம் செய்தாள்

ஒரு நாள்

புறப்பட்டாள் சார்பியல் வழியில்,

வந்தடைந்தாள் முந்தைய இரவில்.

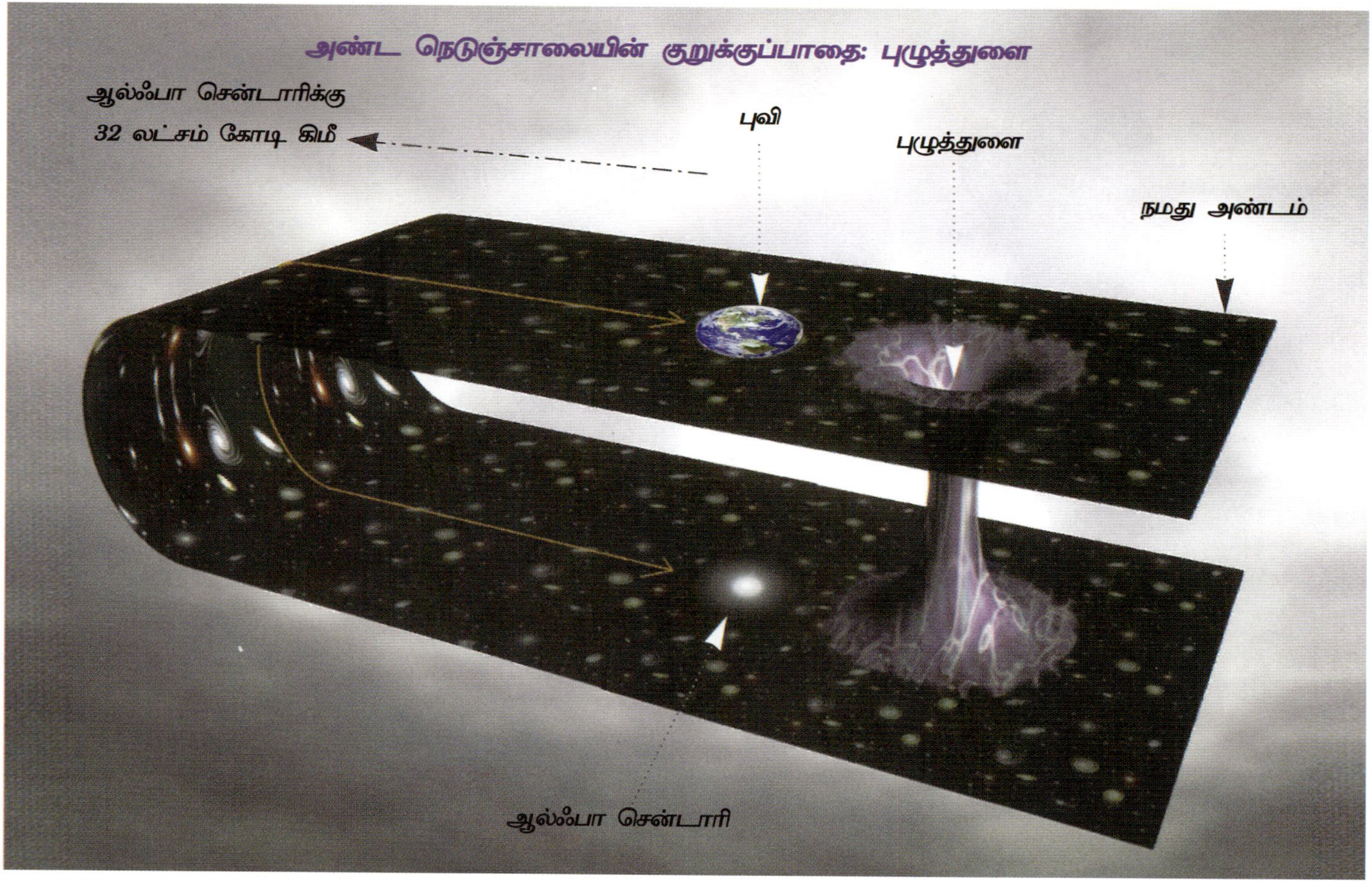

அண்ட நெடுஞ்சாலையின் குறுக்குப்பாதை: புழுத்துளை
ஆல்ஃபா சென்டாரிக்கு
32 லட்சம் கோடி கிமீ
புவி
புழுத்துளை
நமது அண்டம்
ஆல்ஃபா சென்டாரி

கருத்து என்னவென்றால், எல்லா நோக்கர்களும் உடன்பாடு கொள்ளும்படியான தனித்துவமான கால அளவை ஏதுமில்லை என்று சார்பியல் கோட்பாடு சொல்கிறது. பார்க்கப் போனால் ஒவ்வொரு நோக்கரும் தனக்கென்று ஒரு கால அளவை வைத்துள்ளார். ஒளியை விடக் குறைந்த வேகத்தில் பயணம் செய்யும் ஏவுபொறி [ராக்கெட்] ஒன்று **அ** என்னும் நிகழ்ச்சியிலிருந்து (எடுத்துக்காட்டாக, 2012 ஒலிம்பிக் விளையாட்டுகளின் 100 மீட்டர் இறுதிப் பந்தயத்திலிருந்து) **ஆ** என்னும் நிகழ்ச்சிக்கு (எடுத்துக்காட்டாக, ஆல்ஃபா சென்டாரி நாடாளுமன்றத்தின் 1,00,004ஆவது கூட்டத் தொடக்கத்துக்கு) செல்வது கூடுமெனில் எல்லா நோக்கர்களும் அவரவர் நேரங்களின்படி **அ** நிகழ்ச்சி **ஆ** நிகழ்ச்சிக்கு முன்னதாக நடந்தது என்று ஒப்புக் கொள்வார்கள். ஆயினும் பந்தயச் செய்தியை நாடாளுமன்றத்துக்குக் கொண்டு செல்ல விண்கலம் ஒளியை விட வேகமாகப் பயணம் செய்ய வேண்டி இருக்கும் என வைத்துக் கொள்வோம். அப்போது மாறுபட்ட வேகங்களில் நகரும் நோக்கர்கள் **ஆ** நிகழ்ச்சிக்கு முன் **அ** நிகழ்ந்ததா அல்லது **அ** நிகழ்ச்சிக்கு முன் **ஆ** நிகழ்ந்ததா என்பது குறித்துக் கருத்து வேறுபாடு கொள்ளலாம். புவியைப் பொறுத்து ஓய்வில் இருக்கும் நோக்கர் ஒருவரின் நேரப்படி, பந்தயத்திற்குப் பிறகு நாடாளுமன்றம் தொடங்கியதாக இருக்கலாம். எனவே ஒரு விண்கலம் ஒளிவேக விரைவெல்லையைக் கண்டுகொள்ளா விட்டாலே, அது **அ**இலிருந்து **ஆ**க்கு நேரத்தில் சென்றடையக் கூடும் என இந்த நோக்கர் நினைப்பார். ஆனால் கிட்டத்தட்ட ஒளியின் வேகத்தில் புவியிலிருந்து விலகிச் சென்று கொண்டிருக்கும் ஆல்ஃபா சென்டாரியிலுள்ள அந்த நோக்கரைப் பொறுத்த வரை, நாடாளுமன்றத் தொடக்கமாகிய **ஆ** நிகழ்ச்சி 100 மீட்டர் பந்தயமாகிய **அ** நிகழ்ச்சிக்கு முன் நிகழும் எனத் தோன்றும். வெவ்வேறு வேகங்களில் நகர்ந்து கொண்டிருக்கும் நோக்கர்களுக்கு இயற்பியல் விதிகள் ஒன்றாகவே தோன்றுகின்றன எனச் சார்பியல் கோட்பாடு சொல்கிறது.

இது ஆய்வு முறையில் நன்கு சோதித்துப் பார்க்கப்பட்டுள்ளது. சார்பியலுக்கு மாற்றீடாக இன்னுங்கூட முன்னேற்றமான ஒரு கோட்பாட்டைக் கண்டறிந்தாலும் கூட இந்தத் தன்மை மிஞ்சி நிற்கக் கூடும். எனவே ஒளியைக் காட்டிலும் விரைவாகப் பயணம் செய்ய முடியுமானால், நாடாளுமன்றத் தொடக்கமாகிய **ஆ** நிகழ்ச்சியிலிருந்து 100 மீட்டர் பந்தயமாகிய **அ** நிகழ்ச்சிக்குச் செல்ல முடியும் என்று நகரும் நோக்கர் சொல்வார். சற்றே கூடுதல் விரைவுடன் சென்றால், பந்தயத்துக்கு முன்பிருந்த நிலைக்குத் திரும்பி வந்து இன்னார் வெற்றி பெறுவார் என்று உறுதியாக அறிந்து கொண்டு காசு வைத்துச் சூதாடும் வாய்ப்புங்கூட கிடைக்கலாம்.

ஒளிவேகத் தடையை உடைப்பதில் ஒரு சிக்கல் உள்ளது. விண்கலம் ஒளியின் வேகத்தை நெருங்க நெருங்க அதனை முடுக்கி விடத் தேவைப்படும் ஏவுபொறித் திறன் *[rocket power]* மென்மேலும் அதிகரித்துச் செல்கிறது எனச் சார்பியல் கோட்பாடு சொல்கிறது. இதற்கு நம்மிடம் ஆய்வுச் சான்று உள்ளது. இந்தச் சான்று விண்கலன்கள் தொடர்பாகக் கிடைக்கவில்லை என்றாலும், ஃபெர்மிலேப் எனப்படும் ஃபெர்மி தேசிய முடுக்கி ஆய்வுக்கூடத்தில் அல்லது ஐரோப்பிய அணுக்கரு ஆராய்ச்சி மையத்தில் இருப்பவை போன்ற துகள் முடுக்கிகளில் அடிப்படைத் துகள்கள் தொடர்பாகக் கிடைத்துள்ளன. நம்மால் துகள்களை ஒளி வேகத்தில் 99.99 விழுக்காட்டுக்கு முடுக்க முடியும். ஆனால் நாம் எவ்வளவுதான் திறனூட்டினாலும், நம்மால் அவற்றை ஒளிவேகத் தடையைக் கடக்கச் செய்ய முடியாது. விண்கலத்துக்கும் இதேபோல்தான்: அவற்றுக்கு எவ்வளவுதான் ஏவுபொறித் திறன் இருந்த போதிலும் அவற்றால் ஒளி வேகத்தைக் கடந்து முடுக்கம் பெற முடியாது.

இதனால் அதிவிரைவு வெளிப் பயணம், பின்னோக்கிய காலப் பயணம் ஆகிய இரண்டுக்கும் வாய்ப்பே இல்லை எனத் தோன்றும். என்றாலும் மீள்வதற்கு ஒரு வழி இருக்கலாம். அதாவது வெளி-காலத்தைச் சுருட்டி வளைக்க முடிந்தால், **அ, ஆ** நிகழ்ச்சிகளுக்கு இடையே ஒரு குறுக்குவழி பிறக்கலாம். இதைச் செய்வதற்கு ஒரு வழி **அ, ஆ** இடையே ஒரு புழுத்துளையை உண்டாக்குவதாக இருக்கும். பெயருக்கேற்றாற்போல், புழுத்துளை *[wormhole]* என்பது தொலைவாக விலகியுள்ள சற்றொப்பத் தட்டையான வட்டாரங்கள் இரண்டை இணைக்கக் கூடிய மெலிந்த வெளி-காலக் குழாய் ஆகும். **(வண்ணப்படம் காண்க: அண்ட நெடுஞ்சாலையின் குறுக்குப்பாதை: புழுத்துளை.)**

புழுத்துளையினூடான தொலைவுக்கும் சற்றொப்பத் தட்டை யான பின்னணியில் அதன் முனைகளின் பிரிவுக்கும் இடையே சார்புறவு ஏதும் இருக்கத் தேவை இல்லை. எனவே ஞாயிற்றுக் குடும்பத்தின் அருகாமையிலிருந்து ஆல்ஃபா சென்டாரி வரை நீண்டு செல்லும்படியான ஒரு புழுத்துளையைப் படைக்கவோ கண்டறியவோ கூடும் என்று கற்பனை செய்து கொள்ளலாம். புவியும் ஆல்ஃபா சென்டா ரியும் சாதாரண வெளியில் 32 லட்சம் கோடி கிமீ விலகி இருந்தாலுங்கூட புழுத்துளையினூடான தொலைவு சில பல லட்சம் கிலோமீட்டராக மட்டுமே இருக்கக் கூடும். 100 மீட்டர் பந்தயம் பற்றிய செய்தி நாடாளுமன்றத் தொடக்கத்தைச் சென்றடைய இது இடமளிக்கும். ஆனால் அப்போது புவியை நோக்கி நகரும் நோக்கருக்கு மற்றொரு புழுத்துளையும் கிடைத்து அதைக் கொண்டு

அவர் ஆல்ஃபா சென்டாரியில் நாடாளுமன்றத் தொடக்கத்திலிருந்து பந்தயத் தொடக்கத்திற்கு முன் புவிக்குத் திரும்பி வர இயல்வதாக இருக்கும். எனவே ஒளியைக் காட்டிலும் விரைவாகச் செல்லக் கூடிய வேறு எந்தப் பயண வடிவத்தையும் போலவே புழுத்துளைகளும் ஒருவர் கடந்தகாலத்துக்குள் பயணம் செய்வதற்கு இடமளிக்கும்.

வெவ்வேறான வெளி-கால வட்டாரங்களுக்கு இடையிலான புழுத்துளைகள் எனும் கருத்து பெரிதும் மதிக்கத்தக்க ஓர் இடத்திலிருந்து பிறந்ததே தவிர, அறிவியல் புனைகதை எழுத்தாளர்களால் கண்டுபிடிக்கப்பட்டதல்ல.

1935இல் ஐன்ஸ்டைனும் நாதன் ரோசனும் எழுதிய ஓர் ஆய்வேட்டில் "பாலங்கள்" என்று அவர்கள் அழைத்த ஒன்றுக்குப் பொதுச் சார்பியல் இடமளிப்பதாகக் காட்டினார்கள். அவையே இப்போது புழுத்துளைகள் என அறியப்படுகின்றன. ஐன்ஸ்டைன்-ரோசன் பாலங்கள் ஒரு விண்வெளிக்கலம் அவற்றினூடாகச் செல்லப் போதிய அளவுக்கு நீடித்திருக்கவில்லை: குறுகி நெரிந்து செல்லும் புழுத்துளையுள் நுழைய முயலும் விண்வெளிக்கலம் வழுவத்துக்கு உள்ளாகும். ஆயினும் ஒரு முன்னேறிய நாகரிகம் புழுத்துளையைத் திறந்தே வைத்துக் கொள்ளக் கூடும் என்ற கருத்து சொல்லப்பட்டுள்ளது. இதைச் செய்ய வேண்டுமானால், அல்லது காலப் பயணத்துக்கு இடமளிக்க வேறு எந்த வழியிலும் வெளி-காலத்தைச் சுருட்ட வேண்டுமானால், குதிரைச் சேணப்பரப்பைப் போன்ற எதிர்மறை வளைவு கொண்ட வெளி-கால வட்டாரம் தேவைப்படுகிறது என்று மெய்ப்பிக்க முடியும். நேர்நிறை ஆற்றல் அடர்த்தி கொண்ட சாதாரணப் பருப்பொருள் கோளப் பரப்பு போன்ற நேர்நிறை வளைவு ஒன்றை வெளி-காலத்துக்கு அளிக்கிறது. கடந்தகாலத்துக்குள் பயணம் செய்ய இடமளிக்கும் வழியில் வெளி-காலத்தைச் சுருட்டுவதற்குத் தேவைப்படுவது எல்லாம் எதிர்மறை ஆற்றல் அடர்த்தி கொண்ட பருப்பொருளே ஆகும்.

ஆற்றல் சற்றே பணம் போன்றது: உங்களிடம் நேர்நிறைக் கையிருப்பு இருந்தால், நீங்கள் அதனைப் பல்வேறு வழிகளில் பங்கீடு செய்யலாம். ஆனால் இந்நூற்றாண்டின் தொடக்கத்தில் நம்பப்பட்ட செவ்வியல் விதிகளின்படி, இருப்புக்கு மேல் எடுக்க உங்களுக்கு அனுமதியில்லை. ஆகவே இந்தச் செவ்வியல் விதிகள் காலப் பயணத்துக்கு வாய்ப்பே இல்லை என்று மறுதலித்திருக்கும். ஆனால் முன்சென்ற அதிகாரங்களில் எடுத்துரைத்தது போல், செவ்வியல் விதிகளின் இடத்தை உறுதியின்மைக் கொள்கையின் அடிப்படையிலான அக்குவ விதிகள் [quantum laws] பிடித்துக் கொண்டன. அக்குவ விதிகள் அதிகம் தாராளமானவை, மொத்த

இருப்பு நேர்நிறையாக இருக்குமானால் ஓரிரு கணக்குகளில் இருப்புக்கு மேல் எடுப்பதற்கு இடமளிக்கக் கூடியவை. வேறு வகையில் சொல்வதென்றால், ஆற்றல் அடர்த்தி சில இடங்களில் எதிர்மறையாக இருந்திட அக்குவக் கோட்பாடு இடமளிக்கிறது. ஆனால் வேறு இடங்களில் நேர்நிறை ஆற்றல் அடர்த்திகளால் இது ஈடு செய்யப்பட்டு மொத்த ஆற்றல் நேர்நிறையாக இருந்தால்தான் இதற்கு வாய்ப்புண்டு. அக்குவக் கோட்பாடு எதிர்மறை ஆற்றல் அடர்த்திகளுக்கு எப்படி இடமளிக்க முடியும் என்பதற்கான ஓர் எடுத்துக்காட்டு காசிமிர் விளைவு *[Casimir effect]* எனப்படுவதாகும். "வெற்று" வெளி என நாம் நினைப்பதே கூட, ஒன்றாகத் தோன்றி விலகிச் சென்று, ஒன்றாகத் திரும்பி வந்து ஒன்றையொன்று அழித்துக் கொள்கிற மாயத் துகள் இணைகளாலும், எதிர்த் துகள் இணைகளாலும் நிறைந்துள்ளது என்பதை அதிகாரம் 7இல் கண்டோம். நிற்க, குறுந்தொலைவே விலகியுள்ள இணையான இரு உலோகத் தட்டுகள் இருப்பதாகக் கொள்வோம். மாய ஒளிமங்கள் அல்லது ஒளித் துகள்களுக்கு இந்தத் தட்டுகள் ஆடிகளைப் போல் செயற்படும். உண்மையில் அவை இத்துகள்களுக்கு இடையே உட்குழிவாக அமையும்; இது குறிப்பிட்ட சுரங்களில் மட்டுமே ஒத்திசைவாய் ஒலிக்கும் புல்லாங்குழலைப் போல எனலாம். இதன் பொருள் என்னவென்றால், மாய ஒளிமங்களின் அலைநீளங்கள் (ஓர் அலை முகட்டுக்கும் அடுத்த அலை முகட்டுக்கும் இடைப்பட்ட தொலைவு) தட்டுகளுக்கு இடைப்பட்ட இடைவெளியில் ஒரு முழுவெண் மடங்குக்குப் பொருந்தினால்தான் அந்த ஒளிமங்கள் தட்டுகளுக்கு இடைப்பட்ட வெளியில் இடம் பெற முடியும். ஒரு முழுவெண் மடங்கிலான அலைநீளங்களையும் அலைநீளத்தின் ஒரு பின்னத்தையும் கூட்டிக் கிடைப்பதே ஓர் உட்குழியின் அகலம் என்றால், தட்டுகளுக்கு இடையே முன்னும் பின்னுமான சில எதிரடிப்புகளுக்குப் பிறகு ஓர் அலையின் முகடுகள் மற்றொன்றின் அகடுகளுக்கு ஒருங்கமைந்து அலைகள் நீங்கி விடும்.

தட்டுகளுக்கு இடையிலான வெளியில் மாய ஒளிமங்களுக்கு ஒத்திசைவு அலைநீளங்கள் *[resonant wavelengths]* மட்டுமே இருக்க முடியும் என்பதால், இங்கு ஒளிமங்கள் தட்டுகளுக்குப் புறத்தே இருப்பதைக் காட்டிலும் குறைவாகவே இருக்கும். புற வட்டாரத்தில் அவற்றுக்கு எந்த அலைநீளம் வேண்டுமானாலும் இருக்கலாம் என்பதே ஆங்கு அவற்றின் கூடுதல் எண்ணிக்கைக்கும் காரணமாகிறது. எனவே தட்டுகளின் புறப்பரப்புகளைக் காட்டிலும் அகப்பரப்புகளில் மோதும் மாயத் துகள்கள் சற்றுக் குறைவாகவே இருக்கும். ஆக, தட்டுகள் மீதான ஒரு விசை அவற்றை ஒன்றை நோக்கி ஒன்று தள்ளும் என்று எதிர்பார்ப்போம். இந்த விசை

உள்ளபடியே கண்டுபிடிக்கப்பட்டுள்ளது. அதற்கு ஊகித்தறியப்பட்ட மதிப்பும் உள்ளது. எனவே மாயத் துகள்கள் இருக்கின்றன, அவற்றுக்கு மெய்யான விளைவுகள் உள்ளன என்பதற்கு நம்மிடம் சோதனைச் சான்று உள்ளது.

தட்டுகளுக்கு இடையே மாய ஒளிமங்கள் குறைவாக உள்ளன என்ற உண்மையின் பொருள் என்னவென்றால், அவற்றின் ஆற்றல் அடர்த்தி வேறிடங்களைக் காட்டிலும் குறைவாக இருக்கும். ஆனால் தட்டுகளுக்கு அப்பால் "வெற்று" வெளியில் மொத்த ஆற்றல் அடர்த்தி சுழியமாகத்தான் இருக்க வேண்டும். இல்லையென்றால் ஆற்றல் அடர்த்தியானது வெளியைச் சுருட்டி வளைத்து விடும் என்பதும் அது சற்றொப்பத் தட்டையாக இருக்காது என்பதுமே காரணம். எனவே தட்டுகளுக்கு இடையிலுள்ள ஆற்றல் அடர்த்தி அப்பாலுள்ள ஆற்றல் அடர்த்தியைக் காட்டிலும் குறைவாக இருக்குமானால் எதிர்மறையாகத்தான் இருக்க வேண்டும்.

எனவே வெளி-காலத்தைச் சுருட்டி வளைக்க முடியும் என்பதை (கிரகணங்களின் போது ஒளி வளையும் விளைவு வாயிலாக) சோதித்தும், காலப் பயணத்துக்கு இடமளிக்கத் தேவையான வழியில் அதனை வளைக்க முடியும் என்பதை (காசிமிர் விளைவு வாயிலாக) சோதித்தும் அடைந்த சான்றுகள் நம்மிடம் உள்ளன. எனவே அறிவியல் தொழில்நுட்பத்தில் நாம் முன்னேறிச் செல்லச் செல்ல எப்படியும் இறுதியில் ஒரு கால இயந்திரத்தைக் கட்டி விடுவோம் என நம்பலாம். அப்படியானால், யாரும் எதிர்காலத்திலிருந்து திரும்பி வந்து இதை எப்படிச் செய்வது என்று நம்மிடம் சொல்லவில்லையே, ஏன்? நாம் இப்போது வளர்ச்சியின் ஆரம்ப நிலையில் இருப்பதால் காலப் பயண இரகசியத்தை நமக்குத் தருவது விவேகமற்றதாய் இருக்கும் என்பதற்கு நல்ல காரணங்கள் இருந்தாலும் இருக்கலாம். ஆனால் மனித இயல்பு தீவிர மாற்றத்துக்கு உள்ளாகா விட்டால் எதிர்காலத்திலிருந்து வருகை புரியும் யாரோ ஒருவர் இரகசியம் காப்பார் என்று நம்புவது கடினம். அடையாளந்தெரியாத பறக்கும் பொருட்கள் [UFOs] எதையும் பார்த்த நிகழ்வுகள் வேற்றுலகினரோ எதிர்காலத்தினரோ நம்மைப் பார்க்க வருகை புரிவதற்குச் சான்றாகும் எனச் சிலர் சொல்லத்தான் செய்வார்கள். (வேற்றுலகினர் நியாயமான காலத்திற்குள் இங்கு வந்தடைய வேண்டுமானால் அவர்கள் ஒளியைக் காட்டிலும் விரைவாகப் பயணம் செய்ய வேண்டியிருக்கும் என்பதால் இரு வாய்ப்புவழிகளும் சரிநிகராகவே இருக்கக் கூடும்.)

ஆனால் வேற்றுலகினரோ எதிர்காலத்தினரோ வருகை புரிந்தால் அது இன்னுங்கூட கண்கூடாகவும், அனேகமாய் இன்னுங்கூட

வருத்தமளிக்கிற முறையிலும் நிகழும் என நான் கருதுகிறேன். அவர்கள் தங்களை வெளிப்படுத்திக் கொள்ளத்தான் போகிறார்கள் என்றால், நம்பத்தகுந்த சாட்சிகளாகக் கருதப்படாதவர்களிடம் மட்டும் அதைச் செய்வது ஏன்? அவர்கள் ஏதோ பேராபத்து குறித்து நம்மை எச்சரிக்க முயல்கிறார்கள் என்றால் அவர்கள் செய்வதில் அதிகப் பயனில்லை.

எதிர்காலத்தினர் வருகை புரிவதில்லை என்பதற்கு விளக்கமளிக்க வாய்ப்புள்ள ஒரு வழி கடந்தகாலம் நிலையானது என்று சொல்வதாகும். ஏனென்றால் கடந்தகாலத்தை நாம் பார்த்துள்ளோம். எதிர்காலத்திலிருந்து பின்னோக்கிய பயணத்துக்கு இடமளிக்கத் தேவைப்படும்படியான சுருள்வு அதற்கு இல்லை என்று கண்டுள்ளோம். மறுபுறம், எதிர்காலம் அறியப்படாததும் திறந்திருப்பதுமாகும். எனவே அது தேவையான வளைவு கொண்டதாய் இருக்கவே இருக்கலாம். காலப் பயணம் என்றிருந்தால் அது எதிர்காலத்துக்கு மட்டுமே உரியது என்பதே இதன் பொருள். கேப்டன் கிர்க்கும் ஸ்டார்ஷிப் என்டர்பிரைசும் நிகழ்காலத்தில் தோன்றுவதற்கு வாய்ப்பே இருக்காது.

எதிர்காலத்திலிருந்து வரும் சுற்றுலாப் பயணிகள் இன்னமும் நம்மை மிதித்துத் துவைத்து விடவில்லை என்பதற்கு இதுவே விளக்கமாகலாம். ஆயின் பின்னோக்கிச் சென்று வரலாற்றை மாற்ற முடியுமானால் அதனால் எழும் சிக்கல்களை இது தவிர்த்திடாது. எடுத்துக்காட்டாக, நீங்கள் பின்னோக்கிச் சென்று இன்னும் குழந்தையாகவே இருந்த உங்கள் எள்ளுத் தாத்தாவைக் கொன்று விடுவதாகக் கொள்வோம். இந்த முரண்புதிருக்குப் பல பாடபேதங்கள் இருந்த போதிலும் அவை சாரத்தில் ஒன்றுக்கொன்று நிகரானவையே: கடந்தகாலத்தை மாற்றுவதற்குத் தடையில்லை எனில் முரண்பாடுகளே கிடைக்கும்.

காலப் பயணம் முன்னிறுத்தும் முரண்புதிர்களுக்கு இரு வழிகளில் தீர்வு காண முடியும் எனத் தோன்றுகிறது. ஒன்றை நான் முரணற்ற வரலாறுகள் அணுகுமுறை என்றழைப்பேன். இவ்விதியின்படி, கடந்தகாலத்தில் பயணம் செய்வதற்கு வாய்ப்புள்ள வகையில் வெளி-காலம் வளைக்கப்பட்டாலும் கூட வெளி-காலத்தில் நிகழ்பவை இயற்பியல் விதிகளின் முரணற்ற தீர்வாய் இருந்தாக வேண்டும். இந்தப் பார்வையின்படி, கடந்தகாலத்துக்கு ஏற்கெனவே வந்து சேர்ந்திருக்கும் நீங்கள் உங்கள் எள்ளுத் தாத்தாவைக் கொல்லவோ அல்லது நிகழ்காலத்தில் உங்கள் நடப்புச் சூழலுக்கு முரணான வேறெந்தச் செயல்களும் செய்யவோ இல்லை என்று வரலாறு காட்டவில்லை என்றால் நீங்கள் காலத்தில் பின்னோக்கிச்

செல்ல இயலாமற் போகலாம். மேலும், நீங்கள் பின்னோக்கிச் செல்லவே செய்தால் அப்போது பதிவான வரலாற்றை உங்களால் மாற்ற முடியாமல் போகும். இதன் பொருள் என்னவென்றால், கட்டுப்பாடு ஏதுமில்லாமல் விரும்பியதைச் செய்யும் வாய்ப்பு உங்களுக்கு இருக்காது. எப்படியும் கட்டற்ற மன விருப்பம் என்பது ஒரு மாயையே என்று சொல்லலாந்தான். ஒவ்வொன்றையும் ஆள்கிற முழுமையான ஒருங்கிணைந்த கோட்பாடு ஒன்று மெய்யாகவே இருந்தால் அது உங்கள் செயல்களையும் முன்னுறுதி செய்வதாகக் கொள்ளலாம். ஆனால் அது இப்படிச் செய்வதை மனிதப் பிறவி போன்ற சிக்கலான உயிரமைப்புக்குக் கணக்கிடுவது முடியாத காரியம். மனிதர்களுக்குக் கட்டற்ற மன விருப்பம் உண்டென்று நாம் சொல்வதன் காரணம் அவர்கள் என்ன செய்வார்கள் என்பதை நம்மால் ஊகித்தறிய முடியாது என்பதே. ஆனால் மனிதர் ஒருவர் ஓர் ஏவுபொறிக் கப்பலில் புறப்பட்டுச் சென்று, தான் கிளம்புவதற்கு முன்பே திரும்பி வந்து விட்டால், அவர் என்ன செய்வார் என்பதை நம்மால் ஊகித்தறிய இயலக் கூடியதாய் இருக்கும். ஏனென்றால் அது பதிவான வரலாற்றின் ஒரு பகுதியாக இருக்கும். எனவே இந்தச் சூழலில் காலப் பயணிக்குக் கட்டற்ற மன விருப்பம் ஏதுமிருக்காது.

காலப் பயண முரண்புதிர்களுக்குத் தீர்வு காணக் கூடிய இன்னொரு வழியை மாற்று வரலாறுகள் கருதுகோள் *[alternative histories hypothesis]* என்றழைக்கலாம். காலப் பயணிகள் கடந்தகாலத்துக்குத் திரும்பிச் செல்லும் போது பதிவான வரலாற்றிலிருந்து வேறுபடும் மாற்று வரலாறுகளில் நுழைகிறார்கள் என்பதே இதன் கருத்து. எனவே அவர்கள் கட்டின்றிச் செயல்படலாம். அதாவது தங்கள் முந்தைய வரலாற்றுடன் முரண்படக் கூடாது என்ற கட்டாயமின்றிச் செயல்படலாம். ஸ்டீஃபன் ஸ்பீல்பர்க் 'எதிர் காலத்துக்குத் திரும்பி' *[Back to the Future]* திரைப்படங்களில் இந்தக் கருத்தின் அடிப்படையில் வேடிக்கை காட்டியிருந்தார்: மார்டி மெக்ஃப்ளை என்ற சிறுவனால் கடந்த காலத்திற்குத் திரும்பிச் சென்று, தன் தாய் தந்தையின் காதலுறவை மாற்றிக் கூடுதல் மனநிறைவு அளிக்கக் கூடிய வரலாறாக்கிக் கொள்ள முடிந்தது.

மாற்று வரலாறுகள் கருதுகோள் ஒரு வகையில் ரிச்சர்ட் ஃபைன்மனின் வழியில் அக்குவக் கோட்பாட்டைக் கூட்டுத் தொகையான வரலாறுகளாகத் தெரிவிப்பதைப் போல் ஒலிக்கிறது. 4ஆம், 8ஆம் அதிகாரங்களில் எடுத்துரைக்கப்பட்ட அவ்வழி கூறியபடி அண்டத்துக்கு ஒற்றை வரலாறு மட்டும் இல்லை: பார்க்கப் போனால் அதற்கு வாய்ப்புவழியுள்ள ஒவ்வொரு வரலாறும் உண்டு. ஒவ்வொன்றுக்கும் அதற்கேயுரிய நிகழ்தகவும் உண்டு. ஆனால்

ஃபைன்மனின் முன்மொழிவுக்கும் மாற்று வரலாற்றுக்கும் இடையே ஒரு முக்கிய வேறுபாடு இருப்பதாகத் தோன்றுகிறது. ஃபைன்மனின் கூட்டுத் தொகையில், ஒவ்வொரு வரலாறும் ஒரு முழுமையான வெளி-காலத்தையும் அதிலுள்ள ஒவ்வொன்றையும் தன்னகத்தே கொண்டுள்ளது. வெளி-காலம் சுருண்டு வளைந்திருப்பதால் ஏவுபொறியில் ஏறிக் கடந்த காலத்துக்குள் பயணம் செய்வதற்குள்ள வாய்ப்பு கிடைக்கலாம். ஆனால் ஏவுபொறி [ராக்கெட்] அதே வெளி-காலத்திலும், எனவே அதே வரலாற்றிலும் இருந்து வரும். அந்த வரலாறு முரணற்றதாய் இருந்தாக வேண்டும். எனவே கூட்டுத் தொகையான வரலாறுகள் என்னும் ஃபைன்மனின் முன்மொழிவானது மாற்று வரலாறுகள் கருதுகோளைக் காட்டிலும் முரணற்ற வரலாறுகள் என்னும் கருதுகோளுக்கே ஆதரவாய் இருப்பது போல் தோன்றுகிறது.

ஃபைன்மனின் கூட்டுத் தொகையான வரலாறுகள் நுண்வீத அளவுகளில் கடந்தகாலத்துக்குள் பயணம் செய்வதற்கு இடமளிக்கவே செய்கின்றன. **மி, ஓ, கா** செயற்பாடுகளின் இணைவுகளால் அறிவியல் விதிகள் மாறுவதில்லை என அதிகாரம் 9இல் பார்த்தோம். அதாவது, இடஞ்சுழியாகச் சுழன்று **அ**இலிருந்து **ஆ**க்கு நகர்கிற ஓர் எதிர்த்துகளை வலஞ்சுழியாகச் சுழன்று **ஆ**இலிருந்து **அ**க்குக் காலத்தில் பின்னோக்கி நகர்கிற ஒரு சாதாரணத் துகளாகவும் கருதிக் கொள்ளலாம். இதே போல், காலத்தில் முன்னோக்கி நகரும் ஒரு சாதாரணத் துகள் காலத்தில் பின்னோக்கி நகரும் ஓர் எதிர்த்துகளுக்கு நிகராகும். ஒன்றாகத் தோன்றி விலகி நகர்ந்து பிறகு ஒன்றாகத் திரும்பி வந்து ஒன்றையொன்று அழித்துக் கொள்கிற மாயத் துகள் இணைகளாலும், எதிர்த்துகள் இணைகளாலும் நிறைந்திருப்பதே “வெற்று” வெளி என இந்த அதிகாரத்திலும் அதிகாரம் 7இலும் எடுத்துரைத்தோம்.

எனவே துகள்களின் இணையை வெளி-காலத்தில் மூடிய வளையத்தின் மீது நகரும் ஓர் ஒற்றைத் துகளாகவே கருத முடியும். இணையானது காலத்தில் முன்னோக்கி (அது தோன்றுகிற நிகழ்ச்சியிலிருந்து அழிந்து போகிற நிகழ்ச்சிக்கு) நகர்ந்து கொண்டிருக்கும் போது துகள் எனப்படுகிறது. ஆனால் துகளானது காலத்தில் பின்னோக்கி (இணை அழிந்து போகும் நிகழ்ச்சியிலிருந்து தோன்றும் நிகழ்ச்சிக்கு) பயணம் செய்யும் போது காலத்தில் முன்னோக்கிப் பயணம் செய்கிற எதிர்த்துகள் என்று சொல்லப்படுகிறது.

கருந்துளைகளால் எப்படித் துகள்களையும் கதிர்வீச்சையும் உமிழ முடியும் என்பதற்கு (அதிகாரம் 7இல்) நாம் கண்ட விளக்கம்

இதுதான்: ஒரு மாயத்துகள்/எதிர்த்துகள் இணையின் ஓர் உறுப்பு (எடுத்துக்காட்டாக, எதிர்த்துகள்) கருந்துளைக்குள் விழுந்து விடக் கூடுமானால் மற்றோர் உறுப்பு சேர்ந்தழியக் கூட்டாளியில்லாமற் போகக் கூடும். கைவிடப்பட்ட துகளுங்கூட துளைக்குள் விழுந்து விடக் கூடுந்தான். ஆனால் அது கருந்துளையின் அருகாமையிலிருந்து தப்பித்து விடவும் கூடும். அப்படி நேர்ந்தால், தொலைவிலுள்ள நோக்கருக்கு அது கருந்துளையால் உமிழப்பட்ட துகளாகத் தோன்றும்.

இதற்கு நிகரானது என்றாலும் வேறொரு வகையான உள்ளுணர்வு சார்ந்த படப்பிடிப்பு ஒன்றைக் கருந்துளைகளிலிருந்து வெளிப்படும் உமிழ்வின் பொறிமுறைக்குத் தர முடியும். கருந்துளைக்குள் விழுந்து விட்ட மாய இணையின் உறுப்பை (எடுத்துக்காட்டாக, எதிர்த்துகளை) துளைக்குப் புறத்தே காலத்தில் பின்னோக்கிப் பயணம் செய்யும் ஒரு துகளாகவே கருத முடியும். அது மாயத்துகள்/எதிர்த்துகள் இணை ஒன்றாகத் தோன்றும் புள்ளியை அடைகிற போது, ஈர்ப்புப் புலத்தால் சிதறடிக்கப்பட்டு, காலத்தில் முன்னோக்கிப் பயணம் செய்து கருந்துளையிலிருந்து தப்பித்துச் செல்கிற ஒரு துகளாகி விடுகிறது. இதற்குப் பதிலாக, அது கருந்துளைக்குள் விழுந்து விட்ட மாய இணையின் துகள் உறுப்பாக இருக்குமானால் அதனைக் காலத்தில் பின்னோக்கிப் பயணம் செய்து கருந்துளையை விட்டு வெளியேறி வரும் எதிர்த்துகளாகவே கருதலாம். ஆக, அக்குவக் கோட்பாடு நுண்வீத அளவுகளில் பின்னோக்கிய காலப் பயணத்துக்கும் இடமளிக்கிறது என்பதையும், இந்தக் காலப் பயணத்தின் விளைவுகளை நோக்கியறிய முடியும் என்பதையும் கருந்துளைகளின் கதிர்வீச்சு காட்டுகிறது.

எனவே இப்படிக் கேட்க முடியும்: மனிதர்களுக்குப் பயன்படும்படியான பெருவீத அளவிலான காலப் பயணத்திற்கு அக்குவக் கோட்பாடு இடமளிக்கிறதா? எடுத்த எடுப்பில் அப்படித்தான் தோன்றுகிறது. கூட்டுத் தொகையான வரலாறுகள் என்னும் ஃபைன்மன் முன்மொழிவு அனைத்து வரலாறுகளுக்கும் உரியதாகக் கொள்ளப்படுகிறது. எனவே அதில் கடந்தகாலத்துக்குள் பயணம் செய்யக் கூடும்படியாக வெளி-காலம் சுருண்டு வளைந்திருக்கும் வரலாறுகளும் அடங்க வேண்டும். அப்படியானால் வரலாறு நமக்குத் தொல்லை ஆகாதது ஏன்? எடுத்துக்காட்டாக, யாரோ ஒருவர் காலத்தில் பின்னோக்கிச் சென்று அணுகுண்டு இரகசியத்தை நாஜிகளிடம் கொடுத்து விடுவதாக வைத்துக் கொண்டால்?

காலவரிசைப் பாதுகாப்புக் கருதுகோள் [chronology protection conjecture] என நான் அழைப்பது பொருந்துமானால் இந்தச் சிக்கல்களைத் தவிர்க்கலாம். இந்தக் கருதுகோளின்படி, பெருவீத உருக்கள் செய்தியைக் கடந்தகாலத்துக்குள் கொண்டு செல்ல விடாமல் தடுக்கவே இயற்பியல் விதிகள் சூழ்ச்சி செய்கின்றன. அண்டத் தணிக்கைக் கருதுகோளைப் போலவே இதுவும் மெய்ப்பிக்கப்படவில்லை. ஆனால் இது உண்மை என்று நம்புவதற்குக் காரணங்கள் உள்ளன.

காலவரிசைப் பாதுகாப்பு செயல்படுவதாக நம்புவதற்குக் காரணம் என்னவென்றால், கடந்தகாலத்துக்குள் பயணம் செய்திட வாய்ப்பளிப்பதற்குப் போதிய அளவில் வெளி-காலம் சுருண்டு வளைந்திருக்கும் போது, வெளி-காலத்தில் மூடிய வளையங்களில் நகரும் மாயத் துகள்களால் ஒளியின் வேகத்திலோ அல்லது அதற்குக் கீழான வேகத்திலோ காலத்தில் முன்னோக்கிப் பயணம் செய்யும் மெய்த் துகள்களாக முடியும். இந்தத் துகள்கள் எத்தனை தடவை வேண்டுமானாலும் வளையத்தில் சுற்றிச் செல்ல முடியும் என்பதால் அவை தமது தடத்தில் ஒவ்வொரு புள்ளியையும் பல முறை கடந்து செல்கின்றன. எனவே அவற்றின் ஆற்றல் மீண்டும் மீண்டும் கணக்கேறுவதால் ஆற்றல் அடர்த்தி மிகப் பெரிதாகும். இது கடந்தகாலத்துக்குள் பயணம் செய்வதற்கு இடமளிக்காத ஒரு நேர்நிறை வளைவை வெளி-காலத்துக்கு அளிக்கக் கூடும். இந்தத் துகள்கள் நேர்நிறை அல்லது எதிர்மறை வளைவைத் தோற்றுவிக்குமா அல்லது மாயத் துகள்களின் சில வகைகள் தோற்றுவிக்கும் வளைவு வேறு சில வகைகளால் தோற்றுவிக்கப்படும் வளைவை நீக்கம் செய்து விடக் கூடுமா என்பது இன்றளவும் தெளிவாகவில்லை. எனவே காலப் பயணத்துக்கான வாய்ப்புவழி திறந்தே உள்ளது. ஆனால் இதன் மீது நான் பந்தயம் கட்டப் போவதில்லை. எதிர்காலத்தை அறிந்து கொள்ளும் நல்வாய்ப்பு என் எதிராளிக்குக் கிடைப்பது முறையில்லையே!

11
இயற்பியல் ஒருங்கிணைப்பு

அண்டத்திலுள்ள ஒவ்வொன்றையும் பற்றி ஒரேயடியாக ஒரு முழுமையான ஒருங்கிணைந்த கோட்பாட்டைக் கட்டுவது மிகக் கடினமாகவே இருக்கும் என்பதை முதல் அதிகாரத்தில் விளக்கிச் சொன்னோம். எனவே இதற்குப் பதிலாக, ஒரு வரம்பிற்குட்பட்ட வீச்செல்லையிலான நிகழ்ச்சிகளை எடுத்துரைக்கும் பகுதிக் கோட்பாடுகளைக் கண்டறிவதன் வாயிலாகவும் பிற விளைவுகளைக் கவனியாது ஒதுக்குவது அல்லது அவற்றைக் குறிப்பிட்ட சில எண்களால் தோராயப்படுத்துவதன் வாயிலாகவும் முன்னேற்றம் அடைந்துள்ளோம். (எடுத்துக்காட்டாக, அணுவினது உட்கருவின் அகக்கட்டமைப்பைத் தெரிந்து கொள்ளாமலே அணுக்களின் இடைவினைகளை வேதியியலில் நம்மால் கணக்கிட முடிகிறது.) ஆயினும் முடிவில் ஒரு முழுமையான, முன்னுக்குப்பின் முரணற்ற ஒருங்கிணைந்த கோட்பாட்டைக் கண்டறிந்து விட முடியும் என்று நம்புவோம். அந்த ஒருங்கிணைந்த கோட்பாட்டில் இந்தப் பகுதிக் கோட்பாடுகள் எல்லாம் தோராய மதிப்பீடுகளாக அடங்கியிருக்கும். மேலும், அந்தக் கோட்பாட்டை உண்மைகளுக்குப் பொருந்தும்படி செய்வதற்காகக் குறிப்பிட்ட சில அனுமான எண்களின் மதிப்புகளைப் பொறுக்கி எடுத்துச் சரிக்கட்ட வேண்டிய தேவை இருக்காது. இத்தகைய ஒரு கோட்பாட்டிற்கான தேடலே "இயற்பியல் ஒருங்கிணைப்பு" என்று அறியப்படுகிறது.

ஐன்ஸ்டைன் தன் வாழ்வின் பிற்கால ஆண்டுகளில் பெரும்பாலானவற்றை ஒருங்கிணைந்த கோட்பாட்டுக்கான தேடலில் செலவிட்டபோதும் வெற்றி பெறவில்லை. ஆனால் அதற்கான காலம் கனிந்திருக்கவில்லை: ஈர்ப்புக்கும் மின்காந்த விசைக்கும் பகுதிக் கோட்பாடுகள் இருந்தன என்றாலும் அணுக்கரு விசைகளைப் பற்றி அவ்வளவாக ஒன்றும் தெரிந்திருக்கவில்லை. மேலும், ஐன்ஸ்டைன் அக்குவ இயந்திரவியலின் வளர்ச்சியில்

முக்கியப் பங்கு வகித்திருந்தாலும் அது உண்மையானது என்பதை நம்ப மறுத்தார். ஆயினும் உறுதியின்மைக் கொள்கை நாம் வாழும் அண்டத்தின் ஓர் அடிப்படைப் பண்புக் கூறு ஆகும் என்றே தோன்றுகிறது. எனவே வெற்றிகரமான ஒருங்கிணைந்த கோட்பாடு என்பது கட்டாயம் இந்தக் கொள்கையையும் உட்படுத்தியதாகத்தான் இருக்க வேண்டும்.

நமக்கு அண்டத்தைப் பற்றி இன்னுங்கூட நிறையவே தெரியும் என்பதால் இந்த ஒருங்கிணைந்த கோட்பாட்டைக் கண்டறிவதற்கான வாய்ப்புகள் இப்போது பெரிதும் மேம்பட்டிருப்பதாகத் தோன்றுகிறது என்பதை எடுத்துரைப்பேன். ஆனால் நாம் மிகைநம்பிக்கை குறித்து எச்சரிக்கையாக இருக்க வேண்டும். விடிந்ததாக நம்பி ஏமாந்த நிகழ்ச்சிகள் முன்பே நடந்துள்ளன! எடுத்துக்காட்டாக, இந்நூற்றாண்டின் தொடக்கத்தில், மீள்திறன் *[elasticity]*, வெப்பக் கடத்தல் போன்ற தொடர்ச்சியான பருப்பொருளின் பண்புகளைக் கொண்டு ஒவ்வொன்றையும் விளக்கிவிட முடியும் எனக் கருதப்பட்டது. இக்கருத்துக்கு அணுக் கட்டமைப்பின் கண்டுபிடிப்பும் உறுதியின்மைக் கொள்கையும் அழுத்தம் திருத்தமாய் முற்றுப்புள்ளி வைத்தன. மற்றொரு முறை 1928இல் நோபல் பரிசு வென்ற மேக்ஸ் பார்ன் என்னும் இயற்பியலர் காட்டிங்கான் பல்கலைக்கழகத்துக்கு வந்த பார்வையாளர்க் குழு ஒன்றிடம் இவ்வாறு கூறினார்: "நாம் அறிந்துள்ளபடி இயற்பியல் என்பது ஆறு மாதக் காலத்தில் முடிந்து விடும்." அவரது நம்பிக்கைக்கு அடிப்படையாக அமைந்தது மின்மத்தை ஆளும் சமன்பாட்டை டிராக் அண்மையில் கண்டுபிடித்திருந்ததே ஆகும். அந்நேரத்தில் அறியப்பட்டிருந்த இன்னும் ஒரே ஒரு துகளாகிய நேர்மத்தையும் இதே போன்ற ஒரு சமன்பாடு ஆளும் எனவும் அதுவே கோட்பாட்டு இயற்பியலின் முடிவாக இருக்குமெனவும் கருதப்பட்டது. ஆனால் நொதுமமும் அணுக்கரு விசைகளும் கண்டுபிடிக்கப்பட்டதானது அந்தக் கருத்தையும் தலையில் அடித்துச் சாய்த்தது. நடந்ததெல்லாம் போகட்டும், இறுதியான இயற்கை விதிகளுக்கான தேடலின் முடிவை இப்போது நாம் நெருங்கியிருக்கக் கூடும் என்று எச்சரிக்கையுடன் கலந்த நம்பிக்கை கொள்வதற்குக் காரணங்கள் இருப்ப தாகவே இன்னமும் நான் நம்புகிறேன்.

முன்சென்ற அதிகாரங்களில் நான் பொதுச் சார்பியலையும் ஈர்ப்பியலின் பகுதிக் கோட்பாட்டையும் மெல்விசை, வல் விசை, மின்காந்தவிசை ஆகியவற்றை ஆளும் பகுதிக் கோட்பாடுகளையும் எடுத்துரைத்தேன். கடைசி மூன்றையும் மாவொருங்கிணைந்த

கோட்பாடுகள் அல்லது மா.கோ.கள் எனப்படுகிறவற்றில் ஒன்றிணைக்கலாம். அவை அவ்வளவாக நிறைவளிக்கக் கூடியவை அல்ல. ஏனென்றால் இவற்றில் ஈர்ப்பியல் அடங்காது. மேலும், இவற்றில் பல கூறுகள், குறிப்பாகச் சொன்னால் வெவ்வேறு துகள்களின் ஒப்பளவு நிறைகள் போன்ற பல அளவுகள், கோட்பாட்டிலிருந்து ஊகித்தறிய முடியாவிட்டாலும் நோக்காய்வுகளுக்குப் பொருந்தும்படிச் செய்வதற்காகத் தெரிந்தெடுக்கப்பட வேண்டியவை ஆகும். ஈர்ப்பியலை மற்ற விசைகளுடன் ஒருங்கிணைக்கும் ஒரு கோட்பாட்டைக் கண்டறிவதில் உள்ள முக்கிய இடர்ப்பாடு பொதுச் சார்பியல் ஒரு "செவ்வியல்" கோட்பாடு என்பதே ஆகும். அதாவது அது அக்குவ இயந்திரவியலின் உறுதியின்மைக் கொள்கையை உட்படுத்திக் கொள்வதில்லை. மறுபுறம், ஏனைய பகுதிக் கோட்பாடுகள் சாரமான முறையில் அக்குவ இயந்திரவியலைச் சார்ந்துள்ளன. எனவே தேவைப்படுகிற முதலடி எடுத்து வைப்பதற்காகச் செய்ய வேண்டியதெல்லாம் பொதுச் சார்பியலை உறுதியின்மைக் கொள்கையோடு இணைப்பதே ஆகும். இது சில குறிப்பிடத்தக்க தொடர் விளைவுகளை, அதாவது கருந்துளைகள் கருப்பாக இல்லாமற்போதல், அண்டம் வழுவங்கள் அற்று முற்ற முழுக்கத் தன்னிறைவானதாகவும் எல்லையற்றதாகவும் அமைதல் போன்ற தொடர்விளைவுகளை உண்டாக்க முடியும் என்பதைப் பார்த்தோம். அதிகாரம் 7இல் விளக்கியது போல், சிக்கல் என்னவென்றால், "வெற்று" வெளியே கூட மாயத் துகள் இணைகளாலும், எதிர்த்துகள் இணைகளாலும் நிறைந்திருப்பதை உறுதியின்மைக் கொள்கை குறிக்கிறது. இந்த இணைகளுக்கு ஈறிலா அளவில் ஆற்றல் இருக்கும்; எனவே ஐன்ஸ்டைனின் புகழ் வாய்ந்த $E = mc^2$ சமன்பாட்டின்படி அவற்றுக்கு ஈறிலா அளவில் நிறை இருக்கும். எனவே அவற்றின் ஈர்ப்புக் கவர்ச்சி அண்டத்தை ஈறிலாச் சிற்றளவுக்கு வளைத்துச் சுருட்டி விடும்.

ஒருவகையில் இதே போன்றவையும், அபத்தமாகத் தோன்றுகிறவையுமான ஈறிலிகள் ஏனைய பகுதிக் கோட்பாடுகளிலும் இடம்பெறுகின்றன. ஆனால் இந்த நேர்வுகள் அனைத்திலும் இயல்புமீட்சி [renormalization] எனப்படும் நிகழ்முறையால் ஈறிலிகளை நீக்கி விட முடியும்; ஈறிலிகளை நீக்குவதற்கு வேறு ஈறிலிகளைக் கொண்டுவந்து நுழைப்பது இதற்குத் தேவைப்படுகிறது. இந்த நுட்பம் கணக்கியல் நோக்கில் சற்றே ஐயத்துக்குரியதுதான் என்றாலும் நடைமுறையில் பயன்படுவதாகத்தான் தோன்றுகிறது. இதைப் பயன்படுத்தி இந்தக் கோட்பாடுகளின் துணை கொண்டு

நோக்காய்வுகளுடன் அளப்பரியத் துல்லியத்துடன் ஒத்துப் போகும் ஊகங்கள் செய்யப்பட்டுள்ளன. ஆனால் ஒரு முழுமைக் கோட்பாட்டைக் கண்டுபிடிக்கும் முயற்சியின் கோணத்திலிருந்து பார்த்தால், இயல்புமீட்சி என்பதில் ஒரு பெரும் குறை இருக்கத்தான் செய்கிறது. ஏனெனில் இதன்படி, நிறைகளின் உள்ளபடியான மதிப்புகளையும் விசைகளின் வலிமைகளையும் நோக்காய்வுகளுக்குப் பொருந்தும்படித் தெரிந்தெடுக்க வேண்டுமே தவிர கோட்பாட்டிலிருந்து ஊகித்தறிய முடியாது.

உறுதியின்மைக் கொள்கையைப் பொதுச் சார்பியலில் உட்ப டுத்த முயலும் போது ஈர்ப்பின் வலிமை, அண்டவியல் மாறிலி ஆகிய இரு அளவுகளை மட்டுமே சரிக்கட்ட முடியும். ஆனால் இவற்றைச் சரிக்கட்டுவது எல்லா ஈறிலிகளையும் நீக்கப் போதுமானதன்று. எனவே இதிலிருந்து பெறப்படும் கோட்பாடு வெளி-கால வளைவைப் போன்ற குறிப்பிட்ட சில அளவுகளை உண்மையிலேயே ஈறில்லாதவையாக ஊகித்துக் கொள்வது போல் தோன்றினாலும் இந்த அளவுகளை முழுக்க முழுக்க ஈறுள்ளவையாகவே நோக்கியறியவும் அளவிடவும் முடியும்! பொதுச் சார்பியலையும் உறுதியின்மைக் கொள்கையையும் இணைப்பதில் இந்தச் சிக்கல் எழுமென்று சிறிது காலமாகவே ஐயம் இருந்து வந்தாலும் 1972இல்தான் விவரமான கணக்கீடுகளால் இறுதியாக உறுதிசெய்யப்பட்டது. நான்காண்டு கழித்து "மீயீர்ப்பு" *[supergravity]* எனப்படும் வாய்ப்பான ஒரு தீர்வு முன்மொழியப்பட்டது. இதன் கருத்து ஈர்ப்பு விசையை ஏந்தியுள்ள ஈர்மம் எனப்படும் சுழல் 2 துகளைச் சுழல் 3/2, 1, 1/2, 0 ஆகிய வேறு சில துகள்களோடு இணைப்பதாக இருந்தது. ஒரு வகையில் அப்போது இந்த எல்லாத் துகள்களையும் ஒரே "மீத்துகளின்" *[superparticle]* வெவ்வேறு கூறுகளாகக் கருத முடிந்தது. எனவே இதன்படி, சுழல் 1/2, 3/2 கொண்ட பருப்பொருள் துகள்களைச் சுழல் 0, 1, 2 ஆகிய விசையேந்தித் துகள்களோடு ஒருங்கிணைக்க முடிந்தது. சுழல் 1/2, 3/2 ஆகிய மாயத்துகள்/எதிர்த்துகள் இணைகளுக்கு எதிர்மறை ஆற்றல் இருக்கும். எனவே சுழல் 2, 1, 0 ஆகிய மாய இணைகளின் நேர்நிறை ஆற்றலை நீக்கம் செய்யும் போக்கு இருக்கும். இது கூடுமான ஈறிலிகள் பலவற்றையும் நீங்கச் செய்யும். இருப்பினும் சில ஈறிலிகள் எஞ்சியிருக்கக் கூடுமென ஐயம் இருந்தது. ஆனால் நீங்காமல் எஞ்சிய ஈறிலிகள் ஏதும் உண்டா? இல்லையா? என்பதைக் கண்டறியத் தேவையான கணக்கீடுகள் மிக நீண்டும் கடினமாகவும் இருந்தன. யாரும் அவற்றை எடுத்துச் செய்ய அணியமாய் இல்லை.

கணினி கொண்டு செய்தாலும்கூட இதற்குக் குறைந்தது நான்காண்டு தேவைப்படுமெனக் கணக்கிடப்பட்டது. குறைந்தது ஒரு தவறு, அனேகமாய் இன்னும் கூடுதலாகவே செய்து விடும் வாய்ப்புகள் மிக அதிகமாய் இருந்தன. எனவே சரியான விடை கிடைத்திருப்பது தெரிய வேண்டுமானால் வேறு ஒருவர் இந்தக் கணக்கீட்டைத் திரும்பச் செய்து அதே விடையைப் பெற்றால்தான் உண்டு; ஆனால் இதற்கு அதிக வாய்ப்பு இருப்பதாகத் தோன்றவில்லை!

இந்தச் சிக்கல்கள் இருந்த போதிலும், மீயீர்ப்புக் கோட்பாடுகளில் இடம்பெறும் துகள்கள் நோக்கியறியப்பட்ட துகள்களுக்குப் பொருந்துவதாகத் தோன்றவில்லை என்ற போதிலும் பெரும்பாலான அறிவியலர்கள் இயற்பியல் ஒருங்கிணைப்புச் சிக்கலுக்கு மீயீர்ப்புதான் அனேகமாய்ச் சரியான தீர்வு என நம்பினார்கள். ஈர்ப்பை மற்ற விசைகளோடு ஒருங்கிணைக்க இதுவே மிகச் சிறந்த வழியெனத் தோன்றியது. ஆனால் 1984இல் தந்திக் கோட்பாடுகள் *[string theories]* என அழைக்கப்படுவனவற்றுக்கு ஆதரவாகக் குறிப்பிடத்தகுந்த கருத்து மாற்றம் ஏற்பட்டது. இந்தக் கோட்பாடுகளில் அடிப்படைப் பொருட்கள் ஒற்றை வெளிப் புள்ளியில் இடம்பெறும் துகள்கள் அல்ல. அவை நீளம் தவிர வேறு எந்தப் பரிமாணமுமற்றவை, மெலிந்த ஈறிலா தந்தித் துண்டு ஒன்றைப் போன்றவை. இந்தத் தந்திகளுக்கு முனைகள் இருக்கலாம் (திறந்த தந்திகள் எனப்படுபவை) அல்லது தமக்குத் தாமே இணைந்து மூடிய கண்ணிகளாக இருக்கலாம் (மூடிய தந்திகள்). இவற்றை 11.1, 11.2 படங்களில் காணலாம். ஒரு துகள் என்பது ஒவ்வொரு காலக் கணத்திலும் ஒரு வெளிப் புள்ளியில் இடம்பெறுகிறது. எனவே அதன் வரலாற்றை வெளி-காலத்தில் ஒரு கோட்டால் குறிக்க முடியும் ("உலகக் கோடு"). மறுபுறம், ஒரு தந்தி என்பது ஒவ்வொரு காலக் கணத்திலும் வெளியில் ஒரு கோட்டில் இடம்பெறுகிறது. எனவே வெளி-காலத்திலான அதன் வரலாறு உலகத்தகடு *[worldsheet]* எனப்படும் இருபரிமாணப் பரப்பாகும். (இத்தகைய உலகத் தகட்டில் உள்ள எந்தப் புள்ளியையும் இரு எண்களால் எடுத்துரைக்கலாம்: ஒன்று காலத்தையும் மற்றொன்று தந்தி மீதான புள்ளியின் அமைவிடத்தையும் குறித்துரைப்பது.) ஒரு திறந்த தந்தியின் உலகத்தகடு ஒரு பட்டை ஆகும். அதன் விளிம்புகள் வெளி-காலத்தினூடாகத் தந்தி முனைகளின் பாதைகளைக் குறிக்கின்றன (படம் 11.1). மூடிய தந்தியின் உலகத்தகடு உருளை அல்லது குழாய் ஆகும் (படம் 11.2). குழாயின் சீவல் ஒரு

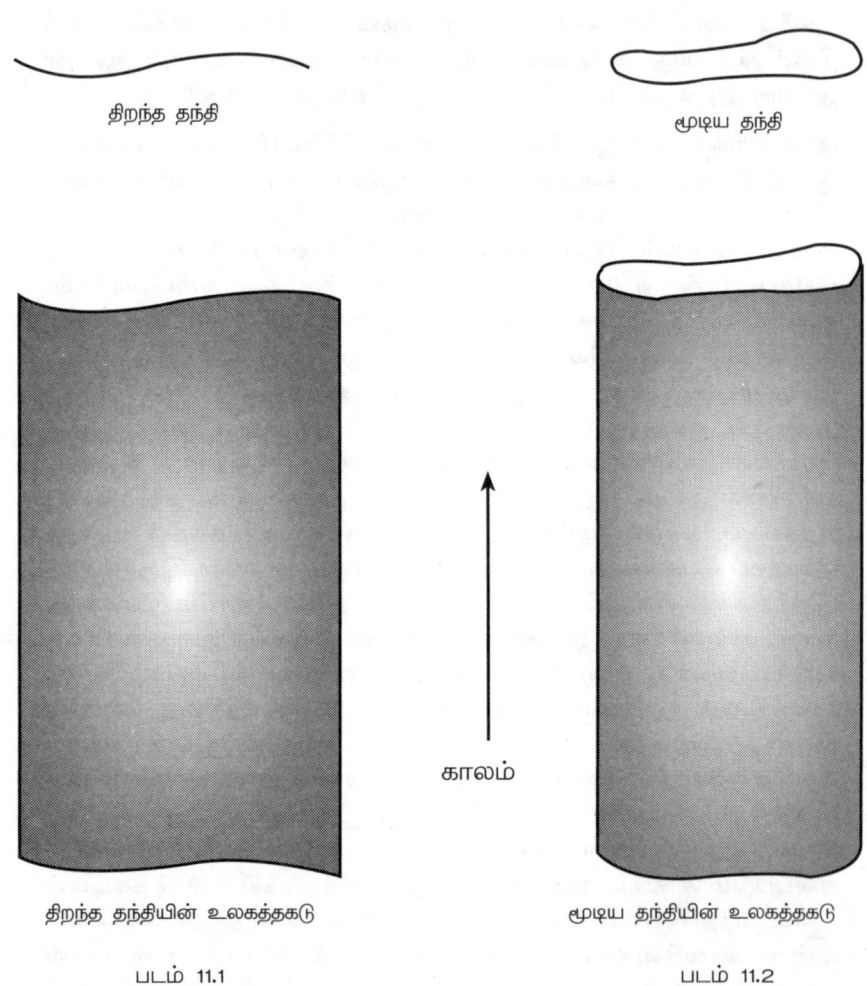

திறந்த தந்தி

மூடிய தந்தி

காலம்

திறந்த தந்தியின் உலகத்தகடு

படம் 11.1

மூடிய தந்தியின் உலகத்தகடு

படம் 11.2

இயற்பியல் கூட்டணி
ஈர்ப்பியல்
F = ma
மின்காந்தவியல்
∇.B = 0
சார்பியல்
E = mc²
அக்குவ
இயந்திரவியல்
Δx.Δpx ≥ ħ/2
நியூட்டன்
மேக்ஸ்வெல்
ஐன்ஸ்டைன்
ஹெய்சன்பெர்க்

மனித அண்டச் சித்திரம்
அந்த நாள் முதல் இந்த நாள் வரை

ஆமை அண்டம்

டெமாக்ரிடஸ் அணு

தட்டைப் புவி மாதிரியமைப்பு

தாலமிய அமைப்பு

கோப்பர்நிக்கிய அமைப்பு

ரூதர்ஃபோர்டு அணு

நீல்ஸ் போர் அணு

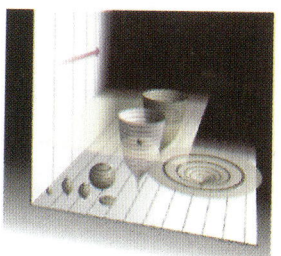

வலுவான மாந்தமைய மாதிரியமைப்பு

ஃப்ரைட்மன் மூடிய அண்டம்

விரிவடையும் பலூன் கோட்பாடு

கருந்துளைக் கோட்பாடு

எல்லையின்மை முன்மொழிவு

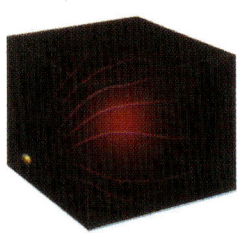

வரலாறுகளின் கூட்டுத்தொகை மாதிரியமைப்பு

தந்திக் கோட்பாடு

புழுத்துளை மாதிரியமைப்பு

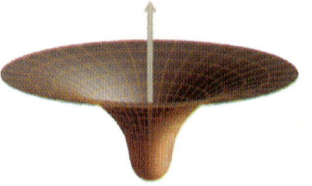

உப்பல் அண்டம்

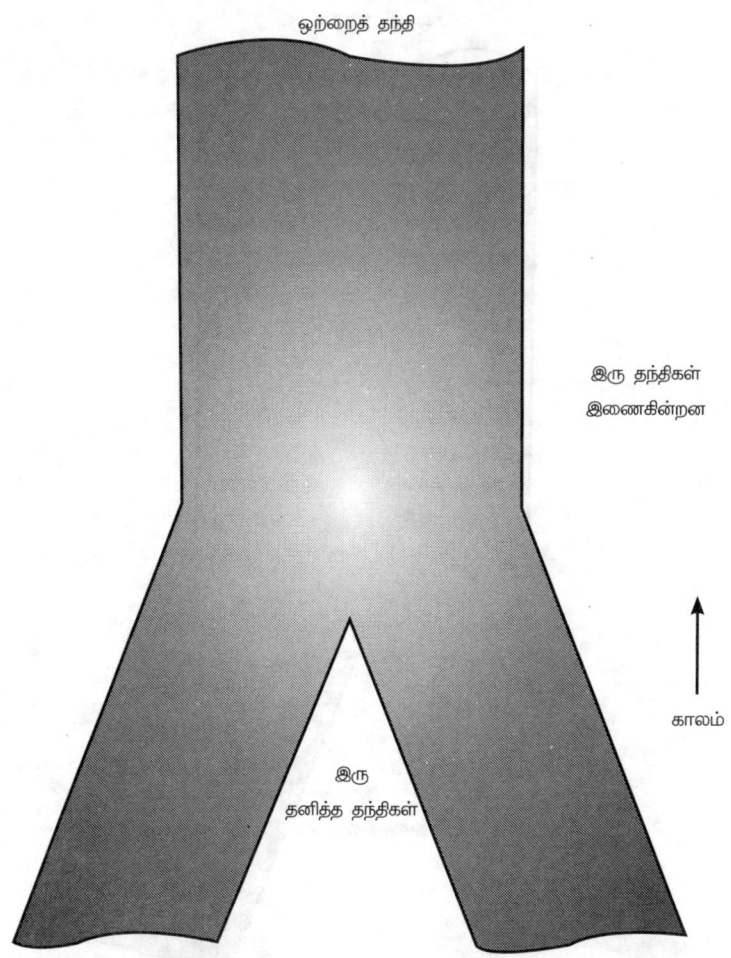

இரு திறந்த தந்திகள் இணைவதன் உலகத்தகடு

படம் 11.3

வட்டமாகும். அது குறிப்பிட்ட ஒரு நேரத்தில் தந்தியின் அமைவிடத்தைக் குறிக்கிறது.

இரு தந்திக் கம்பிகள் இணைந்து ஒற்றைத் தந்தி ஆக முடியும். திறந்த தந்திகளைப் பொறுத்த வரை அப்படியே முனைகளில் இணைந்து கொள்கின்றன (படம் *11.3*). மூடிய தந்திகளைப் பொறுத்த வரை கால் சட்டையில் இரு கால்கள் இணைவதைப் போன்றதே இது (படம் *11.4*). இதே போல், ஒற்றைத் தந்திக் கம்பி இரு தந்திகளாகப்

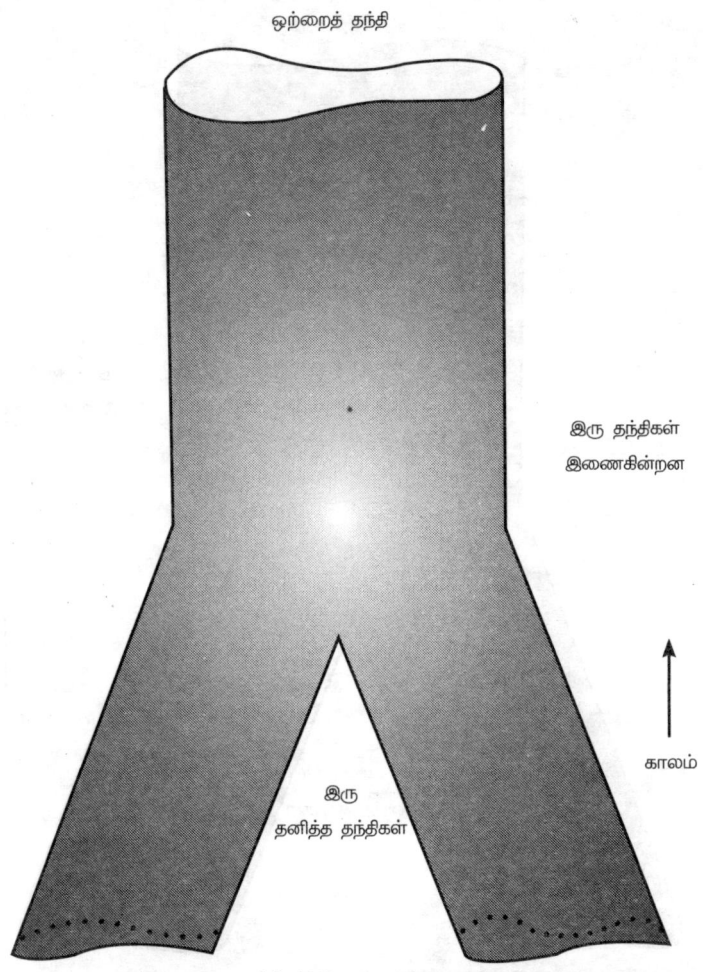

இரு மூடிய தந்திகள் இணைவதன் உலகத்தகடு

படம் 11.4

பிரியலாம். முன்பு துகள்களாகக் கருதப்பட்டவை இப்போது தந்திக் கோட்பாடுகளில் அதிர்வுறும் பட்ட நூல் மீதான அலைகளைப் போல் தந்தியில் பயணம் செய்யும் அலைகளாகச் சித்திரிக்கப்படுகின்றன. ஒரு துகளை மற்றொரு துகள் உமிழ்வது அல்லது உட்கொள்வது என்பது தந்திகள் பிரிவது அல்லது இணைவதற்கு இணையானது. எடுத்துக்காட்டாக, துகள்

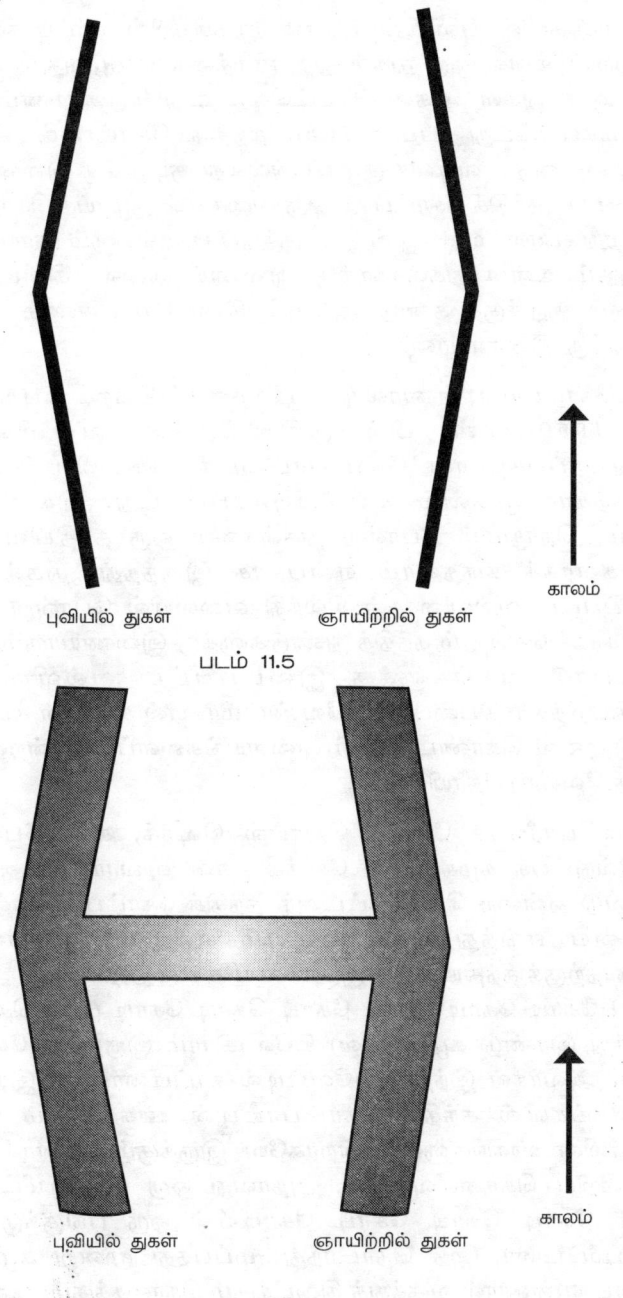

புவியில் துகள்   ஞாயிற்றில் துகள்   காலம்

படம் 11.5

புவியில் துகள்   ஞாயிற்றில் துகள்   காலம்

படம் 11.6

கோட்பாடுகளில் புவியின் மீதான ஞாயிற்றின் ஈர்ப்பு விசைக்கு ஞாயிற்றில் உள்ள ஒரு துகள் ஓர் ஈர்மத்தை உமிழ்வதும் புவியில் உள்ள ஒரு துகள் அதனை உட்கொள்வதுமே காரணம் என்று சித்திரிக்கப்பட்டது (படம் 11.5). தந்திக் கோட்பாட்டில் இந்த நிகழ்முறை ஒரு H வடிவக் குழாய் அல்லது குழலுக்கு இணையானது (படம் 11.6). (தந்திக் கோட்பாடு ஒரு வகையில் குழாய்த் தொழிலைப் போன்றது எனலாம்.) H-இன் இரு குத்துப் பக்கங்களும் ஞாயிற்றிலும் புவியிலும் உள்ள துகள்களுக்கு இணையானவை. கிடைவசமாக இருக்கும் குறுக்குத் தண்டு அவற்றிற்கிடையே பயணம் செய்யும் ஈர்மத்துக்கு இணையானது.

தந்திக் கோட்பாட்டின் வரலாறு ஆர்வத்தைக் கிளறக் கூடிய ஒன்று. இது 1960களின் பிற்பகுதியில்தான் வல்விசையை எடுத்துரைப்பதற்கான கோட்பாட்டைக் கண்டறிய வேண்டும் என்பதற்காக முதலில் கண்டுபிடிக்கப்பட்டது. இதன் கருத்து நேர்மம், நொதுமம் போன்ற துகள்களை ஒரு தந்தியின் மீதான அலைகளாகக் கருதலாம் என்பதாக இருந்தது. துகள்களுக்கு இடைப்பட்ட வல்விசைகள் சிலந்தி வலையில் போன்று குறுக்கு நெடுக்காகச் செல்லும் தந்தித் துண்டுகளுக்கு இணையாகும். இந்தக் கோட்பாடு துகள்களுக்கு இடைப்பட்ட வல்விசைகளின் நோக்கியறிந்த மதிப்பைத் தர வேண்டுமானால் தந்திகள் சுமார் 1000 கிகி இழுவை கொண்ட ரப்பர் வளையங்களைப் போன்றவையாக இருக்க வேண்டியதாயிற்று.

1974இல் பாரீசைச் சேர்ந்த ஜோயல் ஷெர்க், கலிஃபோர்னியா தொழில்நுட்பக் கழகத்தைச் சேர்ந்த ஜான் ஷ்வார்ட்ஸ் ஆகியோர் ஆய்வேடு ஒன்றை வெளியிட்டனர். தந்திக் கோட்பாட்டால் ஈர்ப்பு விசையை எடுத்துரைக்க முடியும் என்றும், ஆனால் அது இயல்வதற்குத் தந்தியிலான இழுவை மிக மிக அதிகமாய், அதாவது சுமார் 1 கோடி கோடி கோடி கோடி கோடி கோடி (1ஐத் தொடர்ந்து நாற்பத்து இரண்டு சுழியங்கள்) கிலோகிராம் இருந்தாக வேண்டும் என்றும் அவர்கள் இந்த ஆய்வேட்டில் காட்டினார்கள். இயல்பான நீள வீதங்களில் தந்திக் கோட்பாட்டின் ஊகங்களும் பொதுச் சார்பியலின் ஊகங்களும் ஒன்றாகவே இருக்கும். ஆனால் இவை மிகச் சிறிய தொலைவுகளில், அதாவது ஒரு சென்டிமீட்டரில் 1 லட்சம் கோடி கோடி கோடி கோடியில் ஒரு பங்குக்கும் (ஒரு சென்டிமீட்டரை 1ஐத் தொடர்ந்து முப்பத்து மூன்று சுழியங்கள் கொண்ட எண்ணால் வகுத்துக் கிடைக்கும் தொகைக்கும்) குறைவான தொலைவுகளில் மாறுபடும். ஆனால் அவர்களின் ஆய்வுப்பணி

அதிகமாய்க் கவனிக்கப் பெறவில்லை. ஏனென்றால் கிட்டத்தட்ட அந்த நேரத்தில்தான் பெரும்பாலானவர்கள் வல்விசை பற்றி முதலில் கண்டறியப்பட்ட தந்திக் கோட்பாட்டைக் கைவிட்டு விட்டு, அதற்குப் பதிலாகப் பொடிமங்களையும் பசைமங்களையும் அடிப்படையாகக் கொண்ட கோட்பாட்டை ஏற்றுக் கொண்டார்கள். இந்தக் கோட்பாடு நோக்காய்வுகளுக்கு இன்னுங்கூட கச்சிதமாய்ப் பொருந்துவதாய்த் தோன்றியது. துயரமான முறையில் ஷெர்க் இறந்து போனார். (நீரிழிவு நோயாளியான அவர் கோமாவில் ஆழ்ந்த போது அவருக்கு இன்சுலின் ஊசி போட அருகில் யாருமில்லை.) எனவே அனேகமாய் ஷ்வார்ட்ஸ் மட்டுந்தான் தந்திக் கோட்பாட்டுக்கு ஒரே ஆதரவாளர் என்று தனித்து விடப்பட்டார். ஆனால் இப்போது தந்தி இழுவையின் மதிப்பு இன்னும் உயர்ந்த அளவில் முன்மொழியப்பட்டது.

*1984*இல் தந்திக் கோட்பாட்டிலான ஆர்வம் திடீரெனப் புத்துயிர் பெற்றது. இதற்கான காரணங்கள் இரண்டெனத் தோன்றுகிறது. ஒன்று, மீயீர்ப்பு ஈறுள்ளது என்றோ நாம் நோக்கியறியும் துகள்களின் வகைகளை அதனால் விளக்கக் கூடும் என்றோ மெய்ப்பிக்கும் திசையில் உண்மையில் அதிக முன்னேற்றம் ஏற்பட்டிருக்கவில்லை. மற்றொன்று, ஜான் ஷ்வார்ட்சும், லண்டன் ராணி மேரி கல்லூரியைச் சேர்ந்த மைக் கிரீனும் வெளியிட்ட ஆய்வேடாகும். நாம் நோக்கியறியும் துகள்கள் சிலவற்றைப் போல் உள்ளார்ந்த இடக்கைத்தன்மை கொண்ட துகள்கள் இருப்பதைத் தந்திக் கோட்பாட்டால் விளக்க இயலக்கூடும் என்று அந்த ஆய்வேடு காட்டியது. காரணங்கள் என்னவாயினும், விரைவில் ஏராளமானவர்கள் தந்திக் கோட்பாட்டின் மீது ஆய்வு செய்யத் தொடங்கினர். அது ஒரு புதிய வடிவில் வளர்த்தெடுக்கப்பட்டது. அதுதான் இருபடித் தந்தி [heterotic string] எனப்படுகிறது. நாம் நோக்கியறியும் துகள்களின் வகைகளை இதனால் விளக்க இயலக் கூடுமோ எனத் தோன்றியது.

தந்திக் கோட்பாடுகளும் ஈறிலிகளுக்கு இட்டுச் செல்கின்றன. ஆனால் இருபடித் தந்தி போன்ற வடிவங்களில் இவை எல்லாமே நீங்கி விடும் எனக் கருதப்படுகிறது (ஆனால் இது இன்றளவும் உறுதியாகத் தெரியவில்லை). எப்படியாயினும் தந்திக் கோட்பாடுகளுக்கு இன்னும் பெரியதொரு சிக்கல் உள்ளது: வெளி-காலம் வழக்கமான நான்கு பரிமாணங்களுக்குப் பதில் பத்து அல்லது இருபத்தாறு பரிமாணங்கள் கொண்டதாக இருந்தால் மட்டுமே இவை முரணற்றவையாக இருக்கும் எனத் தோன்றுகிறது! கூடுதல்

வெளி-காலப் பரிமாணங்கள் என்பவை அறிவியல் புனைகதைகளில் வாடிக்கையான ஒன்றுதான். ஒளியைக் காட்டிலும் விரைவாகவோ காலத்தில் பின்னோக்கியோ பயணம் செய்ய முடியாது என்னும் பொதுச் சார்பியலின் இயல்பான கட்டுத்தளையை வெல்வதற்கு இவை மிகச் சிறந்த வழியாக அமைகின்றன (காண்க: அதிகாரம் 10). கூடுதல் பரிமாணங்களினூடே குறுக்குவழியில் செல்லலாம் என்பதே கருத்து. இதைப் பின்வருமாறு படம்பிடித்துக் காட்டலாம். நாம் வாழும் வெளி இருபரிமாணங்களை மட்டுமே கொண்டிருப்பதாகவும் நங்கூர வளையம் அல்லது பீடப்புடைப்பின் பரப்பைப் போன்று வளைந்திருப்பதாகவும் கற்பனை செய்து கொள்ளுங்கள் (படம் 11.7). நீங்கள் வளையத்தின் உள்விளிம்பின் ஒரு பக்கத்தில் இருப்பதாகவும் மறு பக்கத்தில் உள்ள ஒரு புள்ளிக்குப் போக விரும்புவதாகவும் கொண்டால் இந்த வளையத்தின் உள்விளிம்பைச் சுற்றிப் போக வேண்டியிருக்கும். ஆனால் உங்களால் மூன்றாம் பரிமாணத்தில் பயணம் செய்ய முடிந்தால் நீங்கள் நேராகக் குறுக்கு வழியில் சென்றுவிடக் கூடும்.

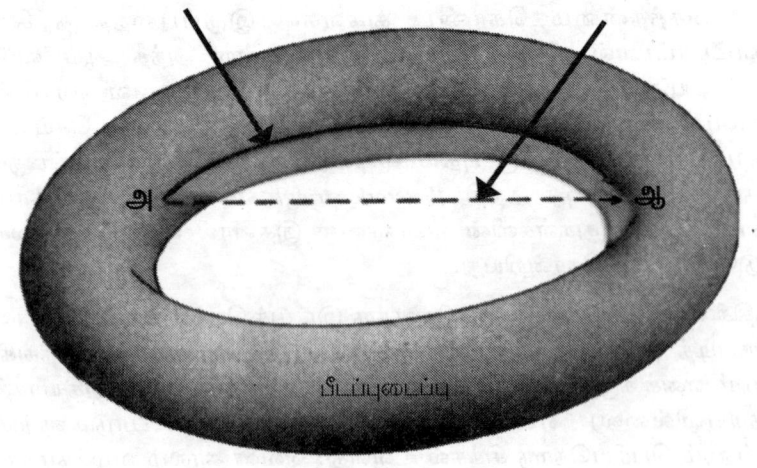

இரு பரிமாணங்களில் அஇலிருந்து ஆ வரையிலான மிகக் குறுகிய பாதை

முப்பரிமாணங்களில் அஇலிருந்து ஆ வரையிலான மிகக் குறுகிய பாதை

படம் 11.7

உண்மையிலேயே இந்தக் கூடுதல் பரிமாணங்கள் எல்லாம் இருக்குமானால் அவற்றை நாம் ஏன் கவனிப்பதில்லை? மூன்று வெளிப் பரிமாணங்களையும் ஒரு காலப் பரிமாணத் தையும் மட்டும் பார்க்கிறோமே, ஏன்? இதற்கு முன்மொழியப்படும் விளக்கம் என்னவென்றால், மற்றப் பரிமாணங்கள் ஓரலங்குலத்தில் 100 கோடி கோடி கோடி கோடியில் ஒரு பங்கு என்பது போன்ற மிகச் சிறிய உருவளவு கொண்ட வெளிக்குள் வளைத்துச் சுருட்டப்பட்டிருக்கலாம். மிகச் சிறியது என்பதால் இதை நாம் கவனிப்பதில்லை, அவ்வளவு தான். நாம் ஒரு காலப் பரிமாணத்தையும் மூன்று வெளிப் பரிமாணங்களையும் மட்டுமே காண்கிறோம். அதில் வெளி-காலம் கிட்டத்தட்ட தட்டையாக உள்ளது. அது வைக்கோலின் மேற்பரப்பைப் போன்றதாகும். நீங்கள் அதை நெருங்கிப் பார்த்தால் அது இருபரிமாணமுடையதாக இருக்கக் காண்பீர்கள் (வைக்கோல் மீதான ஒரு புள்ளியின் அமைவிடத்தை இரு எண்கள், அதாவது வைக்கோலின் நீளமும் வட்டத் திசையைச் சுற்றிய தொலைவும் விவரிக்கின்றன). ஆனால் அதனைத் தொலைவிலிருந்து பார்த்தால் வைக்கோலின் தடிப்பு உங்களுக்குத் தெரியவில்லை, அது ஒருபரிமாணமுடையதாகக் காட்சியளிக்கிறது (ஒரு புள்ளியின் அமைவிடத்தை வைக்கோலின் நீளம் மட்டுமே குறித்துக் காட்டுகிறது). வெளி-காலமும் கூட இப்படித்தான்: அதாவது சிறுவீதங்களில் அது பத்துப் பரிமாணம் கொண்டும் பெரிதும் வளைவுற்றும் உள்ளது. ஆனால் பெருவீதங்களில் வளைவோ கூடுதல் பரிமாணங்களோ உங்களுக்குத் தெரிவதில்லை. இந்தச் சித்திரம் சரிதான் என்றால் விண்வெளிப் பயணம் செல்ல விரும்புகிறவர்களுக்குக் கெட்ட செய்தியே: கூடுதல் பரிமாணங்கள் மிக மிகச் சிறியவை ஆகையால் அவற்றின் வழியாக விண்கலம் செல்ல முடியாது. ஆனால் இதிலிருந்து இன்னொரு பெரிய சிக்கல் தலைதூக்குகிறது. எல்லாப் பரிமாணங்களும் என்றில்லாமல் சில பரிமாணங்கள் மட்டுமே சிறு பந்தாகச் சுருள்வது ஏன்? மிகவும் முற்பட்ட அண்டத்தில் எல்லாப் பரிமாணங்களும் பெரிதும் வளைவுற்றவையாக இருந்திருக்கும் என்று எண்ணிக் கொள்ளலாம். மற்ற எல்லாப் பரிமாணங்களும் இறுக்கமாகச் சுருண்டு கிடக்க ஒரு காலப் பரிமாணமும் மூன்று வெளிப் பரிமாணங்களும் தட்டையாக நீண்டது ஏன்?

இதற்கு வாய்ப்புள்ள விடைகளில் ஒன்று மாந்தமையக் கொள்கையாகும். நம்மைப் போன்ற அருஞ்சிக்கலான பிறவிகள் தோன்றி வளர இடமளிப்பதற்கு இருவெளிப் பரிமாணங்கள்

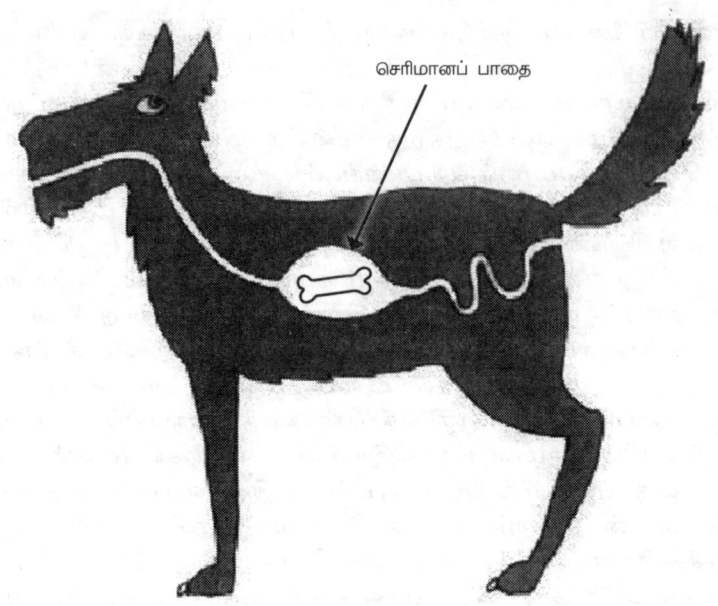

இரு பரிமாண விலங்கு

படம் 11.8

போதுமானதாகத் தோன்றவில்லை. எடுத்துக்காட்டாக, ஒருபரிமாணப் புவியின் மீது வாழும் இருபரிமாண விலங்குகள் ஒன்றையொன்று கடந்து செல்வதற்கு ஒன்றின் மீது ஒன்று ஏறிச் செல்ல வேண்டியிருக்கும். ஓர் இருபரிமாண உயிரினம் எதையோ சாப்பிட்டு அது முழுமையாகச் செரிக்காவிட்டால் அது விழுங்கிய அதே வழியில் கழிவையும் வெளிப்படுத்த வேண்டியிருக்கும். ஏனென்றால் முழுமையாக அதன் உடல் வழிச் செல்லும் ஒரு பாதை இருக்குமானால், அப்பாதை அதனைத் தனித்தனியான இரு பாதிகளாகப் பிரித்து விடும். எனவே நம் இருபரிமாணப் பிறவி கழன்று விழுந்து விடும் (படம் 11.8). இதேபோல், இருபரிமாண உயிரினத்தில் எவ்வகையான குருதி ஓட்டமும் எவ்வாறு நிகழ முடியும் என்று புரிந்து கொள்வது அரிதே.

வெளிப் பரிமாணங்கள் மூன்றுக்கு மேல் இருப்பினுங்கூட சிக்கல்கள் எழும். இரு பொருளுருக்களுக்கு இடையிலான ஈர்ப்பு விசையானது, தொலைவு அதிகரிக்க அதிகரிக்க, முப்பரிமாணங்களில் குறைந்து செல்வதைக் காட்டிலும் மூன்றுக்கு மேற்பட்ட பரிமாணங்களில்

இன்னுங்கூடத் துரிதமாகக் குறைந்து செல்லும். (முப்பரிமாணங்களில் தொலைவை இரு மடங்காக்கினால் ஈர்ப்பு விசை 1/4 பங்காகக் குறைகிறது. நாற்பரிமாணங்களில் 1/8 பங்காகவும், ஐம்பரிமாணங்களில் 1/16 பங்காகவும், மேலும் இதே வகையிலும் குறைகிறது.) இதன் முக்கியத்துவம் என்னவென்றால் புவியைப் போன்று ஞாயிற்றைச் சுற்றும் கோள்களின் சுற்றுப்பாதைகள் நிலையற்று இருக்கும்: வட்டவடிவச் சுற்றுப்பாதையிலிருந்து ஏற்படும் மிகச் சிறு அசைவுங்கூட (மற்றக் கோள்களின் ஈர்ப்புக் கவர்ச்சியால் ஏற்படக் கூடியதைப் போன்ற அசைவு) புவி திருகுச் சுற்று சுற்றி ஞாயிற்றை விட்டு விலகுவதில் அல்லது ஞாயிற்றுக்குள் போய் விழுவதில் போய் முடியும். நாம் உறைந்து போவோம் அல்லது எரிந்து போவோம். உண்மையில் மூன்றுக்கு மேற்பட்ட வெளிப் பரிமாணங்களில் தொலைவுக்கேற்ப ஈர்ப்பு நடந்து கொள்ளும் விதத்தில் மாற்றமில்லை என்பதன் பொருள் என்னவென்றால், ஈர்ப்பும் அழுத்தமும் சரியீடு செய்து கொண்டிருக்கும் ஒரு நிலையான நிலவரத்தில் ஞாயிறு இருக்க முடியாமல் போகும். ஒன்று, அது உடைந்து சிதறும் அல்லது தகர்வுற்றுக் கருந்துளையாகி விடும். இந்த இரண்டில் எது நேரிட்டாலும், புவியில் உயிரினங்களுக்கான வெப்பமூலமாகவும் ஒளிமூலமாகவும் அது அவ்வளவாய்ப் பயன்படாமற் போய் விடும். சிறுவீதத்தில், ஓர் அணுவில் உட்கருவைச் சுற்றி மின்மங்களைச் சுற்ற வைக்கும் மின் விசைகளானவை ஈர்ப்பு விசைகள் நடந்து கொள்ளும் அதே முறையில்தான் நடந்து கொள்ளும். எனவே ஒன்று, மின்மங்கள் அணுவிலிருந்து அடியோடு தப்பிச் செல்லும் அல்லது திருகிச் சுற்றி அணுக்கருவினுள் வந்து விழும். இரண்டில் எது நேரிட்டாலும் அணுக்கள் நாம் அறிந்துள்ள முறையில் இல்லாமற் போகலாம்.

உயிரினம் என்பது, எப்படியும் நாம் அறிந்த முறையிலான உயிரினம் என்பது ஒரு காலப் பரிமாணமும் மூன்று வெளிப் பரிமாணங்களும் சிறிதாய் வளைத்துச் சுருட்டப்படாத வெளி-கால வட்டாரங்களில் மட்டுமே இருக்க முடியும் என்று தெளிவாய்த் தோன்றுகிறது. இதன் பொருள் நாம் நலிந்த மாந்தமையக் கொள்கையைத் துணைக்கழைக்கக் கூடும் என்பதே. ஆனால் இதற்குத் தந்திக் கோட்பாடு என்பது அண்டத்தின் இத்தகைய வட்டாரங்கள் இருப்பதற்கு இடமளிக்கவாவது செய்கிறது என்று காட்ட முடிந்தாக வேண்டும்; உண்மையில் தந்திக் கோட்பாடு இதற்கு இடமளிக்கத்தான் செய்கிறது எனத் தோன்றுகிறது. எல்லாப் பரிமாணங்களும் வளைத்துச் சுருட்டப்பட்டிருக்கும்படியான அல்லது

நான்கிற்கு மேற்பட்ட பரிமாணங்கள் கிட்டத்தட்டத் தட்டையாக இருக்கும்படியான அண்டத்தின் வேறு வட்டாரங்கள் அல்லது வேறு அண்டங்கள் (இதன் பொருள் என்னவாயினும் சரி) இருக்கவே இருக்கலாம். ஆனால் வெவ்வேறு எண்ணிக்கையிலான மெய்ப் பரிமாணங்களை நோக்கியறிய இத்தகைய வட்டாரங்களில் அறிவுப் பிறவிகள் ஏதும் இருக்காது.

மற்றொரு சிக்கல் என்னவென்றால், குறைந்தது நான்கு வெவ்வேறான தந்திக் கோட்பாடுகள் (திறந்த தந்திகளும், மூவேறு மூடிய தந்திக் கோட்பாடுகளும்) உள்ளன; தந்திக் கோட்பாடு ஊகித்துச் சொன்ன கூடுதல் பரிமாணங்களை வளைத்துச் சுருட்டுவதற்குப் பல லட்சக்கணக்கான வழிகள் உள்ளன. ஒரே ஒரு தந்திக் கோட்பாட்டையும் ஒரு வகைச் சுருள்வையும் மட்டுமே பொறுக்கி எடுப்பது ஏன்? இதற்கு விடையே இல்லை என்று சிறிது காலம் தோன்றியது, முன்னேற்றம் தடைப்பட்டு நின்றது. பிறகு சற்றொப்ப 1994இலிருந்து, இரட்டைத் தன்மைகள் எனப்படுவதைக் கண்டுபிடிக்கத் தொடங்கினார்கள்: வெவ்வேறு தந்திக் கோட்பாடுகளும் கூடுதல் பரிமாணங்களை வளைத்துச் சுருட்டுவதற்கான வெவ்வேறு வழிகளும் நாற்பரிமாணத்தில் அதே முடிவுகளுக்கு வழிசெய்யக் கூடும். மேலும், ஒற்றை வெளிப் புள்ளியில் இடம்பெற்றுள்ள துகள்களையும் கோடுகளாகிய தந்திகளையும் போலவே pபடலங்கள் *[pbranes]* எனப்படும் வேறு பொருட்களும் இருப்பதாகக் கண்டுபிடிக்கப்பட்டன: இவை வெளியில் இருபரிமாண, அல்லது இன்னும் கூடுதலான பரிமாணக் கொள்ளளவுகளில் இடம்பெறுகின்றன. (ஒரு துகள் என்பதை *0*படலம் ஆகவும் ஒரு தந்தி என்பதை *1*படலம் ஆகவும் கருதலாம். ஆனால் p = *2* முதல் p = *9* வரைக்கும் கூட p-படலங்கள் உண்டு.) இது குறிப்பதாகத் தோன்றுவது என்னவென்றால், மீயீர்ப்பு, தந்தி, p-படலம் ஆகிய மூன்று கோட்பாடுகளுக்கு இடையில் ஒருவிதமான சனநாயகம் இருக்கிறது; அதாவது இந்தக் கோட்பாடுகள் ஒன்றாகச் சேர்ந்து பொருந்துவது போல் தெரிந்தாலும், எந்த ஒன்றும் ஏனையவற்றைக் காட்டிலும் கூடுதலான அடிப்படை முக்கியத்துவம் உடையது என்று சொல்வதற்கில்லை. இவை ஏதோ ஓர் அடிப்படைக் கோட்பாட்டுக்கு வெவ்வேறு சூழல்களில் செல்லுபடியாகக் கூடிய தோராயங்கள் எனத் தோன்றுகிறது.

யாவற்றுக்கும் அடிப்படையான இந்தக் கோட்பாட்டை மனிதர்கள் தேடி அலைந்த போதிலும் இதுவரை வெற்றி கிடைத்தபாடில்லை. எப்படியானாலும் எனது நம்பிக்கை என்னவென்றால், இந்த

அடிப்படைக் கோட்பாட்டுக்கு ஒற்றைத் தெளிவுரை என்றேதும் இருக்க முடியாது. இது எப்படிப்பட்டது என்றால், எண்கணக்கியலை விதிகளின் ஒரே ஒரு கணமாக வரையறுக்க முடியாதென கோடல் காட்டியதைப் போன்றது. இதை நன்கு புரிந்து கொள்ள, நிலவரைப் படங்கள் *[maps]* கொண்டு ஒப்புநோக்கலாம். அதாவது புவிப் பரப்பை அல்லது ஒரு நங்கூர வளையத்தை விவரிப்பதற்கு ஒரே ஒரு வரைபடத்தைப் பயன்படுத்த முடியாது: ஒவ்வொரு முக்கியக் கூறினையும் அளாவிக் கொள்வதற்குப் புவியைப் பொறுத்த வரை குறைந்தது இரு வரைபடங்களும், நங்கூர வளையத்தைப் பொறுத்த வரை நான்கு வரைபடங்களும் தேவைப்படும். ஒவ்வொரு வரைபடமும் வரம்புக்குட்பட்ட ஒரு வட்டாரத்தில் செல்லுபடியாகும். ஆனால் வெவ்வேறு வரைபடங்கள் ஒன்றன் மேல் ஒன்றாய் அமையும்படியான ஒரு வட்டாரம் இருக்கும். வரைபடங்களின் திரட்சி புவிப் பரப்பை முழுமையாக விவரிக்கிறது. இதே போன்றுதான் இயற்பியலிலும் வெவ்வேறு சூழல்களில் வெவ்வேறு தெளிவுரைகளைப் பயன்படுத்த வேண்டியிருக்கலாம். ஆனால் இருவேறு தெளிவுரைகள் ஒத்துப் போகக் கூடிய சூழல்களில் இரண்டையுமே பயன்படுத்தலாம். வெவ்வேறு தெளிவுரைகளின் முழுத் தொகுப்பை முழுமையான ஒருங்கிணைந்த கோட்பாடாகக் கருதலாம் - இந்தக் கோட்பாட்டை விதிகளின் ஒரே ஒரு கணமாகத் தெரிவிக்க முடியாமற் போகலாம் என்றாலும்.

ஆனால் உண்மையில் இத்தகைய ஒருங்கிணைந்த கோட்பாடு இருக்க முடியுமா? அல்லது ஒருவேளை இது நம் கானல்நீர்த் தேடல்தானோ? மூன்று வாய்ப்புவழிகள் இருப்பதாகத் தோன்றுகிறது:

1) உண்மையிலேயே ஒரு முழுமையான ஒருங்கிணைந்த கோட்பாடு உள்ளது (அல்லது ஒன்றன் மேல் ஒன்றாய் அமைந்த தெளிவுரைகளின் தொகுப்பு உள்ளது). நமக்குத் திறமிருப்பின் ஒரு நாள் அதைக் கண்டுபிடிப்போம்.

2) அண்டத்திற்கு இறுதிக் கோட்பாடு என்று எதுவும் இல்லை; அண்டத்தை மென்மேலும் திருத்தமாக வர்ணிக்கிற கோட்பாடுகளின் ஈறிலாத் தொடர்வரிசை ஒன்று மட்டுமே உண்டு.

3) அண்டத்திற்கென்று கோட்பாடு எதுவும் இல்லை; குறிப்பிட்ட ஒரு நீட்சிக்கு அப்பால் நிகழ்ச்சிகளை ஊகித்தறிய முடியாது. அவை எழுந்தமானமாகவும் தற்போக்காகவுமே *[random and arbitrary manner]* நடந்து கொள்கின்றன.

இந்த மூன்றாவது வாய்ப்புவழியை ஆதரிக்கும் நோக்கில் வாதிடும் சிலர் உண்டு. விதிகளின் முழுக் கணம் ஒன்று இருக்குமானால் கடவுளானவர் தன் மனத்தை மாற்றிக் கொண்டு உலகில் தலையிடுவதற்கான உரிமையில் அது கைவைப்பதாக இருக்கும் என்பதே அவர்கள் வாதத்துக்கு அடிப்படை. இவ்வாதம் ஒரு வகையில் பழைய முரண்புதிரைப் போன்றது: கடவுளால் தன்னாலேயே தூக்க முடியாத ஒரு கனமான கல்லைப் படைக்க முடியுமா? ஆனால் கடவுள் மனத்தை மாற்றிக் கொள்ள விரும்பக் கூடும் என்ற கருத்தானது கடவுள் காலத்தில் இருப்பதாகக் கற்பனை செய்து கொள்ளும் பொய்யுரைக்கு, தூய அகஸ்டின் சுட்டிக் காட்டிய அந்தப் பொய்யுரைக்கு ஓர் எடுத்துக்காட்டாகும். அதாவது காலம் என்பது கடவுள் படைத்த இவ்வண்டத்திற்கே உரியதொரு பண்பாம். என்ன நோக்கத்திற்காகக் காலத்தை ஏற்படுத்துகிறோம் என்பது கடவுளுக்குத் தெரிந்திருந்ததாகக் கொள்ள வேண்டுமாம்!

அக்குவ இயந்திரவியல் வருகைக்குப் பிறகு, நிகழ்ச்சிகளை முழுக்க முழுக்கத் திருத்தமான முறையில் ஊகித்தறிய முடியாது என்பதையும், எப்போதும் ஓரளவு உறுதியின்மை இருக்கத்தான் செய்கிறது என்பதையும் நாம் ஏற்றுக் கொள்ளும் நிலைக்கு வந்துள்ளோம். வேண்டுமானால் இந்த எழுந்தமான *[random]* போக்குக்குக் கடவுளின் தலையீடே காரணம் என்று சொல்லிக் கொள்ளலாம். ஆனால் இது மிகவும் வேடிக்கையான தலையீடாகத்தான் இருக்கும்: அதற்கு நோக்கம் ஏதும் இருப்பதற்குச் சான்றில்லை. அப்படி நோக்கமேதும் இருக்குமானால் அந்தச் சொல்லுக்குரிய இலக்கணப்படி அது எழுந்தமானதாய் இருக்காது. புதுமக்காலத்தில் நாம் அறிவியலின் இலக்கை மறுவரையறை செய்ததன் வாயிலாக மேற்கண்ட மூன்றாம் வாய்ப்புவழியைச் செயலளவில் நீக்கியிருக்கிறோம்: உறுதியின்மைக் கொள்கை விதிக்கும் எல்லை வரை மட்டுமே நிகழ்ச்சிகளை ஊகித்தறிய நமக்குப் பயன்படுகிற விதிகளின் கணமொன்றைத் தெளிந்துரைப்பதே நம் நோக்கம்.

மென்மேலும் துல்லியமாக்கப்படும் கோட்பாடுகளின் ஈறிலித் தொடர் வரிசை உண்டு என்னும் இரண்டாம் வாய்ப்புவழி இதுவரையிலான நம் அனுபவம் அனைத்தோடும் இசைந்து செல்கிறது. பல சந்தர்ப்பங்களில் நம் அளவீடுகளின் நுண்மையை உயர்த்தி இருக்கிறோம் அல்லது நோக்காய்வுகளின் ஒரு புது வகைத் தொகுப்பை உருவாக்கி இருக்கிறோம் என்றாலும், இந்த முயற்சி நடப்பில் இருக்கும் கோட்பாடு ஊகித்தறியாத புதிய புலப்பாடுகளைக் கண்டுபிடிப்பதற்கே வழிவகுத்துள்ளது. இந்தப்

புலப்பாடுகளுக்கு விளக்கமளித்திட நாம் இன்னுங்கூட முன்னேறிய கோட்பாட்டை வளர்த்தெடுக்க வேண்டியிருந்துள்ளது. எனவே மாவொருங்கிணைந்த கோட்பாடுகளின் இந்தத் தலைமுறை கூறுவது, அதாவது சுமார் 100 ஜிமிவோ மெல்மின் ஒருங்கிணைந்த ஆற்றலுக்கும் சுமார் 10 கோடி கோடி ஜிமிவோ மாவொருங்கிணைந்த ஆற்றலுக்கும் இடையே அடிப்படையில் புதிதாக ஒன்றும் நிகழ்ந்து விடாது என்று கூறுவது தவறாகவே இருந்து விட்டாலும் பெரிதாக வியப்படைய வேண்டி இருக்காது. நாம் இன்று "அடிப்படை" துகள்கள் எனக் கருதுகிற பொடிமங்கள், மின்மங்களை விடவும் அடிப்படையான பல புதிய கட்டமைப்பு அடுக்குகளைக் கண்டறிய முடியுமென எதிர்பார்க்கலாந்தான்.

ஆனால் "பெட்டிகளுக்குள் பெட்டிகள்" என்னும் இந்தத் தொடர் வரிசைக்கு ஈர்ப்பு ஒரு வரம்பாகக் கூடுமெனத் தோன்றுகிறது. ஒரு துகளின் ஆற்றல் பிளாங்க் ஆற்றல் எனப்படுவதற்கு மேல், அதாவது 1 லட்சம் கோடி கோடி (1ஐத் தொடர்ந்து பத்தொன்பது சுழியங்கள்) ஜிகாமின்மவோல்டுக்கு மேல் இருக்குமானால் அதன் நிறை பெரிதும் செறிவுற்றதாகி, அது எஞ்சிய அண்டத்திலிருந்து துண்டித்துக் கொண்டு சிறியதொரு கருந்துளையாகிவிடும். எனவே நாம் மென்மேலும் உயர்ந்த ஆற்றல்களுக்குச் செல்லச் செல்ல, மென்மேலும் துல்லியமாக்கப்படும் கோட்பாடுகளின் தொடர்வரிசைக்கு ஏதோ ஓர் எல்லை இருந்தாக வேண்டும் என்றும், எனவே அண்டம் பற்றிய ஏதோ ஓர் இறுதிக் கோட்பாடு இருந்தாக வேண்டும் என்றும் தோன்றத்தான் செய்கிறது. இன்றைய நிலையில் நாம் ஆய்வுக்கூடத்தில் பெருமமாக உற்பத்தி செய்யக் கூடியவையான சுமார் 100 ஜிமிவோ ஆற்றல்களிலிருந்து பிளாங்க் ஆற்றல் வெகு தொலைவில் இருப்பதென்னவோ உண்மைதான். முன்னறிந்து சொல்லும்படியான எதிர்காலத்தில் நாம் இந்தத் தொலைவைத் துகள் முடுக்கிகளின் துணை கொண்டு கடந்து விடப் போவதில்லை!

ஆனால் அண்டத்தின் மிகவும் முற்பட்ட கட்டங்களானவை இத்தகைய ஆற்றல்கள் இடம் பெற்றிருக்க வேண்டிய களமாகும். முற்பட்ட அண்டத்தைப் பற்றிய ஆய்வும் முரணற்ற கணக்கியலின் தேவைகளும் இன்றைக்கிருக்கும் நம்மில் சிலரின் ஆயுட் காலத்திற்குள் ஒரு முழுமையான ஒருங்கிணைந்த கோட்பாட்டிற்கு நம்மை இட்டுச் செல்வதற்கு நல்ல வாய்ப்பு உள்ளது என நினைக்கிறேன். எப்போதுமே நாம் முதலில் வெடித்துச் சிதறி விட மாட்டோம் என்று வைத்துக் கொண்டு பேசுகிறேன்.

அண்டம் பற்றிய இறுதிக் கோட்பாட்டை உள்ளபடியே நாம் கண்டுபிடித்தே விட்டால் என்னாகும்? அதிகாரம் 1இல் எடுத்துரைத்தது போல் நாம் சரியான கோட்பாட்டைத்தான் கண்டுபிடித்துள்ளோம் என்று ஒருபோதும் அறுதியிட்டு உறுதியாகச் சொல்ல முடியாமல் போகலாம். ஏனென்றால் கோட்பாடுகள் மெய்ப்பிக்க முடியாதவை. ஆனால் கோட்பாடு கணக்கியல் வகையில் முரணற்றதாக அமைந்து எப்போதும் நோக்காய்வுகளோடு ஒத்துப் போகும் ஊகங்களையே கொடுப்பதாக இருந்தால் அது சரியான கோட்பாடுதான் என்று நாம் நியாயமாகவே நம்பலாம். அண்டத்தை விளங்கிக் கொள்ள மாந்தக் குலம் நடத்தி வரும் அறிவுப் போராட்ட வரலாற்றில் ஒரு நீண்டநெடிய புகழார்ந்த பெரும்படலத்துக்கு இது முத்தாய்ப்பாக அமையும். ஆனால் இது அண்டத்தை ஆளும் விதிகளைப் பற்றிய சாதாரண மனிதரின் புரிதலையும் புரட்சிகரமானதாக மாற்றியமைக்கும். நியூட்டன் காலத்தில் மனித அறிவு முழுவதையும், எப்படியும் உருவரை அளவி லாவது, படிப்பறிவுள்ள ஒருவரால் உள்வாங்கிக் கொள்ள முடிந்தது. ஆனால் அதன் பிறகு அறிவியல் வளர்ச்சியின் வேகம் இதனை முடியாத ஒன்றாக்கி விட்டது. புதிய நோக்காய்வுகளுக்கு விளக்கமளிப்பதற்காகக் கோட்பாடுகள் எப்போதும் மாற்றப்பட்டுக் கொண்டே இருப்பதால் அவை ஒருபோதும் சரிவரச் செரிமானம் செய்யப்படுவதோ சாமானியர்கள் புரிந்து கொள்ளக் கூடியவாறு எளிமைப்படுத்தப்படுவதோ இல்லை. நீங்கள் ஒரு தனித்திறனாளராய் இருந்தாக வேண்டும், அப்போதுங்கூட அறிவியல் கோட்பாடுகளில் சிறியதொரு பங்கினை மட்டுமே உங்களால் சரிவர உள்வாங்க முடியும் என நம்பலாம். முன்னேற்றம் மேலும் மிகத் துரிதமாக நடைபெறுவதால் பள்ளிக் கூடத்திலோ பல்கலைக்கழகத்திலோ எப்போதும் சற்றே காலாவதியானதைத்தான் கற்கிறோம். துரிதமாக முன்னேறிக் கொண்டிருக்கும் அறிவெல்லைக்கு ஒரு சிலரால் மட்டுமே ஈடுகொடுக்க முடியும். அதற்காக அவர்கள் தங்கள் முழு நேரத்தையும் அர்ப்பணித்துச் சிறியதொரு பகுதியில் தனித்திறனாய்வு செய்ய வேண்டும். அடையப்பெற்று வரும் முன்னேற்றங்களைப் பற்றியோ அல்லது அவை ஏற்படுத்திக் கொண்டிருக்கும் மனக்கிளர்ச்சி பற்றியோ மற்றவர்களுக்கு அதிகமாய்த் தெரிவதில்லை. எடிங்டன் கூறியதை நம்பலாம் என்றால் எழுபது ஆண்டுகளுக்கு முன்பு பொதுச் சார்பியல் கோட்பாட்டைப் புரிந்து கொண்டவர்கள் இரண்டே இரண்டு பேர்தான். இப்போதெல்லாம் லட்சக்கணக்கான பல்கழைக்கழகப் பட்டதாரிகள் அதைப் புரிந்து வைத்துள்ளார்கள்.

கோடிக் கணக்கானோருக்கு எப்படியும் அக்கருத்துடன் பரிச்சயமாவது உண்டு. ஒரு முழுமையான ஒருங்கிணைந்த கோட்பாடு கண்டுபிடிக்கப்பட்டு விட்டால், அதனைச் செரிமானம் செய்து அதே முறையில் எளிமைப்படுத்திப் பள்ளிக்கூடங்களில் எப்படியும் உருவரை அளவிலாவது கற்றுக் கொடுக்கும் நிலை இன்றோ நாளையோ ஏற்படத்தான் செய்யும். அப்போது நாமெல்லாம் அண்டத்தை ஆளுகிறவையும் நாம் நாமாக இருப்பதற்குக் காரணமுமாகிய விதிகளை ஓரளவு புரிந்து கொள்ள இயலும்.

நாம் ஒரு முழுமையான ஒருங்கிணைந்த கோட்பாட்டைக் கண்டுபிடித்தே விட்டாலுங்கூட, பொதுவாக நம்மால் நிகழ்வுகளை ஊகித்தறிய முடியுமென்று பொருளாகாது. இதற்கான காரணங்கள் இரண்டு. நம் ஊகத் திறன்களுக்கு அக்குவ இயந்திரவியலின் உறுதியின்மைக் கொள்கை விதிக்கும் வரம்பெல்லை முதற்காரணமாகும். இதைத் தவிர்த்துச் செல்ல நாம் செய்வதற்கொன்றுமில்லை. ஆனால் நடைமுறையில் இந்த முதல் வரம்பெல்லையை விடவும் தடைப்படுத்தும்படியான இரண்டாம் வரம்பெல்லை உள்ளது. மிக எளிய சூழல்களை விலக்கிப் பார்த்தால், கோட்பாட்டின் சமன்பாடுகளை நம்மால் சரிநுட்பமாகத் தீர்க்க முடியவில்லை என்பதே இந்த இரண்டாம் வரம்பெல்லைக்கு அடிப்படையாகும். (நியூட்டனின் ஈர்ப்பியல் கோட்பாட்டில் மூன்று பொருளுருக்களின் இயக்கத்திற்கே கூட நம்மால் துல்லியமாகச் சமன்பாடுகளைத் தீர்க்க முடியாது. பொருளுருக்களின் எண்ணிக்கைக்கும் கோட்பாட்டின் அருஞ்சிக்கலான தன்மைக்கும் ஏற்ப இந்த இடர்ப்பாடு அதிகரிக்கிறது.) மிகவும் கடைக்கோடியான நிலைமைகளில் தவிர எல்லாவிடத்தும் பொருளுரு நடந்து கொள்ளும் விதத்தை ஆளும் விதிகளை முன்பே நாமறிவோம். குறிப்பாகச் சொல்வதென்றால், வேதியியல், உயிரியல் அனைத்திலும் அடங்கிய அடிப்படை விதிகள் நமக்குத் தெரியும். என்றாலும் நாம் இந்தப் பாடங்களைத் தீர்ந்து போன சிக்கல்களின் நிலைக்குச் சுருக்கி விடவில்லை என்பது உறுதி. கணக்கியல் சமன்பாடுகளிலிருந்து மனிதர்கள் நடந்து கொள்ளும் விதத்தை ஊகித்தறிவதில் இதுவரை நாம் அவ்வளவாக வெற்றி பெற்று விடவில்லை! எனவே நாம் அடிப்படை விதிகளின் முழுக் கணத்தையும் கண்டறிந்தே விட்டாலுங்கூட, வரவிருக்கும் ஆண்டுகளில் இன்னும் சிறந்த தோராயமாக்கல் முறைகளை வளர்ந்தெடுப்பதாகிய அறிவுக்கு அறைகூவல் விடுக்கும் பணி இருந்து வரவே செய்யும். அப்போதுதான் சிக்கலும் மெய்ம்மையும் வாய்ந்த சூழல்களில்

விளைவுகளின் நிகழ்தகவு குறித்து நம்மால் பயனுள்ள ஊகங்கள் செய்ய முடியும். ஒரு முன்னுக்குப் பின் முரணற்ற முழுமையான ஒருங்கிணைந்த கோட்பாடு என்பது முதல் அடிதான்; நம்மைச் சுற்றி நடக்கும் நிகழ்ச்சிகளையும் நாம் நாமாக இருப்பதையும் முழுமையாகப் புரிந்து கொள்வதே நமது இலக்கு.

12

முடிவுரை

நாம் திக்குத் தெரியாத உலகில் இருக்கக் காண்கிறோம். நம்மைச் சுற்றிக் காண்பனவற்றை விளங்கிக் கொள்ளவும் இப்படிக் கேட்டுப் பார்க்கவும் விரும்புகிறோம்: அண்டத்தின் இயல்பு என்ன? அதில் நமக்குரிய இடம் என்ன? அது எங்கிருந்து வந்தது? நாம் எங்கிருந்து வந்தோம்? அது ஏன் இப்படி இருக்கிறது?

இந்த வினாக்களுக்கு விடையளிக்கும் முயற்சியில் நாம் ஏதோ "உலகச் சித்திரம்" ஒன்றை ஏற்றுக் கொள்கிறோம். தட்டைப் புவியைத் தாங்கி நிற்கும் ஈறிலா ஆமைகளின் கோபுரம் என்பதைப் போலவே மீத்தந்திகள் கோட்பாடும் ஓர் உலகச் சித்திரமே. முதலாம் கோட்பாட்டைக் காட்டிலும் இரண்டாம் கோட்பாடு மிக அதிகமாய்க் கணக்கியலானது, சரிநுட்பமானது என்றாலும் இரண்டும் அண்டம் பற்றிய கோட்பாடுகளே. இரு கோட்பாடுகளுக்குமே நோக்காய்வுச் சான்று இல்லை: ஒரு பென்னம் பெரிய ஆமை புவியைத் தன் முதுகில் தாங்கியிருக்கக் கண்டவர் யாருமிலர். அப்படிப் பார்த்தால் மீத்தந்தியையும் கண்டவர் யாருமிலர். ஆனால் ஆமைக் கோட்பாட்டினால் ஒரு நல்ல அறிவியல் கோட்பாடாக இருக்க முடியாது. ஏனென்றால் மனிதர்கள் உலகின் விளிம்பிலிருந்து விழுந்து விடக் கூடுமென அது ஊகித்துச் சொல்கிறது. இது அனுபவத்துடன் ஒத்துப் போவதாகக் காணப்படவில்லை. பெர்முடா முக்கோணத்தில் மறைந்து போனதாகக் கருதப்படுகிறவர்களுக்கு இப்படி விளக்கமளித்தால்தான் உண்டு!

அண்டத்தை வர்ணிக்கவும் விளக்கவும் ஆதியில் செய்யப்பட்ட கோட்பாட்டு முயற்சிகளுக்கு ஆதாரமாய் இருந்த கருத்து என்னவென்றால், நிகழ்ச்சிகளும் இயற்கைப் புலப்பாடுகளும் ஆவிகளின் கட்டுப்பாட்டில் உள்ளன, மனித உணர்ச்சிகளைப் பெற்ற இந்த ஆவிகள் பெரிதும் மனிதர்களைப் போன்றும் ஊகித்துச்

சொல்ல முடியாதவாறும் செயல்படுகின்றன என்பதே. ஆறுகள், மலைகள் போன்ற இயற்கைப் பொருட்களில் இந்த ஆவிகள் குடிகொண்டு இருக்கின்றனவாம்; இந்த இயற்கைப் பொருட்களில் ஞாயிற்றையும் நிலவையும் போன்ற வானுருக்களும் அடங்கும். மண் வளத்தையும் பருவச் சுழற்சியையும் உறுதிசெய்வதற்கு இந்த ஆவிகளை சாந்தப்படுத்தவும் இவற்றின் அருளை நாடவும் வேண்டுமாம். எப்படியோ சில ஒழுங்குமுறைகள் இருப்பதைப் பையப் பையக் கவனித்திருக்க வேண்டும்: சூரியக் கடவுளுக்குப் பலி கொடுத்திருந்தாலும் இல்லையென்றாலும் ஞாயிறு எப்போதுமே கிழக்கில் உதித்து மேற்கில் மறையக் கண்டனர். மேலும் ஞாயிறும் நிலவும் கோள்களும் வானில் சரிநுட்பமான பாதைகளில் செல்கின்றன. இந்தப் பாதைகளை முன்கூட்டியே மிகத் திருத்தமாக ஊகித்தறிய முடிகிறது. ஞாயிறும் நிலவும் இப்போதும் தெய்வங்களாகவே இருக்கக் கூடுமென்றாலும் கண்டிப்பான விதிகளுக்குக் கீழ்ப்படிந்து நடக்கும் தெய்வங்களாகவே இருக்கும். யோசுவாவுக்காக ஞாயிறு நின்றது போன்ற கதைகளைப் புறந்தள்ளிவிட்டால் இந்த விதிகளுக்கு விலக்குகள் ஏதுமில்லை எனத் தோன்றுகிறது.

முதலில், இந்த ஒழுங்குமுறைகளும் விதிகளும் விண்ணியலிலும் மற்றச் சில சூழல்களிலும் மட்டுமே வெளிப்படையாகத் தெரிந்தன. ஆனால் நாகரிகம் வளர வளர, குறிப்பாகக் கடந்த 300 ஆண்டுகளில் மென்மேலும் ஒழுங்குமுறைகளும் விதிகளும் கண்டுபிடிக்கப்பட்டன. லேப்லஸ் இத்தகைய விதிகளின் வெற்றி தந்த உந்துதலில் பத்தொன்பதாம் நூற்றாண்டின் தொடக்கத்தில் முன்னுறுதிக் கொள்கையை முன்மொழிந்தார். அதாவது அண்டத்தின் ஒரு நேரத்திய கோலம் தெரிந்து இருக்குமானால் அதன் படிமலர்ச்சியைச் சரிநுட்பமாக முன்னுறுதி செய்யும்படியான விதிகளின் கணம் ஒன்று இருக்கும் என்று அவர் கூறினார்.

லேப்லசின் முன்னுறுதிக் கொள்கை இரு வழிகளில் அரைகுறையாக இருந்தது. விதிகளை எப்படித் தேர்வதென்று அது சொல்லவில்லை, அண்டத்தின் தொடக்கக் கோலத்தையும் குறித்துரைக்கவில்லை. இவை கடவுள் பொறுப்பில் விடப்பட்டன. அண்டம் எவ்வாறு தொடங்கியது? என்ன விதிகளுக்கு அது கீழ்ப்படிகிறது? என்பதை எல்லாம் கடவுள் தேர்ந்தெடுப்பார். ஆனால் அண்டம் தொடங்கி விட்டால் பிறகு அதில் அவர் தலையிட மாட்டார். ஆக, பத்தொன்பதாம் நூற்றாண்டு அறிவியலுக்குப் புரிபடாத பகுதிகளுக்குள் கடவுள் அடைத்து வைக்கப்பட்டார்.

முன்னுறுதிக் கொள்கை தொடர்பான லேப்லசின் நம்பிக்கைகள், எப்படியும் அவர் மனத்தில் கொண்டிருந்த முறையிலாவது, ஈடேற முடியாது என்பது இப்போது நமக்குத் தெரியும். ஒரு துகளின் அமைவிடமும் திசைவேகமும் போன்ற குறிப்பிட்ட சில இணை அளவுகள் இரண்டையும் முழுத் திருத்தமாக ஊகித்தறிய முடியாது என்பதையே அக்குவ இயந்திரவியலின் உறுதியின்மைக் கொள்கை குறித்திடுகிறது.

அக்குவ இயந்திரவியல் அக்குவக் கோட்பாடுகளின் ஒரு தொகுப்பு வழியாக இந்தச் சூழலை அணுகுகிறது. இந்தக் கோட்பாடுகளில் துகள்களுக்கு நன்கு வரையறுக்கப்பட்ட அமைவிடங்களும் திசைவேகங்களும் இல்லாமல் அவை ஓர் அலையால் குறிக்கப் பெறுகின்றன. காலம் செல்லச் செல்ல அலை காணும் படிமலர்ச்சிக்கான விதிகளை இந்த அக்குவக் கோட்பாடுகள் கொடுக்கின்றன என்ற பொருளில் அவை முன்னுறுதித்தன்மை கொண்டவை. அதாவது ஒரு நேரத்திய அலையைத் தெரியுமென்றால் வேறு எந்த நேரத்திலும் அதனைக் கணக்கிட முடியும். நாம் அலைக்குத் துகள்களின் அமைவிடங்களாகவும் திசைவேகங்களாகவும் பொருள்விளக்கமளிக்க முயலும் போது மட்டுமே ஊகித்தறிய முடி/யாமை, எழுந்தமானக் கூறு *[random element]* தலைதூக்குகிறது. ஆனால் ஒருவேளை இது நமது தவறாக இருக்கலாம்: ஒருவேளை அலைகள் உண்டே தவிர துகள்களின் அமைவிடங்களும் திசைவேகங்களும் இல்லவே இல்லை என்று ஆகி விடலாம். அமைவிடங்கள் என்றும் திசைவேகங்கள் என்றும் நாம் முன்கூட்டியே வரித்துக் கொண்ட கருத்துகளுக்கு அலைகளைப் பொருந்தச் செய்ய முயல்கிறோம் என்பது தவிர வேறில்லை. இதனால் ஏற்படும் பொருத்தமின்மை ஊகித்தறிய முடியாமை என்ற தோற்றத்துக்குக் காரணமாகி விடுகிறது. ஆக, அறிவியலுக்குள்ள கடமை என்ன? என்பதை நாம் மறுவரையறை செய்துள்ளோம். அதாவது உறுதியின்மைக் கொள்கை விதிக்கும் எல்லைகளுக்கு உட்பட்டு நிகழ்ச்சிகளை ஊகித்தறியும் வாய்ப்பை நமக்கு வழங்கும் விதிகளைக் கண்டுபிடிப்பது என்று அறிவியலின் கடமைக்கு இலக்கணம் வகுக்கிறோம். ஆனால் வினா தொடர்கிறது: இந்த விதிகளும் அண்டத்தின் தொடக்க நிலவரமும் தெரிந்தெடுக்கப்பட்டது எப்படி? அல்லது ஏன்?

இந்த நூலில் ஈர்ப்பை ஆளும் விதிகளுக்கு நான் தனியிடம் தந்துள்ளேன். ஏனென்றால் நான்கு வகை விசைகளில் ஆக நலிந்தது என்றாலும் கூட அண்டத்தின் பெருவீதக் கட்டமைப்புக்கு உருக்கொடுப்பது ஈர்ப்புதான். கால வகையில் அண்டம் மாறாமல்

இருந்து வருகிறது என்று அண்மைக் காலம் வரையிலும் கூட நிலவி வந்த கருத்துக்கு ஈர்ப்பியல் விதிகள் ஒத்துப் போகவில்லை: ஈர்ப்பு எப்போதுமே கவரும் தன்மை கொண்டது என்ற உண்மையானது அண்டம் விரிவடைந்து கொண்டோ சுருங்கிக் கொண்டோதான் இருந்தாக வேண்டும் என்பதைக் குறிக்கிறது. பொதுச் சார்பியல் கோட்பாட்டின்படிப் பார்த்தால், கடந்தகாலத்தில் ஈறிலா அடர்த்தி நிலவரம் ஒன்று, அதாவது மாவெடிப்பு நிகழ்ந்திருக்கத்தான் வேண்டும். அதுவே காலத்தின் மெய்த் தொடக்கமாக இருந்திருக்கும். இதேபோல், முழு அண்டமும் மறுதகர்வுற்றால் வருங்காலத்தில் மற்றோர் ஈறிலா அடர்த்தி நிலவரம், அதாவது மாநெரிப்பு நிகழத்தான் வேண்டும். அதுவே காலத்தின் முடிவாக இருக்கும். முழு அண்டமும் மறுதகர்வுறவில்லை என்றாலும் கூட ஆங்காங்கு எந்த வட்டாரங்களில் அது தகர்வுற்றுக் கருந்துளைகளாக உருப்பெற்றாலும் அங்கே வழுவங்கள் இடம்பெறும். கருந்துளைக்குள் விழும் எவருக்கும் இந்த வழுவங்கள் காலத்தின் முடிவாக இருக்கும். மாவெடிப்பிலும் மற்ற வழுவங்களிலும் விதிகள் எல்லாம் செயலற்றுப் போயிருக்கும். எனவே என்ன நிகழ்ந்தது? என்பதையும் அண்டம் எவ்வாறு தொடங்கியது? என்பதையும் தேர்ந்திடும் முழு உரிமை இப்போதும் கடவுளுக்கு இருந்திருக்கும்.

நாம் அக்குவ இயந்திரவியலைப் பொதுச் சார்பியலோடு இணைக்கும் போது இதற்கு முன் எழாத புதிய வாய்ப்புவழி ஒன்று இருப்பதாகத் தோன்றுகிறது: வெளியும் காலமும் சேர்ந்து வழுவங்களோ எல்லைகளோ இல்லாத ஈறுள்ள நாற்பரிமாண வெளியாக, அதாவது புவியின் பரப்பைப் போன்றதெனினும் கூடுதல் பரிமாணங்கள் கொண்ட வெளியாக அமையக் கூடும். இந்தக் கருத்து அண்டத்தின் இயல்புகளாக நோக்கியறியப்பட்ட பலவற்றுக்கும், அதாவது அண்டம் பெருவீதத்தில் ஒரேசீராய் இருப்பது, மேலும் ஒருபடித்தான தன்மையிலிருந்து உடுத்திரள்கள், விண்மீன்கள், ஏன், மனிதப் பிறவிகள் போன்ற சிறுவீத விலகல்கள் ஏற்படுவது எனப் பலவற்றுக்கும் விளக்கமாக அமையக் கூடும் எனத் தோன்றுகிறது. நாம் நோக்கியறியும் காலக் கணைக்கும் கூட இதுவே விளக்கமாகக் கூடும். ஆனால் அண்டமானது வழுவங்களோ எல்லைகளோ இல்லாமல் முழுமையாகத் தன்னிறைவு பெற்றிருந்து ஓர் ஒருங்கிணைந்த கோட்பாட்டால் முழுமையாக எடுத்துரைக்கப்படுமானால் படைப்பாளர் என்ற முறையில் கடவுளுக்குரிய பங்கில் இது ஆழ்ந்த தாக்கங்கள் கொண்டிருக்கும்.

ஐன்ஸ்டைன் ஒரு முறை வினாத் தொடுத்தார்: "கடவுள் அண்டத்தைக் கட்டியமைத்ததில் எந்த அளவுக்கு விரும்பித் தேர்ந்திடும் வாய்ப்பு அவருக்கிருந்தது?" ஆனால் எல்லையின்மை முன்மொழிவு சரியானது என்றால், தொடக்க நிலைமைகளை விரும்பித் தேர்ந்திட அவருக்குக் கிஞ்சிற்றும் உரிமை இருக்கவில்லை. அப்போதுங்கூட அண்டம் கீழ்ப்படியும் விதிகளைத் தேர்ந்திடும் உரிமை அவருக்கு இருந்திருக்கும்தான். ஆனால் இது உண்மையில் அவ்வளவாக விரும்பித் தேர்ந்திடும் வாய்ப்பாக இருந்திருக்காது எனலாம். இருபடித் தந்திக் கோட்பாடு போன்று தனக்குத் தான் முரண்படாததும் அண்டத்தின் விதிகளை ஆராய்ந்து கடவுளின் தன்மை பற்றி வினாத் தொடுக்க வல்ல மனிதப் பிறவிகளைப் போல் சிக்கலான கட்டமைப்புகள் இருப்பதற்கு இடமளிப்பதுமாகிய முழுமையான ஒருங்கிணைந்த கோட்பாடு என்று ஒன்று மட்டுமே இருக்கலாம், அல்லது ஒருசில மட்டுமே இருக்கலாம்.

ஒருங்கிணைந்த கோட்பாடு என்று ஒன்று மட்டுமே இருக்க முடியும் என்றாலும் கூட, அது விதிகளின், சமன்பாடுகளின் கணமே தவிர வேறல்ல. சமன்பாடுகளுக்குள் உயிர்த் தீயை ஊதி விடுவதும், அவற்றைக் கொண்டு வர்ணிப்பதற்கு ஓர் அண்டத்தை ஆக்கித் தருவதும் எது? கணக்கியல் மாதிரியமைப்பைக் கட்டியமைக்கும் அறிவியலின் வழக்கமான அணுகுமுறையால் இந்த வினாக்களுக்கு விடையளிக்க முடியாது: இந்த மாதிரியமைப்பால் வர்ணிக்கப்படுவதற்கு அண்டம் என்ற ஒன்று ஏன் இருக்க வேண்டும்? இருக்க வேண்டும் என்ற மெனக்கெடல் எல்லாம் அண்டத்திற்கு ஏன்? அண்டம் தன்னைத் தானே இருக்கச் செய்து கொள்ளும் அளவுக்கு ஒருங்கிணைந்த கோட்பாடு அவ்வளவு கவர்ச்சி மிக்கதா? அல்லது அண்டத்துக்கு ஒரு படைப்பாளர் தேவையா? தேவையென்றால் அண்டத்தின் மீது அவர் வேறு விளைவு ஏதும் கொண்டுள்ளாரா? சரி, அவரைப் படைத்தது யார்?

இன்று வரை பெரும்பாலான அறிவியலர்கள் அண்டம் என்னவாக உள்ளது என்பதை வர்ணிக்கும் புதிய கோட்பாடுகளை வளர்த்தெடுப்பதிலேயே மூழ்கிக் கிடப்பதால் அது ஏன் இருக்கிறது என்ற கேள்வியைக் கேட்பதில்லை. மறுபுறம், ஏன் என்று கேட்க வேண்டியவர்களான மெய்யியலர்களால் அறிவியல் கோட்பாடுகளின் முன்னேற்றத்துக்கு ஈடுகொடுக்க முடியவில்லை. பதினெட்டாம் நூற்றாண்டில் மெய்யியலர்கள் அறிவியல் உட்பட மாந்த அறிவு முழுவதையும் தங்கள் துறையாகக் கருதிக் கொண்டு, அண்டத்திற்கு ஒரு தொடக்கம் இருந்ததா? என்பது போன்ற வினாக்களை

அலசினார்கள். ஆனால் பத்தொன்பதாம், இருபதாம் நூற்றாண்டுகளில் ஒரு சில வல்லுனர்களைத் தவிர மெய்யியலர்களோ அல்லது வேறு எவருமோ புரிந்து கொள்ள முடியாத அளவுக்கு அறிவியல் என்பது நுட்பமிக்கதாகவும் கணக்கியல் சார்ந்ததாகவும் வளர்ந்து விட்டது. மெய்யியலர்கள் தங்கள் வினவல்களின் வீச்செல்லையைப் பெரிதும் குறைத்துக் கொண்டார்கள். இதனால்தான் இந்நூற்றாண்டின் மெய்யியலர்களில் மிகவும் புகழ் வாய்ந்தவரான விட்ஜென்ஸ்டைன் இவ்வாறு கூறினார்: "மெய்யியலுக்கு மீதமுள்ள ஒரே பணி மொழியைப் பகுத்தாராய்வதுதான்." அரிஸ்டாட்டில் முதல் கான்ட் வரை மெய்யியல் கண்ட மகத்தான மரபுவழியிலிருந்து என்னே சரிவு!

ஆனால் நாம் ஒரு முழுமையான கோட்பாட்டைக் கண்டுபிடித்து விட்டால், அது ஒருசில அறிவியலர்களுக்கு மட்டுமல்லாமல் உரிய காலத்தில் ஒவ்வொருவருக்கும் பரந்த கொள்கையளவில் புரியக் கூடியதாய் இருக்க வேண்டும். அப்போது, நாமும் அண்டமும் இருப்பது ஏன்? என்ற கேள்வி குறித்தான விவாதத்தில் மெய்யியலர்களும் அறிவியலர்களும், ஏன், சாதாரண மக்களும் உள்ளிட்ட நாமனைவரும் பங்கெடுத்துக் கொள்ள இயலும். இந்தக் கேள்விக்கு நாம் விடை கண்டு விட்டால் அது மாந்தப் பகுத்தறிவின் இறுதி வெற்றியாக அமையும் - அப்போது நாம் கடவுளின் உள்ளத்தை அறிந்திருப்போம்.

...

13

ஆல்பர்ட் ஐன்ஸ்டைன்

ஐன்ஸ்டைனுக்கு அணு குண்டு அரசியலோடு உள்ள தொடர்பு நன்கு தெரிந்ததே: அதிபர் ஃபிராங்க்ளின் ரூஸ்வெல்ட்டுக்கு அவர் ஒப்பமிட்டு அனுப்பிய அந்தப் புகழ் பெற்ற கடிதந்தான் அமெரிக்க ஐக்கிய அரசு அக்கருத்தை ஒரு பொருட்டாகக் கொள்வதற்குக் காரணமாயிற்று; இரண்டாம் உலகப் போருக்குப் பின் வந்த காலத்தில் அணு ஆயுதப் போரைத் தடுக்கும் முயற்சிகளில் அவர் ஈடுபட்டார். ஆனால் இவை அரசியல் உலகிற்குள் இழுத்து விடப்பட்ட அறிவியலர் ஒருவரின் தனிமைப்பட்ட செயற்பாடுகளாக மட்டும் இருக்கவில்லை. ஐன்ஸ்டைனின் வாழ்க்கை உண்மையில் அவரே சொன்னதுபோல், “அரசியலுக்கும் சமன்பாடுகளுக்கும் இடையே பிரிந்து கிடந்தது.”

ஐன்ஸ்டைனின் தொடக்கக்கால அரசியல் செயற்பாடு முதல் உலகப் போரின் போது நிகழ்ந்தது. அப்போது அவர் பெர்லினில் பேராசிரியராக இருந்தார். மனித உயிர்கள் வீணில் மடிவது கண்டு கலக்கமுற்றவர் போருக்கு எதிரான ஆர்ப்பாட்டங்களில் ஈடுபாடு கொள்ளலானார். அவர் சட்ட மறுப்பை வலியுறுத்தியதாலும் படையில் கட்டாய ஆள் சேர்ப்பை மறுப்பதற்கு மக்களை வெளிப்படையாக ஊக்கப்படுத்தியதாலும் அவரின் கூட்டாளிகளுக்கு அவரை அவ்வளவாகப் பிடிக்காமற் போயிற்று. பிறகு போரைத் தொடர்ந்து நல்லிணக்கத்திற்காகவும் சர்வதேச உறவுகளை மேம்படுத்துவதற்காகவும் அவர் பாடுபட்டார். இதனாலும் கூட அவர் மக்களின் ஆதரவைப் பெற்று விடவில்லை. விரைவிலேயே அவரது அரசியலால் அவர் அமெரிக்காவுக்குச் செல்வதும், விரிவுரைகள் நிகழ்த்துவதற்காகச் செல்வதுங்கூட, இடர்ப்பாட்டுக்கு உள்ளாயிற்று.

சயோனிசத்தை ஐன்ஸ்டைன் தமது இரண்டாம் இலட்சியப் பணியாகக் கொண்டார். அவர் பிறப்பால் யூதர் என்றாலும் கடவுள் பற்றிய விவிலியக் கருத்தை மறுதலித்தார். ஆனால் முதல் உலகப் போருக்கு முன்பும் சரி, போர்க் காலத்திலும் சரி, செமித்திய எதிர்ப்புவாதம் பற்றிய விழிப்புணர்வு வளர்ந்து வந்ததால் அவர் பையப் பைய யூதச் சமூகத்தோடு ஓர்மைப்படும் நிலைக்கு வந்து சேர்ந்தார். பிற்பாடு சயோனிசத்தை வெளிப்படையாக ஆதரித்துப் பேசக் கூடியவரானார். இப்போதுங்கூட மக்களுக்குப் பிடிக்கவில்லை என்பது அவர் மனத்திற்பட்டதைப் பேச விடாமல் தடுத்து விடவில்லை. அவரின் கோட்பாடுகள் தாக்கப் பெற்றன. ஓர் ஐன்ஸ்டைன் எதிர்ப்பு அமைப்பே கூட நிறுவப் பெற்றது. ஒருவர் ஐன்ஸ்டைனைக் கொலை செய்வதற்கு மற்றவர்களைத் தூண்டி விட்டதாகக் குற்றத் தீர்ப்பு அளிக்கப்பட்டது (அபராதம் வெறும் ஆறு டாலர் மட்டுமே). ஆனால் ஐன்ஸ்டைன் அழுத்தமாக இருந்தார்: *ஐன்ஸ்டைனுக்கு எதிராக 100 நூலாசிரியர்கள் [100 Authors Against Einstein]* என்ற தலைப்பில் ஒரு நூல் வெளியிடப்பட்ட போது, அவர் பதிலடியாகச் சொன்னார் "என் கருத்து தவறானதென்றால், ஒருவரே போதுமே!"

1933இல் இட்லர் அதிகாரத்திற்கு வந்தார். அப்போது ஐன்ஸ்டைன் அமெரிக்காவில் இருந்தார், ஜெர்மனிக்குத் திரும்ப மாட்டேன் என்று அறிவித்தார். பிறகு நாஜிக் குடிப்படை அவரது வீட்டைத் தாக்கி அவருடைய வங்கிக் கணக்கைப் பறிமுதல் செய்த நேரத்தில் பெர்லின் செய்தியேடு ஒன்று "ஐன்ஸ்டைனிடமிருந்து நல்ல செய்தி - அவர் திரும்பி வரப் போவதில்லை" என்ற தலைப்பில் செய்தி வெளியிட்டது. நாஜி அச்சுறுத்தலால் ஐன்ஸ்டைன் அமைதிக் கொள்கையையும் துறந்தார். முடிவில், ஜெர்மன் அறிவியலர்கள் அணுகுண்டு செய்து விடுவார்கள் என்றஞ்சி, அமெரிக்கா தனக்கென்று அணுகுண்டு செய்து கொள்ள வேண்டும் என்று முன்மொழிந்தார். ஆனால் முதல் அணுகுண்டு வெடிக்கப்படுவதற்கு முன்பே கூட அணு ஆயுதப் போரின் ஆபத்துகளைப் பற்றி பகிரங்கமாக எச்சரித்துக் கொண்டும் அணு ஆயுதங்களை சர்வதேசக் கட்டுப்பாட்டுக்கு உட்படுத்துமாறு முன்மொழிந்து கொண்டும் இருந்தார்.

வாழ்நாள் முழுக்க அமைதிக்காக ஐன்ஸ்டைன் எடுத்த முயற்சிகள் நீடித்து நிலைத்து நிற்கும்படியாக அதிகமாய்ச் சாதித்து விடவில்லை எனலாம்; அவருக்கு அதிக நண்பர்களை ஈட்டித் தரவில்லை என்று உறுதியாகவே சொல்லி விடலாம். ஆனால் சயோனிச

இலட்சியத்துக்கு ஆதரவாக அவர் எழுப்பிய குரல் 1952இல் உரியவாறு அங்கீகரிக்கப்பட்டது; இஸ்ரேலின் குடியரசுத் தலைமையை அவருக்குத் தர முன்வந்தார்கள். தாம் அரசியலில் வெகுளி எனக் கருதிக் கொள்வதாகச் சொல்லி அதை அவர் ஏற்க மறுத்தார். ஆனால் ஒருவேளை அவரது உண்மைக் காரணம் வேறாக இருக்கக் கூடும். இங்கேயும் அவரே சொன்னது போல், "சமன்பாடுகள்தாம் எனக்கு முதன்மையானவை, ஏனென்றால் அரசியல் என்பது நிகழ்காலத்திற்கானது. ஆனால் ஒரு சமன்பாடு என்பதோ என்றென்றைக்குமானது."

. . .

14
கலிலியோ கலிலி

தனியொருவராக எடுத்துக் கொண்டால் வேறெவரை விடவும் கலிலியோதான் புதுமக்கால அறிவியலின் பிறப்புக்குக் காரணமாய் இருந்தவர் எனலாம். கத்தோலிக்கத் திருச்சபையுடன் அவருக்கு ஏற்பட்ட அந்தப் புகழ்வாய்ந்த முரண்பாடே அவரது மெய்யியலுக்கு மையமாக இருந்தது. ஏனென்றால் உலகம் எப்படி இயங்குகிறது? என்பதைப் புரிந்து கொள்ள முடியுமென மனிதன் நம்பலாம் என்றும் மெய்யுலகை நோக்கியறிவதன் மூலம் இப்படிப் புரிந்து கொள்ள நம்மால் முடியும் என்றும் முதன் முதலாக வாதிட்டவர்களில் கலிலியோவும் ஒருவர்.

கோப்பர்நிக்கசின் கோட்பாட்டை (கோள்கள் ஞாயிற்றைச் சுற்றுகின்றன என்பதை) தொடக்கத்திலிருந்தே கலிலியோ நம்பி வந்தார் என்றாலும் இக்கருத்தை ஆதரிப்பதற்குத் தேவையான சான்று கிடைத்தவுடன்தான் பகிரங்கமாக அதனை ஆதரிக்கத் தொடங்கினார். அவர் கோப்பர்நிக்கசின் கோட்பாட்டைப் பற்றி இத்தாலிய மொழியில் எழுதினார் (கல்விக்குரிய வழக்கமான இலத்தீனில் அல்ல). விரைவில் அவரின் கருத்துகள் பல்கலைக்கழகங்களுக்குப் புறத்தே பரவலாக ஆதரவு பெற்றன. இது அரிஸ்டாட்டிலியப் பேராசிரியர்களுக்கு எரிச்சலூட்டியது. அவர்கள் அவருக்கு எதிராக ஒன்றுபட்டு, கோப்பர்நிக்கஸ் கொள்கையைத் தடை செய்யும்படி கத்தோலிக்கத் திருச்சபையை இணங்க வைக்க முயன்றார்கள்.

இதனால் கவலையுற்ற கலிலியோ சமயக் குருமார்களிடம் பேசுவதற்காக ரோமாபுரிக்குப் பயணம் செய்தார். அறிவியல் கோட்பாடுகள் பற்றி நமக்கு எதுவும் சொல்வது விவிலியத்தின் நோக்கமன்று எனவும், நல்லறிவோடு விவிலியம் முரண்படுமிடத்து அதனை உருவகமாகக் [allegorical] கொள்வதே வழக்கம் எனவும் அவர் வாதிட்டார். இது புராட்டஸ்டன்ட் கொள்கைக்கு எதிரான

போராட்டத்துக்குக் கேடு செய்யக் கூடிய பழிச் சொல்லாகி விடுமோ என்று திருச்சபை அச்சமுற்றது. எனவே அடக்குமுறை நடவடிக்கைகளை மேற்கொண்டது. கோப்பர்நிக்கஸ் கொள்கை "பொய்யானது, பிழையானது" என்று அது 1616இல் அறிவித்தது. இந்தக் கோட்பாட்டை மீண்டும் ஒருபோதும் "ஆதரிக்கவோ கருத்தாய்க் கொள்ளவோ" கூடாது என கலிலியோவிற்கு ஆணையிட்டது. கலிலியோவும் பணிந்து போனார்.

1623இல் கலிலியோவின் நெடுநாளைய நண்பர் ஒருவர் போப்பாண்டவர் ஆனார். உடனடியாகவே கலிலியோ 1616 ஆணையை நீக்கம் செய்விக்க முயன்றார். இதில் அவர் தோல்வியுற்ற போதிலும் அரிஸ்டாட்டில், கோப்பர்நிக்கஸ் ஆகிய இருவரின் கோட்பாடுகளைப் பற்றியும் விவாதம் செய்கிற நூல் ஒன்றை எழுத ஒருவாறு அனுமதி பெற்று விட்டார். இதற்கு இரு நிபந்தனைகள் விதிக்கப்பட்டன: முதலாவதாக, அவர் இரண்டில் எந்தப் பக்கமும் சேரக் கூடாது; இரண்டாவதாக, உலகம் எப்படி இயங்குகிறது? என்று மனிதனால் எந்நிலையிலும் முன்னுறுதி செய்ய முடியாது என்ற முடிவுக்கு அவர் வர வேண்டும். ஏனென்றால் மனிதன் எண்ணிப் பார்க்காத வழிகளில் கடவுளால் அதே விளைவுகளை உண்டாக்க முடியுமாம். எல்லாம் வல்ல இறையாற்றலுக்கு மனிதனால் கோடு கிழிக்க முடியாதாம். *இரு தலையாய உலகக் கருத்தமைப்புகள் பற்றிய உரையாடல் [Dialogue Concerning the Two Chief World Systems]* என்ற அந்த நூல் 1632இல் முடிக்கப் பெற்று தணிக்கையாளர்களின் முழு ஆதரவுடன் வெளியிடப் பெற்றது. உடனடியாகவே ஐரோப்பா எங்கிலும் அந்நூலை இலக்கிய, மெய்யியல் அரும் படைப்பு என்று போற்றி வரவேற்றார்கள். இந்நூலைக் கோப்பர்நிக்கஸ் கொள்கைக்கு ஆதரவான நம்பிக்கைக்குரிய வாதுரையாக மக்கள் கருதுவதை விரைவில் உணர்ந்து கொண்ட போப்பாண்டவர் அதனை வெளியிட அனுமதித்ததற்காக வருத்தப்பட்டார். இந்நூலுக்குத் தணிக்கையாளர்களின் அதிகாரபூர்வ ஆசி இருந்த போதிலும் கலிலியோ 1616 ஆணையை மீறியிருப்பதாகப் போப்பாண்டவர் வாதிட்டார். அவர் கலிலியோவைத் திருச்சபையின் உயர் முறைமன்றத்தின் முன் நிறுத்தினார். அது கலிலியோவுக்கு ஆயுட்கால வீட்டுக் காவல் தண்டனை விதித்தது; மேலும், கோப்பர்நிக்கசின் கொள்கையைப் பகிரங்கமாய்க் கைகழுவும்படி அவருக்கு ஆணையிட்டது. இரண்டாவது தடவையாக கலிலியோ பணிந்து போனார்.

கலிலியோ விசுவாசமுள்ள கத்தோலிக்கராகவே இருந்து வந்தார். ஆனால் அறிவியலின் சுயேச்சைத் தன்மையில் அவர் கொண்ட நம்பிக்கை அடங்கிப் போய் விடவில்லை. இறப்பதற்கு நான்கு ஆண்டுகள் முன்பு, 1642இல், அவர் வீட்டுக் காவலில் இருந்த போதே அவரது இரண்டாம் பெருநூலின் கையெழுத்துப்படி ஆலந்திலிருந்த பதிப்பகத்தாருக்குக் கடத்திச் செல்லப்பட்டது. *இரு புதிய அறிவியல்கள்* [Two New Sciences] என்று குறிப்பிடப்படும் இந்த நூல்தான், கோப்பர்நிக்கசுக்கு அவர் தந்த ஆதரவை விடவும் கூட, புதுமக்கால இயற்பியலின் பிறப்பாக அமையவிருந்தது.

...

15
ஐசக் நியூட்டன்

ஐசக் நியூட்டன் இனியவராக இருக்கவில்லை. கல்வித் துறையைச் சேர்ந்த மற்றவர்களுடன் அவருக்கிருந்த உறவுகள் பெயர் போனவை. அவரது பிற்கால வாழ்க்கையில் பெரும் பகுதி அனல் பறக்கும் மோதல்களில் சிக்கிக் கழிந்தது. நியூட்டனின் கணக்கியல் கொள்கைகள் என்னும் படைப்புதான் இயற்பியலில் இதுவரை எழுதப்பட்டவற்றிலேயே ஆகப் பெரும் தாக்கம் ஏற்படுத்திய நூல் என்று உறுதியாகச் சொல்லலாம். இந்நூல் வெளியிடப்பட்டதைத் தொடர்ந்து பொதுமக்களிடையே அவரது புகழ் விரைந்தோங்கி வளர்ந்தது. அவர் முடியரசுச் சங்கத்தின் [Royal Society] தலைவராக நியமிக்கப்பட்டார். வீரத்திருத்தகை [knight] பட்டம் பெற்ற முதல் அறிவியலரும் அவரே.

நியூட்டன் விரைவிலேயே ஜான் ஃபிளாம்ஸ்டீல் என்னும் அரச வானியலருடன் மோதிக் கொண்டார். முன்னதாகக் கணக்கியல் கொள்கைகள் நூலுக்குப் பெரிதும் தேவைப்பட்ட தரவுகளைத் தந்துதவிய அந்த வானியலர் இப்போது நியூட்டனுக்குத் தேவைப்பட்ட தகவலைத் தர மறுத்துக் கொண்டிருந்தார். இல்லை என்ற மறுமொழியை ஏற்றுக் கொள்பவரல்லர் நியூட்டன். அரச வானாய்வுக் கூடத்தின் ஆட்சி மன்றத்திற்கு அவர் தன்னை அமர்த்தச் செய்தார். பிறகு தரவுகளை உடனே வெளியிடுமாறு நெருக்கிட முயன்றார். முடிவில் ஃபிளாம்ஸ்டீலின் நூலைக் கைப்பற்ற ஏற்பாடு செய்தார். ஃபிளாம்ஸ்டீலின் தீராப் பகைவர் எட்மண்ட் ஹாலியைக் கொண்டு அதனை வெளியிடுவதற்கு ஆயத்தம் செய்தார். ஆனால் ஃபிளாம்ஸ்டீல் நீதிமன்றம் சென்று, திருட்டுப் படைப்பு வெளியாவதைத் தடுக்கச் சரியான நேரத்தில் ஆணை பெற்றார். சினமுற்ற நியூட்டன் கொள்கைகள் நூலின் பிந்தைய பதிப்புகளில் ஃபிளாம்ஸ்டீல் தொடர்பான சுட்டுக் குறிப்புகளைத் திட்டமிட்டாற்போல் அடியோடு நீக்கிப் பழி தீர்த்துக் கொண்டார்.

காட்ஃபிரைட் லைப்னிஸ் *[Gottfried Leibniz]* என்னும் ஜெர்மானிய மெய்யியலருடன் இதைவிடவும் கடுமையான பூசல் ஏற்பட்டது. லைப்னிஸ், நியூட்டன் இருவரும் தனித் தனியாக நுண்கணிதம் *[Calculus]* என்னும் கணக்கியல் பிரிவை வளர்த்தெடுத்தனர். இந்த நுண்கணிதமே புதுமக்கால இயற்பியலில் பெரும் பகுதிக்கு அடித்தளமாய்த் திகழ்கிறது. நுண்கணிதத்தை லைப்னிஸ் கண்டுபிடித்ததற்குச் சில ஆண்டுகள் முன்பே நியூட்டன் கண்டுபிடித்து விட்டார் என்பது இப்போது நமக்குத் தெரியும். ஆனால் நியூட்டன் வெகு காலம் கழித்தே தன் படைப்பை வெளியிட்டார். யார் முதல் என்பது பற்றிப் பெரும் பூசல் ஏற்பட்டது; இரு போட்டியாளர்களையும் அறிவியலர்கள் ஆவேசமாக ஆதரித்து நின்றார்கள். ஆனால் நியூட்டனை ஆதரித்து வெளிவந்த கட்டுரைகளில் பெரும்பாலானவை முதலில் அவரே தன் கைப்பட எழுதியவை என்பது குறிப்பிடத்தக்க செய்தி; அவை நண்பர்களின் பெயரில் வெளியிடப்பட்டன, அவ்வளவுதான்!

பூசல் வளர வளர மோதலுக்குத் தீர்வு காண முடியரசுச் சங்கத்திடம் முறையீடு செய்தது லைப்னிஸ் செய்த தவறாகும். சங்கத் தலைவர் என்ற முறையில் நியூட்டன் "நடுநிலை தவறாத" விசாரணைக் குழு ஒன்றை அமைத்தார். சொல்லி வைத்தாற்போல் குழுவில் அனைவருமே நியூட்டனின் நண்பர்கள்! ஆனால் கதை அத்துடன் முடியவில்லை; பிறகு நியூட்டன் தாமே அக்குழுவின் அறிக்கையை எழுதி முடியரசுச் சங்கத்தைக் கொண்டு அதனை வெளியிடச் செய்தார். அந்த அறிக்கை அதிகார முறையிலேயே லைப்னிஸ் மீது இலக்கியக் களவுக் குற்றம் சுமத்தியது. நிறைவடைந்தாரில்லை நியூட்டன். அவர் முடியரசுச் சங்கத்தின் ஏட்டிலேயே அந்த அறிக்கை பற்றிப் பெயர் குறிப்பிடாமல் திறனாய்வு எழுதினார். லைப்னிஸ் மறைவுக்குப் பின் நியூட்டன் அறிவித்தாராம்: "லைப்னிசின் இதயத்தை நொறுக்கியதில்" பெரும் மனநிறைவு பெற்றேன்!

இந்த இரு பூசல்களும் நிகழ்ந்த காலத்தில் நியூட்டன் கேம்பிரிட்ஜை விட்டும் கலைக்கழகத்தை விட்டும் வெளியேறியிருந்தார். கேம்பிரிட்ஜிலும் பிறகு நாடாளுமன்றத்திலும் கத்தோலிக்க எதிர்ப்பு அரசியலில் தீவிரமாகச் செயல்பட்டவர் முடிவில் இதற்குக் கைம்மாறாக அரச நாணயச் சாலையின் காப்பாளரெனும் பேரூதியப் பதவி பெற்றார். இங்கு அவர் சுற்றி வளைத்துப் பேசவும் கடுஞ்சொல் கூறவும் தமக்கிருந்த திறமைகளைச் சமூகத்துக்கு இன்னுங்கூட ஏற்புடைத்த வழியில் பயன்படுத்தினார், கள்ளக் காசடித்தலுக்கு எதிரான பெருமுயற்சியை வெற்றிகரமாகச் செய்து முடித்தார்; பலரைத் தூக்கு மேடைக்கு அனுப்பினார் என்றால் பார்த்துக் கொள்ளுங்கள்.

• • •

ஆல்பர்ட் ஐன்ஸ்டைன்

கலிலியோ கலிலி

ஐசக் நியுட்டன்

16

அருஞ்சொற்பொருள்

அக்குவம்: அலைகள் உமிழப்படவோ உட்கொள்ளப்படவோ கூடிய பகுக்கவொண்ணா அலகு.

அக்குவ இயந்திரவியல்: பிளாங்கின் அக்குவக் கொள்கை,ஹெய்சன்பர்கின் உறுதியின்மைக் கொள்கை ஆகியவற்றிலிருந்து வளர்த்தெடுக்கப்பட்ட கோட்பாடு.

அக்குவ நிறஇயந்திரவியல்: பொடிமங்கள், பசைமங்களின் இடைவினைகளை எடுத்துரைக்கிற கோட்பாடு.

அடிப்படைத் துகள்: உட்பிரிவு செய்யப்பட முடியாதது என நம்பப்படுகிற ஒரு துகள்.

அண்டவியல்: அண்டத்தை முழு அளவில் பயிலும் இயல்.

அண்டவியல் மாறிலி: வெளி-காலத்துக்கு ஓர் உள்ளார்ந்த விரிவடையும் போக்கை வழங்கிட ஐன்ஸ்டைன் பயன்படுத்திய ஒரு கணக்கியல் உத்தி.

அணு: சாதாரணப் பருப்பொருளின் அடிப்படை அலகு, (நேர்மங்களாலும் நொதுமங்களாலும் ஆன) சின்னஞ்சிறிய அணுக்கருவையும் அதைச் சுற்றி வரும் மின்மங்களையும் கொண்டமைந்தது.

அணுக்கரு: ஓர் அணுவின் மையப் பகுதி, வல்விசையால் சேர்த்து வைக்கப்பட்டிருக்கும் நேர்மங்களாலும் நொதுமங்களாலும் மட்டும் ஆனது.

அணுக்கருச் சேர்க்கை: இரு அணுக்கருக்கள் மோதிக் கலந்து இன்னுங்கனமான ஒற்றை அணுக்கருவாக இணையும் நிகழ்முறை.

அதிர்வெண்: ஓர் அலைக்கு வினாடி ஒன்றுக்கான முழுச் சுழற்சிகளின் எண்ணிக்கை.

அம்மண வழுவம்: கருந்துளையால் சூழப்படாத வெளி-கால வழுவம்.

அலை/துகள் இரட்டைத்தன்மை: அலைகளுக்கும் துகள்களுக்கும் இடையே வேறுபாடு ஏதுமில்லை, சில நேரம் துகள்கள் அலைகளைப் போலவும் அலைகள் துகள்களைப் போலவும் நடந்து கொள்ளக் கூடும் என்னும் அக்குவ இயந்திரவியல் கருத்தமைவு.

அலைநீளம்: ஓர் அலைக்கு, அடுத்தடுத்த இரு அகடுகளுக்கு இடைப்பட்ட அல்லது அடுத்தடுத்த இரு முகடுகளுக்கு இடைப்பட்ட தொலைவு.

அறுதிச் சுழியம்: கூடுமான மிகக் குறைந்த வெப்பநிலை; இவ்வெப்பநிலையில் பொருட்களுக்கு வெப்ப ஆற்றல் ஏதும் இருக்காது.

ஆதிக் கருந்துளை: மிக முற்பட்ட அண்டத்தில் உண்டான கருந்துளை.

ஆயங்கள்: வெளியிலும் காலத்திலும் ஒரு புள்ளியின் அமைவிடத்தைக் குறித்துக் காட்டும் எண்கள்.

ஆற்றல் அழிவின்மை: ஆற்றலை (அல்லது அதன் இணை நிறையை) ஆக்கவோ அழிக்கவோ முடியாது என்று கூறும் அறிவியல் விதி.

இரட்டைத் தன்மை: ஒரே விதமான இயற்பியல் முடிவுகளுக்கு இட்டுச் சென்றாலும் மாறுபட்டவையாகத் தோன்றுகிற கோட்பாடுகளுக்கு இடையிலான இணைவு.

இருட்பொருள்: உடுத்திரள்கள், கொத்துக்கள் ஆகியவற்றில் இருப்பதும், கொத்துகளுக்கிடையிலும் கூட இருக்கக் கூடியதுமான இந்தப் பருப்பொருளை நேரடியாக நோக்கியறிய முடியா விட்டாலும் அதன் ஈர்ப்பு விளைவைக் கொண்டு கண்டுபிடிக்க முடியும். அண்டத்தின் நிறையில் 90 விழுக்காடு எனும்படியான அளவு இருட்பொருளின் வடிவில் இருக்கக் கூடும்.

உறுதியின்மைக் கொள்கை: ஹெய்சன்பெர்க் வகுத்துரைத்த கொள்கை; அதன்படி, ஒரு துகளின் அமைவிடம், திசைவேகம் இரண்டையுமே ஒரு போதும் துல்லியமாக உறுதிப்படுத்திக் கொள்ள முடியாது, ஒன்றை எந்த அளவுக்குத் துல்லியமாகத் தெரிந்து கொள்கிறோமோ அந்த அளவுக்குத் துல்லியக் குறைவாகத்தான் மற்றதை அறிந்து கொள்ள முடியும்.

எடை: உரு ஒன்றின் மீது ஈர்ப்புப் புலம் செலுத்துகிற விசை. இது அதன் நிறைக்கு நேர்த்தகவு கொண்டதென்றாலும் இரண்டும் ஒன்றல்ல.

எதிர்த்துகள்: ஒவ்வொரு வகைப் பருப்பொருள் துகளுக்கும் இணையாக ஓர் எதிர்த்துகள் உண்டு. ஒரு துகள் அதன் எதிர்த்துகளோடு மோதிக் கொள்ளும் போது அவை ஒன்றையொன்று அழித்துக் கொள்ளும், ஆற்றல் மட்டுமே மிஞ்சி நிற்கும்.

எல்லையின்மை நிலைமை: அண்டம் ஈறுள்ளது என்றாலும் அதற்கு (கற்பனைக் காலத்தில்) எல்லையில்லை என்ற கருத்து.

ஐன்ஸ்டைன்-ரோசன் பாலம்: இரு கருந்துளைகளை இணைக்கும் வெளி-காலத்தின் மெல்லிய குழாய். மேலும் காண்க: புழுத்துளை.

ஒளிக் கூம்பு: குறிப்பிட்ட ஒரு நிகழ்ச்சியினூடாகக் கடந்து செல்கிற ஒளிக் கதிர்களுக்குக் கூடுமான திசைகளைக் குறித்துக் காட்டும் வெளி-காலப் பரப்பு.

ஒளிமம்: ஓர் ஒளி அக்குவம்.

ஒளிவினாடி (ஒளியாண்டு): ஒரு வினாடியில் (ஆண்டில்) ஒளி பயணம் செய்யும் தொலைவு.

கட்டம்: ஓர் அலைக்கு ஒரு குறிப்பிட்ட நேரத்தில் அதன் சுழற்சியிலான அமைவிடம்: அது முகட்டில் உள்ளதா, அகட்டில் உள்ளதா அல்லது இடையில் வேறெங்கோ உள்ளதா என்பதற்கான அளவை.

கதிரியக்கம்: ஒரு வகை அணுக்கரு தன்னியல்பாய் நிலைகுலைந்து மற்றொரு வகை அணுக்கரு ஆவது.

கருந்துளை: ஒரு வெளி-கால வட்டாரம், இதிலிருந்து எதுவும், ஏன், ஒளி கூட தப்பிச் செல்ல முடியாது. ஏனென்றால் ஈர்ப்பு அவ்வளவு வலுவாய் உள்ளது.

கற்பனைக் காலம்: கற்பனை எண்களைப் பயன்படுத்தி அளவிடப்படும் காலம்.

காசிமிர் விளைவு: வெற்றிடத்தில் ஒன்றுக்கொன்று மிக நெருக்கமாக வைக்கப்பட்ட தட்டையான, இணையான இரு உலோகத் தட்டுகளுக்கிடையிலான கவர்ச்சியழுத்தம். அழுத்தத்துக்குக் காரணம் தட்டுகளுக்கு இடைப்பட்ட வெளியில் மாயத் துகள்களின் வழக்கமான எண்ணிக்கை குறைந்து போவதே.

காந்தப் புலம்: காந்த விசைகளுக்குக் காரணமாகிய புலம், இப்போது மின் புலத்துடன் சேர்ந்து மின்காந்தப் புலம் ஆகிறது.

காமாக் கதிர்கள்: மிகக் குறுகிய அலைநீளம் கொண்ட மின்காந்தக் கதிர்கள், கதிரியக்கச் சிதைவிலோ அல்லது அடிப்படைத் துகள்களின் மோதல்களிலோ உண்டாகிறவை.

சந்திரசேகர் வரம்பு: ஒரு நிலையான குளிர் விண்மீனின் கூடுமான பெரும நிறை, இதற்கு மேல் அது தகர்வுற்றுக் கருந்துளையாகி விட வேண்டும்.

சிறப்புச் சார்பியல்: நோக்கர்கள் அனைவருக்கும், அவர்கள் எப்படி நகர்ந்து கொண்டிருந்த போதிலும், அறிவியல் விதிகள் ஒன்றே என்ற கருத்தின் அடிப்படையிலான ஐன்ஸ்டைனின் கோட்பாடு.

சுழல்: அடிப்படைத் துகள்களின் ஓர் அகப்பண்பு, சுழல் பற்றிய அன்றாடக் கருத்தமைவுக்குத் தொடர்புடையதென்றாலும் முழுதொத்ததன்று.

செம்பிறழ்வு: நம்மை விட்டு விலகி நகர்ந்து கொண்டிருக்கும் விண்மீனிலிருந்து வரும் ஒளி டாப்ளர் விளைவின் காரணமாகச் சிவந்து செல்லுதல்.

தந்திக் கோட்பாடு: தந்திகளிலான அலைகளாகத் துகள்களை எடுத்துரைக்கும் இயற்பியல் கோட்பாடு. தந்திகளுக்கு நீளம் உண்டே தவிர வேறெந்தப் பரிமாணமும் கிடையாது.

தவிர்ப்புக் கொள்கை: முழுதொத்தவையான இரு சுழல் 1/2 துகள்களுக்கு (உறுதியின்மைக் கொள்கை ஏற்படுத்தியுள்ள எல்லைக்குட்பட்டு) ஒரே அமைவிடம், ஒரே திசைவேகம் ஆகிய இரண்டுமே இருக்க முடியாது என்ற கருத்து.

துகள் முடுக்கி: நகர்ந்து கொண்டிருக்கும் மின்னூட்டமேறிய துகள்களை மின்காந்தங்களைக் கொண்டு முடுக்கி விட்டு அவற்றுக்கு மேலும் ஆற்றல் தரும் எந்திரம்.

தொலைநிலைமானி: கதிரலைத் துடிப்புகளைப் பயன்படுத்தி, ஒற்றைத் துடிப்பு இலக்குப்பொருளை அடைந்து எதிரடிக்கப்பட்டுத் திரும்புவதற்காகும் நேரத்தை அளவிடுவதன் வாயிலாகப் பொருள்களின் அமைவிடத்தைக் கண்டுபிடிப்பதற்கான ஒரு கருவியமைப்பு.

நிகழ்ச்சி: ஒரு வெளி-காலப் புள்ளி, அதன் காலத்தாலும் இடத்தாலும் குறித்துக் காட்டப்படுவது.

நிகழ்ச்சி விளிம்பு: ஒரு கருந்துளையின் எல்லை.

நிலநேர்ப்பாதை: இரு புள்ளிகளுக்கிடையேயான மிகக் குறுகிய (அல்லது மிக நீண்ட) பாதை.

நியூட்ரினோ: மெல் விசையாலும் ஈர்ப்பாலும் மட்டுமே பாதிக்கப்படும் மிக மிக இலேசான (நிறையற்றதாகவும் இருக்கக்கூடிய) துகள்.

நிற்கும் நிலவரம்: காலம் சென்றாலும் மாறாதிருப்பது: மாறா வீதத்தில் சுழலும் கோளம் நகராது நிற்பதாகும். ஏனென்றால் எந்தக் கணத்தை எடுத்துக் கொண்டாலும் அது முழுதொத்ததாய்க் காட்சியளிக்கிறது.

நிறமாலை: ஓர் அலையின் அங்கங்களாகிற அதிர்வெண்கள். ஞாயிற்றின் நிறமாலையின் கண்ணுக்குத் தெரியும் பகுதியை வானவில்லில் காணலாம்.

நிறை: உரு ஒன்றிலுள்ள பருப்பொருள் அளவு; அதன் நிலைமம், அல்லது முடுக்கத்துக்கான தடை.

நுண்ணலைப் பின்னணிக் கதிர்வீச்சு: முற்பட்ட வெப்பந்தகிக்கும் அண்டத்தின் ஒளிர்தலிலிருந்து வெளிப்படும் கதிர்வீச்சு இப்போது பெரிதும் செம்பிறழ்வுற்றதால் ஒளியாக அல்லாமல் நுண்ணலைகளாக (ஒரு சில சென்டிமீட்டர் அலைநீளம் கொண்ட கதிரலைகளாக) தோன்றுகிறது. மேலும் பார்க்கவும்: அண்டவியல் பின்னணி ஆய்வுத் துணைக்கோள் பக்கம் 213.

நேர்த்தகவு: அ என்பது ஆ என்பதற்கு நேர்த்தகவு கொண்டதாகும் என்றால், ஆ எந்த எண்ணால் பெருக்கப்படும் போதும் அவும் அதே எண்ணால் பெருக்கப்படுகிறது என்று பொருள். அ என்பது ஆ என்பதற்கு எதிர்த்தகவு கொண்டது என்றால், ஆ எந்த எண்ணால் பெருக்கப்படுகிறதோ அ அந்த எண்ணால் வகுக்கப்படுகிறது என்று பொருள்.

நேர்மம்: நேர்மின்னூட்டமேறிய துகள், நொதுமத்தைப் பெரிதும் ஒத்தது, பெரும்பாலான அணுக்களின் கருவில் அடங்கிய துகள்களில் கிட்டத்தட்ட பாதி அளவு.

நேரியம்: மின்மத்தின் (நேர்மின்னூட்டமேறிய) எதிர்த்துகள்.

நொதுமம்: மின்னூட்டமேறாத துகள், நேர்மத்தைப் பெரிதும் ஒத்தது, பெரும்பாலான அணுக்களின் கருவில் அடங்கிய துகள்களில் கிட்டத்தட்ட பாதி அளவு.

நொதும விண்மீன்: நொதுமங்களுக்கு இடையே தவிர்ப்புக் கொள்கை ஏற்படுத்தும் விலக்கு விசையை ஆதாரமாகக் கொண்ட ஒரு குளிர் விண்மீன்.

பல்சார்: கதிரலைகளின் தொடர்முறையான துடிப்புகளை உமிழ்கிற ஒரு சுழலும் நொதும விண்மீன்.

பிளாங்கின் அக்குவக் கொள்கை: ஒளி (அல்லது வேறு எந்தச் செவ்வியல் அலைகளும்) தனித்தனி அக்குவங்களாக மட்டுமே உமிழப்படவோ உட்கொள்ளப்படவோ முடியும் என்னும் கருத்து; இந்த அக்குவங்களின் ஆற்றல் அவற்றின் அலைநீளத்துக்கு நேர்த்தகவு கொண்டதாகும்.

புலம்: ஒரு நேரத்தில் ஒரு புள்ளியில் மட்டும் இருக்கிற துகளுக்கு மாறாக வெளி, காலம் முழுவதும் இருக்கிற ஏதோ ஒன்று.

புழுத்துளை: அண்டத்தின் தொலைதூர வட்டாரங்களை இணைக்கிற ஒரு மெல்லிய வெளி-காலக் குழாய். புழுத்துளைகள் அவற்றுக்கு இணையான அண்டங்களோடு அல்லது குட்டி அண்டங்களோடு இணைந்து காலப் பயணம் செய்யும் வாய்ப்புவழியை வழங்கக் கூடும்.

பொடிமம்: வல் விசையால் தாக்கத்துக்குள்ளாகிற (மின்னூட்டமேறிய) அடிப்படைத் துகள். நேர்மங்கள், நொதுமங்கள் ஒவ்வொன்றும் மூன்று பொடிமங்களால் ஆனது.

பொதுச் சார்பியல்: நோக்கர்கள் எப்படி நகர்ந்த போதிலும் அவர்கள் எல்லோருக்கும் அறிவியல் விதிகள் ஒன்றாகத்தான் இருக்கும் என்ற கருத்தை அடிப்படையாகக் கொண்ட ஐன்ஸ்டைனின் கோட்பாடு. ஈர்ப்பு விசையை நாற்பரிமாண வெளி-காலத்தின் வளைவென்ற முறையில் விளக்குவது.

மாவொருங்கிணைந்த ஆற்றல்: இந்த ஆற்றலுக்கு மேல் மின்காந்த விசையும் மெல்விசையும் வல்விசையும் ஒன்றிலிருந்து ஒன்றை வேறுபடுத்திப் பார்க்க முடியாததாகி விடுகின்றன என்று நம்பப்படுகிறது.

மாவொருங்கிணைந்த கோட்பாடு (மா.கோ.): மின்காந்த விசை, வல்விசை, மெல்விசை ஆகியவற்றை ஒருங்கிணைக்கும் கோட்பாடு.

மாந்தமையக் கொள்கை: அண்டத்தை அது உள்ளவாறு நாம் பார்ப்பதற்குக் காரணம் அது வேறு வகையில் இருந்தால் அதை நோக்கியறிய நாம் இங்கு இல்லாமல் போவோம் என்பது.

மாநெரிப்பு: அண்டத்தின் முடிவிலான வழுவம்.

மாயத் துகள்: அக்குவ இயந்திரவியலில், ஒருபோதும் நேரடியாகக் கண்டுபிடிக்க முடியாத துகள். ஆனால் இப்படி ஒன்று இருப்பதற்கு அளவிடத்தக்க விளைவுகள் இருக்கவே செய்கின்றன.

மாவெடிப்பு: அண்டத்தின் தொடக்கத்திலான வழுவம்.

மின்காந்த விசை: மின்னூட்டமுள்ள துகள்களுக்கு இடையில் எழும் விசை; நான்கு அடிப்படை விசைகளில் வலிமையில் இரண்டாம் நிலை வகிப்பது.

மின்மம்: அணுவின் உட்கருவைச் சுற்றும் எதிர்மின்னூட்டம் கொண்ட ஒரு துகள்.

மின்னூட்டம்: துகளின் ஒரு பண்பு. இந்தப் பண்பின் துணை கொண்டு அது ஒத்த (அல்லது எதிரான) குறியுடைய மின்னூட்டம் கொண்ட ஏனைய துகள்களை விலக்க (அல்லது கவர) கூடும்.

முடுக்கம்: பொருளின் வேகம் மாறும் வீதம்.

மெல்மின் ஒருங்கிணைந்த ஆற்றல்: இந்த ஆற்றலுக்கு (சுமார் 100 ஜிமிவோ) மேல், மின்காந்த விசைக்கும் மெல் விசைக்கும் இடையிலான வேறுபாடு மறைகிறது.

மெல்விசை: நான்கு அடிப்படை விசைகளில் மிக நலிந்தவற்றில் இரண்டாம் இடம் வகிப்பது, மிகக் குறுகிய வீச்சு கொண்டது. இது எல்லாப் பருப்பொருள் துகள்களையும் பாதித்த போதிலும் விசையேந்தித் துகள்களைப் பாதிப்பதில்லை.

வல்விசை: நான்கு அடிப்படை விசைகளுள் மிக வலுவானது, அனைத்திலும் மிகக் குறைந்த வீச்சுடையது. நேர்மங்கள், நொதுமங்களுக்குள் பொடிமங்களை ஒன்றாகச் சேர்த்து வைப்பது. நேர்மங்களையும் நொதுமங்களையும் ஒன்றாகச் சேர்த்து வைத்து அணுக்களாக்குவது.

வழுவம்: வெளி-கால வளைவு ஈறிலியாகிற ஒரு வெளி-காலப் புள்ளி.

வழுவத் தேற்றம்: குறிப்பிட்ட சில நிலைமைகளில் வழுவம் என்ற ஒன்று இருந்தாக வேண்டும் என்று, குறிப்பாக அண்டம் ஒரு வழுவத்திலிருந்துதான் தொடங்கியிருக்க வேண்டும் என்று காட்டுகிற தேற்றம்.

வெண் குறுளை: மின்மங்களுக்கு இடையில் தவிர்ப்புக் கொள்கை ஏற்படுத்தும் விலக்கல் விசையை ஆதாரமாய்க் கொண்ட ஒரு நிலையான குளிர் விண்மீன்.

வெளி-காலம்: நிகழ்ச்சிகளைப் புள்ளிகளாகக் கொண்ட நாற்பரிமாண வெளி.

வெளிப் பரிமாணம்: வெளி போன்ற மூன்று பரிமாணங்களில் எந்த ஒன்றும், அதாவது, காலப் பரிமாணம் தவிர எந்த ஒன்றும்.

• • •

17

சொல்லடைவு

அக்குவ இயந்திரவியல் (quantum mechanics) 42, 44, 94, 98, 99, 101, 103, 105, 110, 111, 113, 116, 128, 169, 170, 171, 172, 252, 259, 273.

அக்குவ ஈர்ப்பியல் விளைவுகள் (quantum gravitatioanl effects) 194, 214.

அக்குவம் (quantum) 96, 97, 167, 273, 275

அடர்த்தி (density)

    மேலும் பார்க்கவும்:

    – கருந்துளைகள் 129.

    – பருப்பொருள் துகள்கள் 112, 113, 115, 117, 132, 161, 187.

அடிப்படைத் துகள்கள் (elementary particles) 128, 226, 276.

அடைப்பு (confinement) 119–120.

அண்டத் தணிக்கை (cosmic censorship) 139, 140, 234.

அண்டத் தந்திகள் (cosmic strings) 223.

அண்டத்தின் படிமலர்ச்சி (evolution of the universe) 128, 172.

அண்டத்தின் தொடக்க நிலவரம் (initial state of the universe) 40, 181, 198.

அண்டத்தின் வயது (age of the universe) 164.

அண்டந்தழுவிய ஈர்ப்பு (universal gravitation) 32.

அண்டம் (universe) 27, 33–44, 70, 72, 77, 78, 80–82, 84–86, 88–95, 99, 125–127, 163, 168, 172–175, 178–181, 183–187, 189–195, 201–206, 211–238, 257–261.

அண்டவியல் (cosmology) 78, 80, 135, 167, 171–172, 184, 187–189, 192, 205, 209–210, 213, 214, 217, 273.

அண்டவியல் காலக் கணை (cosmological arrow of time) 209–210, 213–213, 218.

அண்டவியல் மாறிலி (cosmological constant) 78, 187–189, 192, 217, 222, 238, 273.

அணு (atom) 44, 102–103, 105, 107–109, 113, 117, 119, 126, 128, 131, 174, 176, 235, 263, 273.

    மேலும் பார்க்கவும்

    – அணுக்கரு ஆற்றல்

    – அணுக்கரு இணைவு

    – அணுக்கரு விசை

அணுக் கட்டமைப்பு (atomic structure) 236.

அணுக்கரு (nucleus) 103, 105, 108–109, 117–122, 131, 141, 149, 151, 172, 174–176, 186, 226, 235–236, 249, 273.

அணுக்கரு ஆற்றல் (nuclear energy) 44.

அணுக்கருச் சேர்க்கை (nuclear fusion) 273.

அணுக்கரு விசை (nuclear force) 117–122, 174, 186, 235–236.

அதிர்வெண் (frequency) 68.

அம்மண வழுவம் (naked singularity) 139, 274, 140, 143.

அரிஸ்டாட்டில் (Aristotle) 28–29, 39, 45–49, 73, 107, 262, 268.

அலை/துகள் இரட்டைத்தன்மை (wave/particle duality) 104, 111, 129, 274.

அலைகள் (waves) 100, 102, 104, 141, 165, 228, 259.

மேலும் பார்க்கவும்:
- ஈர்ப்பலைகள்
- ஒலியலைகள்
- ஒளியலைகள்
- துகள்கள்

அலைநீளம் (wavelength) 50–51, 75–76, 79, 101–102, 104, 110, 117, 164, 228, 274.

அளவீடு (measurement) 39, 41, 45–46, 54, 57, 98, 156, 158, 252.

அறிவாற்றல்கள் (reasoning abilities) 43.

அறிவியல் கோட்பாடு (scientific theory) 38, 42, 87–88, 95, 97, 192, 204–205, 254, 257, 261, 267.

அறிவியல் புனைகதை (scientific fiction) 183, 195, 215, 221, 223–224, 227, 245.

அறிவியல் விதிகள் (scientific laws) 52, 95, 183–184, 194, 199, 201, 208, 213, 218, 232, 276.

அறுதி அமைவிடம் (absolute position) 49, 69.

அறுதிக் காலம் (absolute time) 49, 52, 54, 69, 137, 207.

ஆக்சிஜன் (oxygen) 157, 176, 182.

ஆதியாகமம் (Book of Genesis) 36.

ஆப்பன் ஹைமர், இராபர்ட் (Oppen Heimer, Robert) 134.

ஆயங்கள் (coordinates) 56–57, 274.

ஆல்பரிச், அந்திரியாஸ் (Albertcht, Andreas) 192.

ஆல்பர்ஸ், ஹெய்ன்ரிச் (Olbers, Heinrich) 34.

ஆல்ஃபர், ரால்ஃப் (Alpher, Ralph) 174.

ஆல்ஃபா சென்டாரி (Alpha centauri) 57, 59, 224, 227.

ஆற்றல் (energy) 52–53, 65, 68, 95–97, 103, 110–111, 118

- ஆற்றல் அழியாமை 192193, 295.
- கருந்துளைகள் 159161.
- துகள்கள் 104106, 269271.

மேலும் பார்க்கவும்:

மாவொருங்கிணைந்த ஆற்றல்

இடைமங்கள் (mesons) 120, 126.

இயக்கம் (motion) 45, 108, 134, 172.

மேலும் பார்க்கவும்:
- சுற்றுப்பாதைகள்
- பிரெளனிய இயக்கம்

இயல்பு மீட்சி (renormalization) 237–238.

இயற்கைத் தேர்வு (natural selection) 43.

இயற்பியல் ஒருங்கிணைப்பு (unification of physics) 235, 239.

இராபர்ட்சன், ஹோவார்ட் (Robertson, Howard) 82.

இருபடித் தந்திகள் (heterotic strings) 245, 261.

இரு புதிய அறிவியல்கள் (Two New Sciences) 269.

இரு தலையாய உலகக் கருத்தமைப்புகள் பற்றிய உரையாடல், கலிலியோ (Dialogue concerning the two chief world systems, Galileo) 268.

இஸ்ரேல், வெர்னர் (Israel, Verner) 142.

ஈதர் (ether) 51–52, 56.

ஈர்ப்பியல் அக்குவக் கோட்பாடு (quantum theory of gravity) 42, 128, 198.

மேலும் பார்க்கவும்:

முழுமையான ஒருங்கிணைந்த கோட்பாடு

ஈர்ப்பு (gravity) 32–34, 39–42, 47, 64–66, 68, 75, 77–78, 82, 85, 188, 192, 235, 237, 242–244, 248–249, 259.

- அக்குவ ஈர்ப்பியல் 170

- இதன் இலக்கணம் 9
- மேலும் பார்க்கவும்: ஈர்ப்பியல் அக்குவக் கோட்பாடு, மீயீர்ப்பு

ஈர்ப்பலைகள் (gravitational waves) 116, 141, 143.

ஈர்ப்புப் புலம் (gravitational field) 75, 105, 129, 135, 137, 145, 160–161, 194, 202.

ஈர்ப்பு விசை (gravitational force) 34, 41–42, 47, 66, 77, 115–116, 128, 138, 147, 150–151, 161, 188, 238, 242, 244, 248–249.

ஈர்மங்கள் (gravitons) 116–117.

ஈறிலா அடர்த்தி (infinite density) 38, 134, 138, 140, 179, 194, 260.

ஈறிலி (infinity) 33.

உடுத்திரள்கள் (galaxies) 37, 76, 82, 85–86, 88–90, 124, 176, 179, 260.

உப்பல் விரிவாக்கம் (Inflationary expansion) 189, 192.

"உலகக் கோடு" ("worldline") 239.

உலகத் தகடு (world sheet) 239.

உலகின் அமைப்பு, லேப்லஸ் (The System of the World, Laplace) 130.

உளத்தியல் காலக் கணை (psychological arrow of time) 209, 211–213, 217.

உறுதியின்மைக் கொள்கை (uncertainty principle) 84, 96–99, 105, 113, 123, 159–161, 170, 179, 205, 214, 222, 227, 236–238, 252, 255, 259.

எடிங்டன், ஆர்தர் (Eddington, Arthur) 132, 134, 217, 254.

எடை (weight) 45–47, 134.

எண்கள் (numbers)
- கலப்பெண்கள் (complex numbers)
- காலத்தைக் குறித்துரைத்தல்
- மதிப்பு 160, 183.

மேலும் பார்க்கவும்:
கற்பனை எண்கள்

எதிர்த்துகள் (antiparticle) 114, 124–127, 161, 173, 188, 208, 232–233, 237–238.

எல்லையின்மை நிலைமை (no boundary condition) 204–205, 210, 214, 216–218.

ஐரோப்பிய அணு ஆராய்ச்சி மையம் (ஐ.அ.ஆ.மை.) (European Center for Nuclear Research [CERN]) 119.

ஐன்ஸ்டைன், ஆல்பர்ட் (Einstein, Albert) 52, 64–66, 78, 93, 99, 108, 130, 143, 163, 187, 217, 222, 227, 235, 261, 263–264.

மேலும் பார்க்கவும்
- ஆற்றல் சமன்பாடு
- சார்பியல்
- சிறப்புச் சார்பியல்
- வாழ்க்கை வரலாறு

ஐன்ஸ்டைன்–ரோசன் பாலம் (Einstein Rosen bridge) 275.

ஒக்காம் கத்தி (Occam's razor) 98.

ஒலியலைகள் (sound waves) 51.

ஒளி (light) 35, 49–50.
- அலைநீளம் 50–51.
- ஆற்றல் 44, 52.
- இதன் வேகம் 46, 51.
- இயக்கம் 29, 45.
- ஒளியலை கோட்பாடு
- கண்ணுக்குத் தெரியும் ஒளி 71–72.
- துகள் கோட்பாடு 242.
- நிறம் 101, 120.

மேலும் பார்க்கவும்:
ஒளியின் வேகம்

ஒளிக் கூம்பு (light cone) 61, 66, 91, 135, 197, 275.

ஒளிமம் (photon) 8, 117–119, 130.

ஒளியலை (light wave) 51, 68, 75–76, 79, 97, 101, 115, 137, 141, 164.

சொல்லடைவு | 283

ஒளியாண்டு (lightyear) 71, 73, 150, 165, 167, 224, 275.

ஒளி வினாடி (lightsecond) 56.

ஒளி வேகம் (speed of light) 59, 64.

ஓய்வு நிலவரம் (state of rest) 51.

ஃப்ரீட்மன், அலெக்சாண்டர் (Friedmann, Alexander) 78, 82, 84–85, 87, 89, 172.

ஃபிளாம்ஸ்டீல், ஜான் (Flamsteel, John) 271.

ஃபிட்ச், வால் (Fitch, Val) 126.

ஃபைன்மன், ரிச்சர்ட் (Feynman, Richard) 104, 233.

கட்ட இடைமாற்றம் (phase transition) 186, 190, 192.

கட்டம் (phase) 142, 216, 219, 275.

கடவுளின் நகரம் (City of God) 35.

கண்ணுறு ஒளி (visible light) 51, 75, 96, 110, 117.

கணக்கியல் கொள்கை, நியூட்டன் (Principia Mathematica, Newton) 46, 50, 271.

கத், ஆலன் (Guth, Alan) 186.

கத்தோலிக்கத் திருச்சபை (Catholic Church) 88, 267.

கதிர்வீச்சு (radiation) 79–80, 89, 96, 125, 165, 168–169, 172, 175, 233.

- கருந்துளைகள் 105, 129, 130, 138.

மேலும் பார்க்கவும்:
நுண்ணலைகள்

கதிரலைகள் (radio waves) 51, 76, 89, 96, 145, 150.

கதிரியக்கம் (radioactivity) 159.

கருந்துளைகள் (black holes) 105, 129–130, 138–139, 142–143, 145–146, 149, 153, 156, 159, 164–165, 168, 176, 181, 237.

- ஆதிக் கருந்துளைகள் 164–165, 168, 181.
- உமிழ்வுகள் 96, 141.

- சுழலும் கருந்துளைகள் 159.
- பண்புகள் 116, 204.

கலாட்னிகோவ், ஐசக் (Khalatnikov, Isaac) 89–90.

கலிலி, கலிலியோ (Galilei, Galileo) 31, 45–46, 48, 172, 184, 267–269.

கற்பனை எண்கள் (imaginary numbers) 195.

கற்பனைக் காலம் (imaginary time) 195, 197–198, 201, 203–204, 207.

காசிமிர் விளைவு (Casimir effect) 228.

காந்தப் புலம் (magnetic field) 75, 126, 141, 146, 150, 160.

காந்தவியல் (magnetism) 118, 236.

காமாக் கதிர்கள் (gamma rays) 164–165, 167, 169.

காமவ், ஜார்ஜ் (Gamow, George) 80–81, 174–175.

கார்ட்டர், பிராண்டன் (Carter, Brandon) 144.

கார்பன் (carbon) 176, 182.

காலம் (time) 28, 32, 37–38, 49–70, 133–188, 195–280.

- பண்புகள் 82–85.
- பயணம் 221–234.

மேலும் பார்க்கவும்:
ஆதிக் காலம்,
கற்பனைக் காலம், காலக் கணைகள்.

காற்றுத் தடை (air resistance) 46.

கான்ட், இம்மானுவேல் (Kant, Immanuel) 36, 262.

குரோனின், ஜே. டபுள்யூ. (Cronin, J. W.) 126.

குலைதரம் (entropy) 156–158, 160, 209, 213.

குவாசர்கள் (quasars) 146, 151.

குழப்ப உப்பல் மாதிரியமைப்பு (chaotic inflationary model) 201.

குழப்ப எல்லை நிலைமைகள் (chaotic boundary coditions) 180.

குளிர் விண்மீன் (cold star) 134, 278.

குறுக்கீடு (interference) 100-101.

கெப்ளர், ஜொஹன்னஸ் (Kepler, Johannes) 31,

கெர்ராய் (KerrRoy) 143.

கேஇடைமங்கள் (Kmesons) 126.

கோடல், குர்ட் (Godel, Kurt) 221-223, 250.

கோப்பர்நிக்கஸ், நிகோலஸ் (Copernicus, Nicholas) 30, 267-268.

கோல்டு, தாமஸ் (Gold, Thomas) 88.

கோள்கள் (planets) 29-32, 34, 39, 47, 49, 57, 66, 69, 71, 95, 103, 125, 129, 145, 166-167, 177, 182, 185, 248, 258, 267.

 மேலும் பார்க்கவும்:

 குறிப்பான பெயர்கள்

 சந்திரசேகர், சுப்ரமணியன் 132, 134, 148, 151.

 சந்திரசேகர் வரம்பு (Chandra sekar limit) 133, 276.

சமச்சீர் அச்சு (axis of symmetry) 144.

சமச்சீர்மை (symmetry) 118-119, 125-127, 186-187, 189-192, 208, 216, 223.

சலாம், அப்துஸ் (Salam, Abdus) 118.

சனி (கோள்) (Saturn, planet) 29, 71.

சார்பியல் (relativity)

 பார்க்கவும்:

 சிறப்புச் சார்பியல்

 பொதுச் சார்பியல்

சிக்னஸ், எக்ஸ்1 (Cygnus X1) 147-150.

சிறப்புச் சார்பியல் (special relativity) 64, 70, 108, 113.

சிரியஸ் (Sirius) 133.

சீர் நிலவரக் கோட்பாடு (steady state theory) 88.

சுருங்கும் அண்டம் (contracting universe) 218.

சுருள் உடுத்திரள் (spiral galaxy) 72, 184.

சுழல் (spin) 32, 66, 111-114, 117, 119, 122, 192, 222, 238.

சுற்றுப்பாதைகள் (orbits) 31, 47, 66, 86, 104, 248.

செம்பிறழ்வு (redshift) 76, 81, 145-146.

செல்டோவிச், யாகோவ் (Zeldovich, Yakov) 159.

செவ்வாய் (கோள்) (Mars) 29, 71.

சேட்விக், ஜேம்ஸ் (Chadwick, James) 109.

ஞாயிற்று மறைப்பு (eclipse of the Sun) 68.

ஞாயிறு மைய அண்டவியல் (heliocentric cosmology) 184.

டாப்ளர் விளைவு (Doppler effect) 75-76, 85.

டார்வின், சார்லஸ் (Darwin, Charles) 43.

டால்டன், ஜான் (Dalton, John) 107.

டிக், பாப் (Dicke, Bob) 88.

டிராக், பால் (Dirac, Paul) 98, 113.

டெமாக்ரிட்டஸ் (Democritus) 107.

டெய்லர், ஜான் ஜி. (Taylor, John G.) 169.

தகர்வுறும் அண்டம் (collapsing universe)

 பார்க்கவும்:

 சுருங்கும் அண்டம்

தந்திக் கோட்பாடுகள் (string theories) 239, 241, 245, 250.

தவிர்ப்புக் கொள்கை (exclusion principle) 112-114, 132-134.

தன்னியல்பான சமச்சீர்மை முறிவு (spontaneous symmetry breaking) 118-119.

தன்னியல்பான நேர்மச் சிதைவு (spontaneous proton decay) 123.

தனிமம் (element) 75, 174-177, 182-183, 185, 223.

தாம்சன், ஜே. ஜே. (Thomson, J.J.) 108.

தாலமி (Ptolemy) 29, 31-32, 73, 184.

திசையன் போசுமம் (vector boson) 118.

திசைவேகங்கள் (Velocities) 90, 113, 132, 259.

திசைவேகம் (velocity) 96, 98, 160.

திறந்த தந்திகள் (open strings) 239, 241, 250.

துகள் (particle) 88, 90, 98-100, 102-104, 204, 214, 226, 228, 232, 243, 245.

    - அமைவிடம். திசைவேகம் 49, 57, 69, 96, 160.

    - ஒளி 129.

    மேலும் பார்க்கவும்:

    - அடிப்படைத் துகள்கள்

    - பருப்பொருள்துகள்கள்

    - மாயத் துகள்கள்

துகள் முடுக்கி (particle accelerator) 119, 120, 122, 124, 226, 253.

தூய பகுத்தறிவு குறித்த விமர்சனம், கான்ட் (Critique of Pure Reason, Kant) 36.

தொலைநிலைமானி (radar) 54, 66, 88.

தொலைநோக்கிகள் (telescopes) 31, 73-74, 134, 150.

தொலையணுகு விடுமை (asymptotic freedom) 120, 121.

தோர்ன், கிப் (Thorne, Kip) 140.

நலிந்த மாந்தமையக் கொள்கை (weak anthropic principle) 182-184, 193, 210, 218, 249.

நிகழ்ச்சி (event) 35-36, 38, 44, 48-49, 54-57, 251-252, 255.

நிகழ்ச்சி விளிம்பு (event horizon) 137-140, 153-156, 158-160.

நியூட்டன், ஐசக் (Newton, Isaac) 31-33, 45-50, 53, 74, 113, 254, 271-272.

    - வாழ்க்கை வரலாறு

    மேலும் பார்க்கவும்:

    கணக்கியல் கொள்கை, ஈர்ப்பு

நியூட்ரினோ (neutrino) 173, 174, 277.

நிலநேர்ப்பாதை (geodesic) 65-66, 277.

நிற்கும் ஈறிலி அண்டம் (infinite static universe) 34.

நிற்கும் நிலவரம் (stationary state) 141, 277.

நிறமாலை (spectrum) 74-76, 160, 277.

நிறை (mass) 32, 39, 41, 46-47, 52-53,

    - கருந்துளைகள் 129

    மேலும் பார்க்கவும்:

    சந்திரசேகர் வரம்பு

நீர் (water) 27, 39, 59, 69, 100, 107, 151, 181, 187.

நுண்கணிதம் (calculus) 272.

நுண்ணலைகள் (microwaves) 51, 79, 80, 277.

நுண்ணலைப் பின்னணிக் கதிர்வீச்சு (microwave background radiation) 25, 178, 192, 204, 277.

நுண்மின்மவியல் (microelectronics) 44.

நெருப்பு (fire) 39, 107, 158.

நேர்மம் (proton) 108-110, 120, 123, 244, 277.

நேர்த்தகவு (proportion) 39, 163, 274, 277.

நொதுமம் (neutron) 109-110, 244, 277.

நொதுதம் விண்மீன் (neutron star) 133-134, 142, 146, 148, 168, 177, 278.

நோபல் பரிசு (Nobel prize) 51, 81, 99, 109, 112, 113, 119, 126, 134, 142, 236.

ப்ராக்சிமா சென்டாரி (Proxima Centauri) 71.

பசைமம் (gluon) 119-120.

படைப்பு (creation) 32, 36, 38, 88, 172, 184, 268, 271.

பர்தீன், ஜிம் (Bardeen, Jim) 159.

பரிமாணங்கள் (dimensions) 35, 86, 88, 91, 103, 107-109, 112.

பருப்பொருள் (matter) 86, 88.

    - அடர்த்தி 37, 38, 80

பருப்பொருள் துகள்கள் (matte particles) 112–117, 122, 128, 132, 161, 187, 238.

பல்சார்கள் (pulsars) 146.

பாந்தி, ஹெர்மன் (Bondi, Herman) 88.

பாப்பர், கார்ல் (Poper, Karl) 39, 205.

பாயின்கேர், ஹென்றி (Poincare, Henri) 52.

பார்ன், மேக்ஸ் (Born, Max) 236.

பால் வீதி (milky way) 72, 78.

பாலி, வோல்ஃப்கேங் (Pauli, Wolfgang) 112.

பாலோமார் வானாய்வுக் கூடம் (Palomar Observatory) 145.

பிரின்ஸ்டன் பல்கலைக்கழகம் (Princeton University) 80.

பிரௌனிய இயக்கம் (Brownian Motion) 108.

பிளாங்க், மேக்ஸ் (Planck, Max) 96–97, 99, 167, 253.

பிளாங்கின் அக்குவக் கொள்கை (Planck`s quantum principle) 167, 273.

பிளாங்கின் மாறிலி (Plank`s constant) 97.

பீட்டே, ஹான்ஸ் (Bethe, Hans) 174.

பீபிள்ஸ், ஜிம் (Peebles, Jim) 80.

புதன் கோள் (Mercury, planet) 29, 40, 66.

புலம் (field)
பார்க்கவும்:
காந்தப் புலம்
மின்காந்தப் புலம்

புவி (Earth) 27–32, 45, 48, 58, 63, 65, 164, 171, 177, 182.
   – இயக்கம் 45
   – சுற்றளவு 45
   – வடிவம் 45

புழுத்துளைகள் (worm holes) 221, 227, 278.

புளூட்டோ கோள் (Pluto, planet) 166–167.

பூதங்கள் (elements) 39, 107.

பெக்கன்ஸ்டைன், ஜேக்கப் (Jacob Bekenstein) 158.

பெருமூலக்கூறுகள் (macro molecules) 177.

பெல், ஜோசிலின் (Bell, Jocelyn) 146.

பெல் தொலைபேசி ஆய்வகங்கள் (Bell Telephone Laboratories) 79.

பென்சியாஸ், அர்னோ (Penzias, Arno) 79, 81, 89.

பென்ட்லி, ரிச்சர்ட் (Bentley, Richard) 33.

பென்ரோஸ், ரோஜர் (Penrose, Roger) 91, 139, 143.

பென் ஸ்டேட் பல்கலைக்கழகம் (Penn State University) 216.

பேரொளிர் முகில் (supernova) 177, 182.

பேஜ், டான் (Page, Don) 216.

பொடிமங்கள் (quarks) 109–110, 116, 119–122, 124–125, 127, 161, 244, 253.

பொதுச் சார்பியல் (general relativity) 40, 42, 66, 68–70, 77–78, 84, 87, 91, 93, 94, 105–106, 125, 128, 132, 134, 141–145, 153, 168–171, 193, 194, 198, 200, 213–214, 221–222, 227, 236–238, 244, 245, 268.

போர், நீல்ஸ் (Bohr, Niels) 103.

மணிச் சட்டம் (abacus) 212.

மறைப்புகள் (eclipses) 28, 50.

மனித நினைவாற்றல் (human memory) 212.

மா.கோ. (G.U.T)
பார்க்கவும்:
மாவொருங்கிணைந்த கோட்பாடு

மாந்தமையக் கொள்கை (anthropic principle) 182–185, 193, 200, 210, 218, 247, 249.

மாநெரிப்பு (big crunch) 171, 260, 279.

மாய ஒளிமம் (virtual photon) 115, 228, 229.

மாயத் துகள் (virtual particle) 114, 116–117, 161, 228–229, 232, 234, 237, 275.

மார்லி, எட்வர்ட் (Morley, Edward) 51, 52, 56, 64.

மாவெடிப்பு (big bang) 38, 87-91, 93, 106, 123, 138, 140, 153, 171-175, 178-180, 182, 185-186, 189, 192-193, 213, 260.

மாவொருங்கிணைந்த ஆற்றல் (grand unification energy) 122, 278.

மாவொருங்கிணைந்த கோட்பாடு (grand unification theory) 121-123, 125, 127-128, 236, 252, 278.

மாறா அண்டம் (unchanging universe) 69-70.

மாஸ், அயன் (Moss, Ian) 192.

மிதப்பு (levity) 107.

மின்காந்த அலைகள் (electromagnetic waves) 96.

மின்காந்தப் புலம் (electromagnetic field) 50, 75, 111, 141, 160, 275.

மின்மம் (electron) 103-104, 108-111, 113-114, 116-118, 122, 125, 127, 133, 160-161, 171, 183, 249, 253.

மின் விசை (electrical force) 50, 103, 249.

மின்னூட்டம் (electric charge) 108-109, 116, 183, 279.

மிஷேல், ஜான் (Michell, John) 129-130, 147.

மீபீர்ப்பு (supergravity) 238-239, 245, 250.

முட்டு விரிவாக்க வீதம் (critical rate of expansion) 179.

முட்டு வேகம் (critical speed) 77.

முடுக்கம் (acceleration) 46-47, 223, 226.

முதல் காரணம் (first cause) 35.

முப்பட்டகம் (prism) 73.

முழுமையான ஒருங்கிணைந்த கோட்பாடு (complete unified theory) 42-44, 183, 219, 222, 231, 235, 251, 253, 254, 255, 261.

மேலும் பார்க்கவும்:

மாவொருங்கிணைந்த கோட்பாடு

முன்னுறுதிக் கொள்கை (determinism) 93, 95-96, 258-259.

மூடிய வளையங்கள் (closed loops) 234.

மூலக்கூறுகள் (molecules) 105, 107, 117, 157, 177-178.

மெய்க் காலம் (real time) 203-204.

மெய்யியலர்கள் (philosophers) 36, 97, 261, 262.

மெல் அணுக்கரு விசை (weak nuclear force) 117-119, 121, 122, 186.

மெல்மின் ஒருங்கிணைந்த ஆற்றல் (electroweak unification energy) 252, 279.

மெல்விசை (weak force) 118, 126, 173, 186, 236, 278.

மெஜல்லானிக் மேகங்கள் (Magellanic Clouds) 149.

மேக்ஸ்வெல், ஜேம்ஸ் கிளார்க் (Maxwell, James Clerk) 50-52, 59, 118.

மைகெல்சன், ஆல்பர்ட் (Michelson, Albert) 51-52, 56, 64.

மோட், நெவில் (Mott, Nevill) 109.

யாங் சென், நிங் (Yang Chen, Ning) 126.

யூக்லிட் (Euclid) 196-198, 200.

ரசல், பெர்ட்ரண்ட் (Russel, Bertrand) 27.

ராணி மேரி கல்லூரி, லண்டன் (Queen Mary College, London) 245.

ராபின்சன், டேவிட் (David Robinson) 144.

ரூபியா, கார்லோ (Rubbia, Carlo) 119.

ரூதர்ஃபோர்டு, எர்னஸ்ட் (Rutherford, Ernest) 108-109, 111, 168.

ரேலே, லார்ட் ஜான் (Rayleigh, Lord John) 95.

ரைல், மார்ட்டின் (Ryle, Martin) 88.

ரோசன், நாதன் (Rosen, Nathan) 227.

ரோமர், ஒலே கிறிஸ்டென்சன் (Romer, Ole Christensen) 50.

லட்ரெல், ஜூலியன் (Luttrel, Julian) 199.

லாந்தவ், லெவ் தாவிதோவிச் (Landeu, Lev Davidovich) 133.

லாஃப்லாம், ரேமண்ட் (Laflamme, Raymond) 217.

லாரண்ட்ஸ், ஹென்றிக் (Lorentz, Hendrik) 52.

லிஃப்ஷிட்ஸ், எவ்ஜெனி (Lifshitz, Evgeni) 89–90.

லிண்டே, ஆண்ட்ரை (Linde, Andei) 190–192, 201.

லீ, சங்டெள (Lee, TsungDao) 126.

லூகாசியன் கணக்கியல் பேராசிரியர் (Lucasian Professor of Mathematics) 113.

லேப்லஸ், மார்க்விஸ் டி (Laplace, Marquis de) 95, 130, 258.

லைப்னிஸ், காஃப்பிரைட் (Leibniz, Gottfried) 272.

வழுவம் (singularity) 87, 91–93, 138–139, 153, 170, 193, 201, 274, 279.

வழுவத் தேற்றம் (singularity theorem) 94, 105, 193, 194, 202, 279.

வட விண்மீன் (north star) 28.

வடிவியல் (geometry) 196.

வல் அணுக்கரு விசை (strong nuclear force) 119–121, 174, 186.

வல்விசை (strong force) 114, 186, 236, 244, 273.

வலுவான மாந்தமையக் கொள்கை (strong anthropic principle) 184–185.

வான் டெர்மீர், சைமன் (Vander Meer, Simon) 119.

விசைகள் (forces) 70, 107, 114, 117, 119, 127.

விட்ஜென்ஸ்டைன், லூட்விக் (Wittgenstein, Ludwig) 262.

விண்ணுலகு (அரிஸ்டாட்டில்) (On The Heavens) 28.

விண்மீன் (star) 27–30, 32–35, 67, 71, 78, 86, 91, 125, 128–138, 143, 145–151, 171, 174, 176–177, 181–183, 185, 223, 260, 278.

– எண்ணிக்கை 33.
– ஒளித்திறன் 72.
– கண்ணுக்குத் தெரியும் 71.
– பட்டியலிடுதல் 71.
– வாழ்க்கைச் சுழற்சி 131.
– வெப்பநிலை 74, 151.
மேலும் பார்க்கவும்:
– குளிர் விண்மீன்
– நொதும விண்மீன்
– வட விண்மீன்
– வெண் குறுளை

விண்வெளிப் பயணம் (space travel) 247.

வியாழன் (கோள்) (Jupiter, planet) 29, 31, 71.

– இதன் நிலாக்கள் 31.
– மறைப்புகள் 28, 50

விரிவடையும் அண்டம் (expanding universe) 71.

விரிவாக்க வீதம் (rate of expansion) 85, 86, 179, 186, 188–189, 204.

பார்க்கவும்:
முட்டு விரிவாக்க வீதம்

வில்சன், ராபர்ட் (Wilson, Robert) 78, 81, 89.

வீலர், ஜான் (Wheeler, John) 129, 143, 151.

வூ, சியன்ஷியுங் (Wu, ChienShiung) 126.

வெப்ப இயக்கவியல் காலக் கணை (thermodynamic arrow of time) 209–210, 213–215, 218–219.

வெப்ப இயக்கவியலின் இரண்டாம் விதி (second law of thermodynamics) 156–158, 210, 213.

வெப்பக் கடத்தல் (heat conduction) 236.

வெப்பநிலை (temperature) 74, 151, 157, 159, 160, 163, 164, 172–173, 175, 178–179, 185, 187, 189, 193.

வெப்பம் (heat) 131, 176, 185, 212.

வெயின்பெர்க், ஸ்டீவன் (Weinberg, Steven) 118.

வெல்ஸ், ஹெச். ஜி. (Wells, H.G.) 221.

வெள்ளி (கோள்) (Venus, planet) 29.

வெண் குறுளை (white dwarf) 133, 134, 148, 280.

வெளி (space) 32, 48-49.

   - அறுதி 48-49.
   - பண்புகள் 116.

வெளி-காலம் (spacetime) 56, 58, 59, 65, 87, 171-172, 196-198, 223, 230, 232-234, 245, 247, 280.

வெளிப் பரிமாணம் (space dimension) 59, 246-249, 280.

ஜான்சன், டாக்டர் சாமுவேல் (Johnson, Dr. Samuel) 49.

ஜிகா மின்ம வோல்டு (GeV) 118.

ஜீன்ஸ், ஜேம்ஸ் (Jeans, James) 95.

ஜெல்மான், முர்ரே (Gellmann, Murray) 109.

ஷ்மிட், மார்ட்டன் (Schmid, Maarten) 145.

ஷ்ரோடிங்கர், எர்வின் (Schrodinger, Erwin) 98.

ஷ்வார்ட்ஸ், ஜான் (Schwarz, John) 244-245.

ஷ்வார்ட்ஸ்சைல்ட், கார்ல் (Schwarzschild, Karl) 143-144.

ஷெர்க், ஜொயல் (Scherk, Joel) 244.

ஸ்டாரோபின்ஸ்கி, அலெக்சாண்டர் (Starobinsky, Alexander) 159.

ஸ்டைன்ஹார்ட், பால் (Steinhardt, Paul) 192.

ஹபிள், எட்வின் (Hubble, Edwin) 37, 72-73, 76, 82, 93, 150, 222.

ஹாய்ல், ஃபிரட் (Hoyle, Fred) 88.

ஹார்ட்டில், ஜிம் (Hartle, Jim) 199.

ஹாலி, எட்மண்ட் (Hally, Edmond) 271.

ஹாலிவெல், ஜோனதன் (Halliwell, Jonathan) 199.

ஹூலியம் (helium) 131, 174-176, 182.

ஹைட்ரஜன் (hydrogen) 103, 131, 151, 163, 173-174, 176-177, 182-183.

ஹைட்ரஜன் குண்டு (hydrogen bomb) 131, 151, 163, 173.

ஹெய்சன்பெர்க், வெர்னர் (Heisenberg, Werner) 96-99, 274.

   மேலும் பார்க்க:
   - உறுதியின்மைக் கொள்கை

ஹெர்ஷல், வில்லியம் (Herschel, William) 72.

ஹ்யூவிஷ், ஆண்டனி (Hewish, Antony) 146.

• • •

18

Technical terms கலைச் சொற்கள்

absolute - அறுதி
acceleration - முடுக்கம்
accurate - திருத்தம்
anthropic principle - மாந்தமையக் கொள்கை
arbitrary - தற்போக்கிலான
arrow of time - காலக் கணை
atom - அணு
attraction - கவர்ச்சி
big bang - மாவெடிப்பு
big crunch - மாநெரிப்பு
black hole - கருந்துளை
body - உரு
boson - போசுமம்
calculus - நுண்கணிதம்
classical theory - செவ்வியல் கோட்பாடு
cluster - கொத்து
collapsing star - தகர்வுறும் விண்மீன்
complete unified theory - முழுமையான ஒருங்கிணைந்த கோட்பாடு
configuration - கோலம்
conservation of energy - ஆற்றலின் அழிவின்மை
coordinate - ஆயம்
cosmology - அண்டவியல்
critical - முட்டு

density - அடர்த்தி
detector - கண்டுபிடிப்பான்
determinism - முன்னுறுதிக் கொள்கை
eclipse - மறைப்பு
elasticity - மீள்திறன்
electromagnetism - மின்காந்தவியல்
electron - மின்மம்
elementary particle - அடிப்படைத் துகள்
element - தனிமம்
elements - பூதங்கள்
energy - ஆற்றல்
entropy - குலைதரம்
event - நிகழ்ச்சி
event horizon - நிகழ்ச்சி விளிம்பு
evolution - படிமலர்ச்சி
exact - துல்லியம்
exclusion principle - தவிர்ப்புக் கொள்கை
exponential - படிக்குறி
field - புலம்
finite - ஈறுள்ள
force - விசை
frequency - அதிர்வெண்
galaxy - உடுத்திரள்
general relativity - பொதுச் சார்பியல்
geodesic - நிலநேர்ப்பாதை
geometry - வடிவியல்
gluon - பசைமம்
grand unified theory - மாவொருங்கிணைந்த கோட்பாடு
grand unification energy - மாவொருங்கிணைந்த ஆற்றல்
graviton - ஈர்மம்
heliocentric principle - ஞாயிறு மையக் கொள்கை
heterotic string - இருபடித் தந்தி

hypothesis - கருதுகோள்
identical - முழுதொத்த
infinite static model - நிற்கும் ஈறிலி மாதிரியமைப்பு
infinite static universe - நிற்கும் ஈறிலி அண்டம்
infinity - ஈறிலி
inflationary - உப்பல்
interaction - இடைவினை
interference - குறுக்கீடு
Jupiter - வியாழன்
large scale - பெருவீதம்
light cone - ஒளிக் கூம்பு
light wave - ஒளியலை
light-year - ஒளியாண்டு
light-second - ஒளி வினாடி
logic - ஏரணம்
luminosity - ஒளிர்திறன்
magnetism - காந்தவியல்
mass - நிறை
massive - பெருநிறை
matter - பருப்பொருள்
maximum - பெருமம்
Mercury - புதன்
meson - இடைமம்
microscopic scale - நுண் வீதம்
microwave - நுண்ணலை
minimum - சிறுமம்
metaphysics - மானசிகவியல்
milky way - பால் வீதி
model - மாதிரியமைப்பு
modern science - புதுமக்கால அறிவியல்
molecule - மூலக்கூறு
motion - இயக்கம்

கலைச்சொற்கள் | 293

naked singularity - அம்மண வழுவம்
natural selection - இயற்கைத் தேர்வு
neutron - நொதுமம்
no boundary condition - எல்லையின்மை நிலைமை
no boundary proposal - எல்லையின்மை முன்மொழிவு
nucleus - அணுக்கரு
object - பொருள்
observation - நோக்கியறிதல்
orbit - சுற்றுப்பாதை
paradox - முரண்புதிர்
particle accelerator - துகள் முடுக்கி
particle - துகள்
p-branes - p-படலங்கள்
phase - கட்டம்
phase transition - கட்ட இடைமாற்றம்
philosophy - மெய்யியல்
photon - ஒளிமம்
position - அமைவிடம்
positron - நேரியம்
precise - சரிநுட்பம்
prediction - ஊகித்தறிதல்
principle - கொள்கை
prism - முப்பட்டகை
probability - நிகழ்தகவு
proportion - நேர்த்தகவு
proton - நேர்மம்
quantum - அக்குவம்
quantum mechanics - அக்குவ இயந்திரவியல்
quantum theory - அக்குவக் கோட்பாடு
quantum theory of gravity - ஈர்ப்பியல் அக்குவக் கோட்பாடு
quark - பொடிமம்
radar - தொலைநிலைமானி

radiation - கதிர்வீச்சு
radio waves - கதிரலைகள்
radioactivity - கதிரியக்கம்
random - எழுந்தமானம்
red-shift - செம்பிறழ்வு
reflection - எதிரடிப்பு
relativity - சார்பியல்
renormalization - இயல்புமீட்சி
repulsive - விலக்கல்
rocket - ஏவுபொறி
rotation - சுழற்சி
science fiction - அறிவியல் புனைகதை
signal - குறிகை
singularity - வழுவம்
slit - பிளவு
small scale - சிறுவீதம்
sound wave - ஒலியலை
source - மூலம்
space - வெளி
special theory of relativity - சிறப்புச் சார்பியல் கோட்பாடு
spectrum - நிறமாலை
spin - சுழல்
spiral galaxy - சுருள் உடுத்திரள்
star - விண்மீன்
stationary state - நிற்கும் நிலவரம்
steady state theory - சீர் நிலவரக் கோட்பாடு
string theory - தந்திக் கோட்பாடு
strong force - வல் விசை
Sun - ஞாயிறு
supergravity - மீயீர்ப்பு
supernova - பேரொளிர் முகில்
symmetry - சமச்சீர்மை

telescope - தொலைநோக்கி
temperature - வெப்பநிலை
theory - கோட்பாடு
theory of gravity - ஈர்ப்பியல் கோட்பாடு
thermodynamics - வெப்ப இயக்கவியல்
uncertainty principle - உறுதியின்மைக் கொள்கை
universe - அண்டம்
velocity - திசைவேகம்
virtual particle - மாயத் துகள்
wave/particle duality - அலை/துகள் இரட்டைத் தன்மை
wavelength - அலைநீளம்
wave - அலை
weak force - மெல்விசை
white dwarf - வெண் குறுளை
wormhole - புழுத்துளை
X-ray - ஊடுகதிர்

19

கலைச் சொற்கள் Technical terms

அக்குவம் - quantum
அக்குவ இயந்திரவியல் - quantum mechanics
அக்குவக் கோட்பாடு - quantum theory
அண்டம் - universe
அண்டவியல் - cosmology
அம்மண வழுவம் - naked singularity
அமைவிடம் - position
ஆற்றல் - energy
ஆற்றலின் அழிவின்மை - conservation of energy
அடர்த்தி - density
அடிப்படைத் துகள் - elementary particle
அதிர்வெண் - frequency
அறிவியல் புனைகதை - science fiction
அணு - atom
அணுக்கரு - nucleus
அறுதி - absolute
அலை - wave
அலைநீளம் - wavelength
அலை/துகள் இரட்டைத் தன்மை - wave/particle duality
ஆயம் - coordinate
இயக்கம் - motion
இயல்புமீட்சி - renormalization
இயற்கைத் தேர்வு - natural selection

இருபடித் தந்தி - heterotic string
இடைமம் - meson
இடைவினை - interaction
ஈர்ப்பியல் அக்குவக் கோட்பாடு - quantum theory of gravity
ஈர்ப்பியல் கோட்பாடு - theory of gravity
ஈர்மம் - graviton
ஈறிலி - infinity
ஈறுள்ள - finite
உப்பல் - inflationary
உடுத்திரள் - galaxy
உரு - body
உறுதியின்மைக் கொள்கை - uncertainty principle
ஊகித்தறிதல் - prediction
ஊடுகதிர் - X-ray
எல்லையின்மை நிலைமை - no boundary condition
எல்லையின்மை முன்மொழிவு - no boundary proposal
எழுந்தமானம் - random
எதிரடிப்பு - reflection
ஏரணம் - logic
ஏவுபொறி - rocket
ஒலியலை - sound wave
ஒளிக் கூம்பு - light cone
ஒளி வினாடி - light-second
ஒளியலை - light wave
ஒளியாண்டு - light-year
ஒளிமம் - photon
ஒளிர்திறன் - luminosity
கட்டம் - phase
கட்ட இடைமாற்றம் - phase transition
கண்டுபிடிப்பான் - detector
கவர்ச்சி - attraction
கதிர்வீச்சு - radiation

கதிரலைகள் - radio waves
கதிரியக்கம் - radioactivity
கருந்துளை - black hole
கருதுகோள் - hypothesis
காந்தவியல் - magnetism
காலக் கணை - arrow of time
குறிகை - signal
குறுக்கீடு - interference
குலைதரம் - entropy
கொத்து - cluster
கொள்கை - principle
கோட்பாடு - theory
கோலம் - configuration
சமச்சீர்மை - symmetry
சரிநுட்பம் - precise
சார்பியல் - relativity
சிறப்புச் சார்பியல் கோட்பாடு - special theory of relativity
சிறுமம் - minimum
சிறுவீதம் - small scale
சீர் நிலவரக் கோட்பாடு - steady state theory
சுருள் உடுத்திரள் - spiral galaxy
சுற்றுப்பாதை - orbit
சுழல் - spin
சுழற்சி - rotation
செம்பிறழ்வு - red-shift
செவ்வியல் கோட்பாடு - classical theory
ஞாயிறு - Sun
ஞாயிறு மையக் கொள்கை - heliocentric principle
தந்திக் கோட்பாடு - string theory
தற்போக்கிலான - arbitrary
தகர்வுறும் விண்மீன் - collapsing star
தனிமம் - element

தவிர்ப்புக் கொள்கை - exclusion principle
திருத்தம் - accurate
திசைவேகம் - velocity
துல்லியம் - exact
துகள் - particle
துகள் முடுக்கி - particle accelerator
தொலைநிலைமானி - radar
தொலைநோக்கி - telescope
நிற்கும் ஈறிலி அண்டம் - infinite static universe
நிற்கும் ஈறிலி மாதிரியமைப்பு - infinite static model
நிற்கும் நிலவரம் - stationary state
நிகழ்ச்சி - event
நிகழ்ச்சி விளிம்பு - event horizon
நிகழ்தகவு - probability
நிலநேர்ப்பாதை - geodesic
நிறமாலை - spectrum
நிறை - mass
நுண்கணிதம் - calculus
நுண்ணலை - microwave
நுண் வீதம் - microscopic scale
நேர்த்தகவு - proportion
நேர்மம் - proton
நேரியம் - positron
நொதுமம் - neutron
நோக்கியறிதல் - observation
படிக்குறி - exponential
படிமலர்ச்சி - evolution
பருப்பொருள் - matter
பசைமம் - gluon
பால் வீதி - milky way
பிளவு - slit
புதன் - Mercury

புலம் - field
புதுமக்கால அறிவியல் - modern science
புழுத்துளை - wormhole
பூதங்கள் - elements
பெருமம் - maximum
பெருநிறை - massive
பெருவீதம் - large scale
பேரொளிர் முகில் - supernova
பொடிமம் - quark
பொதுச் சார்பியல் - general relativity
பொருள் - object
போசுமம் - boson
மறைப்பு - eclipse
மாந்தமையக் கொள்கை - anthropic principle
மானசிகவியல் - metaphysics
மாயத் துகள் - virtual particle
மாதிரியமைப்பு - model
மாநெரிப்பு - big crunch
மாவெடிப்பு - big bang
மாவொருங்கிணைந்த ஆற்றல் - grand unification energy
மாவொருங்கிணைந்த கோட்பாடு - grand unified theory
மின்மம் - electron
மின்காந்தவியல் - electromagnetism
மீள்திறன் - elasticity
மீயீர்ப்பு - supergravity
முட்டு - critical
முப்பட்டகை - prism
முன்னுறுதிக் கொள்கை - determinism
முரண்புதிர் - paradox
முடுக்கம் - acceleration
முழுமையான ஒருங்கிணைந்த கோட்பாடு - complete unified theory
முழுதொத்த - identical

மூலக்கூறு - molecule
மூலம் - source
மெல்விசை - weak force
மெய்யியல் - philosophy
வல் விசை - strong force
வடிவியல் - geometry
வழுவம் - singularity
விண்மீன் - star
விசை - force
விலக்கல் - repulsive
வியாழன் - Jupiter
வெப்ப இயக்கவியல் - thermodynamics
வெப்பநிலை - temperature
வெண் குறுளை - white dwarf
வெளி - space
p-படலங்கள் - p-branes

* * * * *

குறிப்புகள்

காயம்பிடி